普通高等教育“十四五”规划教材
普通高等学校动物医学类专业系列教材

动物影像学

第 2 版

葛利江　刘建柱　主编
李小兵　主审

中国农业大学出版社
· 北京 ·

内容简介

本教材分两篇，共14章。第一篇为总论，重点讲解了动物影像学的定义与发展史、X线成像、计算机体层成像、超声成像、磁共振成像、核医学与分子成像的基本成像原理及应用。第二篇为各论，讲解了各系统的影像学诊断技术，如骨骼与肌肉系统、循环系统、消化系统、呼吸系统、泌尿系统、生殖系统和中枢神经系统；最后一章讲解了家畜颅腔、鼻腔、胸腔和腹腔的CT断层解剖学影像和相应的断层影像特点等内容，为CT机在临床的应用提供帮助。

本教材深入浅出，密切联系动物临床实际，既有马、牛疾病的影像学诊断，又有犬、猫疾病的特征性影像。本教材可作为农业院校及综合性大学动物医学专业本科生的教学用书，也可作为动物临床诊疗工作者的工具书。

图书在版编目(CIP)数据

动物影像学 / 葛利江，刘建柱主编．--2版．北京：中国农业大学出版社，2024．8．--(普通高等学校动物医学类专业系列教材)．--ISBN 978-7-5655-3274-0

Ⅰ．S854．4

中国国家版本馆CIP数据核字第2024T9M439号

书　名　动物影像学　第2版
Dongwu Yingxiangxue

作　者　葛利江　刘建柱　主编　　李小兵　主审

策划编辑　张　程　　**责任编辑**　张　程
封面设计　郑　川　李尘工作室
出版发行　中国农业大学出版社
社　址　北京市海淀区圆明园西路2号　　**邮政编码**　100193
电　话　发行部 010-62733489，1190　　读者服务部 010-62732336
编辑部 010-62732617，2618　　出　版　部 010-62733440
网　址　http://www.caupress.cn　　**E-mail**　cbsszs@cau.edu.cn
经　销　新华书店
印　刷　北京溢漾印刷有限公司
版　次　2024年8月第2版　　2024年8月第1次印刷
规　格　185 mm×260 mm　16开本　17.5印张　437千字
定　价　56.00元

第 2 版编审人员

主　编　葛利江（山东农业大学）
　　　　刘建柱（山东农业大学）
副主编　杨笃宝（山东农业大学）
　　　　韩春杨（安徽农业大学）
　　　　胡延春（四川农业大学）
　　　　曲伟杰（云南农业大学）
　　　　刘　钢（中国农业大学）
　　　　刘永夏（山东农业大学）
参　编　郑家三（黑龙江八一农垦大学）
　　　　王　亨（扬州大学）
　　　　邱昌伟（华中农业大学）
　　　　王金明（山西农业大学）
　　　　姚大伟（南京农业大学）
　　　　郭梦尧（东北农业大学）
　　　　张子威（东北农业大学）
　　　　刘明超（河北农业大学）
　　　　卢德章（西北农林科技大学）
　　　　张立梅（云南农业大学）
　　　　杜希良（吉林大学）
　　　　王华南（浙江大学）
　　　　王宏伟（河南科技大学）
　　　　赵　静（河南科技大学）
　　　　王　娅（四川农业大学）
　　　　贾杏林（湖南农业大学）
　　　　庄　煜（江西农业大学）
　　　　黄淑成（河南农业大学）
　　　　姚秋成（广东海洋大学）
主　审　李小兵（云南农业大学）

第1版编审人员

主　编　葛利江（山东农业大学）

刘建柱（山东农业大学）

副主编　黄丽波（山东农业大学）

韩春杨（安徽农业大学）

胡延春（四川农业大学）

曲伟杰（云南农业大学）

参　编　郑家三（黑龙江八一农垦大学）

卢德章（西北农林科技大学）

王　娅（四川农业大学）

罗明久（山东农业大学）

柳贤德（海南大学）

王　亨（扬州大学）

邱昌伟（华中农业大学）

王金明（山西农业大学）

肖　啸（云南农业大学）

贾杏林（湖南农业大学）

向建洲（湖南农业大学）

主　审　邓干臻（华中农业大学）

邓立新（河南农业大学）

第 2 版前言

《动物影像学》是动物医学专业学生使用的专业教材之一，也可作为基层临床技术人员，尤其是宠物医院医生的参考书。党的二十大强调，加强教材建设和管理。为加强和促进动物影像学技术人才的全面发展，提高对动物部分疾病的科技攻关能力和创新能力，根据教学和临床需要，本教材在第 1 版的基础上进行全面修订，并被列入中国农业大学出版社“普通高等教育‘十四五’规划教材”和“普通高等学校动物医学类专业系列教材”。

本教材在修订过程中保留第 1 版的体系，补充大量的与病症相关的影像图片，图文并茂，便于提高学生对疾病影像诊断的认知。除此之外，在本教材的第一篇总论中添加“核医学分子影像学”，以期为核医学分子影像学在动物临床中的应用奠定基础。本教材在第 1 版的编写人员基础上进行部分调整，增加了 10 位在临床一线工作的博士参与本教材的编写工作。

本教材在修订过程中承蒙全国各地农业院校相关老师提出宝贵意见，并得到李小兵教授审阅，在此一并致谢。本教材的出版还得益于中国农业大学出版社和山东农业大学动物科技学院的大力支持，在此谨向他们表示诚挚的感谢。

本教材在修订过程中引用大量国内、国外学者的影像及图片，且在本教材中进行标注并列出参考文献。在学术名词的英文标注上，我们保留所有与影像相关的名词的英文标注，删除其他英文标注。

尽管我们在编写过程中竭尽所能，渴求完美，但书中难免有不足之处，恳请广大读者和其他同行老师予以批评指正。

编　者

2024 年 4 月

第 1 版前言

“动物影像学”最早是从“动物临床诊断学”分支出来的一门课程，现已成为一门独立的、系统的和先进的学科。它立足于动物解剖学和病理学，涵盖了动物内科学、外科学、产科学、传染病学和寄生虫病学等学科的许多疾病诊断内容。更为重要的是，它把医学物理和计算机技术与医学各个分支内容紧密地联系起来。本教材参考国内外相关资料，结合我国国情，理论联系实际，力图反映新世纪教学内容。在整体框架上，充分考虑动物影像技术的基本特点和过程，重点突出，主次分明。

本书的内容分为总论和各论两篇。总论包括 4 章，主要介绍 4 种成像技术的成像原理、设备及检查方法，叙述影像的特点、观察、分析和诊断的方法，提出不同成像技术的诊断价值与限度，理解影像学的检查结果并能正确使用。各论部分包括 8 章，分别叙述各个系统的影像诊断价值，在各系统中主要介绍了该系统器官的正常解剖结构、病理特点和影像学诊断方法等。

近 10 年来，随着手提式、小型 B 超机和 X 光机在宠物医院和牛羊场的应用普及，影像诊断技术已成为动物临床诊断不可缺少的环节。因此，本教材所介绍的各系统的诊断方法侧重点各异，如运动系统和呼吸系统侧重于犬的 X 线影像诊断，宠物消化系统和泌尿系统侧重于 X 线造影诊断，生殖系统侧重于大家畜的 B 超诊断，中枢神经系统侧重于 CT 和 MRI 影像诊断等。当今，由于 CT 和 MRI 设备的价格昂贵，大多数高校和基层动物医院尚无这两种诊断设备，因此，教材各章节中这两方面的影像诊断图谱也相对较少，仅在第十二章介绍了家畜颅腔、鼻腔、胸腔和腹腔的 CT 断层解剖学影像和相应的断层影像特点，为未来 CT 机在临床的普及做好准备。

本书可作为动物医学专业学生使用，同时也是基层临床技术人员和宠物医院医生的一本有价值的参考书。目前全国各地课程开设情况不同，各高等农业院校在使用时可根据具体情况对内容进行取舍。

对本教材的编写大纲拟定及初稿完成过程中，全国各兄弟院校曾提出许多宝贵意见，教材的出版还得益于中国农业大学出版社和山东农业大学动物科技学院的大力支持，在此谨向他们表示诚挚的感谢。

本书全文由全国动物影像学会理事长邓干臻教授和邓立新教授审阅，加拿大爱德华王子岛大学 LeeANN Pack 博士和瑞士苏黎世大学 Wolfgang Kähn 博士等许多国内外同行提供了重要的影像学图片，我们在文中尽量进行了标注及列出参考文献。本教材的编写得到山东省高等教育名校建设工程及山东农业大学名校建设工程重点建设专业基金资助，谨此一并致谢。本书由山东省高等教育名校建设工程、山东农业大学名校建设工程重点建设专业资助出版。

由于我们业务水平有限，书中的不足之处在所难免，恳请广大读者和其他同行老师予以批评指正。

编　者

2015 年 7 月

目　　录

第一篇　总　论

第二篇　各　论

第一篇　总　论

第一章　动物影像学的定义与发展史

第一节　动物影像学的定义与发展简史

一、动物影像学的研究内容和意义

动物影像学(imageology in animals)是根据动物体内部结构和器官特点形成影像,了解动物体解剖与生理功能状况以及病理变化,来达到诊断和治疗疾病目的的一门学科。学习动物影像学的目的是通过了解各组织器官成像的基本原理、方法和影像特点,掌握影像的观察和分析方法,理解不同成像技术的诊断价值与限度,合理解读影像学的检查结果,从而正确应用于各种器官疾病的诊断,为临床治疗提供切实可行的依据。动物影像技术可在无须开腹的情况下诊断出许多动物疾病如肿瘤、结核、结石、器官肿大或萎缩、坏死、脉管阻塞、炎症渗出等,同时了解各种病灶的大小、形状、方向、质地来源等,为治疗提供充分依据。在生殖生理和生长发育方面,提供更加准确的数据,确保提高动物的生殖率和生长率。学好动物影像学将为动物临床诊疗工作提供更有价值的疾病信息。

动物影像学的总论内容与医学影像学的基本类似,包括 X 线成像[普通 X 线摄影、计算机 X 射线摄影(computed radiography,CR)和数字 X 射线摄影(direct radiography,DR)]、计算机体层成像(computed tomography,CT)、超声成像、磁共振成像和分子影像。但医学影像学中的数字减影血管造影和介入放射学内容由于动物医学学时限制和设备及临床应用等限制,在本教材中未加以介绍。而内窥镜技术和电子显微镜技术尚未被公认为影像学技术,因此,也未加以阐述。

二、动物医学影像学发展简史

CT 在动物方面的研究始于 20 世纪 80 年代,主要是在犬(1984)和猫(1997)的脑部和头部眶区、鼻区详细解剖结构的应用。目前,CT 被认为是犬猫神经学、整形外科学和肿瘤学中建立影像最有价值的工具之一。在患有急性创伤,尤其是复杂的解剖部位如头部、脊柱、胸部、腹部、骨关节或骨盆等,CT 被认为是标准的成像方法。随着动物医学界中放射疗法应用的增加,CT 也被认为是确定肿瘤、评估治疗反应和指导放射疗法的主要工具。此外,CT 也应用于大动物的肢体扫描。

自 20 世纪 80 年代起,核医学分子成像技术在国外兽医学中已有应用,主要是在实验动物和宠物的骨、脑、肺和腺体肿瘤和炎症诊断方面。

在 20 世纪 90 年代,磁共振成像(magnetic resonance imaging,MRI)已成为动物医学界中有效的辅助诊断方法,广泛应用于小动物的脑和脊柱疾病、耳病和眼病、心脏病、肿瘤、小动物和马矫正术、软组织手术设计等方面。此外，MRI 还可对各种神经系统病变进行检查，如缺血性梗死、脑出血、脑脊髓肿瘤、脑垂体肿块和犬椎间盘疾病等。

在动物医学界超声仪器的首次应用是 1966 年报道的绵羊妊娠检查。随着超声诊断技术的普遍应用，超声检查的范围也不断扩大，如心血管系统、泌尿系统、肝胆、胰腺、肌肉、肌腱、韧带和关节囊等。超声引导下的介入技术现在可用于疾病的诊断或治疗。

在畜牧生产上超声检查还参与猪品种选育、肉质鉴定等研究。目前，实时超声成像诊断已广泛应用于奶牛生殖方面，例如：奶牛发情鉴定和排卵时间判定；受精后早期妊娠诊断、胎儿数量、活力和畸形判定；胎儿性别鉴定；卵巢疾病（卵巢囊肿、卵巢静止）和子宫疾病（子宫积脓、子宫瘤和子宫内膜炎）的确诊，这是奶牛生殖生物学的一场技术突破和革命。

我国动物医学影像学的发展起步较晚，传统 X 线技术也是在新中国成立以后才逐步发展起来的。当时仅是动物医诊断学的一个章节，许多高等农业院校动物医专业的学生仅学习 X 线的拍照、洗片和观察分析。20 世纪 90 年代末期，随着 B 超仪在我国高校和科研机构的普及，这方面的研究才普遍开展，在大型奶牛场 B 超技术的应用得到了更广泛的推广。目前，有些重点院校已具备了彩超和 CT 机，动物影像学课程已作为选修课在许多高等农业院校中开设。从长远计划来看，动物医影像学专业也必然会像人医影像学专业一样蓬勃发展。

第二节　医学影像学设备与影像诊断学的发展简史

现代医学的两个重要环节就是诊断和治疗。诊断是治疗的前提和依据，成功治疗的前提是诊断精准。我国古代最原始的诊断方法就是“望、闻、问、切”，其具有上千年的历史，迄今仍是当今医学诊断中最基本的方法。随着近代医学的发展，听诊器、体温计和血压计得到了广泛的使用，这也成为基层兽医工作者常规的诊断工具。当今，形形色色的医学诊断检查设备问世，如生物物理信号检测仪器：心电、脑电、肌电、血压、血流、呼吸等信号检测；生物化学成分分析检测仪器：血检和尿检分析仪；影像观察诊断仪器等。这使医学诊断设备越来越健全完善、测定方法更加简便快速、诊断结果更加准确可信、治愈率愈加提高。

国外影像学的发展已有百余年的历史，医学影像诊断已从显示宏观结构发展到反映分子、生化水平的变化；从显示形态改变到反映功能变化；从单纯诊断向治疗方面全面发展。

一、X 线发展史

1895 年 11 月 8 日（被认为是医学影像史的开篇元年）德国物理学家威廉·康拉德·伦琴（德语：Wilhelm Conrad Röntgen，1845—1923）发现 X 线，并因此于 1901 年获得诺贝尔物理学奖。伦琴在实验中发现：阴极射线管发出的 X 线，能穿过不透明的物体，又不能被透镜折射，它自身不能被看到，却能导致荧光物质发光，首先看到了自己的手指骨骼。此外，此射线还能让感光胶片曝光，所以，他拍摄的第一张照片就是伦琴夫人的手掌影像。此后，X 线用于人体检查和疾病诊断，形成了放射诊断学（diagnostic radiology）的新学科，奠定了医学影像学（medical imaging）的基础。

近三十年，随着计算机技术的飞速发展，与计算机技术密切相关的影像技术发展也是日新月异，数字化 X 线摄影作为一种新的 X 线成像技术应用日渐广泛。随着技术的不断完善，数字化影像必将使21世纪的X线诊断发生重大变化，对影像诊断水平的提高发挥更大的作用。影像诊断学也成为医学领域发展最快的学科之一。常规X线正在从传统的胶片转向CR或更为先进的DR的数字化时代。CR使用成像板(imaging plate，IP)作为X线影像信息的载体，X线透过被照体后，由影像板吸收，再经过读取装置读出影像板中存储的影像信息，通过计算机处理，形成数字式平片影像。

放射诊断技术进入了体层成像、数字化、三维仿真重建阶段。1917年，Radon提出了影像重建的数学方法。1971年，英国工程师Hounsfield设计成功第一台颅脑CT机，第二年应用于临床。1974年，美国工程师Ledley设计出全身CT机。Hounsfield和美国物理学家Cormark因此获得了1979年度诺贝尔医学生理学奖。目前，CT已从早期的单纯的头颅CT发展为超高速多排螺旋CT、电子束CT。在速度提高的同时，扫描最薄层厚也从早期的10 mm发展到现在的0.5 mm，最高影像分辨率也达到了1 024×1 024。因此CT的应用不仅限于早期横切面成像，同时可用于影像的三维重建，模拟内窥镜，手术立体定向，CT造影(computed tomography angiography，CTA)。

二、磁共振成像发展简史

核磁共振(nuclear magnetic resonance，NMR)现象是一种核物理现象，是由美国斯坦福大学Bloch和哈佛大学Purcell在1946年分别在两地同时发现的，因此两人获得了1952年的诺贝尔物理学奖。20世纪70年代，NMR技术才与医学诊断联系起来。1976年，Hinshaw首次实现了人体手部成像，并于1980年推出世界上首台NMR成像商品机。20世纪80年代初NMR成像用于临床以来，为了与放射性核素检查相区别，改称为MRI。此后，MRI得到了迅猛发展，由于硬件及软件设备的改进，从早期的永磁体、低场强发展到现在的超导、高场强，扫描时间已从原先的以分钟计发展到目前以毫秒计，影像质量也大大提高，检查项目从原先的MRI发展到磁共振血管造影(magnetic resonance angiography，MRA)和磁共振波谱(magnetic resonance spectroscopy，MRS)技术。

三、其他影像技术的发展史

1950年，Cassen首先研制成功了逐点扫描成像的闪烁扫描机，奠定了放射性核素脏器成像的基础。当时可以进行甲状腺、脑、肝、肾及骨扫描等，但分辨率差，扫描时间长，不能进行快速动态研究。1956年，Anger发明了γ闪烁照相机，以一次成像代替扫描机逐点成像，使核医学影像进入动态和静态功能成像相结合的新阶段。但γ照相机对于大的脏器如脑、肝等深部器官的病变检出率仍不理想。20世纪70年代以后电子计算机技术应用于γ闪烁照相机，对获得的信息进行处理，这样使影像更清晰，提高了分辨率。自1975年以后辅配计算机的γ照相机已成为国内外核医学科的常规检查设备。

单光子发射体层成像(single photon emission computed tomography，SPECT)的研制工作早在X-CT机研制之前就已进行。1963年，Kahl和Edwards等研制了一种称为横向断面扫描仪(transversal sectional scanner)的仪器，该仪器已具备现代X-CT机的概念。Knhl等人当时所用的影像重建方法是简单的反向投影法(simple back projection)，因而影像模糊、对比差，影像矩阵单元的活性值与实物分布无对应关系，因此SPECT的研制工作曾一度搁浅。1972年，英国的Godfrey Hounsfield发明了X-CT机并用于临床。Kuhl等人借鉴X-CT的成像技术并引入计算机校正，终于在1979年研制成功了第1台头部的SPECT机，称为MARKIV。此后SPECT机迅速发展并不断地更新换代，从而使核医学成像技术从二维平面影像发展到三维立体影像阶段，并实现了显示彩色化、电视化，数据处理微机化，使解剖分辨率和对生理、生化等功能改变的显示较γ照相机有了很大提高。

近三十年来，分子生物学与医学影像学相互交叉融合形成了分子影像学(molecular imaging)。分子影像学从广义上可定义为在细胞和分子水平上对活体生物过程应用影像学技术进行定性和定量研究。分子影像学技术或分子成像技术主要包括磁共振(MR)分子成像、光学分子成像和核医学分子成像技术。核医学分子成像技术包括单光子发射计算机体层成像(single photon emission computed tomography，SPECT)与正电子发射计算机体层成像(positron emission tomography，PET)，具有灵敏度高、可定量等优点，加上所用放射性核素多为人或动物体组织天然元素的同位素，能进行真正的示踪研究。二者是当前比较有前途的分子成像技术，但相比之下，PET分子影像技术最具发展前景。目前，PET技术在肿瘤学、神经精神病学和心脏病学中的价值已得到人们认可并显示出巨大应用前景，故PET已成为当前最理想的定量代谢成像技术，并被誉为20世纪90年代世界医学的重大发展之一，被认为“在核医学史上奠定了一个划时代的里程碑”，为医学的进步做出了很多独一无二的贡献。但它造价昂贵，必须就近配置生产正电子核素的加速器和标记热室。

1958年，Hertz等首先用脉冲回声法诊断心脏病。开始出现“M型超声心动图”，同时开始了B型两维成像原理的探索。1955年，Jaffe发现锆钛酸铅压电材料，这种人造压电材料性能良好，易于制造，极大地促进了工业和医学超声技术的进一步发展。20世纪50年代末连续波和脉冲波多普勒技术以及超声显微镜问世。20世纪50年代，用脉冲反射法检查疾病获得了很大成功。同时也为多普勒技术及B型二维成像奠定基础。

1967年，实时B型超声成像仪(ultrasonography，USG)问世，这是B超成像技术的重大进步，超声全息、列阵式换能器、电子聚焦等被广泛研究。20世纪60年代末，美国、日本研制成功了压电高分子聚合物PVF2(聚偏氟乙烯)换能器。

20世纪70年代，B超显示技术与计算机数字影像处理技术相结合，达到功能强、自动化程度高、影像质量好的新水平。

1980年，在美国，由于投入使用的超声成像仪数量开始超过X线机，结束了X线统治影像诊断近百年的历史，从而宣称进入了“超声医学年”。双功能超声诊断仪及彩色血流成像仪相继推出，多功能超声成像仪器与多种专用成像仪器竞相发展，超声探头结构及声束时空处理技术发展迅速，机器更新换代日趋频繁。

20世纪90年代，医学超声影像设备向两极发展，一方面是价格低廉的便携式超声诊断仪大量进入市场；另一方面是向综合化、自动化、定量化和多功能等方向发展。

在探头方面，新型材料、新式换能器不断推出，如高频探头、腔体探头、高密度探头相继问世，进一步提高了超声诊断设备的档次与水平。21世纪必将是医学影像技术蓬勃发展、日新月异的新世纪。

第二章　X 线成像

第一节　X 线的产生和特性

X 线是波长在 γ 射线与紫外线之间的肉眼看不见的电磁波，以光的速度沿直线传播，其波长范围为 0.000 6～50 nm。目前 X 线诊断常用的波长范围是 0.008～0.031 nm。

一、X 线产生的条件

X 线是由 X 线管内高速运行的电子群撞击物质突然受阻时产生的。X 线的产生必须具备以下 3 个条件。

①低电压高电流场中阴极灯丝加热，游离出自由活动的电子群。

②电子群在高压电场和真空条件下由阴极向阳极高速运行。

③电子群在高速运行时突然受阻(撞击阳极靶面)。

二、X 线的特性

X 线与成像密切相关的特性包括以下几点。

1. 穿透作用

X 线的穿透能力与 X 线波长有关，管电压越高，电子的运行速度越快，动能消耗越多，由 X 线管发射的 X 线波长越短，穿透力越强。X 线对动物体不同组织结构穿透力的差别是 X 线成像的基础。

2. 荧光作用

波长短的 X 线能激发荧光物质，如硫化锌镉及钨酸钙等，产生波长更长的、肉眼可见的荧光，这种转换叫作荧光效应。该特性是进行 X 线透视检查的基础。

3. 感光作用

涂有溴化银的胶片经 X 线照射后感光而产生潜影，经显影、定影处理，感光的溴化银离子(Ag^+)被还原成金属银(Ag)，并沉积于胶片的胶膜内，在胶片上呈黑色。而未感光的溴化银在定影及冲洗过程中，从 X 线胶片上被洗掉，显出胶片片基的透明本色。由于金属银沉淀的量不同，产生黑白不同的影像。以上是 X 线摄影的基础。

4. 电离作用

在 X 线通过空气时，空气能产生正负离子而成为导电体。因此，测量空气电离的程度可计算 X 线的照射量，此为放射剂量学的基础。

5. 生物效应

在 X 线穿透机体被吸收时，机体和细胞结构能产生生理和生物学方面的改变，其主要是组织细胞发生抑制、损害甚至坏死的变化，这称为X线的生物效应。这是放射治疗学的基础。

X线的质取决于电子运行的速度及其撞击阳极靶面后动能所耗损的程度。改变高压变压器的电压，即可调节电子运行的速度。

X线的量则取决于通过X线管的电流大小，即撞击在钨靶上的电子数量。电流越大，则灯丝越热，电子越多，撞击在钨靶上的电子数量也越多。

第二节　X线成像的基本原理与设备

一、X线成像原理

X线影像的形成，必须具备以下3个基本条件。

①穿透力，这样才能穿透照射的组织结构。

②被穿透的组织结构必须存在密度和厚度的差异，从而导致穿透物质后剩余的X线量存在差别。

③有差别的剩余X线量，仍是不可见的，还必须经过载体成像（如X线片、荧屏或电视屏等）过程才能获得具有黑白对比、层次差异的X线影像。

被投照机体密度和厚度的差异是产生影像对比的基础，是X线成像的基本条件。应当指出，密度与厚度在成像中所起的作用要看哪一个占优势。例如，在胸部，肋骨密度高但厚度小，而心脏大血管密度虽低，但厚度大，因此心脏大血管的影像反而比肋骨的影像白。同样，胸腔大量积液的密度为中等，但因厚度大，所以其影像也比肋骨影像偏白。

动物体组织结构根据密度不同可分为以下3类。①骨骼和钙化灶，它的比重高、密度大，吸收X线量多。X线片上骨骼部位感光最少显示白色，称为高密度影像。②软组织包括软骨、皮肤、肌肉、结缔组织，内脏及液体等，X线片上显示灰白色，称为中等密度影像。③脂肪及存在于呼吸道、胃肠道、鼻窦和乳突内的气体，脂肪组织在X线片上显示灰黑色；气体的密度最低，吸收X线量最少，剩余X线量多，使X线胶片感光多，经光化学反应还原的金属银也多，故X线胶片呈黑影，称为低密度影像。低密度组织，由于剩余X线量多，使荧光屏所产生的荧光也多，故荧光屏上也就明亮；高密度组织则恰相反。不同密度组织（厚度相同）与X线成像的关系见图2-1。

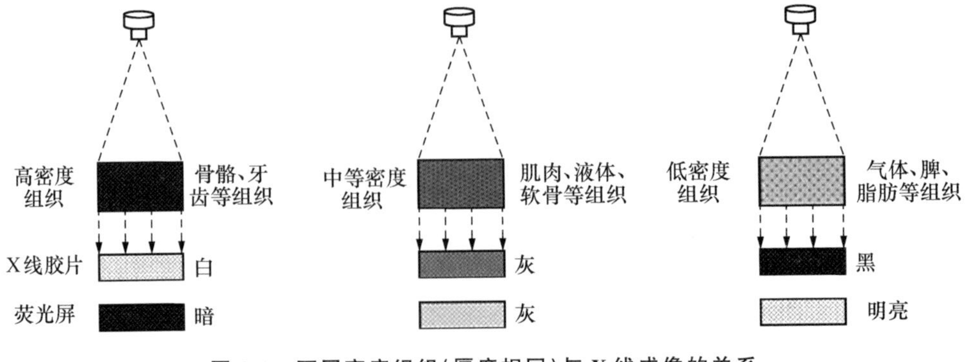

图2-1　不同密度组织（厚度相同）与X线成像的关系

二、X 线发生装置

(1)X 线管　X 线管是一个高真空的玻璃二极管，包括阴极和阳极，杯状的阴极内装着灯丝；阳极由呈斜面的钨靶或钼靶和附属的散热装置组成。

(2)变压器　变压器是为 X 线管灯丝提供电源和高管电压而设置的。一般灯丝电源仅需 12V 以下的电压，为降压变压器；管电压则需 40～150 kV(常用为 45～90 kV)的电压，为升压变压器。

(3)操作台　操作台是调节电压、电流和曝光时间的装置，包括电压表、电流表、限时器、调节旋钮和开关等。

第三节　X 线影像的特点

X 线影像属于灰阶影像，由从黑到白不同灰度的影像组成。这些不同灰度的影像以光学密度反映动物机体组织结构的解剖及病理特点。动物机体组织结构的密度与 X 线片上的影像密度是两个不同的概念。前者是指动物体组织中单位体积内物质的质量，而后者则指 X 线片上所示影像的黑白灰度。但是物质密度与其本身的比重成正比，同样厚度的组织结构，密度越高，比重越大，吸收的 X 线量越多，剩余的 X 线量越少，形成的影像在 X 线片上呈白影。反之，物质的密度低，比重小，吸收的 X 线量少，影像在 X 线片上呈黑影。因此，X 线影像上的白影与黑影，除与组织厚度有关外，主要反映组织结构密度的高低。

X 线影像是 X 线束穿透某一部位不同密度和厚度的组织结构后投影的总和，是该穿透路径上各层投影相互叠加在一起的影像。X 线束是从 X 线管向动物体作锥形投射，会使 X 线影像有一定程度放大并产生伴影。而伴影会降低 X 线影像的清晰度。

第四节　X 线检查技术

一、普通检查

1. X 线透视(简称透视)

X 线透视(fluoroscopy)的优点有：设备简便易行，费用较低，可立即得出结论；可转动病畜体位进行多方向观察；除可观察形态变化外，还可了解器官的动态活动，如呼吸和膈肌运动，心脏和大血管的搏动，胃肠道的蠕动和排空等。透视的主要缺点是荧屏亮度较低，影像对比度及清晰度较差，难于观察密度与厚度差别较小的器官以及密度与厚度较大的部位。例如头颅、腹部、脊柱、骨盆等部位均不适合进行透视检查。另外，透视不能留下永久的记录，以供随访或复查时比较。

2. X 线摄影

X 线摄影(radiography)所得的照片常称平片(plain film)。

与透视检查相比较，X 线摄影的优点有：应用范围广，受检病畜照射 X 线量较少；对比度及清晰度均较好；使密度、厚度较大或密度、厚度差异较小部位的病变更容易显影；可作永久性客观资料保存，随时进行教学科研或复查对照和会诊。其缺点是每一张照片仅是一个方位和一瞬间的X线影像；检查的区域受胶片的大小所限制；不能观察组织器官的运动状态。为建立立体概念，通常需要进行互相垂直的两个方位摄影，例如正位及侧位；对功能方面的观察，不及透视方便和直接；费用比透视稍高。

二、特殊摄影检查

1. 体层摄影

普通X线照片是X线投照路径上立体三维空间组织结构的所有影像重叠在一起的综合投影。病变往往被前后上下各层组织所覆盖，诊断受到很大限制。体层摄影（tomography）则可通过特殊的装置和操作获得某一特定层面上的组织结构影像，而不属于该选定层面的结构则在投影过程中被模糊处理。

2. 高千伏摄影

高千伏摄影（high kV radiography）是用高于120 kV（常用120～150 kV）的管电压进行摄影。这种摄影技术需使用高电压小焦点X线管、特殊的滤线器和计时装置。由于X线穿透力强，能穿过被照射的所有组织，可在致密影像中显示出被隐蔽的病变。

3. 软线摄影

软线摄影（soft ray radiography）使用能发射软X线的钼靶X线球管，适用于软组织的检查，特别是乳腺的检查。小于40 kV管电压产生的X线，能量低，波长较长，穿透物质能力较弱。

三、造影检查

造影检查（contrast examination）是指通过“人为干预”，将高于或低于该组织结构的物质引入器官内或其周围间隙，使之产生对比以显影。被引入的物质称为对比剂或造影剂（contrast media）。

1. 造影剂

造影剂按密度高低分为高密度造影剂和低密度造影剂。

（1）高密度造影剂（阳性对比剂）　高密度造影剂是原子序数高、比重大的物质。常用的有钡剂和碘剂。

钡剂为医用硫酸钡粉末，加水配制为不同浓度的混悬液使用。硫酸钡混悬液主要用于食管及胃肠道造影。

碘剂分为有机碘和无机碘制剂两类。有机碘水剂类造影剂注入血管内用以显示器官的形态轮廓和大血管。它主要经肝从胆道或经肾从泌尿道排出，用于胆管及胆囊、肾盂及尿路、动脉及静脉的X线造影检查及CT增强检查等。60%～79%的高质量浓度和50%～60%的中质量浓度制剂用于血管造影；小于45%的低浓度制剂用于尿路造影。碘剂对机体有毒副反应，需谨慎使用。水溶性有机碘造影剂有以下类型：①离子型，以泛影葡胺（urografin）为代表；②非离子型，以碘苯六醇（iohexol）、碘普罗胺（iopromide）以及碘必乐（iopamidol）为代表；③非离子型二聚体，以碘曲仑（iotrolan）为代表。离子型造影剂具有高渗性，毒副反应较大。非离子型造影剂相对更低渗，有低黏度、低毒性等优点。

无机碘制剂当中，以含碘 40%的碘化油（布什化油）（lipiodol）为代表，常用于支气管、瘘管、子宫、输卵管造影等。碘化油造影后吸收极慢，所以造影完成后应尽可能吸出。

（2）低密度造影剂（阴性对比剂）　低密度造影剂是原子序数低、比重小的物质。目前应用于临床的有二氧化碳气体、氧气、空气等。在机体内二氧化碳吸收最快，空气吸收最慢。空气与氧气均不能注入正在出血的器官，以免发生气栓。低密度造影剂可用于蛛网膜下腔、关节囊、腹腔、胸腔及软组织间隙的造影。

2. 造影方法

（1）直接引入　将造影剂通过动物体自然孔道、瘘管和体表穿刺等途径引入体内而达到造影目的的方式即为直接引入。直接引入包括以下几种方式：①口服法，适用于食管及胃肠道的钡餐检查；②灌注法，适用于钡剂灌肠造影，支气管造影，逆行胆道造影，逆行泌尿道造影，瘘管、脓腔造影及子宫输卵管造影等；③穿刺注入法，可直接或经导管注入器官或组织内，如心血管造影，关节造影和脊髓造影等。

（2）间接引入　经静脉注入后，造影剂经肾代谢排入泌尿道内，从而达到使尿路显影的目的。这便是一种间接引入的方法。

四、X 线检查中的防护

X 线照射动物体可产生一定的生物效应。超过允许照射量，机体可发生放射反应，甚至会造成放射性损害。所以，在 X 线检查中应重视防护，包括避免不必要的照射，采取有效的防护措施，以保护病畜和工作人员的健康。放射防护应遵循屏蔽防护、距离防护和时间防护的原则。在 X 线检查过程中，使用含铅等高密度物质作成屏障进行屏蔽防护；利用 X 线量与距离平方成反比的原理，通过增加 X 线源与动物体间的距离来进行距离防护；避免每次检查照射次数过多及不必要的重复检查，减少照射时间，从而做到时间防护。拥有 X 线检查设备及资格的单位应遵照国家有关放射防护卫生标准的规定，制定放射工作人员防护措施，执行相关保健条例。

第五节　X 线的数字化摄影

影像的数字化是 X 线诊断最新和最重要的进展。医学影像的数字化主要是指医学影像以数字方式输出，直接利用计算机对影像数据快捷地进行存储、处理、传输和显示。目前，X 线摄影的数字化方式主要有 3 种：CR、DR 和数字减影血管造影（digital subtraction angiography，DSA）等。

一、X 线数字化摄影的分类

1. 按读出方式分类

（1）直接读出（direct readout）方式　是指从 X 线曝光到影像显示的全过程自动完成。这一技术被称为直接转换方式（direct digital radiography，DDR）。

（2）非直接读出（nondirect readout）方式　首先需要使用 IP 进行 X 线曝光，然后将 IP 插入读出器（reader）扫描，随后在显示器上显示成像，这一技术为 CR。

2. 按转换方式分类

(1)直接转换方式　采用的器件在经过 X 线曝光后,X 线光子信号直接转换为电信号。

(2)间接转换方式　先要将 X 线光子转变为可见光,然后将可见光信号转换为电信号。

3. 按工作方式分类

(1)数字化透视(digital fluorography,DF)　包括用影像增强器联合摄像机采集信号和用平板检测器(flat panel detector,FPD)采集信号两类。

(2)数字化照相(digital radiography,DR)　分为 DDR 和 IDR。

二、CR 系统

(一)CR 系统概念

CR 系统是使用可记录并由激光读出 X 线成像信息的 IP 作为载体,将 X 线曝光的影像信息读出处理,形成数字或平片影像的一套成像系统。影像的特征信息影像在荧屏上显示。荧屏上的影像可进行直接观察分析,还可用多幅光学照相机摄于胶片上,也可用激光照相机把影像的数字化信号直接记录在胶片上。

(二)CR 系统成像基本原理

CR 系统成像要经过影像记录、读取、处理和显示等步骤。

1. 影像记录

CR 系统的影像记录是依赖于一种特殊的荧光物质——辉尽性荧光物质来完成的。某些物质受到外界光的照射时会发光,称为荧光物质。某些荧光物质由紫外线照射发光后,再经红外线照射会再次发光,具有这种现象的荧光物质称为辉尽性荧光物质。辉尽性荧光物质可将第一次照射被激发的信息储存下来,当再次受到光刺激时则释放出与储存的信息相应的荧光,这一现象称为光辉尽发光。而激发辉尽性荧光物质发光的照射光称为激起光。

CR 系统的 IP 的成像层即由辉尽性荧光物质制成,采用的是一种含有微量元素铕(Eu^{2+})的钡氟溴化合物结晶(BaFX:Eu,X=Cl. Br. I),该晶体在已知的光辉尽性物质中光辉尽发光现象最强。影响 CR 影像记录的因素,主要有以下 4 个方面。

(1)电压影响　IP 在电压为 37 kV 时,对 X 线的吸收率最高,这是由荧光体中的钡原子决定的。X 线照射量与发光强度呈 5 位数直线相关,即可在相当广泛的范围下得到稳定的数字化影像。然而,对微弱的 X 线吸收率的不同,又可辨别出不同的组织结构。

(2)发光时间　理想的发光时间应当是 IP 在受到第二次光照射时能立即产生辉尽性发光,而停止照射时,辉尽性发光马上消失。但实际上辉尽性发光不是立即消失,而是逐渐衰减。荧光体受到第二次光照射时,其辉尽性发光的强度达到初始值的 1/e(e=2.718)时间称为光发射寿命期。IP 的光发射寿命期极短,为 0.8 μs,不会对正在被读取的信号形成干扰,从而达到对大面积影像快速读取的要求。

(3)信息的衰减　摄片后 8 h,发光量可减少 25%,尽管衰减很轻微,却是不可避免的。CR 系统虽具有自动调整装置,可在一定范围内纠正衰减,但一般要求在摄片后 8 h 内进行读取处理,以防影像信息的丢失。

(4)自然辐射的影响　辉尽性荧光物质除对 X 线敏感外,对自然界及周围环境的紫外线、α 射线、β 射线等也很敏感。随着 IP 接受这些射线能量的蓄积,在读取影像时,会出现小黑斑,因此应尽量避免成像板长期搁置不用。另外,在 IP 使用前应先用激发光线照射成像板,以消除这些影像。

2. 影像信息的读取

IP 上的潜影用激光扫描系统读取，并转换成数字信号。激光对匀速移动的 IP 整体进行精确而均匀的扫描，被激发出的辉尽性荧光由自动跟踪的集光器收集，经光电转换器转换成电信号，扫描结束后即可得到一个完整的数字化影像。

当所用激光束的频率为 600 nm 时，其可取得最大的激起效果。激光束的直径越小，激光在以点扫描形式完成影像读取时，相对获得的信号就越多，得到的影像质量越好。

影像数字化的标准一般取 5 像素/mm、8 bit/像素，这样既能达到人眼及荧光屏可分辨的程度，又因信息量相对较少而便于处理。

读取装置中设置了自动预读程序，获取经 X 线照射后的 IP 照射条件、有无分割照相、照相的大小及在 IP 上的位置等数据，以便决定采集数据的范围、读取条件、光电转换器的敏感度和放大器的放大率，从而保证不论以何种条件摄片，总能得到一定范围的数字化影像，利于图像处理、再现和储存，以此获取曝光量一致的 CR 照片。

3. 影像处理

(1)灰阶处理　数字化影像是以不同灰阶的黑白像素组成，从而显示出不同组织结构之间的密度差异。对 CR 获得的数字化影像进行灰阶处理，可更好地显示欲观察的部位。如胸部 CR 影像经过灰阶处理后，可得到显示软组织的照片，也可得到显示纵隔的照片。

(2)窗位处理　以某一数字信号为中心选取一定范围的数字信号予以增强，增加影像的对比度，可更好地显示这一范围内的数字信号所反映的组织结构。

(3)多重处理　将多张 IP 板重叠起来摄影，对其影像信息进行叠加处理，以提高图像质量。

(4)X 线吸收率减影处理　根据不同组织对 X 线的吸收率不同，采用两个不同的摄影条件，以其中的一张图像为负片进行减影，从而可消去某些组织的影像。如胸片经这种形式的处理后可将胸骨影像消去，以便更好地显示肺野。

4. 影像再现

将 CR 系统获得的数字影像转换成可见图像有 3 种方式：①利用荧光屏显示；②用多幅相机将荧光屏显示的影像通过光学系统照射到胶片上；③用激光相机直接将影像信号记录在胶片上。

在使用激光相机成像时，为达到最佳分辨率，激光相机的激光束尺寸应与读取 IP 时的激光束一致，激光相机的精度达到 10 bit/像素，所用胶片是专用的，对激光具有高度感光性能的微粒子单面药膜胶片。

(三)CR 系统的特点

①CR 系统实现常规 X 线摄影信息数字化，使常规 X 线摄影的模拟信息直接转换为数字信息。

②CR 系统可以提高影像的分辨、显示能力，IP 具有很宽的动态范围，即具有范围更广的放射敏感性，即使组织结构或病变对 X 线的吸收率有微弱的差异，也可在 CR 图像上显示出来。

③采用计算机技术，实施影像后处理，增加显示信息的层次，可使组织结构、病变形态更容易显示，大大提高诊断的准确率。

④降低X线摄影的辐射剂量，CR系统仅用常规X线摄影剂量的1/5～1/10即可获得清晰的照片。

⑤CR系统获得的数字化信息可传输给影像存储与传输系统(picture archiving and communicating system，PACS)，将影像储存于磁盘、磁带或光盘中长期保存；实现远程医学，通过计算机网络系统向医院内、外传送。

⑥IP经消光处理后，即可消去剩余潜影，可重复使用10 000次以上。

(四)CR系统的主要临床应用

1. CR系统在头颅及骨关节检查中的应用

CR为数字化影像，可进一步进行骨盐含量的定量分析。对关节部位，可以观察骨质改变。清楚显示听小骨、前庭、半规管等结构。

2. CR系统在胸部检查中的应用

易于观察与纵隔和膈肌重叠的部分；对肺部结节性病变的检出率及显示纵隔结构如血管、气管等，也优于传统X线片。

3. CR系统在胃肠道和泌尿系统检查中的应用

在显示胃小弯、微小病变、黏膜皱褶、肠管积气、气腹和结石等病变方面优于传统X线片。

三、DR系统

(一)DR系统概念

DR系统是在X线电视系统的基础上，利用计算机数字化处理，使模拟视频信号经过采样、模/数转换(A/D)后直接进入计算机中进行存储、分析和保存的系统。

(二)DR系统基本结构

DR系统由电子暗盒、扫描控制器、系统控制器、影像监控器等组成，可直接将X线通过电子暗盒转换为数字化影像。

(三)DR系统工作原理

DR系统的工作原理是由影像增强管将作为信息载体的X线转换成可见光，再由电荷耦合器或光电摄像管将可见光转换成视频信号，然后经影像处理进行模/数转换成数字化矩阵影像。DR系统的采样矩阵可达4 096像素×4 096像素，灰度分辨率可达12 bit，采样速度可达64帧/s。

(四)DR系统的优点

①DR系统具有很宽的曝光宽容度，动态范围广，允许摄影中出现技术误差，在一些曝光条件难以掌握的部位，也能获得很好的影像信息。

②与CR相同，DR也可以根据临床需要进行各种影像后处理。

③与较传统的X线摄影相比，可减少曝光时间和摄片数量，大大降低曝光剂量。

④减少废片、重拍、显影、定影等环节，从而减轻了技术人员的工作量，提高工作效率。

⑤可方便地利用大容量磁盘、光盘存储技术，直接以数字化的方式存储、管理、传送、显示影像和相关信息，高效、低耗、省时、省力地观察、存储、回溯和传达影像。

第六节 X线诊断的临床应用

由于X线具有成像清晰、经济、简便等优点，因此，仍是影像诊断中使用最多的和最基本的方法。目前，胃肠道、骨骼系统、胸部主要使用X线检查。

1. 观察分析X线片要点

①首先应注意投照技术条件。

②应按一定顺序，全面系统地进行观察。

③应注意区分正常与异常。

④应注意观察目标器官的部位和分布、数目、形状、大小、边缘、密度及其均匀性，目标器官本身的功能变化，以及邻近器官组织的改变。

⑤还须用其他临床资料和影像诊断检查结果加以验证。

2. X线诊断结果

X线诊断结果基本上有以下3种情况。

①肯定性诊断。即经过X线检查，可以确诊某些疾病。

②否定性诊断。即经过X线检查，排除了某些疾病。

③可能性诊断。即经过X线检查，发现了某些X线征象，但不能确定病变性质，因而列出几个可能性。

第三章　计算机体层成像

CT 是近代飞速发展的计算机技术和 X 线检查技术相结合的产物。

CT 不同于 X 线成像，它是用 X 线束对机体层面进行扫描，取得信息，经计算机处理而获得的重建影像。CT 所显示的是断面解剖影像，其密度分辨力明显优于 X 线影像。显著扩大了机体的检查范围，提高了病变的检出率和诊断的准确率。

第一节　基本概念

一、体素

CT 影像实际上是机体某一部位有一定厚度（如 1 mm、10 cm 等）的体层影像。将成像的体层按矩阵排列为若干个小的基本单元，以一个 CT 值代表每个小单元内的物质密度，这些小单元称之为体素（voxel）。体素是一个三维的概念。

二、像素

一幅 CT 图像是由很多按矩阵排列的小单元组成，这些组成图像的基本单元被称为像素（pixel）。像素是一个二维的概念，像素实际上是体素在成像时的表现，像素越小，越能分辨图像的细节，即图像的分辨率越高。

三、矩阵

矩阵是一个数学概念，它表示一个横成行、纵成行的数字阵列，将受检层面分割为无数小立方体，这些小立方体就是像素。当图像面积为一固定值时，像素尺寸越小，组成 CT 影像的图像矩阵越大，图像清晰度越高，图像质量越好，512×512、1 024×1 024 最为常用。

四、空间分辨率

空间分辨率又称高对比度分辨率，是指可分辨的临界组织空间几何尺寸的最小极限，即显示待分辨组织几何形态的能力。

五、密度分辨率

密度分辨率指在低对比情况下，分辨组织密度细小差别的能力。CT 密度分辨率较普通 X 线高 10～20 倍。

六、CT 值

X 线穿过机体过程中，计算出每个单位容积的 X 线吸收系数（μ 值），将 μ 值换算成 CT 值，作为表达组织密度的统一单位（Hounsfield Unit，Hu）。

某物质 CT 值＝（该物质吸收系数－水吸收系数）/水吸收系数×1 000

$$CT 值 = (\mu_m - \mu_w) / \mu_w \times 1\,000$$

其中，水、骨和空气的吸收系数分别为：水 $\mu_w=1$，骨 $\mu_B=2$，空气 $\mu_A=0$。常见机体组织的 CT 值范围：脂肪－100～－20，血液 13～32，肾脏 25～50，肌肉 40～55，血块 64～84，骨骼＞400。

七、伪影

伪影指在被扫描物体中并不存在，而图像中却显示出来的各种不同类型的影像。伪影的产生与病患的病理状态有关，也与 CT 设备的性能有关。

八、窗宽

窗宽是指荧屏图像上所包括的人类肉眼可识别的 16 个灰阶的 CT 值范围。CT 值范围有 2 000 Hu，用 16 个灰阶来反映 2 000 Hu，则所分辨 CT 值是 125 Hu，如相邻组织密度差异小于 125 Hu，则肉眼无法辨别。

第二节　CT 成像基本原理与设备

一、成像原理

CT 是用 X 线束对机体某部位一定厚度、密度的层面进行扫描，由探测器接收透过该层面的 X 线，转变为可见光后，由光电转换器转变为电信号，再经模拟/数字转换器转为数字信号，数字信号再输入计算机进行处理，形成黑白的灰阶影像。影像形成的处理中将选定层面分成若干个体积相同的长方体（称为体素）；扫描所得信息经计算而获得每个体素的 X 线衰减系数或吸收系数，再排列成矩阵（即数字矩阵）；数字矩阵可存贮于磁盘或光盘中；经数字/模拟转换器把数字矩阵中的每个数字转为由黑到白不等灰度的小方块，即像素，并按矩阵排列，形成 CT 影像图像。所以，CT 影像图像是重建的断层影像，是数字化影像。每个体素的 X 线吸收系数可以通过不同的数学算法获得。

二、成像步骤

1. X 线扫描数据的收集和转换

X 线射入机体，被机体吸收而衰减，其衰减的程度与受检层面的组织、器官和病变的密度有关，密度越高，对 X 线衰减越大。

探测器组合收集衰减后的 X 线信号（X 线光子）时，借闪烁晶体（或氙电离室）、光电管和光电倍增管的作用，将看不见的光子转变为可见光线（闪烁晶体的作用），再将光线集中（光电管的作用)，然后将光线转变为电信号并放大(光电倍增管的作用)。借模拟/数字转换器输入的电信号转变为相应的数字信号后，送入计算机。

2. 扫描数据处理和重建影像

计算机将输入的原始数据加以校正处理，再进行影像重建。

3. 影像的显示及贮存

将重建影像矩阵中的数据，再经过数字模拟转换，转变为不同灰暗度的光点，形成影像，可由荧光屏显示，亦可拍成照片或以数据的形式用打印机打印；也可录入磁带、光盘、软盘等永久保存。

三、CT 成像设备

CT 装置主要由扫描机架、检查床、高压发生器、计算机及阵列处理器和影像显示器、存储设备组成。

CT 设备主要分为 3 部分：①扫描部分由 X 线管、探测器和扫描架组成；②计算机系统，将扫描收集到的信息数据进行贮存运算；③影像显示和存储系统及输出设备，将经计算机处理、重建的影像显示在电视屏上或用多幅照相机或激光照相机将影像摄下。

1. 扫描机架

(1)X 线管　CT 用 X 线管分为固定阳极和旋转阳极两种。固定阳极 X 线管由于其有效的焦点面积小，热容量不足，不能耐受较大的管电流使阳极产生的高热，只能用于第一、第二代 CT 装置。旋转阳极 X 线管焦点的有效面积大，热容量大幅度增加，可耐受较大的管电流。故多用于第三代、第四代 CT 装置。

(2)探测器　探测器是将 X 线信号转变为电信号的器件。有固体探测器和气体探测器两种类型。固体探测器一般用碘化钠、碘化铯、锗酸铋等组成的闪烁晶体，它将检出的 X 线信号转变成光信号，再与光电二极管配合最后转化成电信号。固体探测器具有灵敏度高，转换率较高等特点，但余晖较长，一致性较差。气体探测器已很少应用。目前新推出的 CT 机配有陶瓷晶体探测器，该探测器具有灵敏度高、一致性好、余晖小、且体积小的特点，可用作多层螺旋 CT。

(3)准直器　准直器位于 X 线管射线的出口端和探测器接收 X 线的入口端。其主要作用是对 X 线束进行导向和整形。滤除探测器接收范围以外的 X 线和散射线，准直器的缝隙宽度决定扫描层面的厚度。通常在 1～10 mm 范围内调节，当层面厚度较薄时，由于探测器接收的光子数减少，噪声增大，需增加曝光量，才能获得满意的影像。

(4)模/数(A/D)转换器　探测器采集的电信号是连续变化的模拟量，模/数转换器是将探测器采集的模拟电信号转换为计算机所能识别的数字信号，供计算机重建影像。

2. 检查床

检查床主要功能是将动物的检查部位送入扫描孔。在扫描期间，常规 CT 以步进方式水平移动，螺旋 CT 则做水平匀速运动。

3. 高压发生器

根据高压发生器的整流频率可分为低频、中频和高频，由于高频高压发生器输出的电流波形较平直，且效率高，体积小，故现在的 CT 设备中多采用高频高压发生器。

4. 计算机系统

CT 有两个主要的计算机系统，分别是主计算机和阵列处理器。主计算机负责控制整个系统的运行，包括机架的运行、床的运动、X 线发生的控制、数据的产生、数据的收集以及各部件间的信息交换。阵列处理器则负责影像重建。

随着计算机技术的提高，运算速度加快，也有些 CT 的影像重建全部由主计算机处理。

5. 影像的显示、存贮及输出设备

扫描得到的结果一般由计算机从硬盘调出并显示在屏幕上，利用相应的软件，我们可通过调节窗宽和窗位使病灶显示更加清晰，符合诊断要求。当图像资料需要永久保存时，可存贮在 MOD、CD 上，还可将影像传送到 PACS 系统，存贮在 PACS 的磁带库、磁盘塔、光盘塔上供共享。

第三节　CT 影像的特点

CT 影像是由一定数目由黑到白不同灰度的像素按矩阵排列所构成。这些像素反映的是相应体素的 X 线吸收系数。不同 CT 装置所得影像的像素大小及数目不同。大小可以是 1.0 mm×1.0 mm，0.5 mm×0.5 mm 不等；数目可以是 256×256，即 65 536 个，或 512×512，即 262 144 个不等。显然，像素越小，数目越多，构成影像越细致，即空间分辨力（spatial resolution）越高。X 线影像不如 CT 影像的空间分辨力高。

CT 影像是以不同的灰度来表示，反映器官和组织对 X 线的吸收程度。因此，与 X 线图像所示的黑白影像一样，黑影表示低吸收区，即低密度区，如肺部；白影表示高吸收区，即高密度区，如骨骼。但是 CT 影像与 X 线影像相比，CT 影像的密度分辨力高，即有高的密度分辨力（density resolution）。因此，动物机体软组织的密度差别虽小，吸收系数虽多接近于水，但也能形成对比而成像，这是 CT 影像的突出优点。CT 影像可以更好地显示由软组织构成的器官，如脑、脊髓、纵隔、肺、肝、胆、胰以及骨盆部器官等，并在良好的解剖影像背景上显示出病变的影像。

X 线影像可反映正常与病变组织的密度，如高密度和低密度，但没有量的概念。CT 影像不仅以不同灰度显示其密度的高低，还可用组织对 X 线的吸收系数说明其密度高低的程度，具有一个量的概念。实际工作中，不用吸收系数，而换算成 CT 值，用 CT 值说明密度。单位为 Hu。

水的吸收系数为 1.0，CT 值定为 0 Hu，动物体中密度最高的骨皮质吸收系数最高，CT 值定为＋1 000 Hu，而空气密度最低，定为－1 000 Hu。动物体中密度不同和各种组织的 CT 值则居于－1 000～＋1 000 Hu 的 2 000 个分度之间。

动物体软组织的 CT 值多与水相近，但由于 CT 有高的密度分辨力，所以密度差别虽小，也可形成对比而显影。

使用 CT 值描述某一组织影像的密度不仅可用高密度或低密度形容，而且可用它们的 CT 值来说明密度高低的程度。

CT 影像是层面影像，常用的是横切面。为了显示整个器官，需要多个连续的层面图像。通过 CT 设备图像重建程序的运用，还可获得重建的冠状面和矢状面的层面影像。

第四节 CT 机检查技术

一、平扫

平扫(precontrast scan 或 non-contrast scan)是指不用造影增强或造影的普通扫描。一般都是先作平扫(图 3-1A)。在实际应用中多做横切面扫描,偶尔也做冠状面扫描,层厚可选 1～10 mm。检查时动物要制动或麻醉。患病动物进行腹部扫描需口服造影剂。

二、增强扫描

增强扫描(post contrast scan or contrast scan)是指血管内注射造影剂后的扫描(图 3-1B),是经静脉注入水溶性有机碘剂,如 60%～76%泛影葡胺 60 mL 后再行扫描的方法。血液内碘浓度增高后,器官与病变内碘的浓度可产生差别,形成密度差,可使病变显影更为清楚。造影剂的注入方法分团注法、静滴法和静注与静滴法几种。目的是提高病变组织同正常组织的密度差,以显示平扫上未被显示或显示不清的病变,通过病变有无强化或强化类型,对病变作定性诊断。

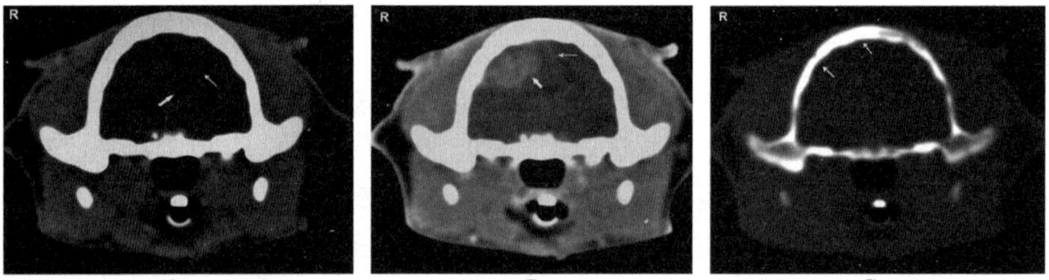

A B C

A. 平扫,可见第三脑室向左移位(粗箭头);与左侧脑室(细箭头)相比,看不见右侧脑室。B. 增强扫描:右侧颞叶明显可见一个基底较宽的肿块(粗箭头),明显强化但不均匀;大脑镰的背部向左移动(细箭头)。C. 骨窗:右侧颞骨硬化(箭头)。结果与颅内病变一致。组织学诊断:脑膜瘤。

图 3-1 猫大脑 CT 横切面

(资料来源: OHLERTH S,et al,2007)

三、造影扫描

造影扫描是先进行器官或结构的造影,然后进行扫描的方法。例如,向脑池内注入碘曲仑 8～10 mL 或注入空气 4～6 mL 行脑池造影后再扫描,称为脑池造影 CT 扫描,可清楚显示脑池及其中的小肿瘤。这种方法可以更好地显示结构和发现病变,常用的造影方法有脊髓造影 CT、胆囊造影 CT 等。

四、CT 检查的特点

①密度分辨力高,可直接显示 X 线检查无法显示的器官和病变。

②检查方便、迅速而安全。动物只需制动,便可顺利完成检查,尤其是对于急诊动物能较快做出诊断,为抢救动物争取时间起到重要作用。此外,CT 随诊方便,还可以对急症在短期

内重复检查，有利于观察病变的演变。

③传统X线平片上影像重叠，相邻器官组织密度差异不大而不能形成对比影像，软组织构成器官不能显影或显影不佳等缺点，CT扫描均可避免。与核素扫描及超声影像相比，CT影像清晰，解剖关系明确，病变显示好，因此病变的检出率和诊断准确率高。

④可获得各种正常组织与病变组织的X线吸收系数(或衰减系数)，以进行定量分析，即不仅显示出不同密度的器官、组织或病变的影像，且直接得到各自对X线吸收多少的数值即吸收系数。

⑤由于影像是来自吸收系数的转换，因此可进行影像处理，使影像的密度或灰度调节到适合观察某种组织或病变窗宽和窗位，而X线照片各部影像密度是不能调节的。

⑥必要时还可以加做增强扫描，使影像更为清晰，并对某些病变进行鉴别诊断，提高病变的诊断准确率及显示率。

第五节　CT影像的分析与诊断

在观察分析CT影像时，应先了解扫描的技术条件，是平扫还是增强扫描，再对每帧CT影像进行观察。结合对一系列多帧影像的观察，可立体地了解器官大小、形状和器官间的解剖关系。病变在良好的解剖背景上显影是CT的特点，也是诊断的主要根据，病变够大并同邻近组织有足够的密度差，即可显影。根据病变密度高于、低于或等于所在器官的密度而分为高密度、低密度或等密度病变。如果密度不均，有高有低，则为混杂密度病变。发现病变要分析病变的位置、大小、形状、数目和边缘，还可测定CT值以了解其密度的高低。如进行造影增强扫描，则应分析病变有无密度上的变化，即有无强化。如病变密度不增高，则为不强化；密度增高，则为强化。

强化程度不同，形式亦异，可以是均匀强化或不均匀强化或只病变周边强化(即环状强化)。对强化区进行CT值测量，并与平扫的CT值比较，可了解强化的程度。此外，还要观察邻近器官和组织的受压、移位和浸润、破坏程度等。

综合分析器官大小、形状的变化，病变的表现以及邻近器官受累情况，就有可能对病变的位置、大小与数目、范围以及病理性质做出判断。与其他成像技术一样，还需要与临床资料结合，并协同其他影像结果综合分析。

CT在发现病变、确定病变位置及大小与数目方面是敏感而可靠的，但对病理性质的诊断具有一定的局限性。

第六节　CT诊断的临床应用

CT检查对中枢神经系统疾病的诊断价值较高，应用普遍。对颅内肿瘤(图3-2)、脓肿与肉芽肿、寄生虫病、外伤性血肿与脑损伤、脑梗死与脑出血以及椎管内肿瘤与椎间盘脱出等疾病的诊断较为可靠。螺旋CT扫描，可以获得比较精细和清晰的血管重建影像，即CTA，而且可以做到三维实时显示，有希望取代常规的脑血管造影。

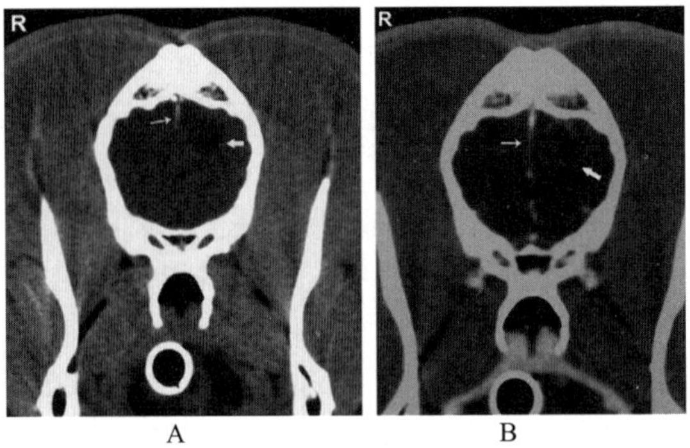

左额叶颅内可见一个模糊的略显不均匀的低密度病变(粗箭头),增强扫描后可见阴影增强。大脑镰向右侧移位(细箭头)。组织学诊断:胶质瘤。

图 3-2 犬颅的肿瘤拳师犬大脑 CT 横切面影像平扫(A),增强扫描(B)

(资料来源:OHLERTH S,et al,2007)

CT 对头颈部疾病的诊断也很有价值。例如,对眶内占位病变、鼻窦早期癌(图 3-3)、中耳小胆脂瘤、听骨破坏与脱位、内耳骨迷路的轻微破坏、耳先天发育异常以及鼻咽癌的早期发现等。对于明显病变,X 线平片可确诊者则无须 CT 检查。

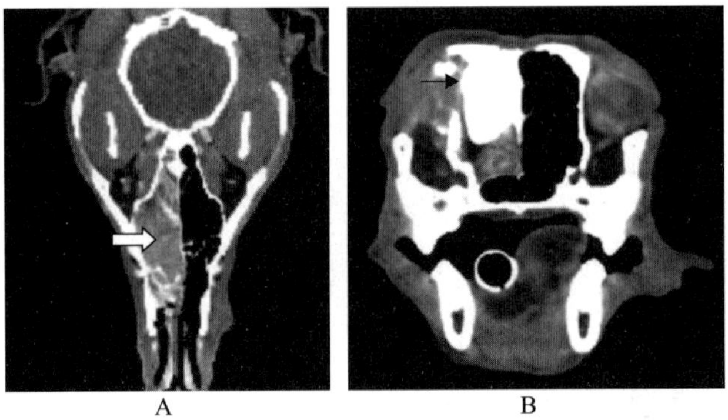

A. 鼻道内见软组织密度影填充(粗箭头);B. 骨溶解(细箭头)。

图 3-3 犬鼻窦早期癌

(资料来源:成都市谐和贝康宠物医院)

随着高分辨力 CT 的应用,对胸部疾病的诊断,CT 检查日益显示出它的优越性。通常采用造影增强扫描以明确纵隔和肺门有无肿块或淋巴结增大、支气管有无狭窄或阻塞,对原发和转移性纵隔肿瘤、淋巴结结核、中心型肺癌等的诊断,均很有帮助。肺内间质、实质性病变也可以得到较好的显示(图 3-4)。CT 对 X 线平片检查较难显示的部分,例如与心脏、大血管重叠的病变的显示,更具有优越性。对胸膜、膈、胸壁病变,也可清楚显示。

心脏及大血管的 CT 检查,具有重要诊断意义。在心脏方面,心包病变的诊断、心腔及心壁的显示等扫查,均有优势。由于扫描时间一般长于心动周期,影响影像的清晰度,诊断价值有限。但冠状动脉和心瓣膜的钙化、大血管壁的钙化及动脉瘤改变等,CT 检查可以很好显示病变情况。

腹部及骨盆部疾病的 CT 检查,应用日益广泛,主要用于肝(图 3-5)、胆、胰、脾、腹膜腔及腹膜后间隙以及泌尿和生殖系统的疾病诊断。尤其是占位性病变(图 3-6)、炎症性和外伤性病变等。胃肠病变向腔外侵袭以及邻近和远处转移等，CT 检查也有很大价值。当然，胃肠管腔内病变情况主要仍依赖于钡剂造影和内镜检查及病理活检。

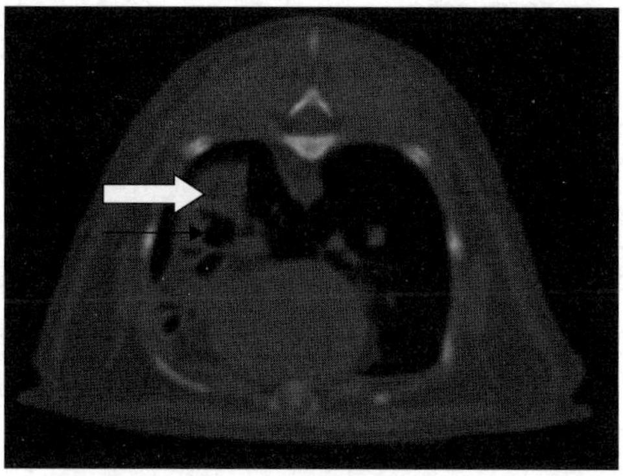

肺区见斑片状高密度影（粗箭头），边缘模糊，其内见充气的支气管影（细箭头）；肺叶实变；可见广泛性的类圆形及椭圆形囊状透光区。

图 3-4　猫肺癌

（资料来源：成都市谐和贝康宠物医院）

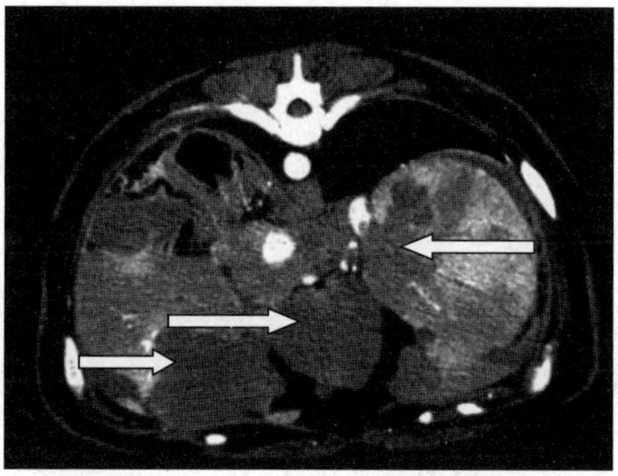

犬肝脏内及临近肝区见多个不规则/类圆形低密度衰减影（粗箭头）。

图 3-5　犬肝的占位性病变

（资料来源：成都市谐和贝康宠物医院）

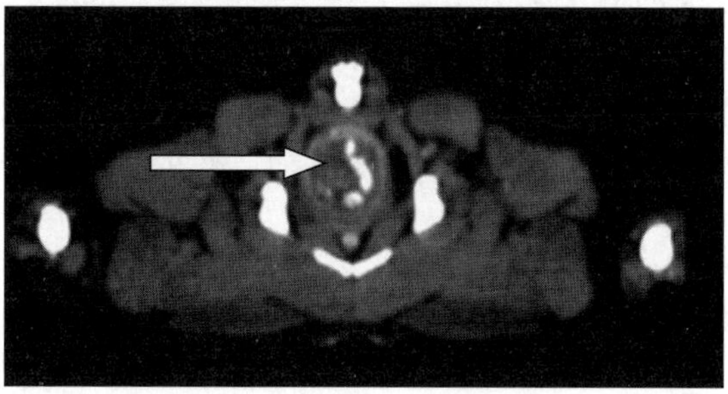

犬直肠段见不均质密度影完全堵塞，内部肿物可见钙化灶（粗箭头）。

图 3-6　犬直肠的占位性病变

（资料来源：成都市谐和贝康宠物医院）

第四章 超声成像

超声波是指振动频率高于 20 000 Hz、人耳辨别不出的振动波。16～20 000 Hz 的声波，人耳能辨出来，称为声波；低于 16 Hz，人耳也听辨不出，称为次声波。超声成像是利用超声波的物理特性和动物体器官组织声学特性相互作用后产生的信息，经信息处理形成图像的成像技术。超声检查是利用超声的物理特性和动物体器官组织声学性质上的差异，以波形、曲线或图像的形式显示和记录，借以进行疾病诊断的检查方法。

第一节 超声仪器和影像的基本概念

一、超声仪器的基本概念

1. 探头(换能器)

探头是发射并接收超声的装置。它将电能转换成声能，再将声能转换成电能。它由晶片、吸声背块、匹配层及导线 4 个部分组成。

2. 聚焦

在超声场内，将声束中的超声能量汇聚成一点的方法称为聚焦。它有利于减小声束，提高横向分辨力，又可分为几何(机械)聚焦和电子聚焦。

3. 动态聚焦

使声束在整个深度范围内均得以聚焦的方法，称为动态聚焦。一般为三点或四点动态聚焦，聚得的焦点越多成像速度越慢。

4. 增益

将超声波信号加以放大的方法称为增益。一般用放大倍数的对数来表示，增益调节通过改变射频放大器的放大倍数实现，前提是必须有适当的输出能量。

5. 灰阶

灰阶即灰度(亮度)的等级。一般 B 超仪取 8～16 级灰阶，可获得层次丰富的影像，目前最大的灰阶范围是 256 级。

二、超声图像的基本概念

1. 无回声区

无回声区是超声经过的区域没有反射，成为无回声的暗区(黑影)，可能由下述情况造成。

(1)液性暗区　如血液、胆汁、尿液和羊水等。因此，血管、胆囊、膀胱和羊膜腔内的区域即呈液性暗区。在病理情况下，如胸腔积液、心包积液、腹水、脓液、肾盂积水以及含液体的囊性肿物及包虫囊肿等也呈液性暗区。

(2)衰减暗区　肿瘤，如巨块型癌，由于肿瘤对超声的吸收，造成明显衰减，而没有回声，出现衰减暗区。

(3)实质暗区　均质的实质，声阻抗差别小，可出现无回声暗区。肾实质、脾等正常组织和肾癌及透明变性等病变组织可表现为实质暗区。

2. 低回声

实质器官如肝，内部回声为分布均匀的暗淡的点状回声。在发生急性炎症，出现渗出时，其声阻抗比正常组织小，透声增高，而出现低回声区(灰影)。

3. 等回声

病灶的回声强度与其周围正常组织的回声强度相等或相似。如脂肪肝的回声。

4. 中等回声

中等强度的点状或团块状回声。

5. 强回声

超声图像上形成的非常明亮的点状或团块状回声，可以是较强回声、强回声和极强回声。

(1)较强回声　实质器官内组织致密或血管增多的肿瘤，声阻抗差别大，反射界面增多，使局部回声增强，呈密集的光点或光团(灰白影)，如癌、肌瘤及血管瘤等。

(2)强回声　介质内部结构致密，与邻近的软组织或液体有明显的声阻抗差，引起强反射。例如骨质、结石、钙化，可出现带状或块状强回声区(白影)，由于透声差，下方声能衰减，而出现无回声暗区，即声影。

(3)极强回声　含气器官如肺、充气的胃肠，因与邻近软组织之声阻抗差别极大，声能几乎全部被反射回来，不能透射，而出现极强的光带。

6. 点状回声

点状回声即通常所说的光点。

7. 驼峰征

当肝脏肿瘤由肝表面向外呈圆形隆起时，称为驼峰征。

8. 晕圈

肿瘤边缘的弱回声所形成的透声环称为晕圈，多见于肝癌病灶周围。

9. 结石滚动征

在胆囊结石时，其内可见强光团伴声影，且可随动物的体位改变而移动。

10. 双筒枪征

当肝管或胆总管扩张时，声像图上形成与门静脉平行的直径相近或更粗的管道图像，形似双筒枪而得名。

第二节　超声成像基本原理与设备

一、超声成像基本原理

超声是机械波(一种纵波，可在固、液、气介质中传播)，由物体机械振动产生，具有波长、频率和传播速度等物理量。医学上用的超声频率为 2.5～10 MHz，常用的是 2.5～5 MHz。超声需在介质中传播，其速度因介质不同而异，在固体中最快，液体中次之，气体中最慢。

超声在介质中以直线传播，有良好的指向性。这是可以用超声对人和动物体器官进行探测的基础。当超声传经两种声阻抗不同相邻介质的界面时，其声阻抗差大于0.1%，而界面又明显大于波长，即大界面时，则发生部分反射，剩余部分声能的超声继续传播，遇到另一个界面再产生反射，直至声能耗竭。反射回来的超声称为回声。声阻抗差越大，则反射越强。超声在介质中传播会发生衰减，即振幅与强度减小。衰减与介质的衰减系数成正比，与距离平方成反比，还与介质的吸收及散射有关。

动物体结构对超声而言是一个复杂的介质，各种器官与组织，包括病理组织有它特定的声阻抗和衰减特性。因而构成声阻抗上的差别和衰减上的差异。超声射入动物体内，由表面到深部，将经过不同声阻抗和不同衰减特性的器官与组织，从而产生不同的反射与衰减。这种不同的反射与衰减是构成超声影像的基础。探头接收到的回声，根据回声强弱经转换处理，最终以明暗不同的光点依次显示在影屏上，则可显出动物体的断面超声图像，称为声像图(sonogram)。

动物体器官表面有被膜包绕，被膜同其下方组织的声阻抗差大，形成良好界面反射，声像图上会呈现完整而清晰的周边回声，从而显出器官的轮廓。根据周边回声能判断器官的形状与大小。

超声经过不同正常器官或病变的内部，其内部回声可以是无回声、低回声或不同程度的强回声。

超声还具有散射、衍射等特性，会对成像有一定的影响。超声还有多普勒效应(Doppler effect)，即活动的界面与声源做相对运动可改变反射回声的回率。这种效应使超声能探查心脏活动、胎儿活动以及血流状态。

二、超声医学影像设备分类

1. 以获取信息的空间分类

(1)一维信息设备　如A型、M型、D型。

(2)二维信息设备　如扇形扫描B型、线形扫描B型、凸形扫描B型等。

(3)三维信息设备　如立体超声设备。

2. 按超声波形分类

(1)连续波超声设备　如连续波超声多普勒血流仪。

(2)脉冲波超声设备　如A型、M型、B型超声诊断仪。

3. 按利用的物理特性分类

(1)回波式超声诊断仪　如A型、M型、B型、D型等。

(2)透射式超声诊断仪　如超声显微镜及超声全息成像系统。

4. 按医学超声设备体系分类

(1)A型超声诊断仪　将产生超声脉冲的换能器置于动物体表面某一点上，声束射入动物体内由组织界面返回的信号幅值，显示于屏幕上，屏幕的横坐标表示超声波的传播时间，即探测深度，纵坐标则表示回波脉冲的幅度。

(2)M型超声诊断仪　将A型方法获取的回波信息，用亮度调制方法，加于CRT阴极(或栅极)上，并在时间轴上加以展开，可获得界面运动的轨迹图，尤其适合于心脏等运动器官的检查。

(3)B型超声诊断仪　又称B型超声断面成像仪,它用回波脉冲的幅度调制显示亮度,而显示器的横坐标和纵坐标则与声速扫描的位置一一对应,从而形成一幅亮度调制的超声断面影像。

B型超声诊断仪又可分为几类:扇形扫描B超诊断仪包括高速机械扇形扫描、凸阵扇形扫描、相控阵扇形扫描等;线形扫描B超诊断仪;复合式B超诊断仪包括线形扫描和扇形扫描的模式,并可与A型、B型、D型等模式相结合应用,极大地增强了B型超声设备的功能。

(4)D型超声多普勒诊断仪　利用多普勒效应,检测出动物体内运动组织的信息,多普勒检测法可分为连续波多普勒超声和脉冲多普勒超声两种模式。

(5)超声全息诊断仪　它沿引于光全息概念,应用两束超声波的干涉和衍射来获取超声波振幅和相位的信息,并用激光进行振幅重现而重建影像。

(6)超声CT　超声CT是X-CT理论的移植和发展,用超声波束代替X线,并由透射数据进行如同X-CT那样的影像重建。超声CT的优点有无放射线损伤;能得到与X-CT及其他超声方法不同形式的诊断信息。

5. B型超声仪的结构

B型超声仪主要由主控电路、发射电路、接收电路(高频信号放大器、视频信号放大器)、扫描发生器、影像显示器和换能器构成。

换能器是电声换能器(又称为探头),由压电晶体构成,完成超声的发射和回声的接收过程,其性能影响成像信号的灵敏度、分辨力和影像伪影等。B型超声设备多用脉冲式回声成像,电子线阵式探头行方形扫描,电子相控阵式探头行扇形扫描。

探头的频率不同,有3.0 MHz、3.5 MHz、10 MHz等。兆赫越大,其穿透性能越小。因此,根据检查部位的不同选用合适的探头。例如眼的扫描用8 MHz探头,而盆腔扫描,则选用3.0 MHz探头。一个超声设备可配备几个不同性能的探头供选用。

第三节　超声影像的特点

B超声影像是断层图像,切面方位可用横切面、纵切面或斜切面。改变探头位置可获得任意方位的声像图,并可观察活动器官的运动情况。但影像展示的范围没有X线、CT或MRI影像范围那么大、那么全面。

声像图是以明(白)暗(黑)之间不同的灰度来反映回声的有无和强弱,无回声则为暗区(黑影),强回声则为亮区(白影)。不同的脏器和病变的形状、轮廓和大小及结构具有不同的回声强度和特点。与其他影像设备的成像特点相比,医学超声成像有以下优缺点。

①对动物体无损伤,这是与X线诊断最主要的区别,因此特别适合于动物产科和新生儿的检查。

②能方便地进行动态连续实时观察,中档以上的超声诊断仪多留有影像输出接口,使影像易于采用多种形式(录像、打印、感光成像、计算机存储等)留存、传输与交流。

③由于它可以采用超声脉冲回声方法进行探查,所以特别适用于腹部脏器、心脏、眼科和动物产科的诊断,而X线平片对骨骼或含气体的脏器组织如肺部,则能较好地成像。因此,二者可以互相弥补。

④从信息量的对比上看，超声诊断仪采用的是计算机数字影像处理，目前较 X 线胶片记录的影像信息量和清晰度稍低。

⑤体内的含液体的器官在不需要任何对比剂的情况下便能显示管腔结构，如血管、胆囊和膀胱等。

⑥对小病灶有良好的显示能力，2～3 mm 大小的囊或病灶均清晰显示。

⑦能取得各种方位的断面图像，可根据声像图特点对病灶精确定位且测量大小。

⑧能及时取得结果，可反复多次观察。

⑨设备轻便，易操作，可在现场检查。

⑩超声图像容易受气体和皮下脂肪组织的干扰，影响影像的质量。此外，超声影像显示的范围较小，其展示的范围不像 X 线、CT 或 MIR 影像那样能同时显示多器官或结构的整体关系，所以有一定局限性。

第四节　超声检查技术

超声探查多用仰卧位，但也可用侧卧位等其他体位。探查过程中可变更体位。待检动物采取适宜体位，剪去待检部位皮肤上的长毛，擦干净，涂上耦合剂，以排出探头与皮肤间的空气，探头紧贴皮肤扫描，扫描中观察图像，必要时冻结，即停帧，进行细致观察，做好记录，并摄片或录像。在观察过程中，应注意器官的大小、形状、周边回声，尤其是后壁回声、内部回声、活动状态、器官与邻近器官的关系及活动度等。

超声检查包括二维超声检查、频谱型多普勒超声和彩色多普勒超声血流成像检查。

二维超声检查能清晰实时显示各脏器的形态结构、空间位置、连续关系等。频谱型多普勒超声检查包括脉冲波多普勒超声和连续波多普勒超声两种检查技术。前者能对心血管内某一点处的血流方向、速度及性质进行分析。连续波多普勒血流检查能对心血管内声束一条线上的血流方向、速度及性质进行分析。二者各具优势和不足。彩色多普勒超声时血流成像能显示心血管内某一断面的血流信号，可与二维图像相互结合同时显示。彩色多普勒超声的血流图像实时、直观形象，检查快速，漏误较少。其不足之处是对血流速度只能进行粗略估计。

第五节　超声影像的分析与诊断

在对动物胸腹部进行超声检查时，首先，应了解切面方位，以便于认清断面影像上所包括的解剖结构。注意周边回声，包括器官和较大肿块的边缘回声，借此可观察其大小、形状、位置与活动情况。应用游标可测量其径线、面积或体积，判断是否增大或缩小；有无局部膨隆；有无移位，活动如何等。其次，要观察器官与较大肿块的内部回声，包括回声的强弱、多少、分布和回声周围情况（如有无声影）等。因为它可反映组织结构的内部性质。还应注意邻近器官的改变，包括受压移位或浸润破坏等。器官弥漫性病变依器官大小、形状和内部回声的改变进行诊断，较为困难，器官内占位病变则依靠局限性内部回声异常作诊断，较易发现。

对所得声像图的改变要进行综合判断。如为局部病变，则应确定病变的位置（例如位于某一器官的哪一部位);病变的大小、数目;病变的物理性质是液性、实质性,还是含气性或混合性的;病理性质是炎性或肿瘤性的,还是良性或恶性的,原发还是转移,是癌还是肉瘤等。

声像图对发现病变、确定病变位置和大小较易,确定病变为液性、实质性或含气性也较为可靠。鉴别肿块的良性或恶性也有一定的提示作用,例如良性病变的周边回声清楚,边缘光滑,内部回声均匀,衰减不明显,而恶性病变周边回声不清,边缘不光滑,轮廓不规则,内部回声不均匀,出血坏死区衰减明显可显示无回声影像。

第六节　超声诊断的临床应用

由于超声检查无创伤、无痛苦、无电离辐射影响,一般无须使用造影剂便可获得动物体各部位软组织器官和病变及管腔结构的高清晰度断层图像,因此超声检查已广泛应用于内、外、产科和眼科疾病的诊断,成为许多软组织器官病变首选的影像学检查方法。超声对心、腹部和盆腔器官的检查应用较多。如对肝癌、肝血管瘤、肝脓肿、肝硬化、胆囊结石与肿瘤、胰腺及脾的疾病、腹水的诊断;肾、膀胱、前列腺、肾上腺、子宫、卵巢的检查;眼、甲状腺及乳腺的检查。在妊娠的诊断中,对胎位、胎盘的定位,多胎、死胎、胎儿畸形及葡萄胎的判定等都有相当的价值。

超声诊断也有其局限性。超声的物理性质使其对骨骼、肺和胃肠的检查受到限制。超声图像表现所反映的器官和组织声阻抗差的改变有一定的规律性,但缺少特异性,因此对于病变的性质的判断,需与其他影像学表现和临床资料相结合进行综合分析。

第五章　磁共振成像

MRI 是利用原子核在磁场内共振所产生的信号经重建成像的一种成像技术。

MRI 设备特点包括：①非电离辐射式；②密度分辨力高；③是横切面、冠状面、矢状面等不同体层影像；④可用于全身各系统的检查，其中以中枢神经系统、心血管系统、肢体关节和盆腔等效果最好。

第一节　MRI 成像基本原理与设备

一、MRI 设备

MRI 的成像系统包括两部分：一是 MR 信号产生；二是数据采集与处理及影像显示。MR 信号的产生是来自大孔径，具有三维空间编码的 MR 波谱仪；而数据处理及影像显示部分，则与 CT 扫描装置相似。MRI 设备具体包括两部分：①磁体、梯度线圈、供电部分、射频发射器及 MR 信号接收器，负责 MR 信号产生、探测与编码；②模拟转换器、计算机、磁盘与磁带机等，负责数据处理、影像重建、显示与存储。

(一)磁体系统

磁体的类型有常导型、超导型和永磁型三种，直接关系到磁场强度、均匀度和稳定性，并影响 MRI 的影像质量。磁感应强度的单位用特斯拉(T)表示，1 T(特斯拉)= 10 000 G(高斯)。

常导型的线圈用铜、铝线绕成，磁感应强度最高可达 0.15～0.3 T，制造简单，但对电源要求高，耗电量大。

超导型的线圈用铌-钛合金线绕成，磁场强度一般为 0.35～2.0 T，特点是磁感应强度高而且稳定，但技术复杂，费用高，在运行中要消耗液氦(－269 ℃)。

永磁型的磁体由用铝镍钴、铁氧体和稀土钴等磁性物质制成的磁砖所组成，较重，磁场强度偏低，最高达 0.3 T。特点是造价低、维护简便，但由于磁性材料的用量与磁场强度的平方成正比，故场强不宜过大，一般在 0.3 T 左右。

常导型和超导型的梯度线圈可修改主磁场，产生梯度磁场。其磁场强度虽只有主磁场的几百分之一，但梯度磁场为动物体 MR 信号提供了空间定位的三维编码的可能，梯度场由 X、Y、Z 三个梯度磁场线圈组成，并有驱动器以便在扫描过程中快速改变磁场的方向与强度，迅速完成三维编码。

(二)谱仪系统

谱仪系统由梯度场和射频场的发生与控制、MR 信号接收和控制等部分组成。谱仪系统在整个成像装置中，起着“承上启下”的关键作用，它所采集的信号，通过适当接口传送给计算机处理。

(三)计算机图像处理系统

MRI 的计算机影像处理系统要求配备大容量的计算机和高分辨的模/数转换器(A/D),以完成数据采集、影像处理和影像显示。

由检波器送来信号经 A/D 转换器,把模拟信号转变为数字信号,得出层面影像数据,再经过数/模转换,用不同灰度或者颜色显示影像。

射频发射器与 MR 信号接收器组成射频系统,射频发射器是为了产生临床检查目的不同的脉冲序列,以激发动物体内氢原子核产生 MR 信号。不同脉冲序列的发射完全由计算机控制。射频发射器及射频线圈很像一个短波发射台及发射天线,向动物体发射脉冲,动物体内氢原子核相当于一台收音机接收脉冲。脉冲停止发射后,动物体氢原子核变成一个短波发射台,而 MR 信号接受器则成为一台收音机接收 MR 信号。

MRI 设备中的数据采集、处理和影像显示,除影像重建由 Fourier 变换代替了反投影以外,其他部分与 CT 设备非常相似。

二、MRI 原理

含单数质子的原子核,例如动物体内广泛存在的氢原子核,其质子有自旋运动,带正电,产生磁矩,犹如一个小磁体(图 5-1)。小磁体在放入磁场前自旋轴的排列无一定规律。但如在均匀的强磁场中,则小磁体的自旋轴将按磁场磁力线的方向重新排列(图 5-2)。在这种状态下,用特定频率的射频脉冲(radio frequency,RF)进行激发,作为小磁体的氢原子核吸收一定的量能而共振,即发生了磁共振现象。

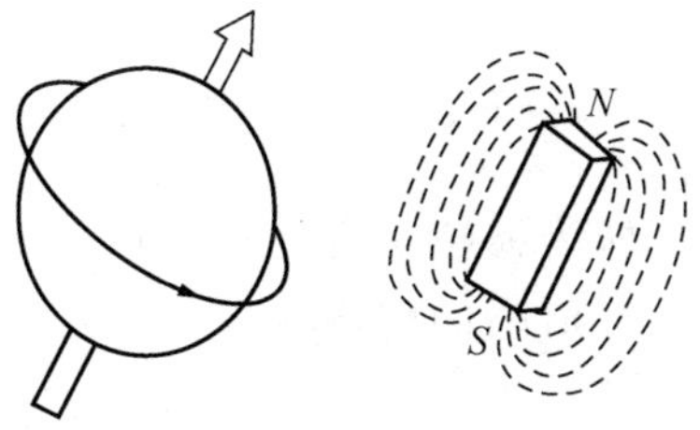

质子带正电荷,它们像地球一样在不停地绕轴旋转,并有自己的磁场。

图 5-1　MRI 的电磁现象示意

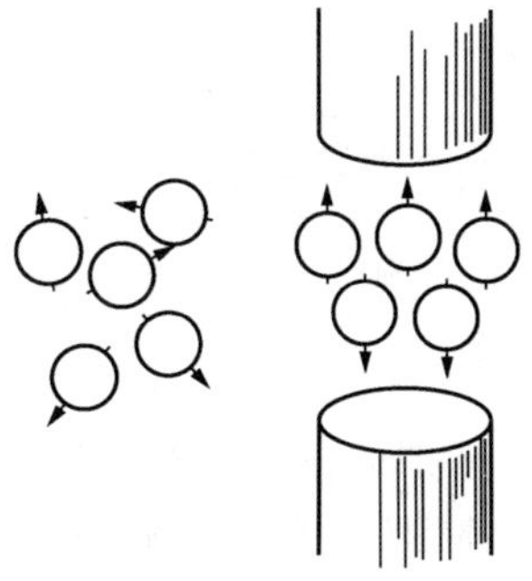

在正常情况下,质子处于杂乱无章的排列状态。当把它们放入一个强外磁场中,就会发生改变。它们仅在平行或反平行于外磁场两个方向上排列。

图 5-2　MRI 磁力体的重新排列示意

停止发射射频脉冲,则被激发的氢原子核把所吸收的能逐步释放出来,其相位和能级都恢复到激发前的状态,这一恢复过程称为弛豫过程(relaxation process),而恢复到原来平衡状态所需的时间则称为弛豫时间(relaxation time)。磁共振弛豫时间有两种,一种是自旋-晶格弛豫时间(spin-lattice relaxation time),又称纵向弛豫时间(longitudinal relaxation time),反映自旋核把吸收的能传给周围晶格所需要的时间,也是 90°射频脉冲质子由纵向磁化转到横向磁化之后再恢复到纵向磁化激发前状态所需的时间,称 T1。另一种是自旋-自旋弛豫时间(spin-spin relaxation time),又称横向弛豫时间(transverse relaxation time),反映横向磁化衰减、丧失的过程，即是横向磁化所维持的时间，称 T2。T2 衰减是由共振质子之间相互磁化作用所引起的，与 T1 不同，它引起相位的变化。

T1：纵向磁化由零恢复到原来数值的 63%所需要的时间。能量转移快，则 T1 值短，信息愈强。

T2：横向磁化由最大值减小到最大值的 37%所需要的时间，纯液体 T2 值长，信号强；固体 T2 值短，信号弱。

形象地说射频脉冲就是向患者或病畜发射短促的无线电波。操作时将动物摆入强的外磁场中，发射无线电波，瞬间即关掉无线电波，接收由患者或病畜发出的磁共振信号，用磁共振信号重建图像。

动物不同器官的正常组织与病理组织的 T1 是相对固定的，而且它们之间有一定的差别，T2 也是如此。这种组织间弛豫时间上的差别，是 MRI 的成像基础。与 CT 扫描成像原理相似，组织间吸收系数（CT 值）差别是 CT 成像的基础。但 MRI 不像 CT 只有一个参数（即吸收系数），而是有 T1、T2 和自旋核密度（P）等几个参数，其中 T1 与 T2 尤为重要。因此，获得选定层面中各种组织的 T1（或 T2）值，就可获得该层面中包括各种组织影像的图像。

MRI 的成像方法也与 CT 相似，把检查层面分成 Nx，Ny，Nz，…，一定数量的小体积，即体素，用接收器收集信息，数字化后输入计算机处理，获得每个体素的 T1 值（或 T2 值），进行空间编码。用转换器将每个 T 值转为模拟灰度，而重建图像。

体内常见的水 T1 与 T2 都长，而脂肪组织 T1 与 T2 都短。所以含水量高的组织弛豫时间也长，而病变组织如肿瘤比其周围组织含水量高，故 T1 和 T2 常较长。

第二节 MRI 影像的特点

一、灰阶成像

具有一定 T1 差别的各种组织，包括正常与病变组织，转为模拟灰度的黑白影，则可使器官及其病变成像。MRI 所显示的解剖结构非常逼真，在良好清晰的解剖背景上，再显出病变影像，使得病变同解剖结构的关系更明确。

值得注意的是，MRI 的影像虽然也以不同灰度显示，但反映的是 MR 信号强度的不同或弛豫时间 T1 与 T2 的长短，而不像 CT 影像，灰度反映的是组织密度。

MRI 的影像主要反映组织间 T1 特征参数时，为 T1 加权像（T1 weighted image，T1WI），主要反映组织间 T2 特征参数时，则为 T2 加权像（T2 weighted image，T2WI）。因此，一个层面可有 T1WI 和 T2WI 两种扫描成像方法，分别获得 T1WI 与 T2WI 有助于显示正常组织与病变组织。正常组织，如脑神经各种软组织间 T1 差别明显，所以 T1WI 有利于观察解剖结构，而 T2WI 则显示病变组织较好。

在 T1WI 上，脂肪 T1 短，MR 信号强，影像白；脑与肌肉 T1 居中，影像灰；脑脊液 T1 长、骨与空气含氢量少，MR 信号弱，影像黑。在 T2WI 上，则与 T1WI 不同，例如脑脊液 T2 长，MR 信号强而呈白影。

二、流空效应

心血管的血液由于流动迅速，使发射 MR 信号的氢原子核离开接收范围之外，所以测不到 MR 信号，在 T1WI 或 T2WI 中均呈黑影，这就是流空效应(flowing void)。这一效应使心腔和血管显影，这与 CT 成像不同。

三、三维成像

MRI 可获得动物体横面、冠状面、矢状面及任何方向断面的图像，有利于病变的三维定位。而 CT 难以做到直接三维显示，需采用重建的方法才能获得状面或矢状面图像以及三维重建立体像。

四、运动器官成像

采用呼吸和心电图门控(gating)成像技术不仅能改善心脏大血管的 MR 成像，还可获得其动态影像。

第三节　MRI 检查技术

MRI 的扫描技术有别于 CT 扫描。MRI 不仅要横切面影像，还常要矢状面或(和)冠状面影像，又需要获得 T1WI 和 T2WI。因此，需选择适当的脉冲序列和扫描参数。常用的 MRI 脉冲序列主要为多层面、多回波的自旋回波(spin echo，SE)技术。扫描时间参数有回波时间(echo time，TE)和脉冲重复间隔时间(repetition time，TR)。使用短 TR 和短 TE 可得 T1WI，而用长 TR 和长 TE 可得 T2WI。时间以毫秒(ms)计。依 TE 的长短，T2WI 又可分为重、中、轻三种。病变在不同 T2WI 中信号强度的变化，可以帮助判断病变的性质。例如，肝血管瘤 T1WI 呈低信号，在轻、中、重度 T2WI 上则呈高信号，且随着加重程度，信号强度有递增表现，即在重 T2WI 上其信号特强。肝细胞癌则不同，T1WI 呈稍低信号，在轻、中度 T2WI 呈稍高信号，而重度 T2WI 上又略低于中度 T2WI 的信号强度。再结合其他临床影像学表现，不难将二者区分。

MRI 常用的 SE 脉冲序列，扫描时间和成像时间均较长，因此对患者或病畜的制动非常重要。采用呼吸门控和(或)呼吸补偿、心电门控和周围门控以及预饱和技术等，可以减少由于呼吸运动及血液流动所导致的呼吸伪影、血流伪影以及脑脊液波动伪影等的干扰，可以改善 MRI 的影像质量。

为了克服 MRI 中 SE 脉冲序列成像速度慢、检查时间长，近年来先后开发了梯度回波脉冲序列、快速自旋回波脉冲序列等成像技术，已取得重大成果并广泛应用于临床。此外，还开发了脂肪抑制和水抑制技术，进一步增加 MRI 信息。

MRI 另一新技术是 MRA。MRA 是利用磁共振时血管中流动的血液出现流空现象对血管进行显影的技术。它的 MR 信号强度取决于流速，流动快的血液常呈低信号。因此，在流动的血液及相邻组织之间有显著的对比，从而提供了 MRA 的可能性。目前已应用于大、中血管病变的诊断，并在不断改善。MRA 不需穿刺血管和注入造影剂，有很好的应用前景。

MRA 还可用于测量血流速度和观察其特征。

MRI 也可行造影增强，即从静脉注入能使质子弛豫时间缩短的顺磁性物质作为造影剂，以行 MRI 造影增强。常用的造影剂为钆-二乙三胺五醋酸(gadolinium-DTPA，Gd-DTRA)。这种造影剂不能通过完整的血脑屏障，不被胃黏膜吸收，完全处于细胞外间隙内以及无特殊靶器官分布，有利于鉴别肿瘤和非肿瘤的病变。中枢神经系统 MRI 做增强造影时，病灶增强与否及增强程度与病灶血供的多少和血脑屏障破坏的程度密切相关，因此有利于中枢神经系统疾病的诊断。

MRI 还可用于心血管疾病的动态观察和诊断。基于 MRI 对血流扩散和灌注的研究，可以在早期发现脑缺血性改变。这一优势提示 MRI 具有很好的应用前景。带有心脏起搏器的人或病畜需远离 MRI 设备。体内有金属植入物，如金属夹，不仅影响 MRI 的影像，还可能对患者或病畜造成严重后果，严禁进行 MRI 检查。

第四节　MRI 分析与诊断

检查前，要先了解 MRI 设备的类型、磁感应强度和扫描技术条件，如 TR 与 TE 的长短，因为它们直接影响图像的对比度，还有助于分辨 T1WI 和 T2WI。

观察 MRI 时，需要对每帧图像进行分析，要结合冠状面、矢状面和横切面图像进行观察，以便获得立体的概念，便于对病变位置乃至起源做出判断。要结合 T1WI 和 T2WI，尤其对轻重不同的 T2WI 进行分析，因为比较两个加权像上病变的信号强度变化，有助于对病变性质的判断。

MRI 显示解剖结构清晰而逼真，可很好地观察器官大小、形状和位置等方面的情况，所以，可能对引起器官形态变化的疾病做出诊断。

在良好的解剖背景上显示病变是 MRI 诊断的突出优点。在观察病变时需注意病变的位置、大小、形状、边缘轮廓和同有关器官的关系等，还要观察病变 T1、T2 的长短或 MR 信号的强弱与均匀性，因为这有助于病变性质的判断。例如脑水肿表现为长 T1、长 T2，多数脑瘤表现为长 T1、长 T2，含脂类病变表现为短 T1 和不同程度的长 T2。

血管由于流空效应而显影，故可分析病变同血管的关系。

骨髓在 MRI 上表现为高信号区，侵及骨髓的病变，如肿瘤、感染及代谢疾病，MRI 上可清楚显示。MRI 在显示关节内病变及软组织方面也有其优势。MRI 在显示骨骼和胃肠疾病方面受到限制。

在完成 MRI 成像的磁场强度范围内，对机体健康无不良影响，所以是一种非损伤性检查。MRI 设备昂贵，检查费用高，检查所需时间长，对某些器官和疾病的检查还有限度，因此，需要严格掌握适应证。

第五节　MRI 诊断的临床应用

MRI 诊断被广泛应用于临床，时间虽短，但已显出它的优越性。MRI 在神经系统应用较为成熟。三维成像和流空效应使病变定位诊断更为准确，并可观察病变与血管的关系。MRI对脑干、幕下区、枕大孔区、脊髓与椎间盘的显示明显优于CT。对脑脱髓鞘疾病、多发性硬化、脑梗死、脑与脊髓肿瘤、血肿、脊髓先天异常与脊髓空洞症的诊断也具有较高的应用价值。

纵隔在MRI上可形成脂肪与血管的良好对比，易于观察纵隔肿瘤及其与血管间的解剖关系。对肺门淋巴结与中心型肺癌的诊断，帮助也较大。

心脏大血管在MRI上因可显示其内腔，所以心脏大血管的形态学与动力学的研究可在无创伤的MRI检查中完成。

MRI对腹部与骨盆部器官，如肝、肾、膀胱、前列腺和子宫、颈部和乳腺的检查也有相当价值。MRI在显示恶性肿瘤早期对血管的浸润侵袭以及肿瘤的分期方面优于CT。

第六章　核医学与分子成像

自20世纪70年代末，随着PET逐步应用于核医学临床实践和SPECT的广泛应用，发射型计算机断层成像（emission computed tomography，ECT）在核素成像乃至整个医学影像中的地位和作用都得到了极高的评价，是核素成像技术继扫描机、γ照相机问世以后的又一重要进展。由于磁共振（MR）分子成像、光学分子成像和核医学分子成像技术（包括SPECT和PET）能从细胞和分子水平上对活体生物过程进行定性和定量研究，所以分子影像学（molecular imaging）这一定义问世。

传统的CT、核磁、X线检查和超声等设备属于解剖成像设备，他们可以为临床提供非常全面的解剖影像，但难以了解脏器或病变组织的功能状态。SPECT/CT是将功能成像的SPECT与解剖成像的CT进行了完美结合，实现ECT和CT影像的融合，综合了二者在疾病诊断方面的优势，具有灵敏度高、准确性高、特异性强、定位准确的优点，同时还有其断层图不受邻近层面核素干扰、能获得活体三维影像、能定量计算脏器或病变部位的大小、体积及局部血流量等特点，可达到ECT与CT联合检查的一站式服务。该新型的SPECT/CT与原ECT相比可大大提高疾病诊断效率和准确率。

第一节　正电子发射计算机体层成像

PET是一种通过示踪原理，以解剖结构方式显示体内生化和代谢信息的影像技术。因此也称为生化成像、分子成像和生命成像，是核医学领域比较先进的临床检查影像技术。

正常范围PET特别适用于在没有形态学改变之前的疾病早期诊断，可发现亚临床病变，还可用于评价治疗效果。目前，尤其在肿瘤、冠心病和脑部疾病这三大类疾病的诊疗中PET显示出了重要的价值。

正电子发射体层成像计算机体层扫描（PET-CT）是由PET和多层螺旋CT组合而成的多模式成像系统。将发射正电子的核素标记于特定的代谢物或药物，利用CT在体外无创的情况下对其进行定量，并动态观察标记分子在体内的分布和活动。通过使用不同的标记药物，PET-CT可测量组织的葡萄糖代谢活性、蛋白质合成速率及受体的密度和分布等，因此而称为“活体生化成像”（图6-1）。

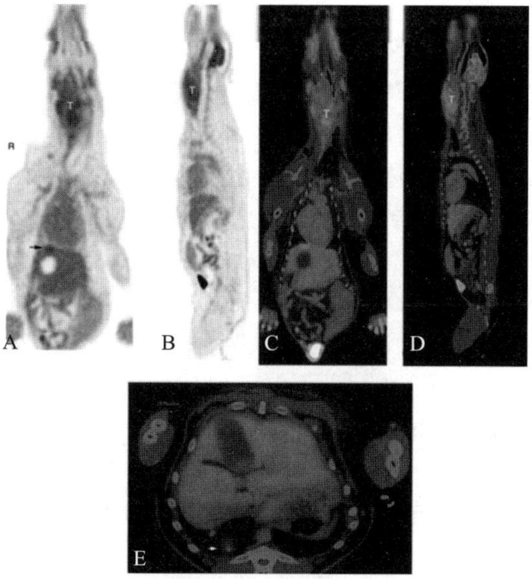

使用的核素为^{18}FDG。A. PET 腹侧影像，很容易识别甲状腺肿块(T)呈分叶状摄取 FDG-18。右胸后部肝脏前缘上部可见一小块摄取灶(黑色箭头)。B. PET 侧影像，可见这甲状腺肿块(T)摄取 FDG-18 不均匀增加。C. PET/CT 腹侧影像显示肿瘤(T)。PET 腹侧影像(A)已与 CT 扫描融合。D. PET/CT 侧位影像显示甲状腺肿瘤(T)。PET 侧位影像(B)已与 CT 扫描融合。E. PET/CT 断层影像显示右肺尾部结节(白色箭头)。

图 6-1　犬甲状腺癌和肺结节

(资料来源：BERRY C R，et al，2014)

一、PET 原理

PET 采用湮没辐射和正电子准直(或光子准直)技术，从体外无损伤地、定量地、动态地测定 PET 成像剂或其代谢物分子在活体内的空间分布、数量及其动态变化，从分子水平上获得活体内 PET 成像剂与靶点(如受体、酶、离子通道、抗原决定簇和核酸)相互作用所产生的生化、生理及功能代谢变化的影像信息，为临床研究提供重要资料。

1. PET 分子成像基本原理

把 PET 示踪剂(分子探针)引入活体组织细胞内，PET 分子探针与特定靶分子作用，发生湮没辐射，产生能量同为 511 keV，但方向相反互成 180°的两个 γ 光子，PET 测定信号显示活体组织分子影像、功能代谢影像、基因转变影像。PET 分子成像应具备以下条件。

①具有高亲和力和适合药代动力学的 PET 分子探针。PET 分子探针为正电子核素(如^{11}C 和^{18}F)标记分子(PET 成像剂)，可为小分子(如受体配体、酶底物)，也可为大分子(如单克隆抗体)，需易被正电子核素标记。它是 PET 分子影像学研究的先决条件。PET 分子探针需具备的特点：A. 与靶分子有高度亲和力，而与非靶组织亲和力低；B. 靶/非靶放射性比值高；C. 易穿过细胞膜与靶较长时间作用，不易被机体迅速代谢，同时可快速从血液或非特异性组织中清除，以便获得清晰图像。

②PET 分子探针需能克服各种生物传输屏障，如血管、细胞间隙、细胞膜等。

③有效的化学或生物学放大技术。如 PET 报告基因表达成像。

④具有快速、高空间分辨率和高灵敏度的成像系统。如高分辨率微型 PET(microPET)

扫描仪。

2. PET 所用的发射正电子的放射性核素

碳-11、氮-13、碳-15 和氟-18[^{18}F-氟脱氧葡萄糖(^{18}F-FDG)和^{18}F-氟胸苷(^{18}FFLT)]等都是动物体组织的基本元素，易于标记各种生命所必需的化合物及其代谢产物或类似物而不改变它们的生物活性，且可以参与动物体的生理、生化代谢过程。动物体不同组织的代谢状态不同，以此可区别正常与病变组织的特点，例如，在高代谢的恶性肿瘤组织中葡萄糖代谢旺盛，聚集较多，这一特点能通过图像反映出来，从而可对病变进行识别和分析。

3. PET 与其他分子成像方法相比具有以下优点

①PET 可以动态地获得较快(秒级)的动力学资料，能够对生理和药理过程进行快速成像。

②PET 具有很高的灵敏度，能够测定感兴趣组织中 p-摩尔甚至 f-摩尔数量级的配体浓度。

③PET 可以绝对定量，尽管经常使用半定量方法，但也可以使用绝对定量方法测定活体内的生理和药理参数。

④PET 采用示踪量的 PET 药物(成像剂)，不会产生药理毒副作用。

⑤PET 是一种无创伤性方法。

二、成像方法

PET 分子成像有 3 种方法：直接成像、间接成像和替代成像。

1. 直接成像

直接成像是基于特异性 PET 分子探针与靶分子直接作用而对靶子进行成像，PET 影像质量与 PET 分子探针和靶(如酶、受体及抗原决定簇)相互作用直接相关。用正电子核素标记抗体对细胞表面抗原或抗原决定簇进行 PET 成像、用正电子核素标记小分子探针对受体密度或占位进行 PET 成像、用 2-^{18}F-2-脱氧-D-葡萄糖(FDG)对糖代谢酶活性进行 PET 成像、用 O-(2-^{18}F-氟代乙基)-L-酪氨酸(FET)对转运体(如 L-型转运蛋白)进行 PET 成像以及用正电子核素标记寡核苷酸对靶 mRNA 或 DNA 进行 PET 成像，均属于直接成像范畴。由于直接成像采用靶特异性探针直接对靶进行成像，方法简便，所以该方法广泛应用于成像特异性分子-遗传学靶的高特异性正电子核素标记分子探针的研究。但是，直接成像需要针对各种靶分子研制特异性的分子探针，不仅耗资，而且耗时。

2. 间接成像

间接成像是基于特异性 PET 报告探针与相应靶分子报告基因产物作用而间接对感兴趣目标报告基因表达进行成像，因涉及多种因素，较为复杂。报告基因表达 PET 成像是目前最常用的一种间接成像方法，必须具备报告基因和报告探针两因素，并且报告探针与报告基因表达产物间应具有特异性相互作用。报告基因表达 PET 成像主要有酶报告基因表达 PET 成像和受体(或转运蛋白)报告基因表达 PET 成像两种方法。报告探针用于该报告基因偶合的各种感兴趣目标基因(如治疗基因)的测定，能对多种不同的生物和分子-遗传学过程进行 PET 成像，不需要针对不同报告基因-报告探针系统研制不同特异性 PET 分子探针；另外，研究报告基因的构建远比研制新的 PET 分子探针简便，并且报告基因表达成像比新的 PET 分子探针应用于临床更快。因而间接成像比直接成像耗时少、耗资低，这也是目前报告基因表达

PET 成像被广泛应用于分子成像研究的主要原因。

3. 替代成像

替代成像不是利用 PET 分子探针和靶的特异性相互作用，而是使用 PET 成像剂和 PET 成像方法对特异的内源性分子-遗传学过程进行成像，用于对诸如癌症等疾病发生特异的内源性分子-遗传学过程变化所产生的下游生理生化效应进行监测，因而主要用于疾病治疗效果的监测。由于替代成像可应用现已研制成功并已用于动物体的 PET 分子探针进行分子成像，因而是三种成像方法中最为简便的一种，且耗时耗资最低。另外，因直接成像和间接成像只是用于起始临床研究，而替代成像可直接应用于近期临床研究，从而倍受人们重视。例如，多巴胺 D2 受体(D2R)成像剂^{18}F-氟乙基螺哌酮(^{18}F-FESP)应用于分子成像研究就是一个典型的例子。最初，^{18}F-FESP 是作为对多巴胺 D2 受体进行直接成像的标记配体而研制的，经过数年研究后才被认证为 D2R 成像剂，用于帕金森病鉴别诊断。目前，^{18}F-FESP 作为 D2R 报告基因 PET 分子探针，用于 D2R 报告基因表达 PET 成像实验研究。后来，^{18}F-FESP 又很快替代成像分子探针，用于帕金森病疗效监测和新药研究评价。FDG 是一种针对糖代谢酶活性进行直接成像的 PET 成像剂，现已广泛用于肿瘤、心脏疾病及脑部疾病的鉴别诊断。FDG 也可作为替代成像分子探针，用于肿瘤基因治疗效果的监测，但它对基因表达成像缺乏特异性，因而不能用于肿瘤基因治疗时基因表达的监测。

三、PET 设备的类型及其结构

虽然 PET 机和 SPECT 机的基本结构相似，都是由数据采集、数据处理、影像显示以及机械旋转架构等部分所组成，但由于采用的是发射正电子的放射性核素，PET 机所能探测到的是正电子被体内组织所吸收时湮没辐射所产生的能量各为 511 keV、方向相反的一对 γ 光子，因此 PET 机至少需要 2 个(双探头)或更多的相对排列的(多探头、多环探头)γ 探测器。湮没辐射所产生的双光子与单光子有不同的特点，因而 PET 机和 SPECT 机的探头结构也不尽相同。PET 机对射线的限束采用的是电子准直，即利用湮没辐射和 2 个相对探头来确定闪烁点的位置，而不像 SPECT 机在探头前加铅准直器(机械准直)来限制 γ 射线的方向和范围。

四、检查适应证

1. 肿瘤的诊断、分期和治疗评估

如肺癌、头颈部肿瘤(图 6-2)、淋巴瘤、结肠癌、食管癌、胰腺癌、乳腺癌、卵巢癌和黑色素瘤(图 6-3)等，确定肿瘤有无转移和复发，各种治疗的疗效评价，术后有无肿瘤组织残余，肿瘤复发及与坏死组织、瘢痕组织的鉴别，放疗或化疗前后的肿瘤病灶的变化等。

2. 心血管疾病

明确冠心病病变血管、心脏结构变化、心肌血流灌注、心肌代谢活力、心功能等。

3. 神经系统疾病

脑生理功能定位研究；脑病理功能定位研究如脑肿瘤、癫痫灶定位与鉴别诊断；阿尔茨海默病的早期诊断；帕金森病；吸毒脑损伤及戒毒治疗评价；脑血管病如脑缺血或梗死病灶的定位诊断与疗效判断；及精神障碍疾病的诊断等。

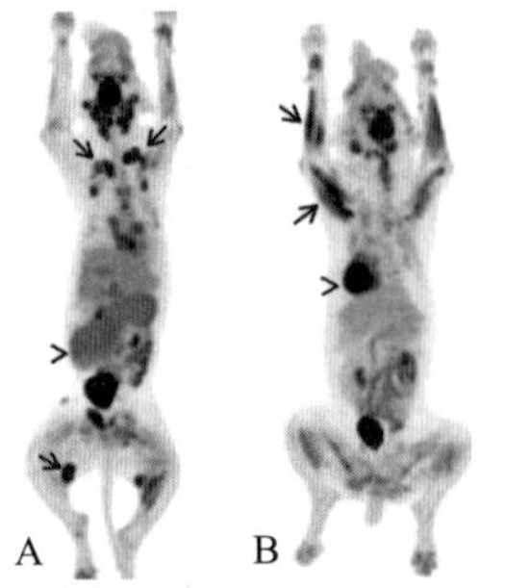

在平扫中，^{18}F-FDG 摄取存在于受影响的淋巴结中（箭头，A），脾肿大与恶性浸润一致（箭头，A）。大脑、心脏和唾液腺内存在生理性 ^{18}F-FDG 摄取，这与头颈部大淋巴瘤难以辨别。示踪剂在肾盂和膀胱中正常排泄明显。在缓解扫描中，发现在前肢的肌肉组织中人工但生理上的摄取，与示踪剂在身体内摄取期间一致（箭头，B）。在缓解期 PET 扫描中心肌摄取显著增加（箭头，B）。

图 6-2　犬中心型淋巴瘤

（资料来源：BERRY C R，et al，2014）

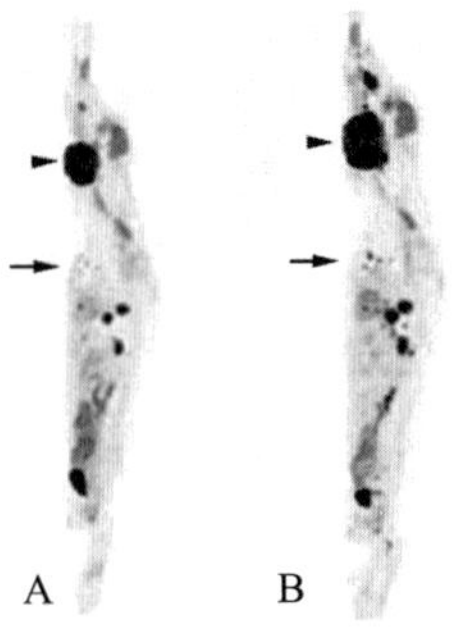

犬免疫治疗前（A）和后（B）的 MIP。用 5 mCi 进行成像 ^{18}F-FDG，摄取时间 60 min，上颌黏膜原发性肿瘤有明显的摄取，伴随着大量下颌淋巴结转移（箭头）和多发性肺转移（箭号）。

图 6-3　犬口腔黏膜黑色素瘤

（资料来源：BERRY C R，et al，2014）

第二节　单光子发射计算机体层成像

SPECT 是指以发出单光子的放射性同位素为示踪剂，注入动物体后与某种体内代谢产物的前体结合，特异性浓聚在靶组织或器官内，再用探测器记录该示踪剂衰变发射出的 γ 光子，由计算机重建出的体层影像。

一、SPECT 原理

首先病畜需要摄入含有半衰期适当的放射性同位素药物，在药物到达所需要成像的断层位置后，由于放射性衰变，将从断层处发出 γ 光子，位于外层的 γ 照相机探头的每个灵敏点探测沿一条投影线进来的 γ 光子，通过闪烁体将探测到的高能 γ 射线转化为能量较低但数量很大的光信号，通过光电倍增管将光信号转化为电信号并进行放大，得到的测量值代表动物体在该投影线上的放射性之和。在同一条直线上的灵敏点可探测动物体一个断层上的放射性药物，它们的输出称作该断层的一维投影（projection）。图 6-4 各条投影线都垂直于探测器并互相平行，故称之为平行束，探测器的法线与 X 轴的交角 θ 称为观测角（view）。γ 照相机是二维探测器，安装了平行孔型准直器后，可以同时获取多个断层的平行束投影，这就是平片。平片表现不出投影线上各点的前后关系。要想知道动物体在纵深方向上的结构，就需要从不同角度进行观测。知道了某个断层在所有观测角的一维投影，就能计算出该断层的影像。从投影求解断层影像的过程称作重建（reconstruction）。CT 设备的主要功能是获取投影数据和重建断层图像。

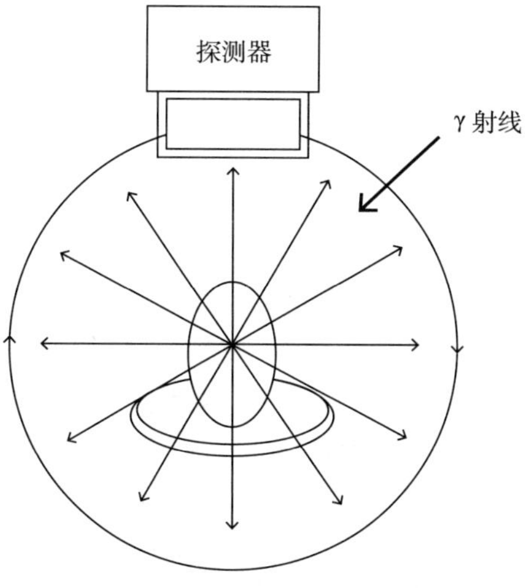

图 6-4　SPECT 基本原理示意

SPECT 检查中所用的新型心肌成像剂锝 99Tcm-MIBI 或 99Tcm-Tlboroxime，可以用于心肌灌注断层成像，从而为心肌缺血、心肌梗死的早期诊断提供了新手段；新型脑成像剂 99Tcm-ECD、99Tcm-HM(d,1)-PAO 以及 CED，131I-IMP 和 131I 标记的 D1 多巴胺脑受体成像剂在临床应用于癫痫的检查。上述放射性核素可以选择性地进入脑内，可以反映脑部血流灌注情况。癫痫病灶发作期因局部放电时神经元缺氧导致乳酸增加而致局部脑血流增加，发作间隙期，脑血流降低。

二、SPECT 设备的类型及其结构

目前应用最为广泛的 SPECT 机是 γ 照相机型的 SPECT 机。其主机为 γ 照相机，加上了探头支架旋转结构和计算机影像重建及处理软件系统。由于 γ 光子的收集率与 γ 光子发射体对探头所处的立体角成正比，因此 SPECT 机多采用大视野的探头，以提高体积灵敏度。其形状有圆形、方形和矩形。探头支架旋转结构有圆环形、悬臂形、龙门形等。计算机系统多采用微型机或小型机，或者采用单功能多处理器分别完成某种功能。γ 照相机型的 SPECT 机在采集数据时所收集到的信息是以探头直径为长轴的一个圆柱体。这种采集方式一次旋转 360°就可以得到多个断层面，最多可达 128 个断层面。因为该类型的 SPECT 机又兼有普通 γ 照相机的功能，所以一台 γ 照相机型的 SPECT 机具有多种成像方式，例如，平面成像、动态摄影、全身扫描和断层成像等。

SPECT 机是在 γ 照相机基础上发展起来的更先进的现代核医学影像设备，γ 照相机只能显示二维影像，而 SPECT 机不仅可显示二维平面影像，更重要的是其还能给出脏器的三维断层影像。其中对临床有价值的是横切面、冠状面和矢状面断层影像，在心脏和脑断层中还可以给出斜面断层影像。

SPECT 机与 X-CT(TCT)机的不同点有以下几个方面。

(1)采用的射线源不同　SPECT 借助于注入体内的放射性核素发射(emission)的 γ 光子构成断层影像。由于正常组织和病变组织浓聚放射性核素的能力及浓聚量不一样，从而射出的光子密度不一样，这样就构成了一幅反映动物体功能差异的解剖影像。X-CT 是借助于 X

线球管发射的X线穿透(transmission)动物体而构成断层影像。由于正常组织和病变组织的物理密度不一样,这样就构成了一幅反映动物体密度差异的解剖影像。

(2)影像的重建参数和诊断依据不同　X-CT以衰变系数作为重建影像的参数,以组织的物理密度变化作为诊断依据。而SPECT以放射性浓度变化作为重建影像的参数,以组织的代谢功能差异作为诊断依据。若病变组织密度变化不大(等密度病变),而功能变化很大时,SPECT明显优于X-CT。

(3)影像构成成分不同　SPECT影像仅显示浓聚放射性的靶器官或组织的三维断层影像,而毗邻组织脏器则不成像,这就要求诊断医师对每个层面中各个脏器之间的毗邻关系及其正常变异有较全面的了解。而X-CT影像则显示某一层面内所有组织器官的二维影像。SPECT依据临床医师诊断目的的不同,即便是同一脏器,所采用的放射性核素或其标记物也不同,其所得SPECT影像的临床意义也不一样。X-CT则以被检部位脏器为单位获得断层影像。

(4) SPECT机在取断层面的厚度上较X-CT机优越　X-CT机采用几何准直的方法来限制束流的宽度。改变断层厚度需要设定准直器,而且准直器的选择必须在数据采集前进行,数据采集一旦结束,断层厚度也就随之而固定。而SPECT机选择断层的厚度是依据于γ相机探头的定位线路,可以在数据采集结束后根据需要选择。这对临床分析是有利的。

(5) X-CT机的分辨率优于SPECT机　SPECT受光子通量的限制和衰减校正困难的制约,使SPECT影像粗糙、空间分辨率差。体内发射的γ光子受注入动物体的放射性活度的限制,只有极少数被用于构成影像,构成影像后体内还存留有一定的放射性活度。而X-CT机由X线球管产生X线,成像结束时X线球管亦停止发射X线,因而可加大入射的束流强度。X-CT断层光子总数为SPECT断层图的10^3～10^4倍。另外,由于穿透衰减使相同的放射性浓度因部位的深度不同,而产生不同的光子射出率,浅表部位光子射出多,深部光子射出少。模型实验证明,5cm厚的软组织可以使99Tcm能量为140 keV的γ射线衰减50%,所以在影像重建中要求用平均衰减法进行校正。

三、SPECT临床应用

由于SPECT的成像不够清晰,单一的SPECT成像逐渐被SPECT/CT所取代,SPECT/CT就成为目前人类和动物最先进的医学影像设备之一,是进行活体疾病诊断和新药开发研究的理想工具。先进的医学设备利用SPECT原理可以显示细胞和分子的生物学活动,如GE公司的SPECT系统,结合了诊断级多层CT的复合成像设备SPECT-CT和PET-CT系统,可以精确定位病变的位置、性质和程度。SPECT成像在临床上有重要作用,可在以下方面进行断层探测,得到三维立体图像。

1.骨骼成像

骨骼成像是早期诊断恶性骨肿瘤转移的首选方法。SPECT-CT可进行疾病分期、骨痛评价、预后判断、疗效观察和探测病理性骨折(图6-5)的危险部位。

2.心肌缺血的诊断

SPECT可评价冠状动脉病变范围,对冠心病危险性进行分级;评价冠脉狭窄引起的心肌血流灌注量改变及侧支循环的功能,评价心肌细胞活力;对心肌梗死的预后评价和疗效观察;观察心脏搭桥术及介入性治疗后心肌缺血改善情况。

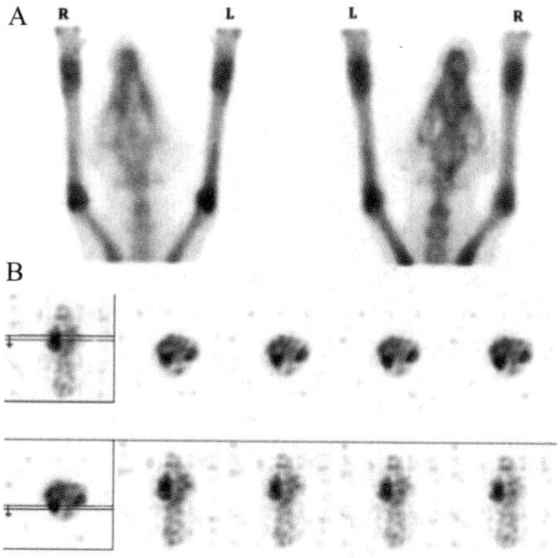

A. 跛脚犬注射^{99m}Tc-MDP后3 h的腹平面影像。有与肘部相关的不对称摄取，左肘摄取更加强烈。
B. HiSPECT影像显示肱骨远端内上髁区摄取增加，提示屈肌腱端病变。

图6-5　犬病理性骨折SPECT影像

（资料来源：BERRY C R，et al，2014）

3. 脑部成像

（1）灌注成像　常用于犬大脑灌注的示踪剂为^{99m}Tc-六甲基丙胺肟和^{99m}Tc-乙基半胱氨酸二聚体（ECD），仪器为传统的准直伽马相机。灌注示踪剂之前给予镇静剂和麻醉剂对局部脑血流量（rCBF）有影响，根据所用药物的不同，局部脑血流量（rCBF）会增加或减少。犬在注射示踪剂^{99m}TcECD后，最佳扫描间隔为15～40 min。注射示踪剂^{99m}TcECD和^{99m}Tc-六甲基丙胺肟对人的rCBF作用是类似的，但在犬中两种示踪剂之间存在区域分布差异。使用示踪剂灌注的大多数动物具有行为障碍包括冲动性攻击、病理性焦虑和强迫症等。有冲动性攻击的犬其左额叶和右颞叶灌注量减少，患有焦虑症的犬其左额叶灌注量减少、右颞叶增加和皮层下血流量减少。额叶皮层灌注不足，反映功能减退，这与该区域所参与的一般行为作用及其控制的边缘初级反应相一致，特别是位于颞叶和皮层下区域的结构产生的这些初级反应。在患有精神疾病的人中，成像结果存在相似性，这就使得犬成为人研究中受到关注的自然模型。

在犬癫痫发作间期，皮质下区域（包含大部分丘脑的区域）的^{99m}TcECD灌注量减少。这说明丘脑在癫痫发作时的作用，很可能参与癫痫发作的起因或传播。丘脑功能减退是由皮质丘脑裂造成的。使用microSPECT（HiSPECT）系统可提高分辨率并进一步显示皮质下亚区，这要使用分辨率为2.5 mm，传统三头伽马相机上的多针孔准直（HiSPECT，Bioscan，法国）。此系统也已成功用于评估猫rCBF和麻醉剂的效果。

（2）神经受体成像　神经受体成像用于研究猫犬行为障碍的病理生理学，预测精神药物治疗的有效性。成像使用的放射性配体为5-羟色胺2A受体（^{123}I-R91150）、5-羟色胺转运蛋白和多巴胺转运蛋白（^{123}I-2β羧甲氧基-3β[4-碘苯基]托烷和^{123}I-N-[3-氟丙基]-2β-甲氧甲酰-3β-[4-碘苯基]去甲托烷），在有易冲动性和攻击性、有焦虑症和强迫症的犬中，5-羟色胺能系统发生紊乱。缺乏5-羟色胺能系统的有强迫症的犬多巴胺能系统也不平衡（图6-6）。

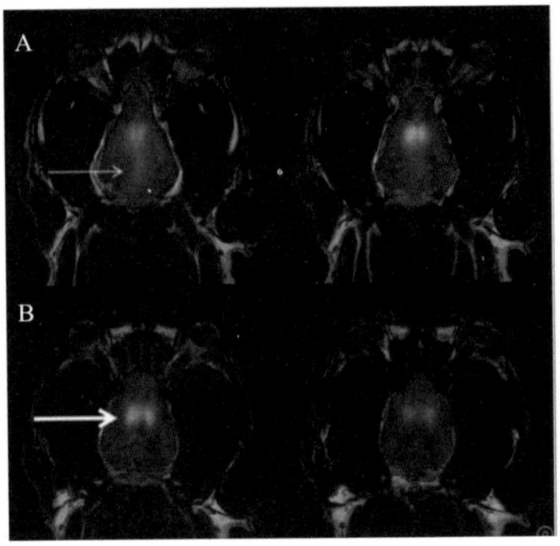

A. 血清素转运蛋白所在的中缝核(箭头)区域(小"尾巴")的活动;B. 基底神经节的摄取(箭头),其中发现了高密度的多巴胺转运蛋白。

图 6-6 犬体内注射 ^{123}I-β-CIT 后获得的融合背平面 SPECT 和 MR 影像

(资料来源:BERRY C R, et al,2014)

4. 肾动态成像及肾图检查

了解肾动脉病变及双肾血供情况;对肾功能及分肾功能的判断;了解上尿路通畅情况及对尿路梗阻的诊断;监测移植肾血流灌注和功能情况;以及了解糖尿病对肾功能的影响。

5. 阿尔茨海默病早期诊断

国外学者利用 SPECT 对阿尔茨海默病的局部脑血流灌注进行研究,进而评估局部脑功能的工作始于 20 世纪 80 年代,虽然方法和结果都不尽相同,但对阿尔茨海默病的特征性改变已取得了一致的共识。在比较 SPECT 和 CT 对阿尔茨海默病的诊断结果时,发现 CT 对脑萎缩的诊断近乎泛化,在萎缩程度轻与重、生理性与病理性之间缺乏可操作的明确界限。国外研究常使用 CT 的三维定量资料,如测量额、颞、顶叶体积,或是测量脑沟、海马等关键部位的距离,而国内研究仅根据二维 CT 影像经肉眼读片诊断。随着国内三维 CT 技术的推广,CT 对阿尔茨海默病诊断的价值必将大为提高;同时利用 SPECT 也能对痴呆程度和认知状况接近的两类痴呆进行鉴别。

第二篇　各　论

第七章　骨骼与肌肉系统

骨骼、关节以及邻近的软组织在临床上经常发生疾病，常见的有外伤、炎症、肿瘤，另外有些全身性疾病如营养代谢障碍和内分泌失调等疾病也可引起骨骼的改变。对于骨关节的检查，目前影像学的各种成像手段都能在一定程度上反映疾病的病变。在人类医学上已经使用X线片、CT断层扫描和MRI及三维成像技术进行检查。在动物临床的研究和实践中，发达国家和我国一线城市也已经应用CT、MRI等现代影像技术检查马和犬等动物的骨关节疾病。就这些影像检查方法而言，虽然X线技术比较古老，但由于其方法简便，费用低廉，仍为常用和首选的检查方法。细微病变使用X线检查有困难时，再应用CT和MRI做进一步检查。

第一节　骨与软组织

一、检查技术

(一)X线检查

骨骼中含有大量的钙盐，是动物体内密度最高的组织，在X线下与其周围的软组织有鲜明的对比。在骨的自身结构中，骨皮质和骨松质及骨髓腔也有明显的密度差别。由于骨与软组织有良好的天然对比，因此，一般X线片就能对骨与临近的软组织的疾病进行诊断。

需要指出的是，某些疾病在病变的早期，X线片检查可能表现为阴性，随病情的发展会逐渐表现出X线征象，故应定期复查，以免发生遗漏造成误诊。

(二)CT检查

CT检查不仅能够显示组织结构横切面解剖的空间关系，而且其密度分辨率高，可区分密度差别小的脂肪、肌肉、软骨组织等，能显示细微的钙化和骨化，易于查出病灶，还能确定病变的部位、范围、形态与结构。

CT检查分平扫和增强扫描两种形式。平扫时一般实行横切面扫描，同时扫描病侧和健侧，根据病变的性质和范围决定层厚。由于骨和软组织的CT值相差很大，一般对同一层影像用较低的窗位和较窄的窗宽来观察软组织，用较高的窗位和较大的窗宽观察骨组织。对于软组织病变和骨病变的软组织肿块须进行加强扫描以进一步了解病变是否强化、强化的程度以及有无坏死。增强扫描常对确定病变的范围和性质有较大帮助。

(三)MRI检查

MRI是检查骨骼和软组织病变的一种影像技术，对软组织的显示效果更好，但对钙化和细小骨化的显示不如X线和CT，所以对多数骨和软组织病变的检查应在X线平片的基础上进行。

二、正常影像表现

动物骨与关节共同完成对机体的支持和运动等多种重要功能。掌握动物骨、关节的正常解剖结构和生理功能，特别是掌握与X线诊断密切相关的骨与关节的解剖特征，是对骨与关节疾病进行X线检查与诊断的基础。

动物的骨骼由于机能不同而有不同的形态，基本可分为四类：长骨，呈长管状，四肢的大部分骨属于该类，主要作用是支持体重和形成运动杠杆；短骨，形状略成立方形，大部分位于承受压力较大而又运动较复杂的部位，多成群的分布于四肢的长骨之间，如腕骨和跗骨，有支持分散压力和缓解震动的作用；扁骨，呈宽板状，分布于头、胸等处，常围成腔以支持和保护重要器官，如颅骨；不规则骨，形状不规则且功能多样，一般构成动物体的中轴，如椎骨。

(一)骨的结构与发育

1.骨的结构

长骨的结构典型，按其结构分为骨密质、骨松质、骨髓腔和骨膜。未成年动物还有骨骺、骺板和干骺端。

(1)骨密质　长骨的骨皮质和扁骨的内外板为骨密质，主要由哈氏系统组成。哈氏系统包括哈氏管和以哈氏管为中心的多层环形同心板层骨。长骨骨干的骨皮质较厚，骨结构密实，X线片显影密度高而均匀。

(2)骨松质　位于骨密质的内侧，由多数骨小梁组成，骨小梁自骨皮质向骨髓腔延伸互相连接成网状结构，骨小梁的排列方式与受力的作用一致，其间充满骨髓。

(3)骨髓腔　骨髓腔位于骨干的中央，腔内充满骨髓。

(4)骨膜　这里是指骨外膜，是致密的结缔组织构成的膜，被覆于除骨端关节之外的所有骨的表面。骨膜分为内外两层：外层为纤维层，对骨膜有固定、营养和保护作用；内层为成骨层，富有细胞，在幼龄期非常活跃，直接参与骨的生长。它始终保持分化能力，在骨受损时能参与骨质的再生和修补。

(5)骨骺　为继发骨化中心，只存在于未成年动物的关节骨端和骨突出部。在胎儿和幼龄时期多为软骨，即骺软骨。骺软骨有骨化功能，随年龄的增长逐渐骨化。到成年后骨骺完全骨化变成骨松质与骨干或骨体融合在一起。

(6)骺板　又称为生长板，是位于骨骺和干骺端之间的一层软骨组织，是骨生长最活跃的部位。随年龄的增长骺板不断变薄，成年后完全骨化消失，即骺与骨干结合，完成骨的发育。

(7)干骺端　为骨干两端的粗大部分，靠近骺板，由骨松质形成，骨小梁彼此交叉呈海绵状，周边为薄的骨皮质，是骨干纵径延长的部位。

2.骨的发育

骨组织起源于中胚层。骨的发育过程包括早期的骨化和后期的塑形。骨化与生长在胚胎期就已经开始。骨化有两种形式：一种为膜化骨，如颅顶骨、颅侧骨和大部分面骨。膜化骨是间充质细胞演变为成纤维细胞，形成结缔组织膜，在膜的一定部位开始骨化，形成骨化中心，再逐步扩大完成骨的发育。另一种为软骨内化骨，四肢骨等均属于此类形式的骨化。软骨内化骨是由间充质细胞演变为软骨并形成骨化中心，并通过该骨化中心内软骨细胞的成骨活动而成骨。骨化中心不断扩大最后全部成骨。

骨的生长是长骨纵径的延长，是一个软骨内化骨的过程。依靠骺板内软骨细胞的不断增殖，干骺端相邻的软骨不断被骨化，骨干会延长，此过程至骨骺闭合后终止。长骨横径的增加是一个膜内化骨的过程，依靠骨膜内层成骨细胞的活动，骨皮质的外层不断形成新骨使骨增粗，该过程亦至骨骺闭合后终止。

骨骼在生长发育过程中不断增大，为适应生理功能的需要，通过破骨细胞的活动而进行塑型。塑型最突出的表现是随着长骨的增长，干骺端逐渐变细且骨髓腔不断增大。

3. 影响骨发育的原因

骨组织的形成和生长过程是在成骨细胞活动中向细胞外分泌骨基质，将细胞埋于其中后形成骨样组织。然后矿物盐在骨样组织上沉积矿化，同时由破骨细胞活动进行骨吸收，成骨和破骨始终处于一种动态平衡。一旦这种平衡被打破，骨的发育将受到影响。钙磷代谢平衡失调、相关内科疾病或内分泌器官的病变引起内分泌紊乱、维生素供应或代谢障碍都会影响骨的正常发育。

(二)骨的正常 X 线解剖

熟悉和掌握骨的正常 X 线解剖结构是诊断骨病的基础，在骨骼 X 线解剖结构中管状长骨的结构最为典型，可分为骨膜、骨密质、骨松质、骨髓腔和骨端等五个部分。

1. 骨膜

骨膜属于软组织结构，在 X 线片上不容易与骨周围的软组织相区别，故 X 线影像不能显现，当骨膜发生病变后则可以显现。

2. 骨密质

X 线影像称为骨皮质，位于骨的外围，呈带状均匀致密阴影。阴影在骨中央最厚，在两端变形。外缘光滑整齐，在肌肉、肌腱或韧带附着处粗糙。

3. 骨松质

位于长骨两端骨密质的内侧，呈网格状有一定纹理的阴影，影像密度低于骨密质。阴影在骨端最厚，到骨干中段变薄。

4. 骨髓腔

骨髓腔位于骨干骨松质的内侧，呈带状边缘不整的低密度阴影，阴影两端消失在骨松质当中。骨髓腔有时被骨密质和骨松质的阴影遮盖而显现不清。

5. 骨端

骨端位于骨干的两端，外形膨隆，表层为致密阴影，其余为骨松质阴影。

(三)未成年动物骨骼的 X 线解剖特点

①处于生长发育阶段的骨骼，骨皮质较薄，密度较低，骨髓腔相对增宽。

②在长骨的一端或两端存在骨骺，为继发骨化中心，动物在出生时大多数骨骺已有骨化，随年龄增长而逐渐增大。骨骺在 X 线片上表现为与骨干或骨体分离的孤立致密阴影。

③骺板(生长板)为位于骨骺和干骺端之间的软骨，X 线片上显示为一低密度带状阴影。随年龄的增长逐渐变窄，成年后消失，不同部位的骺板消失的时间不同。

④干骺端是幼年动物骨干两端较粗大的部分，由骨松质形成，顶端的致密阴影为临时钙化带。骨干与干骺端无明显分界线。

三、基本病变表现

(一)骨密度的变化

许多内外科疾病都可以引起骨密度的变化,因此,骨密度的变化是骨疾病的主要的X线征象。

1. 骨密度降低

在某些病理过程中,出现骨基质分解加速或骨盐沉积减少,吸收增多,使骨组织的量减少或单位体积骨组织内的骨盐含量减少,导致骨组织的X线密度下降。密度下降可呈广泛性发生或局限性发生。

①广泛性骨密度降低可见于某一整块骨骼,也可发生在全身骨骼。X线征象为广泛性骨密度下降,骨皮质变薄,骨小梁稀疏、粗糙紊乱或模糊不清。常见于废用性骨质增生、老龄性全身骨质疏松、肾上腺皮质肿瘤、长期服用皮质类固醇及因钙磷代谢障碍所致的佝偻病和骨软化病。

②局限性骨密度降低只发生于骨的某一局部,常因骨组织被破坏,病理组织代替骨组织而形成,骨松质和骨密质均可发生破坏。常见的原因有感染、骨囊肿、肿瘤和肉芽肿等。X线征象可见患部有单一或多发的局限性低密度区。形状规则、界限清楚的多为非侵袭性病变;无定型、蚕食样或弥漫性边界不整的低密度区可能为侵袭性病变。另外也可以根据病变发展的速度推断病因,如炎症的急性期或恶性肿瘤骨质破坏常较迅速,轮廓多不规则,边界模糊。炎症的慢性期或良性肿瘤则骨质破坏进展缓慢,边界清楚。骨质破坏是骨骼疾病的重要X线征象,观察破坏区的部位、数目、大小、形状、边界及邻近组织的反应等,进行综合分析,对病因诊断有较大的帮助。

2. 骨密度增高

某种病理过程造成骨组织内骨盐沉积增多或骨质增生而使骨组织的X线密度增高。X线表现为骨质密度增高,伴或不伴有骨骼的增大,骨小梁增多增粗、密集,骨皮质增厚、致密,骨皮质与骨松质界限不清,长骨的骨髓腔变窄或消失。局限性骨密度增高可发生在骨破坏区的周围,这是机体对病变的一种修复反应。广泛性骨密度增高可见于犬全骨炎、犬肥大性骨病、鸡骨型白血病、羊骨质石化症及氟中毒等疾病。

(二)骨膜增生

正常骨膜在X线片上不显影,当骨膜受到刺激后,骨膜内层成骨细胞活动增加产生新生骨组织,发生骨膜骨化。骨化后的骨膜便呈现出X线可识别的阴影。骨膜增生多见于炎症、肿瘤、外伤、骨膜下血肿等情况。

骨膜增生的X线表现形状各异,这与病变的性质有一定关系。骨膜增生的常见类型如下(图7-1)。

1. 均质光滑型

骨膜骨化后形成的新骨形态厚而致密,边缘光滑,与骨皮质的界限清楚。此为非侵袭性疾病或慢性疾病的征象,如慢性非感染性骨膜炎、骨折愈合、慢性骨髓炎。

2. 层面型

新生骨沿骨干逐层沉积,呈层片状,层次纹理清楚。当疾病呈间歇性反复发作,每次发作就会出现一次沉积。常见病种有反复创伤、细菌性骨髓炎、某些代谢性骨病等。

A. 均质光滑型;B. 层面型;C. 花边型或不规则型;D. 放射型。

图 7-1 骨膜增生变化示意

3. 花边型或不规则型

形成的新骨呈花边型沿骨干分布,边缘清楚、界限明显。常见于骨髓炎和肥大性骨病。

4. 放射型

骨膜骨化形成的新骨呈放射状从骨皮质发出,形如骨针或骨刺,密度不均,与骨皮质的界限不清。这种类型常表明疾病病程急,发展快,且具侵袭性,常见于恶性肿瘤或急性骨髓炎。

(三)骨质坏死

当骨组织局部的血液供应中断后,骨组织的代谢停止,失去血液供应的组织则发生坏死。坏死的骨质即为死骨。在骨坏死的早期尚无 X 线异常表现,随时间的推移,肉芽组织向死骨生长,死骨骨小梁表面有新骨形成。在肉芽脓液等衬托下,X 线片上死骨的密度增高且局限化。骨质坏死常发生于慢性化脓性骨髓炎,也见于骨缺血性坏死和骨折后。

(四)骨骼变形

骨骼变形常与骨骼大小改变并存,可发生在单一骨骼,也可于多个骨或全身骨同时发生。局部病变或全身性疾病均可引起骨骼变形。各种先天性骨发育不良可致先天性畸形;佝偻病、骨骺提前闭合或骺板延缓钙化、骨折畸形愈合等可引起长骨弯曲变形;骨膜骨化、肥大性骨病、骨质软化、骨应力线改变等引起骨皮质宽度的改变;骨皮质宽度的改变、骨髓腔内骨质增生可致骨髓腔宽度改变;佝偻病、骨软化等导致干骺端膨隆;完全骨折可引起骨结构破坏性变形,骨肿瘤、骨囊肿、骨髓炎等疾病可引起局灶性骨结构破坏性变形。

(五)骨病变的部位和轮廓

掌握某些骨病变的常发部位和病灶的轮廓特征对于推断病因、了解病性很有帮助。原发性骨肿瘤、血源性骨髓炎的易发部位为骨端或干骺端;骨软骨病、增生性骨发育不良的常发部位在骺板和干骺端;犬全骨炎、肥大性骨病、转移性骨肿瘤的易发部位在骨干。

骨病灶的边缘整齐、轮廓清晰,预示病变是良性的或非侵袭性的;如果病灶边缘模糊不清,与健康组织界限不明显,说明病变发展迅速且极有可能是恶性、侵袭性病变。

四、CT 表现

骨骼的 CT 检查一般做横切面扫描,用骨窗显示的 CT 影像上,骨皮质表现为致密的线状和带状影,骨小梁显示为细密的网状影。骨髓腔因骨骼内的脂肪成分而表现为低密度。

骨骼系统病变的基本 CT 表现的病理基础和临床意义与其基本 X 线表现相同,但 CT 形成的断面图像因具有较高的密度分辨力,对微小病变的反应更敏感细致。骨松质的破坏表现为斑片状骨松质缺损区;骨皮质破坏表现为其内外表面的不规则虫蚀样改变、骨皮质变薄或斑块状的骨皮质缺损。CT 对显示骨内与软骨内钙化和肿瘤内的骨化也比较敏感。

五、MRI 表现

在 MRI 影像中,骨组织因缺乏能发生磁共振的氢原子核,在任何扫描序列的影像中均表现为较低的信号,但在骨髓组织和骨外组织的衬托下仍可清晰地显示其结构与形态。韧带、肌腱、纤维软骨和空气也均呈低信号,肌肉和透明软骨呈中等偏低信号。骨髓中因含有脂肪成分而呈较高信号。MRI 对骨和软骨组织内的钙化和骨化不敏感。在长骨的纵切面影像上较易发现恶性肿瘤的跳跃病灶和骨转移瘤。大多数肿瘤在 T1WI 和 T2WI 上多为高信号。

六、疾病诊断

(一)普通病诊断

1. 骨折

【定义与病因】

骨的完整性和连续性中断时称为骨折。动物长骨骨折最常见,其次为骨盆骨折、下颌骨骨折和脊椎骨骨折。

骨折的原因多种多样,主要有以下几种。

(1)直接创伤　骨折发生在创伤直接作用的部位,如车祸造成的股骨和胫骨骨折。

(2)间接创伤　创伤通过传导、杠杆或旋转作用使远处发生骨折,如动物由高处跳下时桡骨远端骨折或肱骨骨髁上骨折。

(3)肌肉拉力　肌肉突然猛烈收缩,可拉断肌肉附着处的骨质,如胫骨嵴骨折。

(4)骨骼疾病　有骨骼疾病时,如骨髓炎、骨肿瘤等,骨骼遭受轻微外力便可发生断裂。

【临床与病理】

动物发生骨折后局部会出现肿胀、疼痛、功能障碍,有些还出现肢体局部畸形。临床检查时可见肢体反常活动,也可听到骨摩擦音。骨折后在断端之间及其周围形成的血肿是以后形成骨痂修复骨折的基础。

【影像学表现】

骨折的检查、诊断与治疗主要依靠 X 线技术,X 线检查能够确定骨折的类型、程度,可以辅助骨折的复位固定,可以追踪骨折的愈合过程。

(1)X 线检查技术　在进行骨折 X 线检查时一定不能再加重骨折的程度,需将患病部位保定稳妥后方能检查(图 7-2),疼痛严重的病例可对其进行镇静或浅麻醉后再进行检查。检查要点有以下几个方面。

①X 线摄影范围应至少包括一个邻近的关节,以便确定骨折部位。

②必须拍摄正、侧位,有时还要加拍斜位等特定体位,或加拍健侧相同部位的 X 线片进行对比。

③设法使 X 线束中心线对准骨折线且与骨折线平行。X 线与骨折线垂直时可能显示不出骨折线。

④怀疑关节骨折时,需拍摄关节伸、屈位 X 线片以便观察骨折线。

⑤有些正常解剖结构或解剖变异易被误认为是骨折,这些结构有滋养孔板、籽骨分裂、韧

带联合(桡尺骨、胫腓骨、掌骨间韧带联合)等。

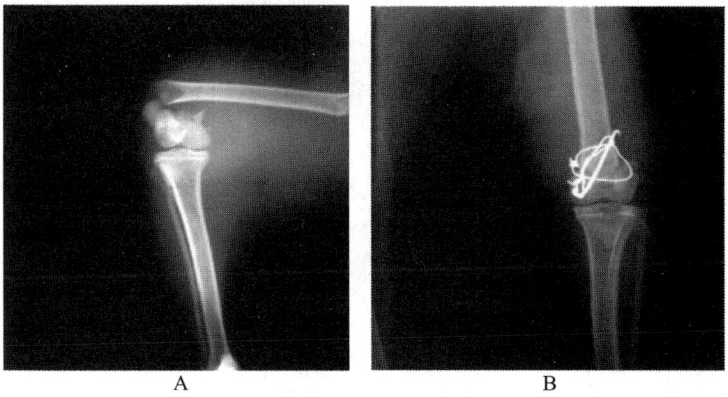

A. 固定前;B. 固定后。

图 7-2　犬的肱骨远端骨折及骨折固定

(2)骨折的基本 X 线征象

①骨折线。骨骼断裂以后,断面多不整齐,X 线片上呈不规则的低密度线,称为骨折线。骨皮质显示明显断开,在骨松质则表现为骨小梁中断、扭曲、错位。当 X 线中心通过骨折断面时则骨折线显示清楚,否则显示不清,甚至难以发现。嵌入性骨折或压缩性骨折会导致骨小梁紊乱,甚至骨密度增高,看不到骨折线。

②骨骼变形。骨折后由于断端移位可使骨骼变形。X 线片上可见的移位种类可分为分离移位、水平移位、重叠移位、成角移位和旋转移位等(图 7-3)。

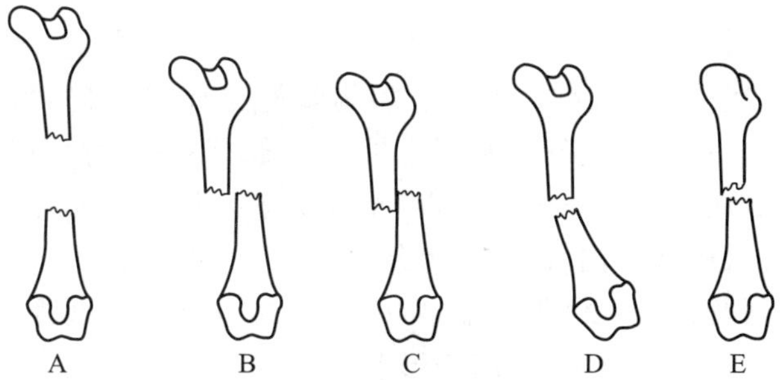

A. 分离移位;B. 水平移位;C. 重叠移位;D. 成角移位;E. 旋转移位。

图 7-3　骨变形示意图

③软组织肿胀。外伤性骨折常伴有骨折部位软组织损伤和肿胀,X 线影像密度增高,层次不清。

【骨折的类型】

(1)闭合性骨折　骨折处皮肤或黏膜完整,不与外界相通。

(2)开放性骨折　骨折附近的皮肤或黏膜破损,骨折处与外界相通。耻骨骨折引起的膀胱或尿道破裂均为开放性骨折。X 线征象显示骨折处软组织阴影内存在气性或异物阴影。

(3)完全骨折　骨的完整性和连续性完全中断,长骨骨折后形成远近的两个或两个以上的骨折段,在 X 线片上可见骨折线,骨折线的方向各异。根据骨折线的方向可分为斜骨折、横骨折、旋转骨折(图 7-4)。

(4)不完全骨折 骨的完整性和连续性仅有部分中断。

①裂缝骨折。骨骼上只出现裂纹,见于颅骨、肩胛骨等处。

②青枝骨折。一侧骨皮质有断裂,与青嫩的树枝被折时的情况相似(图 7-5)。

(5)粉碎性骨折 骨碎裂成两块以上,骨折线呈"Y"形或"T"形等(图 7-6)。

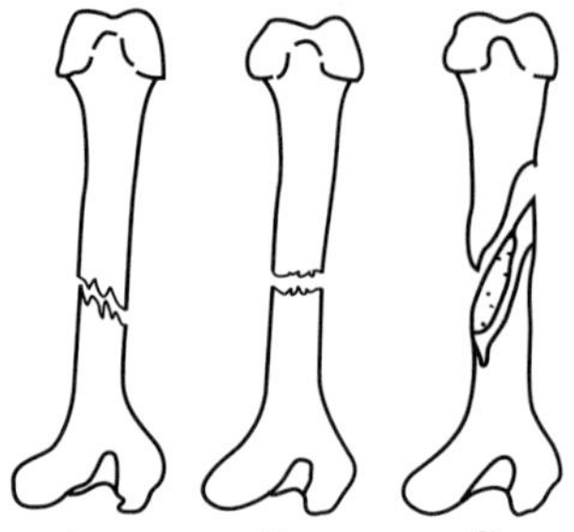

A. 斜骨折;B. 横骨折;C. 旋转骨折。

图 7-4 完全骨折示意

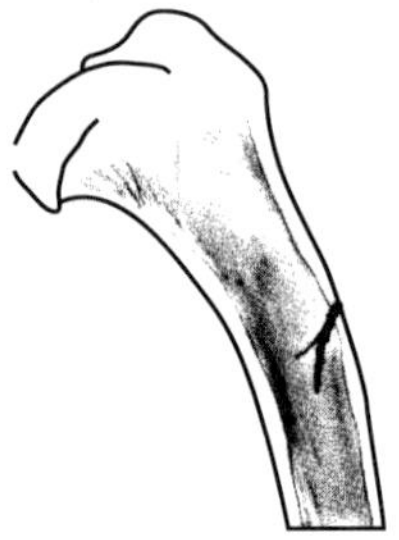

图 7-5 青枝骨折示意

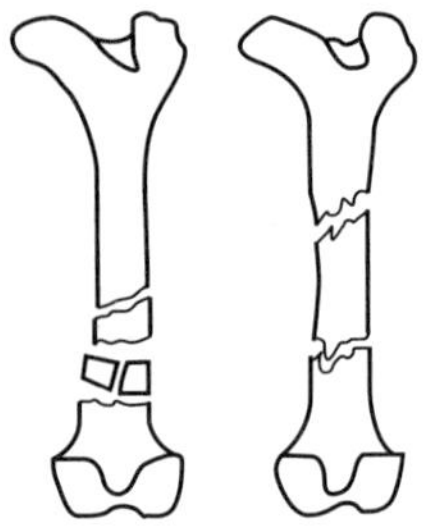

图 7-6 粉碎性骨折示意

(6)嵌入型骨折 发生在长骨端,一骨断端插入另一骨断端内。嵌入型骨折无骨折线,断裂处骨横径增宽、密度增高。

(7)压缩性骨折 主要发生在椎骨,骨松质因压缩而变形。X 线征象为患骨变形、体积缩小、密度增高、骨小梁变形,无明显骨折线。

(8)撕脱性骨折 由于肌肉、肌腱、韧带的强力牵拉而使骨在其起止点处发生的骨折为撕脱性骨折。撕脱性骨折常发生在骨端及关节周围骨,幼龄动物骨骺易被撕脱。被撕脱的骨体上留下的缺损称为骨折的"床",撕脱的骨块则位于"床"周围的软组织阴影内。

(9)骨骺骨折 发生在未成年动物骨骺、骺板和干骺端的骨折称为骨骺骨折。根据 Salter-Harris 分类法,骨骺骨折分为五种类型。Ⅰ型为骨骺分离,骨骺与骺板一起沿干骺线与干骺端分离,骺血管一般完好,预后良好。Ⅱ型为骺板-干骺端骨折,骨折线沿干骺线延伸一段距离后斜行进入干骺端,造成干骺端三角形骨折,预后良好。Ⅲ型为骺板-骨骺骨折,骨折线纵行穿过骨骺到骺板后转折沿骺板伸向骨皮质,整复困难。Ⅳ型为骺板-骨骺-干骺端骨折,骨折线纵行穿过骨骺,骺板后斜行穿过一侧干骺端,常引起畸形愈合。Ⅴ型为骺板压缩骨折,骺板软骨受挤压缩,骨骺与干骺端直接接触,引起畸形愈合(图 7-7)。

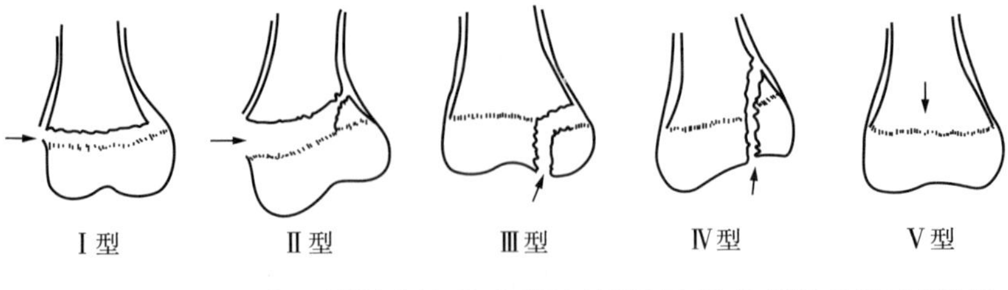

Ⅰ型:骨骺分离;Ⅱ型:骺板-干骺端骨折;Ⅲ型:骺板-骨骺骨折;Ⅳ型:骺板-骨骺-干骺骨折;
Ⅴ型:骺板压缩骨折。

图 7-7 骨骺骨折类型示意图

骨骺骨折后,骨折线与骺板的 X 线密度相近,读片时不易识别。骨骺相对骨干的移位、骨骺线中断或其附近出现骨折碎片是区分骨骺骨折的重要 X 线征象。骨折移位不明显时应与对侧肢对照，或待 10～14 天后复查。若发生了骨折，一段时间后，将出现骨骺生长紊乱的 X 线征象。

（10）病理性骨折。因发生在骨的某种病理过程而继发的骨折称为病理性骨折。骨髓炎、骨肿瘤、骨质疏松和骨质软化等骨病都可使骨质松软变脆，强度下降，易在正常应力下发生骨折。X 线片见骨折处广泛性骨密度降低或有明显的骨质破坏病灶。

【骨折愈合】

从 X 线检查的角度可将骨折愈合分为三个阶段，即骨痂形成期、骨痂钙化期和骨痂改建期。了解这三个阶段的 X 线征象及其与新鲜骨折 X 线征象的区别，有助于判断骨折的新旧和愈合程度。

（1）骨痂形成期　骨折之后，在骨断端之间，骨髓腔内和骨膜下形成血肿。骨折处的炎症反应使骨断缘骨组织因缺血坏死和破骨细胞的活动而被吸收。骨内外膜成骨细胞的增生及机化的血肿内成纤维细胞分化成的成骨细胞和成软骨细胞的活动，使骨断端处形成了原始骨痂。此期内骨折线变得模糊不清，这一过程需 1～2 周方能初步完成。

（2）骨痂钙化期　膜内成骨或软骨内成骨形成的原始骨痂逐渐钙化成骨性骨痂的过程。随着骨痂的不断增大，骨折断端不再活动，即达到临床愈合。此后，骨痂范围增大，生长于骨折断端之间和骨髓腔内，使骨折断端连接坚实。X 线影像上见骨折线模糊以至消失，骨折处为较大面积的高密度阴影。这个过程约需 3 周以上。

（3）骨痂改建塑形期　新形成的骨痂为排列不规则的骨小梁组成，尚欠牢固，应防止外伤，以免发生再骨折。为了机体负重和活动的需要，骨痂还需进行再建，使应力线上的骨小梁致密，非应力线上的骨痂逐渐被吸收。而骨痂不足之处，如弯曲、变形则经骨膜生骨而补足，使断骨恢复正常形态。骨皮质加强、骨髓腔再通，骨折愈合。在 X 线影像上见骨折线消失，骨断端连接，骨皮质内外面连续平滑，骨髓腔恢复为低密度阴影。这个阶段约需 8 周左右。

【骨折愈合的影响因素】

骨折愈合的速度与动物的年龄、骨折的类型和部位、动物的营养状况和治疗方法有关。一般而言，未成年的动物、肌肉丰富血液供应充足的部位骨折后愈合快；小动物比大动物愈合快；斜骨折、嵌入式骨折比横骨折愈合快；骨折对位良好、固定牢固愈合快。老年关节内骨折、骨折断端移位严重、营养不良、并发感染则愈合慢，所需时间较长。

【骨折异常愈合】

多种原因可引起骨折出现并发症，致使骨折不能正常愈合，称为骨折延迟愈合或不愈合。出现这种情况的原因有复位不良、固定不佳、局部血供不足、全身营养代谢障碍、肌肉嵌入骨断端间及并发感染。愈合不良的 X 线征象包括骨痂出现延迟、骨痂稀少或没有骨痂出现，骨折线消失迟缓或长期存在。骨折不愈合的 X 线征象有：骨断端为骨密质封闭，阴影致密光滑，或骨折断端吸收变尖，断端间有明显裂痕，周围无骨痂形成。有的骨折断端形成假关节。

（1）骨折畸形愈合　骨折虽然愈合但变形，有成角、旋转、缩短或延长的改变。复位不正或固定后移位是畸形愈合的常见原因。较轻者不影响外观功能。

（2）废用性骨质疏松　骨折整复固定后，由于长期不运动引起废用性骨质疏松。固定时间越长骨质疏松越明显，轻者恢复，重者则持续较久并影响功能。X 线片上见骨密度的降低，骨小梁稀疏、骨皮质变薄及骨髓腔变宽。

（3）缺血性股骨头坏死　在发生股骨颈骨折后，很容易破坏股骨头的血液供应，股骨头失去血液供应而逐渐坏死。X 线片见股骨头形状不整、密度降低。

(4)关节退行性病变　关节内骨折或骨折畸形愈合导致关节软骨破坏，软骨下骨增生。X 线片见关节结构不清、间隙变窄、关节面模糊。

2. 外伤性骨膜骨化

【定义与病因】

外伤性骨膜骨化是指骨膜直接受外伤或骨膜长期受机械性外力反复刺激所引起的慢性骨膜炎(图 7-8)，以骨膜增生和在骨表面形成新骨为主要病变特征，新生的骨称为骨赘。

发病原因除了骨膜直接受到损伤外，动物在行走、使役或训练中，使骨间纤维性韧带及其附近的骨膜经常受到过度的牵引，均可引起骨膜炎。

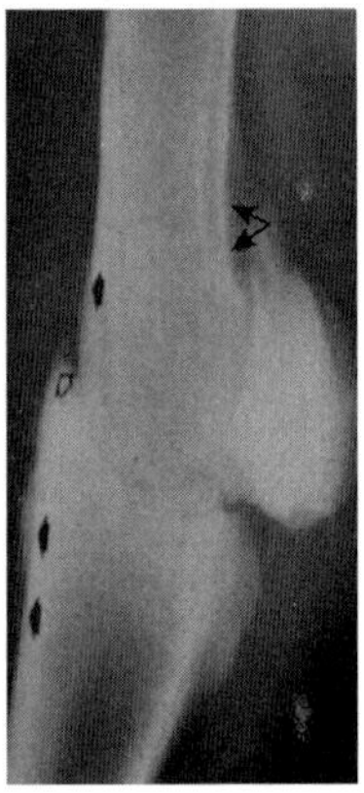

图 7-8　犬骨膜骨化

(箭头)

【临床与病理】

本病的多发部位为掌(跖)骨和指(趾)骨，5 岁以上的马多发。由于存在长期慢性的刺激，骨膜内层成骨细胞活动增加引起骨质增生。组织学上可见骨膜内层成骨细胞增多，有新生的骨小梁。

当骨赘较小或隐藏在深部时，临床检查难以发现。此时患病动物也没有跛行，只有在骨赘增大后可见患部局灶性隆起，触之较硬，无热无痛。当骨赘发生在肌腱或韧带的经路上可引起跛行症状。

【影像学表现】

关节囊附着点处骨赘常见于马腕骨前部中央、冠关节缘、蹄关节缘及犬的膝盖骨、腕骨、跗骨，又称为关节周围骨赘。X 线征象为关节无异常，但关节骨的边缘出现新生骨的阴影，骨影在早期呈刺状或毛刷状从骨基部突出，后则融合为致密、均质、边缘平滑的骨赘。

关节、韧带及肌腱附着点处骨赘常见于马系关节、冠关节、股胫关节侧韧带的附着点，悬韧带的近籽骨附着点，悬韧带在大掌骨的附着点，第 2 掌骨近端后方及蹄骨伸腱突的肌腱附着点；也见于犬的髋结节、坐骨结节、椎骨棘突等肌腱附着点。X 线征象为在关节囊外的关节韧带或肌腱附着点处骨皮质粗糙隆起，密度增高，或有明显突起的骨影，骨影致密均质，边缘清晰。

骨间韧带附着点处骨赘常见于马的第 2 与第 3 掌骨近端的韧带联合处。X 线检查需加斜位投照。X 线征象为骨间隙两侧骨皮质粗糙隆起或骨间隙融合消失。

3. 化脓性骨髓炎

【定义与原因】

化脓性骨髓炎是骨组织包括骨、骨膜和骨髓的化脓性炎症。化脓性骨髓炎的主要病原菌是金黄色葡萄球菌和链球菌。

骨髓炎的感染途径有三种，即开放性骨折伤口、附近软组织或关节病灶蔓延和血源性感染。感染性骨髓炎可发生在身体任何部位的骨组织；血源性骨髓炎则主要发生在长骨的干骺端且病变往往呈多发性。

【临床与病理】

血源性感染时，细菌经滋养动脉进入骨髓，广泛的分布于骨髓和骨皮质，常较多地停留于干骺端的骨松质部分，使此处明显充血、水肿，大量中性粒细胞浸润，形成局部脓肿。脓肿虽可局限化，但病灶经常蔓延发展扩散到较广的区域，甚至涉及整个骨干。病灶向外扩展，突破干骺端的骨皮质，在骨膜下形成脓肿，将骨膜掀起使骨膜脱离，骨密质失去血液供应造成部分骨质和骨膜坏死，坏死的骨质称为死骨。死骨可能被吸收，也可能长期存在成为骨内感染源。

在骨髓炎的急性期（图 7-9），临床表现明显。发病急、有高热，局部肿胀、压痛，患肢活动障碍，全身反应剧烈。

如果急性骨髓炎未得到及时而充分的治疗，则发展为慢性化脓性骨髓炎。由于死骨的存在可形成排脓瘘管，临床可见到始终有脓汁由瘘管排出。死骨可积存细菌，抗生素不易渗入，因而阻挠病变愈合，使炎症呈长期慢性经过。

在整个炎性过程中，一方面骨质被破坏；另一方面病灶周围的骨膜增生，包围死骨形成死骨腔。一旦死骨被吸收或清除，则由肉芽组织填充死骨腔。

【影像学表现】

（1）X 线征象　炎症早期仅见软组织肿胀，经 7～10 d 可见骨骼变化，骨松质出现局限性骨质疏松，继续发展则出现多数分散不规则的骨质破坏区，骨小梁模糊、消失，破坏区边缘模糊，区内可见有密度较高的死骨阴影（图 7-10）。由于骨膜下脓肿的刺激，骨皮质周围出现骨膜增生，表现为一层密度不高的新生骨与骨干平行。

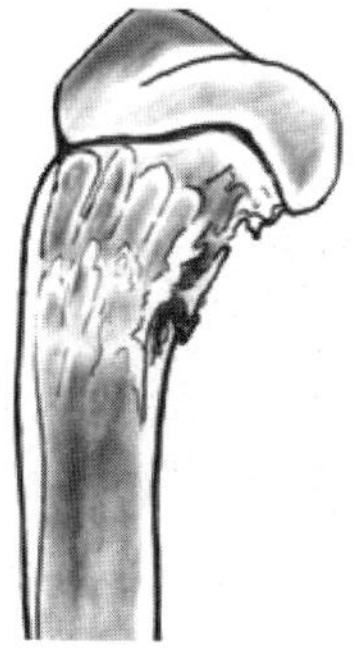

图 7-9　急性骨髓炎

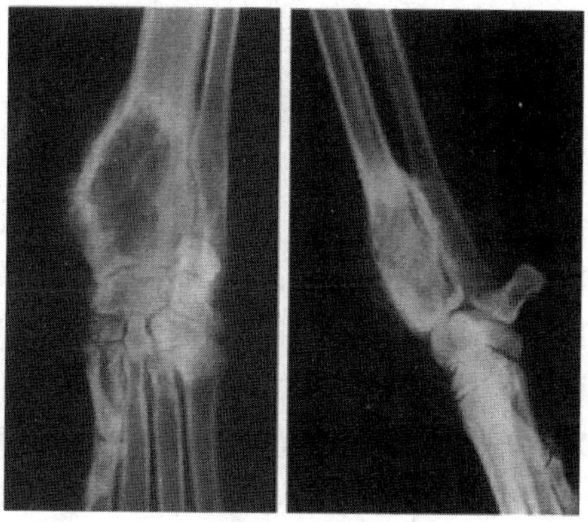

A　　　B

A. 犬桡骨远端前后位；B. 犬桡骨远端侧位。

图 7-10　骨髓炎

慢性化脓性骨髓炎时，骨破坏区界限清楚，破坏区周围骨质增生反应明显，死骨阴影仍可见到。在犬和猫，急性骨髓炎的 X 线征象与骨肿瘤的 X 线征象类似，容易混淆，故需进行鉴别诊断。

（2）CT 表现　CT 能很好地显示出急性化脓性骨髓炎的软组织感染、骨膜下脓肿、骨髓内的炎症、骨质破坏和死骨。CT 相比 X 线片能发现不易显现的小破坏区和小的死骨。

慢性炎症时可见骨质明显增厚、骨髓腔变窄甚至闭塞、骨质密度增高。

（3）MRI 表现　MRI 可很好地显示骨髓的充血、水肿、渗出和坏死，在 T1WI 上均表现为低信号，与正常的骨髓信号形成明显的对比。在矢状面和冠状面上，骨髓腔受累的范围显示良好。

4. 骨放线菌病

【定义与病因】

骨放线菌病是指一种由放线菌引起的慢性传染病，病原为牛放线菌。动物常经破损的口腔黏膜感染，引起下颌骨放线菌性骨髓炎。

【临床与病理】

临床上常患本病的动物有牛、犬和猫等。病原体在受侵害组织内引起慢性肉芽肿形式的炎症。在肉芽中心,可见含有放线菌的化脓灶。有时无化脓过程而以结缔组织大量增生为主,发展形成肿瘤样赘生物。骨内肉芽组织增生的结果是骨组织破坏,骨小梁崩解,同时也有骨质新生。骨质的不断破坏与增生会形成疏松性体积增大,有的形成下颌骨瘘。患病动物下颌骨肿大,界限明显,肿胀进展缓慢。严重者呼吸、吞咽和咀嚼困难。

【影像学表现】

X线片上,骨放线菌病的早期病变与化脓性的骨髓炎相似。由于骨膜受到刺激,可见不规则的骨膜骨化产生的絮状骨阴影,同时出现骨质疏松;由于结缔组织肉芽肿大量增生,破坏和取代骨质,使骨质变薄,下颌骨膨胀变形;膨大的骨体内有数目不等,大小、形状不定的网状骨缺损区,缺损区内无骨结构;由于颌骨膨胀和肉芽肿对骨质的压迫与破坏,齿槽骨形状改变,致使牙齿脱位;也可见下颌骨骨折。

5. 肥大性骨病

【定义与原因】

肥大性骨病,又称肺性肥大性骨病,是一种骨骼的继发性、四肢骨骨膜增生性疾病,常见双侧对称性肢骨远端硬固肿胀和广泛性骨膜骨化。可发生于多种动物,尤以犬多发,老龄易发。

发病原因不详,但认为与肺部疾病有关,如肿瘤、慢性肺炎等。也可能继发于腹部疾病,如膀胱肿瘤、肝脏肿瘤等。

【临床与病理】

本病的病理机制尚不完全了解,可能是肺部病变时刺激胸膜,引起迷走神经和肋间神经的反射,导致四肢远端外周血流加速和局部被动性充血。这些过多的血液因含氧不足,进而造成局部组织供氧不全,刺激骨膜增生,并逐步向上发展,引起爪和长骨新骨形成。

临床症状表现为四肢突然跛行,跛行渐进性加重。病肢远端有连续几个月进行性增粗的病史。触诊四肢见远端长骨呈对称性硬肿,患部温热,有压痛。有的病例长期伴有咳嗽、轻度呼吸困难症状。原发病灶消除后跛行及骨肥大病变随之消退。

【影像学表现】

①四肢远端长骨,尤其是掌(跖)骨及第1指(趾)骨、第2指(趾)骨上出现双侧肢对称的骨膜骨化阴影。早期骨膜骨化多发生在指(趾)骨及非轴向骨,如第2、4(马)或2、5(犬)掌(跖)骨上,以后则逐渐波及整个四肢远端长骨上。

②骨膜骨化阴影光滑或不规则,呈现"栅栏形"或花边形。病程长久者,新生骨逐渐增厚、致密表现光滑。骨内膜及骨髓腔无异常,但可因骨外膜下新生骨的遮蔽而轮廓不清。患部组织阴影稍微增厚。

③原发病灶被控制或痊愈以后,骨膜骨化的阴影迅速消退,一般需3～4个月时间。

6. 犬全骨炎

【定义与病因】

犬全骨炎是一种暂时性、自限性,主要发生于年轻的、快速生长的大型或巨型犬的骨病。本病的好发部位在长骨骨干或干骺端。本病的特征为骨髓腔内骨质增生和骨膜下新骨形成。

确切的发病原因不清楚,在德国牧羊犬有遗传性。其他因素如应激、感染、代谢异常、自身免疫疾病及寄生虫病也可能成为致病原因。

本病又称为内生骨疣或嗜酸性全骨炎。

【临床与病理】

犬的全骨炎发生时，骨髓腔内脂肪发生变性，出现基质细胞增加和类骨化产物。类骨化产物激发血管充血，导致骨内膜和骨外膜发生异常的骨髓腔内骨化反应。经一段时间后病变开始消退，骨髓腔内的骨小梁逐渐被吸收，脂肪组织和血管再生重建。

发病的动物多为4～16月龄，最常见的症状是急性、周期性单肢或多肢轮换跛行，无外伤史。公犬发病多于母犬。触诊长骨骨干和干骺端有疼痛和不适感。尺骨、桡骨、肱骨、股骨和胫骨容易发病，且按前述顺序发病率渐增。动物有时出现发热和厌食现象。

【影像学表现】

①骨髓腔内密度增高，骨小梁结构消失，髓腔内为模糊不清的高密度阴影，此为早期影像。

②骨髓腔内出现弥散性颗粒状或轮廓清晰的、独立的高密度阴影。多个阴影可融合成片状骨影。

③骨皮质内侧增厚，骨外膜增生骨化，新骨呈均质光滑型或层面型。

④滋养孔附近病灶明显。

⑤后期炎症开始消退，骨髓腔内的骨影逐渐消散，骨髓腔密度低于正常密度；骨皮质内侧仍粗糙不平，骨皮质比正常厚。

7. 犬肥大性骨营养不良

【定义与病因】

肥大性骨营养不良是青年大型或巨型犬易发的长骨干骺端的发育性骨病。长骨干骺端出现区域性坏死，缺乏骨沉积物，骨小梁因急性炎症发生微骨折。

该病确切的病因尚不清楚，有观点认为与感染有关，但经培养未分离出病原菌。也有观点认为与机体缺乏维生素C和对维生素C的利用率低有关，因为本病非常类似于人类儿童的坏血病。检测发现患犬血中和尿中维生素C的含量减少，但犬对维生素C的需求不像灵长类动物和豚鼠那样必须依赖于食物的供给，它可在肝脏和肠管合成维生素C。另外对患病的动物用维生素C治疗，并没有见到好的效果。第3种观点认为犬的食物中添加剂过多，使动物营养过剩、矿物质较多可能是本病的致病因素，试验性给动物饲喂高蛋白质、高热量和高钙食物可引起骨骼的病变。

【临床与病理】

该病常发于大型或巨型且生长发育快速的犬，一般发病年龄为3～6月龄，易发品种有大丹犬、德国牧羊犬等。受累骨骼有桡骨、尺骨和胫骨，发病部位多在长骨远端。患肢常有肿胀、疼痛和跛行，严重病例还会出现肢体变形。有些动物可见发热、精神沉郁和厌食现象。

由于各种原因导致干骺端血液循环紊乱，发生骨化障碍或骨化延迟，干骺端出现一系列病变，包括炎症、坏死、骨小梁骨折和外骨膜成骨，从而引发不同的临床症状。

【影像学表现】

①所有骨的干骺端均可发病，但以桡骨和尺骨最常见，通常为双侧对称性发生。

②典型的X线征象是在干骺端出现与生长板平行的、虫蚀状低密度线或低密度带。

③干骺端硬化，干骺端区域有骨膜下新骨生成，伴有光滑或不规则的骨膜骨化反应，可能累及整个骨干。

8.骨软骨病

【定义与原因】

骨软骨病是一种关节软骨发育缺陷性疾病，表现为软骨内骨化障碍或软骨发育不良。广泛发作于现代集约化饲养的猪、牛、禽及生长迅速的马、大型犬，在生长发育的高峰期(4～10月龄)更易发病。

该病的具体发病原因不明，可能与下述因素有关。

(1)营养和生长速度　饲养高价营养饲料和处于生长时期的动物发病率高，生长速度快和喂精料过多的动物易患本病。生长过速、体重过大使骺软骨和关节软骨过度受压，变形，缺血甚至坏死，导致软骨内成骨障碍可能是引起该病的一个重要因素。

(2)外伤　广泛的压迫可影响成熟过程中的软骨细胞的正常生长，反复的外伤可能造成软骨骨折以及骨的离断。

(3)遗传因素　目前认为在马、猪、人类及其他种属骨软骨病是可遗传的。

(4)激素代谢失调　机体内很多激素对骨的生长发育有调控作用，这些激素包括雌激素、睾酮、生长激素、甲状腺素等。已知激素代谢失调可引起骨的生长紊乱，但激素在本病发生中的确切作用并不清楚。

【临床与病理】

骨软骨病是一种软骨内骨化障碍，导致软骨下骨发育异常。在疾病发展时软骨细胞正常增殖，但成熟和分化过程异常，骨骺端的透明软骨不能成熟转化为成骨，在特定部位关节软骨增厚。发育缺陷区的软骨无法获得营养成分而死亡，形成独立的软骨片。当关节运动时或发生微小的创伤就会使软骨遭到破坏，使软骨片分离形成骨瓣或游离到关节腔内形成关节鼠。由于缺乏血液的供应和相继发生的炎症反应使软骨缺陷无法愈合，异常软骨或关节碎屑则会引起滑膜炎症。临床上根据病变的发生部位和程度，骨软骨病分为两种类型。

(1)骺炎　猪和马易患该类疾病，主要发生在桡骨、尺骨、股骨和掌骨远端骺板。患部硬性肿大、有压痛，呈现不同程度的跛行，无全身反应。骺板闭合后局部病变可消失。

(2)分离性骨软骨病　最常见于4～10月龄生长快速的大型犬。主要发生在臂骨头后缘，股骨远端内、外髁、胫骨远端滑车嵴和距离滑车面等部位的关节面上。可有两肢同时发病。局部病变表现为关节软骨与软骨下骨分离，关节软骨掀起软骨瓣、软骨瓣脱落及软骨下骨受侵蚀。可见关节有轻度炎症，通常继发变性性关节病。临床可见不同程度或逐渐加重的跛行症状。

【影像学表现】

骨软骨病的类型不同其X线征象也各有特点(图7-11)。

(1)骺炎　干骺端横径增宽，边缘呈唇样突出，干骺端骨内可能有低密度骨缺损区。缺损区外周可能有骨增长带，骺板增厚，骺板与干骺端的界面不整，骨骺正常或呈楔形变形。长骨可能弯曲，弯曲点位于骺板处，临近骨皮质因应力改变而改塑增宽或变薄。

(2)分离性骨软骨病　病初X线检查一般无明显变化，有时需经关节造影才能显示病变。当软骨下骨受侵蚀后可见关节面局灶性变平、凹陷或有缺损，关节腔内有小钙化片或钙化的软骨片游离于关节腔内或附着在骨缺损旁。为了更清晰的观察病变，检查时可做多个方位的投照，如臂骨头应做侧位投照、肘部应做前后位和斜位投照、股骨远端及跗关节做斜位投照。

(3)关节软骨下囊样病变　关节面出现囊腔样低密度骨缺损区，区内一般无结构，边缘清

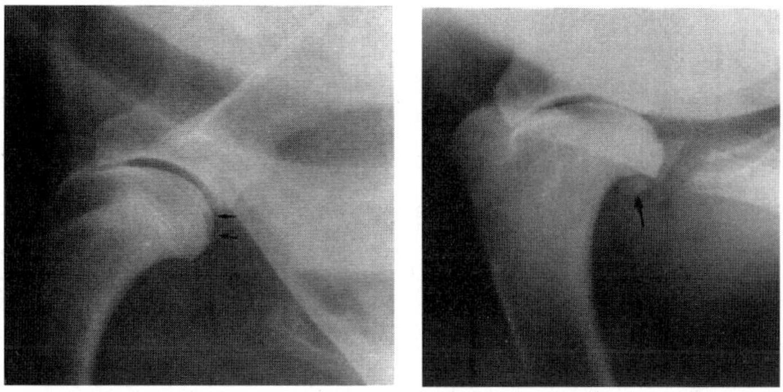

A. 肱骨头 1/3 处的低密度缺损(箭头);B. 游离在关节囊后囊内的软骨碎片(箭头)。

图 7-11　犬骨软骨病

楚整齐,区外围以骨增生带,囊腔与关节腔相通或不相通。

9. 缺血性股骨头坏死

【定义与病因】

缺血性股骨头坏死,又叫累卡佩氏病,是以股骨头骨骺缺血性坏死为特征的一种综合征。常发生于小型犬,如约克夏、迷你杜宾、吉娃娃等,一般发病年龄为 3～10 月龄,5～8 月龄发病率较高。可单侧发病也可双侧同时发病。

关于本病的发病原因仍不清楚,可能因缺损和炎症,使关节液增多,关节内压力增高影响股骨头的血液供应,导致骨骺血流减少;各种原因引起的骨骺血管脂肪栓塞,毒血症、激素紊乱、代谢和遗传等因素促使疾病的发生与发展。

【临床与病理】

各种原因引发股骨头骨骺缺血,骨细胞死亡,骨化中心停止生长;而被滑液营养的关节软骨仍在生长,且继续生长使得关节软骨增厚。此后病变发展可见软骨下骨和钙化的关节软骨出现明显的吸收,连续的关节负重引起骨小梁骨折、变形及缺损。病变骨出现血管重建、重吸收和骨结构重建。在重建的过程中,纤维组织或纤维软骨填充于骨缺损处。由于股骨头的这些病变部位的力学作用变弱,正常的生物力学作用于疏松的重吸收的软骨下骨,导致股骨头和股骨颈塌陷。同时纤维血管组织代替了生长板的位置,故生长板的结构消失。随病变的发展进程还会继发变性性关节病。

本病的常见临床症状是后肢跛行,呈逐渐加重趋势,严重时呈三脚跳。他动活动髋关节时疼痛明显,有时能听到噼啪声音;关节活动范围减少,患肢肌肉萎缩明显。

【影像学表现】

最初 X 线表现可能不明显,但随病情的发展可见 X 线征象变化如下。

①早期阶段的股骨头骨骺出现不规则的骨溶解吸收区域,呈散在的点状或斑块状低密度区。

②随着病情的发展,则出现股骨骨骺变形、股骨颈变厚、关节腔增宽。

③在严重的病例表现为股骨头塌陷和骨折破碎,同时伴有继发性变性性骨关节炎。

④本病的影像学表现应与股骨近端骨骺骨折、创伤性髋关节脱位及髋关节发育不良相区别。

10. 桡骨和尺骨发育不良

【定义与病因】

由于近端或远端生长板受到损伤，生长板部分或完全融合，导致骨的生长速度不一致，而发生桡骨和尺骨发育异常。骺板受损常见于创伤、发育不良和骨化、限制性植入物的植入或由于骨折愈合中造成桡、尺骨骨性连接。发育不良可导致前肢角度和生长发育异常，以及腕、肘关节脱位继发骨关节炎。

本病常发于无软骨形成品种的犬，如斗牛犬、八哥犬、比格犬、巴塞特犬等。也与品种特性相关。

【临床与病理】

犬前肢正常发育的基础是桡骨与尺骨同步发生，就每块单独骨来说生长速度可有不同，但会受骨和关节生长发育一致性的限制。任何骨骼的生长变化，都会影响邻近的骨骼和近端或远端的关节。桡骨是前肢的主要负重骨，其长度的 60％由远端骨骺生长而成。尺骨有约 85％的长度由远端骨骺生长而成。大多数犬在 4～8 月龄阶段骨骺生长加快，9～11 月龄时减慢。任何原因引起任何骨的骨骺病变都会使骺板提前闭合从而影响相邻骨骼。尺骨远端骺板提前闭合时，变短的尺骨限制桡骨生长，可导致桡骨向前弯曲及肘关节半脱位；桡骨远端骺板提前闭合时，使桡骨变短、肘和腕关节异常连接、桡尺骨向后弯曲。

发病犬多数表现为不同程度的跛行，关节疼痛和肢体变形。如为创伤所致则常为单侧发生，对于一些品种特性相关的发育性病变多为双侧性。

【影像学表现】

①在对该病进行 X 线检查时，投照时应将桡骨和尺骨的远、近端关节包括在同一张 X 线片上，同时要拍摄对侧桡、尺骨 X 线片进行对照。

②尺骨远端骺板提前闭合时，尺骨远端骺板钙化，桡骨远端骺板仍为线状软骨低密度阴影。由于桡骨长度大于尺骨而被动向前突出弯曲，远端后方骨皮质增宽。尺骨骨干缩短、变直、横径可增大，远端茎突上移。桡、尺骨间隙增大、桡腕关节及臂尺关节的关节间隙增大，关节骨对位不良，关节处于半脱位状态。

③桡骨远端骺板提前闭合时，桡骨远端骺板钙化，尺骨远端骺板仍有线性阴影。桡骨骨干失去正常生理弧度而变直，缩短，尺骨远端茎突下移。桡腕关节的关节间隙增大，肘关节半脱位。

④桡骨近端骺板提前闭合时，桡骨近端骺板提前钙化，桡骨短缩，尺骨向后方隆突弯曲，桡、尺骨间隙增大，肱桡关节，桡腕关节半脱位。该类病变不常发生。

11. 尺骨肘突不闭合

【定义与病因】

尺骨肘突是位于尺骨近端鹰嘴突处的呈钩状的部分，是一个独立的骨化中心。在发育正常的情况下，肘突通常在 16～20 周龄前与鹰嘴突闭合，过时不闭合则视为病理状态，即为尺骨肘突不闭合。

肘突不闭合是一种先天性疾病，它与骨软骨病或桡、尺骨发育不一致有关。本病多发于大型犬，一般在成熟前体重超过 22 kg 的犬易发病。在德国牧羊犬具有遗传型。有时可能双侧发病。

【临床与病理】

肘突是个独立的骨化中心，在正常情况下于 20 周龄左右应与尺骨闭合。肘突超期不闭合将与尺骨部分或全部分离，而成为骨关节内的游离骨块，导致肘关节不稳定，并进一步发展成为变性性关节病。最近有学者认为尺骨肘突不闭合可能是尺骨远端骺板提前闭合或桡、尺骨发育生长不一致，导致生物机械力作用于肘突所致。

本病多发生于 5～6 月龄的大型犬，有间歇性负重跛行，在休息和紧张运动后跛行加重。伸展肘关节和对尺骨近端触诊时有痛感。有时可见关节积液。

【影像学表现】

①X 线检查对该病的诊断至关重要，拍片时动物取侧卧位，患肢在下面，充分屈曲患肢，应同时拍摄肘关节内、外侧位 X 线片。

②X 线片可见在肘突和尺骨之间呈现一条低密度带；沿低密度带边缘为高密度骨性硬化阴影；病久后出现继发性变性性关节疾病的征象。

(二)骨肿瘤诊断

骨肿瘤是指骨组织受肿瘤细胞的侵害，从而引起骨质破坏、吸收或增生硬化等一系列病理变化的一种骨骼疾病。骨肿瘤分为原发性、继发性(转移性)或邻近软组织肿瘤侵入局部发生的肿瘤。在动物临床上犬、猫等小动物的骨肿瘤发病率较高。小动物的骨肿瘤多为恶性的，造成严重的骨骼损伤。恶性骨肿瘤的病理特征是骨溶解和骨增生反应。

1. 良性肿瘤

良性肿瘤包括骨软骨瘤、内生软骨瘤、软骨黏液样纤维瘤、巨细胞瘤和骨血管瘤。

(1)骨软骨瘤　骨软骨瘤又称软骨性外生骨疣，是最常见的骨肿瘤之一。骨软骨瘤常发于长骨远端，在马和犬较常见。

【临床与病理】

骨软骨瘤分为单发性和多发性两种。单发性骨软骨瘤瘤体较小，无遗传性，多发性骨软骨瘤为常染色体显性遗传病，瘤体通常较大。临床表现通常无症状，有的病例会出现无痛感性肿块，瘤体较大时，压迫周围组织引起疼痛，接近关节的会导致关节活动障碍，病变部位容易发生骨折。

骨软骨瘤多见于四肢长骨干骺端，由三种不同组织构成，顶部为薄层的纤维组织构成的软骨膜和邻近的骨膜连续；其下是透明软骨构成的软骨帽，软骨帽中的软骨基质可发生钙化；软骨帽下方是肿瘤的基底部，由骨松质和骨髓构成，髓腔和母体骨髓腔相通。骨性基底部可分为宽带状或细蒂状。单发的骨软骨瘤可发生恶变，形成软骨肉瘤。

【影像学表现】

①X 线征象：软骨帽在 X 线片上不显影。当软骨钙化时，基底顶缘外出现点状或环形钙化影。肿瘤骨基底在非切线位上可呈环形致密影。发生于扁骨或不规则骨的肿瘤多有较大的软骨帽，瘤体内常有多量钙化而骨性基底相对较小的阴影(图 7-12)。肿瘤可压迫邻近骨产生移位或畸形。

②CT 征象：CT 可清楚显示肿瘤的基底部与母骨相连，多层螺旋 CT 三维重建可以多方位显示基底部与母骨的关系及瘤体全貌，CT 扫描还可以显示软骨帽的钙化，但不能显示非钙化的软骨帽。

③MRI 征象：按肿瘤的发生部位，可分为中心型和周围型，前者发生于髓腔，呈中心性生长，后者发生于骨表面。MRI 上可见软骨瘤于 T1WI 上表现为等信号或低信号，恶性度高的

信号强度常更低;T2WI 上,低度恶性的肿瘤因含透明软骨而呈均匀的高信号,高度恶性的信号强度不均匀。钙化和骨化均呈低信号。中心型软骨肉瘤邻近骨皮质可有不同程度的膨胀,变薄,骨皮质或骨性包壳可被破坏而形成大小不等的软组织肿块,偶可见骨膜反应。周围型软骨肉瘤多为骨软骨瘤恶变而来,多表现为软骨帽不规则增厚变大,并形成不规则软组织肿块,原来的骨性基底可被破坏,甚至消失,增强扫描病变呈明显不均匀强化。

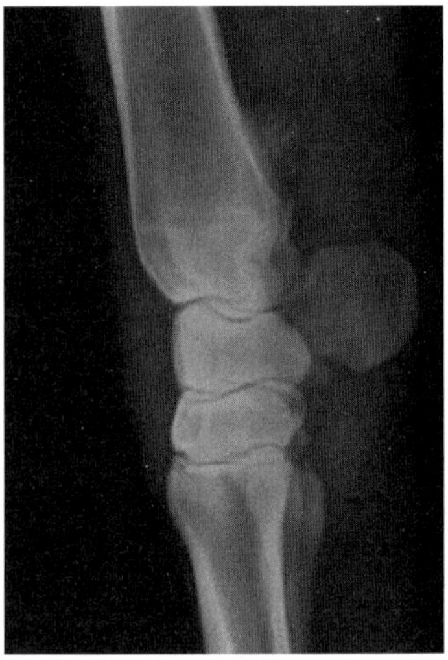

图 7-12　马腕骨的侧位 X 线片

(资料来源:VANEL M,et al,2013)

(2)内生软骨瘤　内生软骨瘤是指发生在髓腔内的软骨瘤,最为常见;外生软骨瘤是指骨膜下或骨皮质软骨瘤,较少见。软骨瘤单发多见,其发病率仅次于骨软骨瘤和骨巨细胞瘤。多发软骨瘤较少见,是骨的先天性软骨发育不良,软骨内成骨发育障碍所致,又被称为内生性软骨瘤病。

【临床与病理】

单发软骨瘤任何年龄均可发病。常见于四肢短骨,较少发生于肱骨、股骨、胫骨、腓骨及尺骨。该病病程缓慢,无全身症状,多数由于局部肿块、疼痛、畸形和病理性骨折而发现。多发性软骨瘤常引起关节变形、肢体畸形,出现压迫症状。

肉眼可见肿瘤为透明软骨,质地坚实有光泽,可有大小不等的囊变,可见白色钙化区,邻近骨皮质变薄。镜下见肿瘤由软骨细胞和软骨基质构成,分化成熟的软骨细胞稀疏、细胞核小而圆、深染、无异型性,核分裂少见。部分多发性内生软骨瘤病例可恶变为软骨肉瘤。

【影像学表现】

①X 线征象:病变位于骨髓腔内,发生于骨干者多为中心性生长,而位于干骺端者则以偏心性生长为主,表现为边界清楚的类圆形骨质破坏区,多有硬化边与正常骨质相隔,其周围骨皮质变薄或偏心性膨出,其内缘因骨嵴而凹凸不平或呈多弧状。由于骨嵴的投影,骨破坏区可呈多房样改变。骨破坏区内可见小环形、点状或不规则钙化影,以中心部位较多。

②CT 征象:内生软骨瘤表现为髓腔内的软组织肿块,可见瘤内高密度钙化影,邻近的骨皮质膨胀、变薄,一般无中断;增强扫描可有轻度强化。

③MRI 征象:肿瘤 T1WI 呈低信号,T2WI 呈高、低混杂信号,高信号为未钙化的软骨成分,低信号区代表钙化成分。增强扫描无强化,或呈环形强化,MRI 显示肿瘤是否侵袭周围软组织,在鉴别内生性软骨瘤恶变时具有重要意义。

(3)软骨黏液纤维瘤　软骨黏液纤维瘤是一种少见的良性软骨性肿瘤,此型骨肿瘤是起源于形成软骨的结缔组织,并具有黏液样和软骨样特征。

【临床与病理】

此型肿瘤病程缓慢,发病数月或数年才得以诊断。主要症状为轻微疼痛、肿胀、运动受限。多发生于干骺端或骨端,特别多发于胫骨近端,股骨远端干骺端也有发生。其他如腓骨、足部小骨等下肢骨,颅面骨、脊椎、骨盆,上肢骨也偶有发生。

【影像学表现】

①CT 征象:肿瘤边界清楚,边缘光滑,为骨性或软组织密度,多数患者大部分瘤组织的密度与周围肌肉组织相近或呈相对低密度,部分患者可见骨皮质不连续和病灶内的骨性间隔,并

可见在肿瘤内部成角或成直线的骨性间隔，且这种骨性间隔多见于肿瘤的边缘(图 7-13)。CT 检查可以明确病变范围，周围骨质硬化情况和瘤组织内成分，例如有无囊变，钙化及软组织受损情况等。

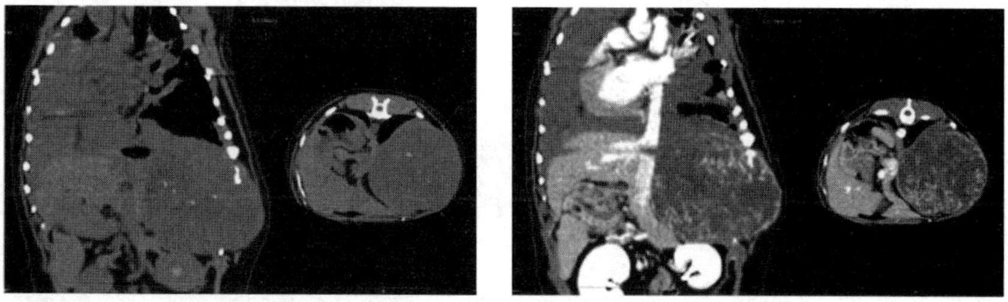

岁博美犬造影后可见团块呈不均质的增强，有包膜，与膈肌的界限不明。左为矢状面；右为横切面。

图 7-13　犬软骨黏液样纤维瘤 CT 影像

(资料来源：南京佩豪宠物医院)

②MRI 征象：MRI 显示肿瘤的信号因组织成分不同而不同，无特异征象。一般 T1WI 呈等、低信号，T2WI 为高信号，增强扫描可有轻或中度强化。

(4)巨细胞瘤　巨细胞瘤很可能起源于骨髓结缔组织间质细胞，在我国是较常见的原发性骨肿瘤之一。

【临床与病理】

骨巨细胞瘤多发于股骨下端、胫骨上端和桡骨上端，位置主要在骨端关节面下。主要症状为疼痛和肿胀，可伴有软组织肿块。局部包块压之有乒乓球样感觉，病变的关节活动受限。

肿瘤组织质软而脆，常伴坏死、出血，病灶处骨皮质膨胀菲薄，有时可见肿瘤侵入软组织。组织病理学可见肿瘤主要由单核基质细胞和多核巨细胞构成，多核巨细胞常均匀分散于基质细胞中。

根据基质细胞异形性和多核巨细胞的多少及体积大小，将骨巨细胞分为 3 级：Ⅰ级，基质细胞稀疏，核分裂少，多核巨细胞较多；Ⅱ级，基质细胞多而密集，核分裂较多；Ⅲ级，以基质细胞为主，核异形性明显，分裂极多，多核细胞很少。因此Ⅰ级偏良性，Ⅱ级为侵袭性，Ⅲ级为恶性。分级对肿瘤属性和程度的确定及治疗方案的制定有较大的参考价值。

【影像学表现】

①X 线征象：肿瘤多发生于干骺愈合后的骨端，呈膨胀性骨破坏，骨壳较薄，其轮廓一般完整，其内可见纤细骨嵴，呈分房状。有的肿瘤膨胀很明显甚至将关节对侧的另一骨端包绕起来，这是该肿瘤的特征之一。肿瘤常直达骨性关节面下，以致骨性关节面就是肿瘤的部分骨性包壳，这是该肿瘤的另一个特征。骨破坏区与正常骨的交界清楚但并不锐利，其内无钙化和骨化影。一般无骨膜反应。

②CT 征象：长骨骨端膨胀性骨质破坏，偏心生长，横径大于纵径。局部骨皮质变薄，随着肿瘤增大，骨皮质可被穿破形成软组织肿块，提示肿瘤侵袭软组织，具有一定的侵袭性。肿瘤边界清晰，周围无骨硬化，增强扫描病灶及软组织肿块可明显强化。CT 检查还可用于治疗后的疗效评估，通过肿块大小及血供变化情况，评估治疗效果。

③MRI 征象：MRI 对显示肿瘤周围的软组织肿块，肿瘤与邻近神经、血管的关系优于 CT 检查，还可以了解关节腔及关节软骨是否受侵袭。肿瘤常有囊变、出血等改变，因此呈不均匀

的长 T1、长 T2 信号，部分瘤内可见液-液平面或含铁血黄素沉积，增强描病灶呈轻度到明显不规则强化(图 7-14)。

(5)骨血管瘤　骨血管瘤是慢性生长的良性肿瘤，呈瘤样增生的血管组织，掺杂于骨小梁之间、不易将其单独分离。

【临床与病理】

任何年龄的动物均可发病，多见于脊柱及颅骨，肋骨较少见。临床表现无明显临床症状，或有局部肿胀和疼痛。

肿瘤组织为灰红色或暗红色，极易出血，肿瘤使骨质膨胀变薄，在肿瘤壁上常见到粗糙而硬化的不规则骨。从组织学上分为海绵状血管瘤及毛细血管瘤，前者多见于脊柱和颅骨，后者多见于扁骨和长管骨干骺部。组织病理学可见海绵状血管瘤的组织，大多是密集的薄壁扩张血管及血窦构成，血管中充满红细胞，肿瘤边缘可有残存的正常骨小梁，在肿瘤组织间可见到脂肪性骨髓。毛细血管瘤由极度扩张的细小毛细血管构成。

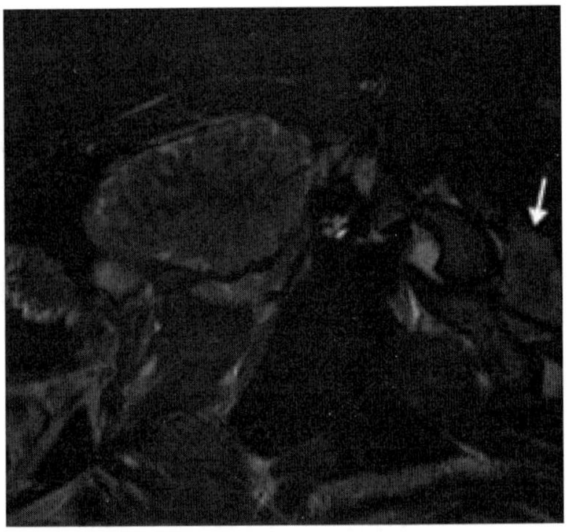

MRI 评估大脑功能。寰椎髓腔（白色箭头）中发现高信号和异质性病变，引起皮质溶解，尚未到达脊髓，临床症状为剧烈疼痛。

图 7-14　马寰椎巨细胞瘤 MRI 矢状面影像

（资料来源：VANEL M，et al，2013）

【影像学表现】

①X 线征象：软组织的血管瘤可在邻近的骨造成较浅的边界清晰的缺损区，边缘常有较明显的硬化。骨内原发病变一般表现为被骨皮质包绕的边界清楚的溶骨性破坏区，内无钙化。有时可见部分骨壳伸入软组织，以至难以鉴别肿瘤是来源于骨还是软组织。

②CT 征象：肿瘤因部位不同而表现不同。椎体血管瘤骨小梁广泛吸收，但有部分骨小梁增生和增厚。出现纵形排列的粗糙骨小梁，形成栏栅状或大网眼状。椎体的外形及椎间隙可保持正常。长骨血管瘤呈泡沫状囊肿样骨破坏，多呈偏心性生长。周围骨皮质变薄，一般无骨膜反应；如是侵犯软组织可见软组织肿块影，呈扇形，无硬化边、典型的可见放射状骨针。增强扫描病变更明显。

③MRI 征象：骨血管瘤在 MRI 上表现为 T1WI 和 T2WI 上均为高信号，椎体的血管瘤，其内可见粗大而松散的低信号骨小梁，在横切面上表现为低信号的斑点，在矢状面或冠状面上表现为低信号的栅栏状影，长骨的血管瘤，血管丰富者可显示为骨髓腔内点状和短条状低信号(图 7-15、图 7-16)。

2. 恶性骨肿瘤

恶性骨肿瘤有原发性和继发性。原发性肿瘤包括软骨肉瘤、骨肉瘤、骨纤维肉瘤、血管肉瘤、原始神经外胚层瘤和多发性骨髓瘤。继发性肿瘤包括骨淋巴肉瘤和腺管恶性肿瘤，多来源于乳腺、前列腺和肺肿瘤灶。

(1)软骨肉瘤　软骨肉瘤是常见的恶性骨肿瘤之一，多发生于犬，常侵害扁骨，发病动物为中型至大型中年犬。生长较骨肉瘤慢，临床过程持续时间长，发病率约占恶性骨肿瘤的 10%。该病起源于软骨或成软骨结缔组织，临床可分为原发和继发两种，后者可由软骨瘤、骨软骨瘤

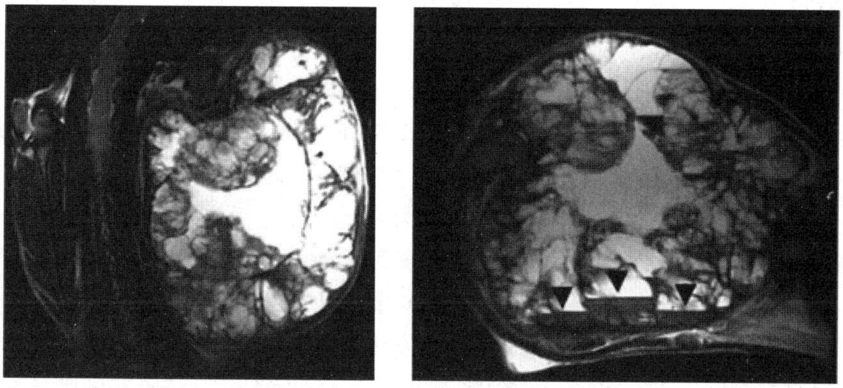

背侧(A)和矢状面(B)的 T2 快速自旋回波序列(FSE)影像几个空腔（箭头）中可见到沉积,腔内没有循环的血液。血液循环非常缓慢,细胞沉积在空腔底部并产生液-液液位。

图 7-15 猫肩胛骨动脉瘤性骨囊肿 MRI 扫描影像

(资料来源:VANEL M,et al,2013)

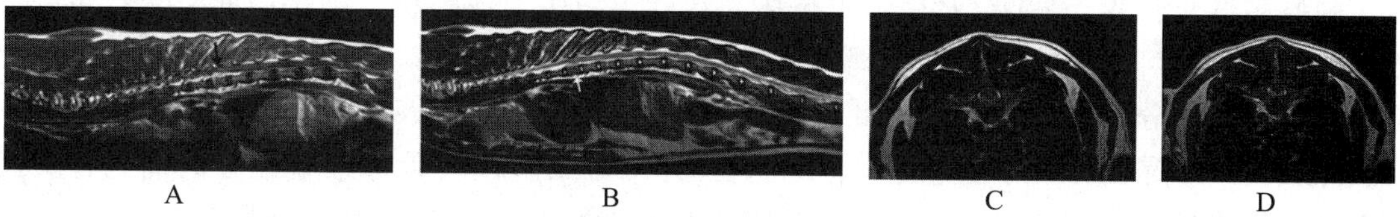

后矢状面和横切面 T1WI（A 和 C）和 T2WI（B 和 D)影像表现为血管瘤引起第 11 胸椎(T11)骨溶解,肿瘤在椎管内扩展,压迫脊髓，猫表现无力和后肢共济失调。

图 7-16 猫造影 MRI 扫描影像

(资料来源:VANEL M,et al,2013)

恶变而来。软骨肉瘤根据发生的部位可分为中央型和外围型。

【临床与病理】

好发于四肢长骨、骨盆与肋骨,亦可见于椎骨、骶骨、锁骨和肩胛骨。原发性软骨肉瘤以疼痛为主要症状,由间歇性逐渐转为持续性,邻近关节常引起关节活动受限。局部可见肿块,周围皮肤伴有红热现象,继发性软骨肉瘤临床表现为原患处肿块增大、肿痛。

中央型软骨肉瘤呈膨胀性骨质破坏,肿瘤呈分叶状,灰蓝色略透明。外围型软骨肉瘤多由骨软骨瘤恶变而来,故常保持骨软骨瘤的外观,呈不规则分叶状。组织病理学可见软骨肉瘤由恶性肿瘤性软骨细胞及软骨基质组成,按分化程度分为高分化、中分化和低分化 3 类。高分化软骨肉瘤软骨细胞稀疏分布,多为单核,偶见双核软骨细胞,轻度异形性。低分化软骨肉瘤细胞密集,异形明显,常见双核、巨核及多核肿瘤性软骨细胞。中分化软骨肉瘤表现介于二者之间。

【影像学表现】

①CT 征象:中央型软骨肉瘤表现为骨腔内骨质破坏,可见高低混杂密度病灶,破坏后残余骨、瘤骨、软骨钙化呈高密度,囊变区呈低密度。瘤软骨钙化可为不规则斑点状、线状、环形或无定形,是诊断软骨肉瘤的可靠征象。病变区可见骨膜反应,肿瘤穿破皮质侵入软组织形成软组织肿块,肿块内可见钙化瘤软骨。周围型软骨肉瘤常继发于软骨瘤。CT 显示病灶有

蒂与相应的骨皮质相连，病变顶部有一层软骨帽，病变表现与中央型软骨瘤相似，可见瘤软骨骨化，软组织肿块形成。增强扫描中央型，周围型软骨肉瘤不均匀强化，多为中间及分隔强化。

②MRI 征象：中央型软骨肉瘤 T1WI 像上呈不均匀信号，非钙化肿瘤大部分为中等信号，钙化区为低信号；T2WI 非钙化肿瘤部分为明亮的高信号，钙化的瘤软骨仍为低信号，骨膜反应在 T1WI、T2WI 均为低信号。软组织肿块信号不均，内见低信号钙化。增强扫描肿瘤不规则强化，多见周边及分隔强化。周围型软骨肉瘤可见软骨帽增厚，T2WI 为高信号。MRI 较 CT 检查可以更好显示软骨肉瘤侵入骨髓腔和软骨组织的情况。

（2）骨肉瘤　骨肉瘤又称为成骨肉瘤，在原发性恶性肿瘤中占据首位。常发部位有桡骨远端、肱骨近端、股骨远端及胫骨近端，骨肉瘤多发生于犬和猫（90%），易发生肺转移。

【临床与病理】

骨肉瘤多发于长骨干骺端，尤以股骨下端和胫骨上端多见。病变早期不侵袭骨骺，晚期则可超越骺线进入关节。临床表现以剧烈疼痛、局部肿胀和运动障碍为主，可见局部皮肤血管扩张、皮温增高。

肿瘤多位于长骨干骺端，大片骨质破坏并在软组织中形成肿块。肿块切面呈灰红色，常伴出血、坏死，部分可见软骨。组织病理学可见瘤细胞卵圆形或梭形，异形性明显，肿瘤细胞产生粉红色骨样基质分布在细胞周围。此型骨肉瘤中成软骨、成纤维及成骨现象常同时存在，根据 3 种成分多少将普通型骨肉瘤分为软骨细胞性、纤维母细胞性及骨母细胞性骨肉瘤三种类型。其中骨母细胞性骨肉瘤最多，其次为软骨细胞性骨肉瘤，纤维母细胞性骨肉瘤最少。

【影像学表现】

①X 线征象：骨质破坏多始于干骺端中央或边缘部分，骨松质呈虫蚀状、斑片状骨破坏。皮质边缘出现小而密集的虫噬样破坏区，在皮质内呈筛孔状破坏。随后骨破坏区融合扩大并形成大片骨缺损。

肿瘤骨分布于骨破坏区和软组织肿块内，是骨肉瘤本质的表现，也是影像诊断的重要依据。瘤骨的形态主要有以下几种。云絮状：密度较低，边界模糊，是分化较差的瘤骨；斑块状：密度较高，边界清楚，多见于髓腔内或肿瘤的中心部，为分化较好的瘤骨（图 7-17、图 7-18、图 7-19、图 7-20 和图 7-21）；针状：为多数细长骨化影，大小不一，边界清楚，或模糊，彼此平行或

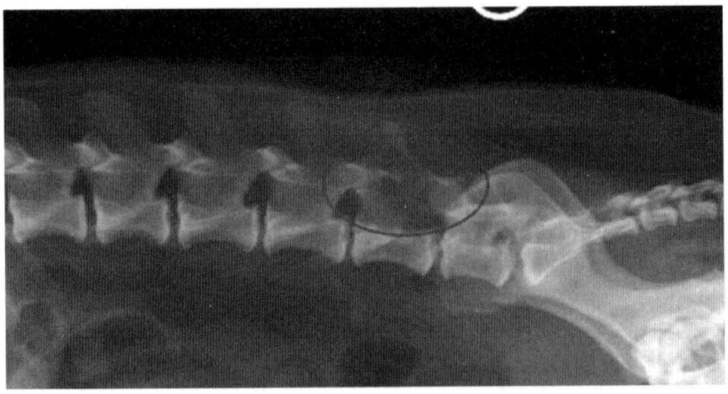

10 岁柯基犬 L6 的椎弓和棘突出现密度下降（圆圈）。

图 7-17　犬腰椎 X 线片

（资料来源：南京佩豪宠物医院）

呈辐射状，位于骨外软组织肿块内。肿瘤软骨钙化，表现为小点状、弧形或环形钙化影。视软骨分化程度和数量不同，钙化影或密或疏、或多或少、边界清楚或模糊。一般多分布于肿瘤的外围。软组织肿块。肿块多呈圆形或半圆形，边界多不清楚。在软组织肿块内可见瘤骨。

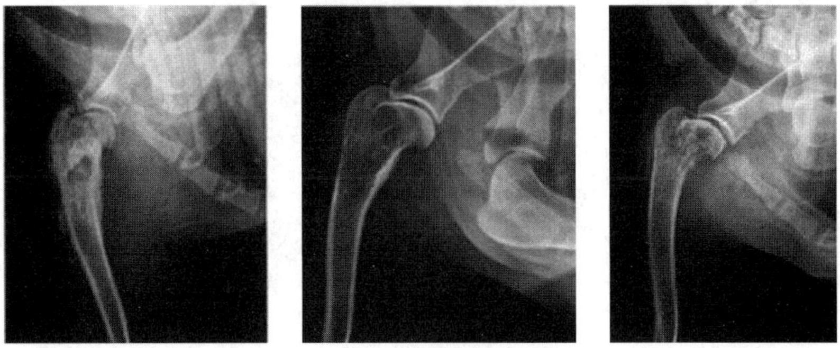

A　　　　B　　　　C

三种不同的犬肱骨近端骨肉瘤的侧位X线照片：从骨硬化（A）到骨溶解（B）和混合性（C）。

图7-18　犬肱骨近端骨肉瘤X线片

（资料来源：VANEL M，et al，2013）

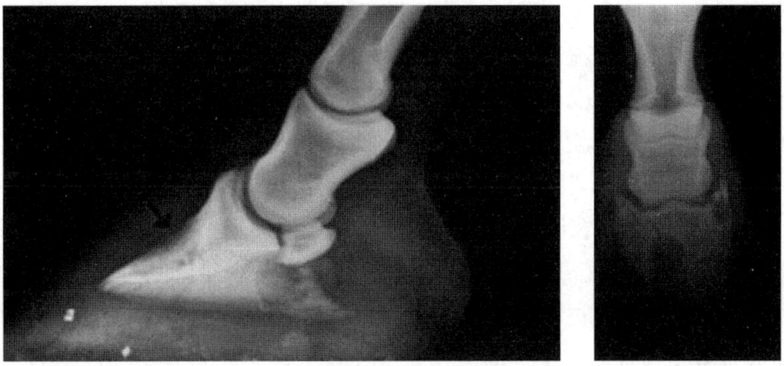

A　　　　B

侧部（A）和掌背部60°（B）X线片，马表现为严重跛行，黑色箭头处骨溶解与重建。

图7-19　马指骨远端骨肉瘤X线片

（资料来源：VANEL M，et al，2013）

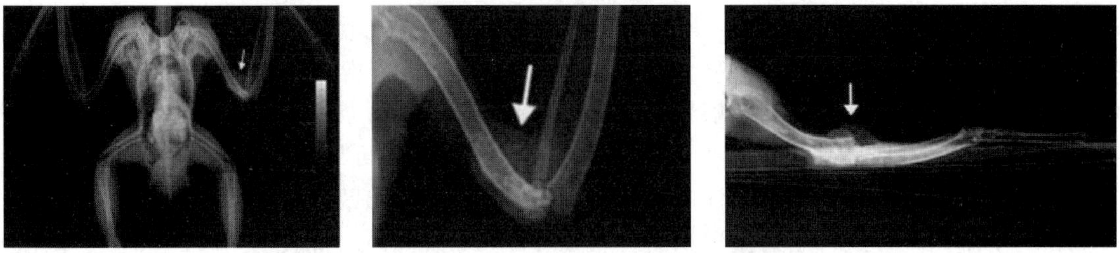

A　　　　B　　　　C

一只猎鹰肱骨远端硬化性骨肉瘤的（白色箭头）的背腹侧（A和B）和前后侧（C）X线片。

图7-20　猎鹰肱骨远端硬化性骨肉瘤X线片

（资料来源：VANEL M，et al，2013）

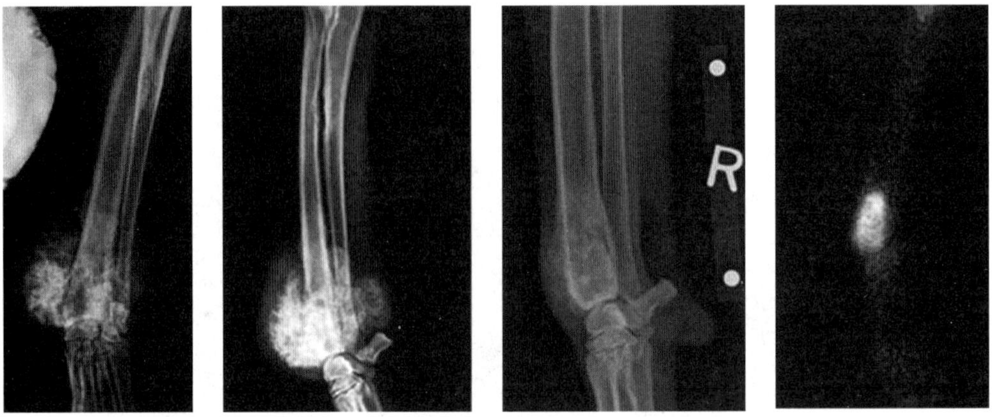

A　　B　　C　　D

犬桡骨远端前后（A）和外侧（B）X 线片；犬桡骨远端骨肉瘤的 X 线片（C）和骨成像（闪烁扫描）（D）侧位图。

图 7-21　犬桡骨远端骨硬化性骨肉瘤 X 线片

（资料来源：VANEL M，et al，2013）

②CT 征象。骨质破坏：骨皮质的骨质破坏表现为骨皮质呈现虫蚀状、不规则变薄或大块缺损。骨松质破坏呈虫蚀状或片状骨质缺损，破坏区骨质被软组织密度的肿瘤组织填充。骨膜变化：骨膜变化表现为多种形态的骨膜反应，可为平行于骨皮质的线状、层状或针状高密度影（图 7-22）。较厚的骨膜反应说明肿瘤的恶性程度高、生长快，可见骨膜三角。软组织肿块：位于骨破坏区和骨外软组织内，边缘不规则或分叶状，密度均匀或不均匀，增强扫描多为不均匀强化，可见无强化的坏死区。肿瘤骨：位于骨髓腔、骨松质、骨破坏区和软组织内，是骨肉瘤的特征性表现，呈点状、斑片状、针状及大片状高密度影。瘤软骨：位于软组织肿块内，其钙化呈半环形、环形或弧形。肿瘤血供情况：多层螺旋 CT 最大密度投影成像可以显示肿瘤血管的形态、分布，以及正常血管受损的情况。CT 灌注扫描可以显示肿瘤血流灌注参数，对确定肿瘤的分化程度和肿瘤鉴别诊断具有一定意义。肿瘤周围及邻近组织损害情况：CT 因密度分辨率高可较 X 线检查更清楚显示病变的范围，往往 CT 显示肿瘤累及范围较 X 线更广泛。邻近肌肉、血管、神经受侵时表现为这些结构被肿瘤组织包绕或直接相接。正常的脂肪间隙消失。跳跃性病灶：骨肉瘤可发生沿骨干的跳跃性转移，表现为髓腔内圆形或类圆形软组织密度灶。

③MRI 征象：MRI 检查较 CT 可以更明确地显示肿瘤在髓内、关节内或周围软组织内的浸润范围，以及肿瘤与周围肌肉、血管及神经的关系，并且通过 MRI 信号表观可反映肿瘤的主要细胞类型和肿瘤内部出血、坏死情况。骨肉瘤在 T1WI 呈不均匀低信号或低、等、高混杂信号，T2WI 为不均匀高信号或混杂信号，肿瘤骨 T1WI 及 T2WI 均为低信号。出血区在 T1WI 均为高信号，液化性坏死区 T1WI 呈低信号，T2WI 呈高信号，可见液-液界面。

纤维母细胞性和骨母细胞性骨肉瘤在 T2WI 像上低信号区较多，软骨细胞性骨肉瘤在 T2WI 像上以高信号为主，无钙盐沉积的骨膜在 T2WI 为高信号，骨膜三角 T2WI 位于低信号的骨皮质和稍高信号的软组织之间呈较低信号。血供丰富的肿瘤内可见血流的条状血管影增强，肿瘤呈不均匀强化，多为周边强化。出血、坏死及水肿区无强化。磁共振血管成像技术可以显示肿瘤的供血血管及肿瘤内血管的情况。

MRI 检查在判断骨肉瘤术后是否复发，评价骨肉瘤的化疗效果具有重要的作用。MRI 可检出早期复发病灶，表现为手术区域膨隆出现肿块，T1WI 呈低信号、T2WI 呈高信号，增强扫

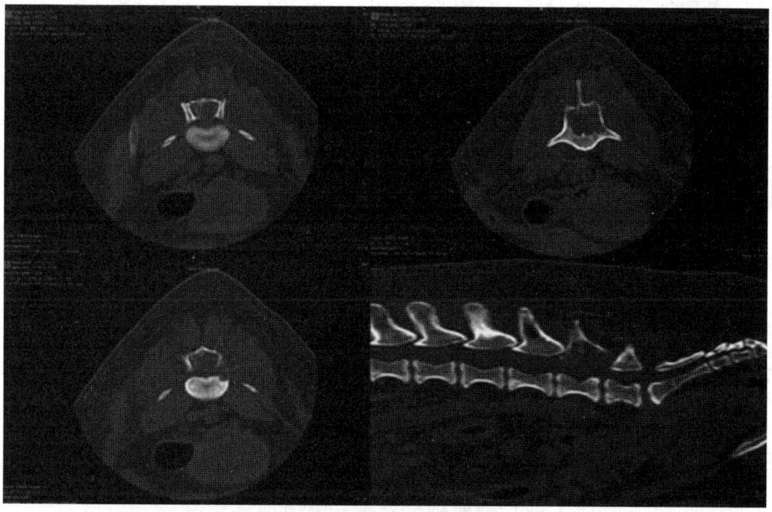

10 岁柯基犬 L6 的椎弓、椎板、棘突和椎体出现不同程度骨质破坏。

图 7-22　犬腰椎 CT 影像

（资料来源：南京佩豪宠物医院）

描病变强化，与术后的水肿和炎症可以鉴别。术后水肿、炎症 T1WI 呈低信号，T2WI 呈高信号，其形态和肌肉轮廓一致，增强扫描无强化；术后纤维化在 T1WI、T2WI 均呈低信号。追踪复查肿瘤复发局部水肿程度加重、肿块增大。

(3)骨纤维肉瘤　骨纤维肉瘤起源于骨膜或骨内膜的成纤维组织，侵袭长骨的干骺端或上、下颌骨，生长速度不一。原发于骨髓腔内结缔组织的肿瘤，称为中央型骨纤维肉瘤；原发于骨膜纤维组织的，称为周围型骨纤维肉瘤。继发性骨纤维肉瘤，往往继发于原有骨病，如畸形性骨炎、骨纤维异样增殖症、动脉瘤样骨囊肿、慢性骨髓炎、复发的骨巨细胞瘤等。

【临床与病理】

骨纤维肉瘤多发于长骨的骺端或骨端，以股骨、胫骨、肱骨最多，扁平骨也可发生。临床症状主要是局部肿胀和进行性肿痛。

中央型纤维肉瘤肿瘤位于髓腔内，可破坏骨皮质及骨膜在邻近软组织中形成肿块；周围型纤维肉瘤瘤体紧贴在骨外膜，偶可侵入髓腔，髓腔内病变的范围远较骨外膜肿块范围小。肿瘤切面灰白色，质韧，分化好的可见编织样结构，分化差的则为鱼肉样结构，可伴出血、坏死和囊变。病理组织学可见肿瘤由纤维母细胞及胶原纤维构成，肿瘤细胞分化程度不同。

【影像学表现】

①X 线征象：骨纤维肉瘤在骨内呈溶骨型破坏（图 7-23），破坏区边界多不清楚，少数边缘可稍显硬化。邻近骨皮质可有不同程度的膨胀、变薄，骨皮质或骨性包壳可破坏而形成大小不等的软组织肿块。骨破坏区和软组织肿块内可见数量不等、分布不均、边缘清楚的环形、半环形或沙砾样钙化影，也可见到斑片状的软骨内骨化征象。

②CT 征象：中央型骨纤维肉瘤 CT 平扫时表现为局部骨轻度肿胀、皮质变薄，病灶区内密度减低，肿瘤可突破破坏骨皮质及软组织形成肿块（图 7-24），骨膜反应少见；周围型骨纤维肉瘤常表现为密度不均匀的软组织肿块，其内有少数均匀的高密度钙化点。CT 增强扫描时显示肿块密度有不同程度的提高。

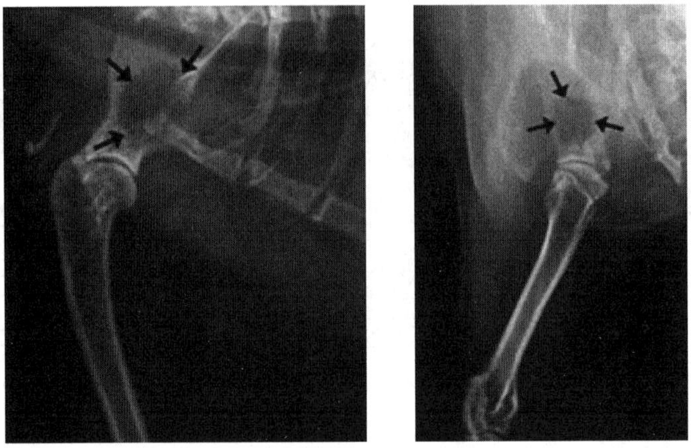

猫纤维肉瘤的侧位(A)和前后位观(B)。肩胛骨远端发生溶解性病变(黑色箭头)。

图 7-23　猫肩胛骨远端纤维肉瘤 X 线片

(资料来源:VANEL M,et al,2013)

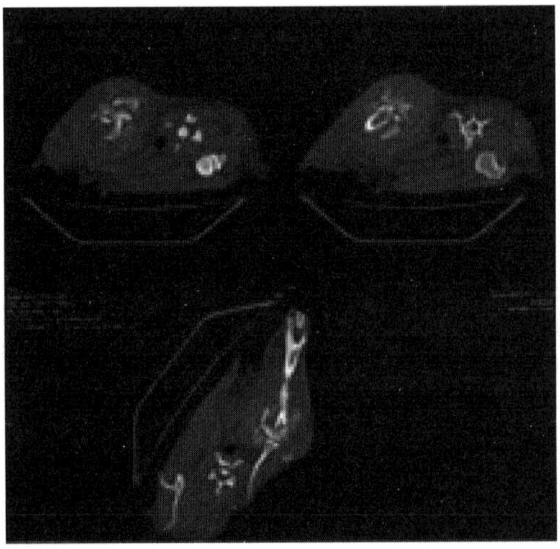

9 岁阿拉斯加犬左侧肱骨头和肩胛骨有严重的骨质破坏和骨膜反应。

图 7-24　犬左侧肱骨与肩胛骨 CT 影像

(资料来源:南京佩豪宠物医院)

③MRI 征象:T1WI 常显示低信号强度,T2WI 根据肿瘤的分化程度不同,可以是高信号、低信号或混合信号。增强扫描肿瘤呈不均匀强化,坏死、出血区无强化。MRI 检查优势在于评价肿瘤范围及周围组织侵袭情况。

④核影像征象:核闪烁成像呈现的是骨骼闪烁成像扫描有两个明显的肋骨病变(箭头),证实为骨肉瘤转移(图 7-25)。

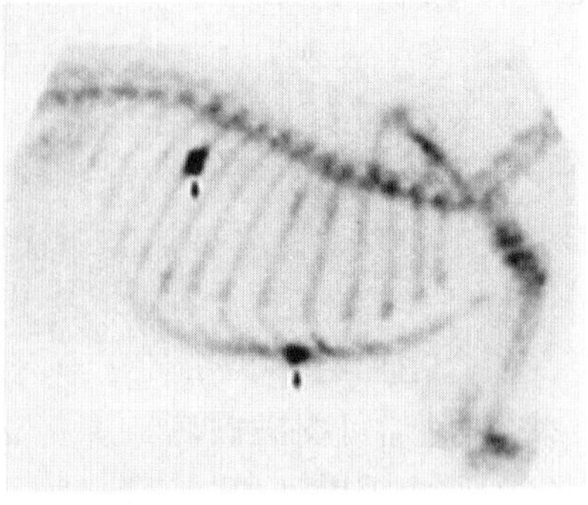

图 7-25　犬骨肉瘤的核闪烁成像

(资料来源:MATTOON J S,et al,2013)

(4)原始神经外胚层瘤　原始神经外胚层瘤是少见的恶性骨肿瘤之一。

【临床与病理】

全身骨骼的任何部位均可发病，但以四肢长骨干为多发部位，其次为干骺端。股骨、肱骨、胫骨、腓骨和髂骨最多见，此外肋骨、肩胛骨、脊柱和颅骨等也可发病。临床症状主要是局部疼痛和肿块，肿块具有显著的压痛，伴有皮温升高、皮肤发红，可伴有全身症状如厌食、乏力、发热、寒战、白细胞升高及血沉增快等现象，早期即可发生血行转移到肺部及全身骨骼。肿瘤恶性度高、发展迅速、预后极差，对放射治疗敏感。

骨干或干骺端髓腔内多个灰白色结节，质软，内常有出血、坏死。肿瘤可侵袭骨皮质并穿过骨皮质形成软组织肿块。组织病理学可见肿瘤由弥漫密集、形态单一的小圆形细胞组成，肿瘤细胞被纤维间隔分成不规则条索状或片状。

【影像学表现】

①CT 征象：可见髓腔内弥漫性骨质破坏。破坏区骨质密度减低；骨皮质内见斑点状、片状骨质破坏、骨皮质可出现反应性硬化而增厚；骨膜反应呈葱皮状、放射状或骨膜三角状；病骨周围可见软组织肿块；增强扫描显示肿瘤呈不均匀强化（图 7-26）。

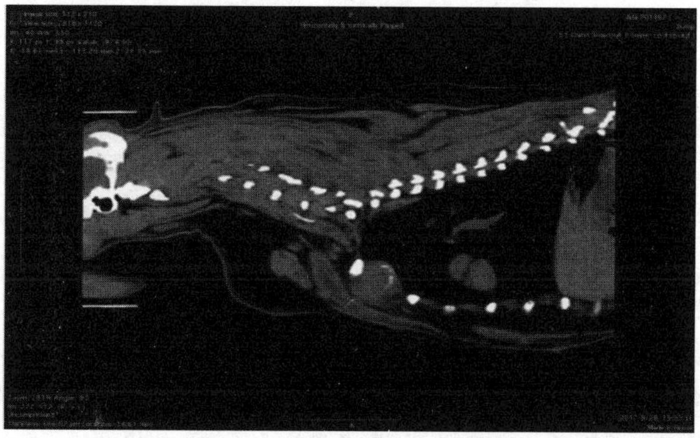

3 岁阿拉斯加犬左侧第二肋骨下 1/3 处圆形软组织减弱团块，肋骨部分溶解侵袭。

图 7-26 犬肋骨 CT 影像

（资料来源：南京佩豪宠物医院）

②MRI 征象：肿瘤在 T1WI 为低信号，T2WI 为不均匀高信号；增强扫描显示肿瘤不均匀强化，出血、坏死区及瘤周水肿无强化。早期尚无骨质破坏和骨膜反应时，MRI 扫描 T1WI 像上能显示髓腔内的正常黄骨髓高信号被异常低信号取代。

（5）骨髓瘤 骨髓瘤又称浆细胞性骨髓瘤或多发性骨髓瘤。骨髓瘤是起源于骨髓中浆细胞的一种较常见的恶性肿瘤。犬、猫可见多处骨骼发生孤立病变，常见侵害扁骨、椎骨、股骨和肱骨。

【临床与病理】

骨髓瘤多发于脊柱、胸骨、肋骨、颅骨及长骨干骺端红髓部分，临床症状主要是患骨疼痛，初期为间歇性，继为持续性，疼痛十分剧烈，往往伴全身症状如发热、乏力及消瘦等。

病灶位于红骨髓内呈灰红色，质软、鱼肉状或果冻状，小病灶可融合成片，病变可穿破骨皮质形成软组织肿块。组织病理学可见肿瘤内大量弥漫性单一的异型浆细胞。

【影像学表现】

①X 线征象：广泛性骨质疏松。脊椎和肋骨常有病理性骨折和多发性骨质破坏。生长迅

速的动物，破坏区呈穿凿状、鼠咬状，边缘清楚或模糊，无硬化边和骨膜反应，以颅骨最多见，也最典型；生长缓慢的，破坏区呈蜂窝状、皂泡状改变，伴有骨膨胀。骨质破坏区可相互融合。骨质会硬化，骨髓治疗后也可出现硬化改变。椎旁软组织肿块很少跨越椎间盘水平至邻近椎旁。

②CT 征象：典型病变为骨内小圆形骨质破坏区、边缘清楚、锐利、少见硬化；病灶也可为大块状骨质破坏，骨皮质破坏后肿瘤可侵及软组织形成肿块；部分病变表现为骨小梁减少、内见散在低密度骨质破坏区（图 7-27）。

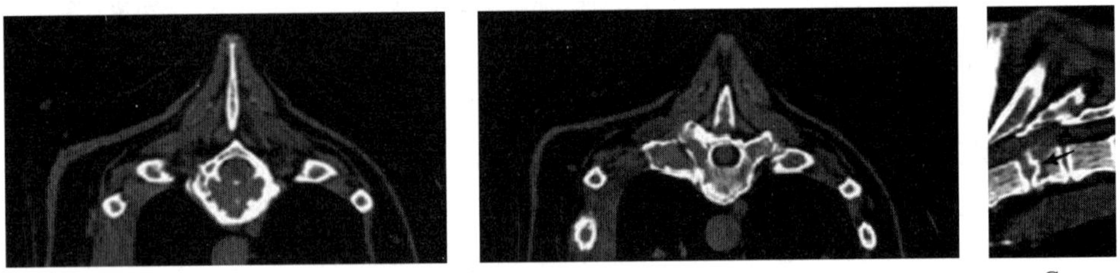

A　　B　　C

A. 在横切面影图上，第 8 胸椎（T8）椎体已溶解；B. 在第 9 肋骨头也出现溶解和增大；C. 在矢状面中，在 T8（箭头）上可见压迫性骨折，这导致软组织突进到椎管（箭头）。

图 7-27　犬多发性骨髓瘤 CT 影像

（资料来源：VANEL M，et al，2013）

③MRI 征象：正常型、弥漫型、局灶型和"椒盐"型。A. 正常型骨髓：骨髓内仅有少量浆细胞散在浸润，脂肪细胞的数量无明显变化，脂肪与水的比例也无明显改变，MRI 信号轻微异常或无异常。B. 弥漫型骨髓瘤：骨髓内大量肿瘤细胞浸润，骨髓内脂肪细胞被大量异常浆细胞广泛代替，骨髓表现为 T1WI 弥漫性、均匀性低信号，T2WI 呈高信号。C. 局灶型骨髓瘤：当肿瘤性浆细胞相互聚集形成瘤结节时为局灶型骨髓，MRI 表现为 T1WI 病灶呈结节状低信号，T2WI 呈明显的高信号。D."椒盐"型骨髓瘤：是由于颗粒状瘤细胞、小灶性红骨髓弥漫性散在分布于骨髓中所致。MRI 表现 T1WI 为弥漫性黑白相间的点状或小颗粒状混杂信号，其中点状高信号影代表脂肪组织，点状低信号影代表瘤细胞或红骨髓，增强扫描骨髓病灶呈不均匀中度强化。

（6）骨恶性淋巴瘤　骨淋巴瘤是一类较少见的淋巴结外的淋巴瘤。骨恶性淋巴瘤分原发性和继发性，原发于骨的恶性淋巴瘤是指起源于骨髓淋巴组织而无其他系统病灶；继发者则为骨外淋巴瘤的骨转移或直接侵袭，通常先出现淋巴结和肝脾肿大。原发性骨淋巴瘤的诊断标准为：就诊时仅有单骨受累；有明确的组织学诊断；仅有区域淋巴结受累，或骨的原发性肿瘤较继发性肿瘤早出现 6 个月以上。

【临床与病理】

原发性骨恶性淋巴瘤各年龄段均可发病，全身骨骼均可受侵犯，长骨多见于股骨、胫骨和肱骨，不规则骨多见于骨盆、脊椎及颌骨等。骨恶性淋巴瘤的常见症状为患部疼痛，早期呈间歇性，晚期呈持续性，局部可有肿胀及软组织包块，发生于椎骨的动物可有双下肢麻木、双下肢截瘫、大小便功能障碍等表现；部分骨淋巴瘤动物可伴有发热、无力、体重减轻等全身症状。

肿瘤位于髓腔中心，呈灰白或灰红色，鱼肉状，肿瘤破坏骨皮质后形成软组织肿块。组织病理学可见骨恶性淋巴瘤可分为 B 细胞源性、T 细胞源性和组织细胞性。

【影像学表现】

①CT 征象：可见弥漫性斑点状骨质破坏(图 7-28)，破坏区边缘可出现程度不等的骨质增生、硬化，当椎体出现大片状骨质硬化时，呈“象牙椎”改变；少数病变可见骨膜反应；肿瘤破坏骨皮质后侵入软组织形成肿块，肿块密度多均匀，无囊变或成骨。CT 检查较 X 线检查能显示早期轻度骨质破坏。

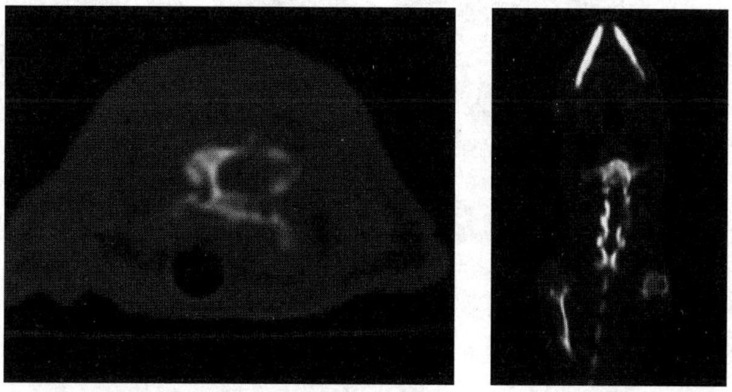

A　　B

A. 雪貂背椎淋巴瘤的横切面；B. 重整的背侧影像显示颈椎 3(C3)的左椎弓骨和后关节突已溶解。

图 7-28　雪貂背椎 CT 影像

(资料来源：VANEL M，et al，2013)

②MRI 征象：MRI 检查可较 CT 检查更早期发现骨淋巴瘤的骨髓异常及骨质破坏。肿瘤在 T1WI 呈等、低信号，T2WI 为等、低信号或稍高信号，脂肪抑制序列呈相对高信号，增强扫描呈中等不均匀强化。

(7)脉管恶性肿瘤　又称骨血管肉瘤。骨血管肉瘤是少见的高度恶性肿瘤，在骨的原发性恶性肿瘤中发生率较低，其来源于骨的血管内皮细胞。最常侵害肱骨或股骨近端，多发于老年犬，德国牧羊犬尤甚。早期出现血源性广泛扩散。

【临床与病理】

多发病例几乎全部累及某一单肢或局部的一组骨骼，单发病例好发于长骨中的胫骨、股骨以及椎体、颅骨、盆骨等处。临床常以局部钝痛、压痛、肿胀较为常见，椎体受损的动物以神经系统异常表现为主。

肿瘤质地柔软且血供丰富。肿瘤边界较清楚，大部分局限于髓腔或骨皮质范围内。镜下见肿瘤组织内相互吻合的血管腔隙，其内衬增生的肿瘤性内皮细胞，体积较大，异型性明显，核分裂多，核仁多见，肿瘤细胞排列紧密，呈巢状，多数细胞分化低。嗜银染色可见血管壁的轮廓，嗜银纤维包绕瘤细胞，此点被认为是内皮肉瘤的特点。

【影像学表现】

①X 线征象：X 线片很难识别(图 7-29)。

②CT 征象：可见单发或多发溶骨性骨质破坏，边界清楚，可有膨胀改变，有时可见少许骨膜反应。骨皮质受侵后可见软组织肿块。

③MRI 征象：T1WI 呈低信号，T2WI 呈高信号，无特异性。瘤内出血在 T1WI、T2WI 均为高信号。

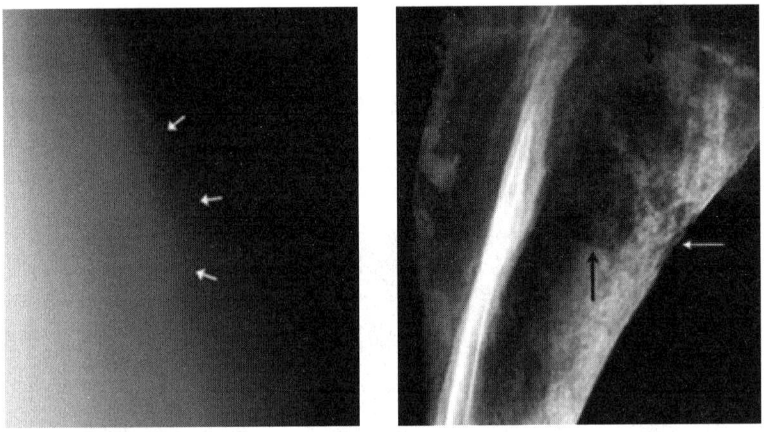

A. 马的肩胛骨 X 线影像很难识别，只可看到侧面前后突起。然而，从图可见骨的异源性变化（白色箭头）。

B. 断离肢体后，在肩胛骨后侧可见到边缘不规则的骨溶解区（白色和黑色箭头）。

图 7-29　马肩胛棘上的血管肉瘤的 X 线片

（资料来源：VANEL M，et al，2013）

七、各种影像检查的比较与优选

X 线平片能显示骨与软组织间良好的自然密度对比，该检查方法简便且费用较低，目前 X 线平片仍是骨、关节疾病常用的首选影像检查方法。X 线检查不仅能显示各种基本病变的范围和程度，而且还有可能做出定性诊断。但不少骨关节疾病，X 线表现比病理改变和临床表现出现晚，因此，尽管初次检查结果为阴性，也不能排除病变的存在，如炎症和肿瘤早期仅在骨髓内浸润可能无重要 X 线发现。应根据临床情况，依不同疾病的发展规律，定期复查或进一步行 CT、MRI 检查。此外，大多数骨关节疾病缺乏典型或特殊的 X 线征象，需结合临床资料，如年龄、性别、病程、症状、体征和实验室检查等，才能明确诊断。

CT 密度分辨率高且无影像重叠，适用于观察解剖关系较复杂部位的结构，在显示骨的病变和软组织改变方面优于 X 线平片。CT 易于区分骨松质和骨皮质的破坏。CT 扫描能清楚显示常规 X 线片上可被骨遮盖而难于显示的改变。对脊椎、胸锁关节、髋关节、腕关节等结构复杂的骨、关节，CT 可显示出明确的解剖关系。在显示骨破坏区的死骨、钙化、骨化，破坏区周围骨质增生和软组织脓肿等方面，CT 优于常规 X 线平片。CT 值的测量是 CT 的优势之一，对识别脂肪组织、体内气体和钙化骨化有决定意义。CT 能很好显示石膏遮盖的骨和软组织，但是体内金属异物常在 CT 扫描时产生伪影从而影响观察。

MRI 有良好的软组织分辨力且可对任意平面成像，对骨髓、骨、关节和软组织病变的显示较 X 线和 CT 更具优势。MRI 较 X 线平片及 CT 对诊断早期骨质破坏和细微骨折更敏感；MRI 对脊柱解剖结构和病变的显示及了解病变与椎管内结构的关系优于 CT。在长骨的纵切面和脊椎的矢状面影像上较易发现恶性骨肿瘤的跳跃病灶和骨转移瘤。MRI 能更清楚地显示软组织肿瘤和骨肿瘤的软组织肿块的边界，而在 CT 上如肿瘤与邻近肌肉相贴或侵入肌内则往往难以确认肿块的真正边界。MRI 不用对比剂即可显示动脉和静脉，有利于了解病变的血供、病变与血管的关系和血管本身的病变。但 MRI 对骨和软组织内的钙化和骨化不敏感，难于显示较细小或淡薄的钙化和骨化，有时需参考平片或 CT。

超声成像是诊断软组织异常的有效方法之一，可用于诊断软组织肿瘤、外伤、感染和异物等。超声波在骨膜与骨的表面大部分被反射和吸收，难以穿透骨，常得不到骨的完整图像。但在骨质没有完全成熟的婴儿和成人的骨质遭到破坏、变薄、断裂或消失的部位，超声波易于穿透，可获取较完整地显示骨的声像图。

多种影像学成像手段均可用于骨骼疾病的检查，使用时可根据疾病的性质、临床诊治的要求和不同成像手段的特点，适当选用。一般来说，四肢骨骼的外伤、感染、良性肿瘤或瘤样病变、全身性骨病等，如 X 线平片表现特征明确，与临床表现和实验室检查结果相符时即可确诊。如疾病的 X 线表现有疑点，或与临床表观不符合，则应考虑进一步进行 CT 或 MRI 检查。因脊柱解剖结构比较复杂，为全面观察脊椎外伤后附件有无骨折及小的骨折片的准确定位，应直接行 CT 检查；如有脊髓压迫症状则宜首选 MRI 检查。恶性骨肿瘤在 X 线平片的基础上，有条件者应行 MRI 检查以观察软组织、骨髓受侵的情况和发现跳跃型病灶。软组织疾病一般应首选 MRI 检查。

第二节　关　　节

一、检查技术

（一）X 线检查

X 线平片是观察关节的首选影像检查方法。摄片要求与四肢骨骼检查相同。投照技术上要求有更好的对比度，以便对关节的软组织做初步的观察。由于除相应的骨端以外，关节其他的结构，如关节囊、关节软骨等均为软组织，缺乏自然对比而无法显示，因而 X 线平片对关节结构的观察有较大的限制。过去通过对关节腔内注入低密度（如气体）或高密度（如有机碘水溶液）的对比剂形成人工对比，并以此对关节腔进行观察以作诊断，这种方法称为关节造影(arthrography)。自从 CT 和 MRI 投入临床应用，由于其对软组织具有较高分辨力，能直接观察不同的关节软组织结构，一般 X 线关节造影已很少使用。对于关节病变的观察，在 X 线平片的基础上，一般应选用 MRI 行进一步检查。

（二）CT 检查

关于 CT 检查技术，原则上与骨和软组织的 CT 检查技术相似。关节结构较为复杂，一般宜采用薄层扫描，层厚 2～5 mm。如需进行多平面重建则以 1～2 mm 的层厚作横切面扫描。

CT 关节造影是将对比剂注入需检查的关节腔内再进行扫描。对比剂可以是气体或稀释的有机碘水溶液或将二者合并使用（双重对比），穿刺部位常规消毒后进行局麻，穿刺关节腔，确认针头到达关节腔后注入适量对比剂，关节适当活动使对比剂分布均匀，然后进行 CT 扫描。

（三）MRI 检查

关节 MRI 检查的基本原则和方法与骨和软组织的 MRI 检查相同。应尽量使用表面线圈以获得较高的信噪比。一般先进行横切面 T1WI 和 T2WI，在此基础上选行冠状面和矢状面扫描，必要时应进行不同方向的斜位扫描和不同运动功能位置的扫描。

MRI 关节造影：如果关节内积液较多，可采用 T2WI 扫描序列，由于 T2WI 上关节腔内液

体信号很高，能够达到关节造影的效果。一般情况下也可将稀释含钆对比剂注入关节腔后行T1WI检查

二、正常影像表现

关节是连接两个相邻骨的一种结构，根据其能否活动及活动程度分为三种类型，即不动关节、微动关节和能动关节。四肢关节多为能动关节，结构典型。

(一)能动关节的解剖结构

关节有两个或两个以上的骨端，每个骨端的骨性关节面上覆盖着透明软骨(图7-30)。表面光滑，具有较强的弹性，在功能范围内滑动自如，并能承受重力，对骨性关节面具有保护作用。

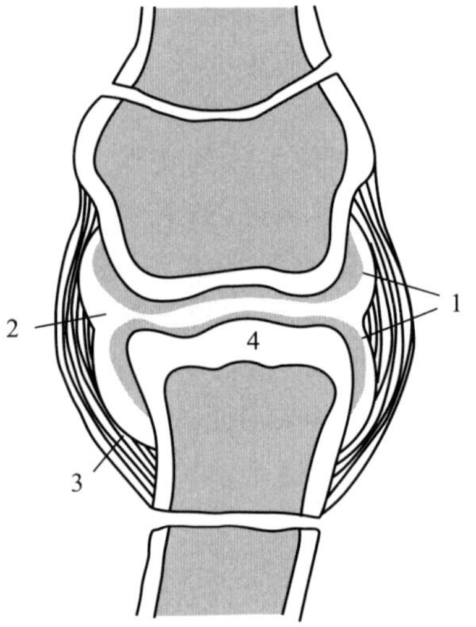

1. 关节软骨；2. 关节腔；3. 关节囊；4. 软骨下骨。

图7-30 关节的解剖结构示意

关节囊(joint capsule)是结缔组织膜，附着于关节面的周缘及附近的骨面上，形成囊状并封闭关节腔。关节囊的滑膜层为疏松的结缔组织构成，附着于关节软骨的周缘，能分泌滑液，有营养软骨润滑关节的作用。

关节腔(joint cavity)是由关节囊的滑膜层和关节软骨共同围成的密闭腔隙，其内含有少量的滑液。有的关节腔内还含有关节内韧带、半月板等结构。

在关节内还有丰富的血管、淋巴管和神经纤维分布。

(二)能动关节的X线解剖结构

(1)关节面　X线片上表现的关节面为骨端的骨性关节面，由骨密质构成，呈一层表面光滑整齐的致密阴影。

(2)关节软骨　大体解剖关节上见到的关节软骨在X线片上不显影，但在关节的造影影像上可以在关节面和造影剂之间显示出一条低密度线状阴影，即为关节软骨。

(3)关节间隙　由于关节软骨不显影，在X线片上显示的关节间隙包括大体解剖中见到的微小间隙和少量滑液以及关节软骨。正常的关节间隙宽度均匀，影像清晰，呈低密度阴影。关节间隙的宽度在幼年时较大，老年后变窄。

(4)关节腔　关节囊包围在关节间隙的外围，属于软组织密度，正常关节囊在普通的X线影像上不显影，经关节造影可显示关节囊内层滑膜的轮廓。

(三)关节的CT影像特征

CT能很好地显示关节骨端和骨性关节面，关节软骨同样不能显示。骨性关节面表现为线样高密度阴影。在适当的窗宽和窗位时，可见关节囊和周围的软组织，它们表现为中等密度的阴影。正常关节内的少量关节液在CT上难以辨认。关节间隙为关节骨端间的低密度阴影。

(四)关节的MRI影像特征

MRI能较好地显示关节的各种结构。关节软骨位于关节骨端的最外层，表现为中等偏低的信号影。信号较均匀，表面光滑。关节软骨下的骨性关节面为一薄层清晰锐利的低信号影，骨髓腔为高信号影。关节囊、囊内外韧带为低信号，关节腔内的少量滑液在T1WI表现为高信号。

三、基本病变表现

(一)X线影像变化

关节发生病变时主要X线影像变化有以下4个方面。

1.关节外组织阴影的变化

(1)关节肿胀　主要原因是关节发生炎症。由于关节积液或关节囊及其周围软组织充血、水肿和炎性渗出,导致关节周围软组织肿胀。X线表现可见关节外软组织阴影增大、密度升高及组织结构不清。

(2)关节萎缩　关节外软组织萎缩可引起关节外软骨组织的阴影缩小,密度降低。常见于关节废用,如长时间的骨折固定。

(3)软组织内异物　关节发生开放性损伤,软组织内进入异物,关节外软组织阴影内出现气影或异物阴影。

(4)出现骨性阴影　关节囊或关节韧带的撕脱性骨折以及肌肉、肌腱、韧带或关节囊在关节骨抵止点处的骨化,会使关节外软组织阴影内出现高密度的骨性阴影。

2.关节间隙的变化

(1)关节间隙增宽　由于炎症造成关节大量积液,可见关节囊膨隆、关节间隙增宽。见于各种积液性关节炎和关节病。

(2)关节间隙变窄　当关节发生退行性变化时,关节软骨变性、坏死和溶解,引起关节间隙变窄。见于化脓性关节炎的后期、变性性关节病等。

(3)关节间隙宽窄不均　当关节的支持韧带如侧韧带发生断裂时,关节失去稳定性,关节则会表现出一侧宽一侧窄的X线影像。

(4)关节间隙消失　多为关节发生骨性连接即关节骨性强直的X线表现。当关节明显破坏以后,关节骨端由骨组织连接导致骨性愈合。多见于急性化脓性关节炎愈合后、变性性关节疾病。

(5)关节间隙内异物　关节内骨折的结果是骨折片游离于关节腔内,出现骨影;关节透创时外界异物进入关节腔,可见异物阴影;关节感染产气菌后则在间隙内出现气影。

3.关节面的变化

(1)关节面不平滑　关节软骨及其下方的骨性关节面骨质被病理组织侵蚀并代替,导致关节破坏,关节面不平滑。在疾病早期只破坏关节软骨时出现关节间隙变窄,骨性关节面受破坏后呈蚕食状,毛糙不平或有明显缺损。见于化脓性关节炎后期、变性性关节病、犬类风湿性关节炎等。

(2)关节缘骨化　关节面周缘有新骨增生,形成关节唇或关节骨赘。见于变性性关节病、肌腱、韧带抵止点骨化。

(3)关节骨囊肿　关节软骨下骨出现圆形或类圆形缺损区阴影,阴影边缘清楚,与关节腔相通或不相通,称为骨囊肿。常见于马和犬的骨软骨病和骨关节病。

(4)关节面断裂　关节面出现裂隙或关节骨有较大的缺损,见于关节内骨折或骨端骨折。

4.关节脱位

关节脱位是组成关节的骨骼脱离和错位。根据关节骨位置变化的程度分为全脱位和半脱位两种。关节脱位多为外伤性,也有先天性和病理性关节脱位。

(二)CT 表现

关节病变基本的 CT 表现与 X 线表现的病理基础和临床意义相同,CT 是断面显影且密度分辨力高于 X 线平片,因此,关节病变的基本 CT 表现形式和内容与 X 线表现有所不同。在 CT 上可见关节肿胀时的关节囊肿胀、增厚,也可见到关节积液时关节腔内的水样密度影。CT 可以清楚地显示关节软骨下的骨质破坏,即使是微细的改变也能发现。CT 还可以发现关节面断裂、关节间隙狭窄、骨囊肿和关节面边缘骨赘形成。CT 影像避免了组织的重叠,易于显示一些 X 线平片难以发现的关节脱位。

(三)MRI 表现

MRI 能较 CT 更好地显示关节的各种基本病变。关节肿胀时除见到关节囊增厚外,也在 T2WI 呈高信号。MRI 对关节积液很敏感,一般积液呈 T1WI 低信号、T2WI 高信号。关节周围的软组织肿胀也多呈 T1WI 低信号、T2WI 高信号。关节软骨的破坏早期可见关节软骨表面毛糙、凹凸不平、局部软骨变薄,严重时可见关节软骨不连续、呈碎片状或者大部分破坏消失。关节骨质破坏时低信号的骨性关节面中断或不连续。关节面下的骨质增生在 T1WI 和 T2WI 上均为低信号。骨赘的表面为低信号的骨质,其内为高信号的骨髓。骨囊肿区呈 T1WI 低信号、T2WI 高信号,大小不等,边缘清晰。MRI 不但可显示关节脱位,还可直观地显示关节的合并损伤,如关节内积血、囊内外韧带和肌腱断裂以及关节周围的软组织损伤。

四、疾病诊断

1. 关节扭伤

【定义与病因】

关节扭伤是关节在突然受到间接外力的作用下,关节过度伸屈或扭转,使关节超出了生理活动范围而发生的关节损伤。

关节扭伤,在大动物常因在不平坦的道路上重度使役,急转、急停,或不合理的保定、肢势不良、装蹄不合理等引起;在小动物,常因跳跃障碍、失足蹬空或肢体嵌夹于洞穴时急速拔腿等引起。

【临床与病理】

由于上述致病因素的间接作用,引起关节超出生理范围的活动,或过度屈伸或侧方牵拉。轻者引起关节韧带的过度屈伸,严重者导致韧带和关节囊撕裂以及关节软骨或骨骺损伤。关节囊或滑膜囊破裂会引起关节腔内出血或关节周围出血、渗出,关节周围软组织的损伤还会出现循环障碍和局部水肿。转为慢性后可继发关节周围纤维化或骨化,发展为变性性关节疾病。在临床上动物受伤后立即出现跛行,疼痛明显,患病关节肿胀、温热,固定不稳或脱位、半脱位。

【影像学表现】

(1)X 线检查技术　为了显示有无关节韧带、骨和关节软骨损伤,可摄患关节在强迫负重下的 X 线片,还应拍摄患关节在伸、屈、收、展、旋及拉开等状态下的 X 线片,必要时可施行关节造影进行检查。

(2)X 线征象　在扭伤后立即拍片的急性病例,可见患关节周围软组织阴影密度增大、增高,可能发现关节周围撕脱性骨折、碎片骨折、关节内骨折,严重者可见关节脱位或半脱位。侧韧带断裂者还可见关节间隙宽窄不均。在慢性病例,关节周围可能呈现骨赘或广泛性骨化的致密阴影,关节面可能呈现变性性关节疾病的 X 线征象。

2.关节脱位

【定义与原因】

关节脱位又称脱臼，是关节各骨的关节面失去正常的对合关系。部分失去正常对合关系者称半脱位或不完全脱位。关节脱位常是突然发生，有的间歇发生或继发于某些疾病。本病多发生在马、牛的髋关节和膝关节，在犬、猫常发关节有前肢的肘关节、后肢的髋关节和膝关节的髌骨。

关节脱位的原因有外伤性脱位、先天性脱位和病理性脱位。临床上比较常见的是外伤性脱位，由直接或间接外力作用所致。直接外力包括打击、冲撞等；间接外力包括蹬空、跳跃等。由于两种不同的外力作用于关节，受害关节的活动超出生理范围，引起关节韧带和关节囊的破坏，导致关节脱位。先天性脱位是因胚胎发育异常或胎儿在母体内时，受外界因素的影响而引起脱位。病理性脱位是因关节结构被病变破坏后发生的脱位，如因患变形性关节炎引起的变形性脱位。

【临床与病理】

患畜发病后常伴有以下特征性症状。

(1)关节畸形　关节脱位处有明显的畸形，移位的骨端可在异常位置摸到。肢体形态异常，可变短或变长、内收或外展、屈曲或伸张。

(2)异常固定　主要因为关节周围肌肉的痉挛和关节囊与韧带的扭曲，使患肢保持在异常的位置上，被动活动时可感到弹性抗力。

(3)关节肿胀　在严重的外伤性脱位，关节组织破坏较重，因关节出血、血肿及剧烈的急性炎症反应可出现明显的肿胀。

(4)机能障碍　在受伤后立即出现，由于关节骨端变位和疼痛，患肢运动障碍或完全不能运动。

关节脱位伴有关节囊的撕裂，有的还有骨折。

【影像学表现】

(1)X线检查技术要点　当怀疑患部不完全脱位时，应在患肢负重情况下进行X线摄影检查，必要时摄取对侧关节进行对照。读片时要注意判断关节脱位的类型与程度，对于外伤性关节脱位更要仔细观察有无撕脱性骨折、碎片骨折和关节内骨折同时发生。

(2)关节脱位的主要X线征象　关节不完全脱位表现为关节间隙宽窄不一或关节骨移位，但关节面之间保持有部分接触。关节完全脱位时，相对应的关节面完全分离移位且无接触。先天性关节脱位可能有关节或骨的发育不良的X线征象；外伤性关节脱位常有关节周围软组织肿胀、撕脱性骨折、碎片骨折或关节内骨折的X线征象；病理性关节脱位可见原发性关节疾病的X线征象，如化脓性关节炎、变性性关节疾病和发育不良性关节疾病等。关节脱位后久未整复或整复不良者，可继发关节骨端废用性骨质疏松或变性性关节疾病的特征。

【常见的四肢关节脱位】

(1)犬髋关节脱位　犬髋关节脱位可因外伤引起，也可因髋关节本身发育异常造成。X线投照需做腹背位和侧位两个方位，可见股骨头自髋臼内脱出，脱出方向有前内、前外、背侧、内侧和尾侧。由外伤引起的脱位其脱出的方向多为前外方完全脱出。常伴发髋臼、股骨头或大转子的撕脱性骨折。

(2)犬髌骨脱位　犬髌骨脱位常见于小型犬，多因膝关节发育异常所致。可见后肢弯曲，常见内侧脱位。侧位投照时显示髌骨与股骨髁重叠;正位投照可见髌骨位于滑车的内侧或外侧;水平位投照时可显示滑车沟的深度及脱出髌骨的位置;对于髌骨半脱位X线片可能显示不出异常。

(3)犬肘关节脱位　肘关节完全脱位多因外力所致,常为后脱位。尺骨和桡骨端同时向肱骨后方脱位,尺骨鹰嘴半月切迹脱离肱骨滑车。也有侧方脱位,桡、尺骨向外侧移位。肘关节脱位常伴发骨折,关节囊及韧带严重损伤,还可并发血管和神经损伤。

3.感染性关节炎

【定义与病因】

关节感染病原微生物后所发生的关节炎症称为感染性关节炎。

感染的途径有:细菌从身体其他部位的化脓灶经血液循环传播至关节腔,即血源性传播;有时为关节附近的化脓灶骨髓炎直接蔓延所致,如股骨颈或髂骨的骨髓炎蔓延至髋关节;也可因关节外伤,细菌经伤口进入关节炎。引起化脓性感染的病原菌有金黄色葡萄球菌、大肠埃希菌、绿脓杆菌等。

【临床与病理】

病变的发展大概可分为3个阶段。最早为浆液渗出期,关节滑膜充血、水肿,有白细胞浸润;关节腔内有浆液性渗出液,液体内有大量的白细胞。关节软骨没有被破坏。随着炎症的发展出现浆液纤维蛋白性渗出物,渗出液量增多,性质黏稠,细胞增多,内有白细胞、细菌和纤维蛋白。滑液中出现酶类物质,酶类物质破坏软骨的基质,使胶原纤维失去支持,在负重和运动时受压力和碾磨而断裂,关节软骨遭到破坏。滑膜和关节软骨遭到破坏后,炎症继续侵犯软骨下骨质,关节囊和周围软组织有蜂窝织炎改变,附近有骨质增生,病程长久后继发变性性关节疾病,引起关节骨间和关节周围骨性愈合。

临床常见动物跛行明显,患关节肿胀、热、触诊疼痛,有的形成脓瘘。全身反应明显,有发热;血常规检查可见白细胞总数升高。

【影像学表现】

X线片在急性期仅可见关节周围软组织阴影扩大或关节囊膨胀,阴影密度增高,关节间隙增宽,此时化脓病变极易破坏关节囊或韧带而引起关节的脱位或半脱位。构成关节的骨骼可有一时性废用性骨质疏松。

后期关节软骨被破坏则引起关节间隙的狭窄或消失从而使骨面毛糙。当感染侵犯软骨下骨时,可见骨质破坏和增生。附近骨质有骨髓炎时,则出现骨髓炎的一系列改变。

愈合期骨质破坏停止逐渐修复。病变区骨质增生硬化,关节有纤维性或骨性融合,关节间隙模糊甚至消失。如软骨与骨质破坏不太严重,关节间隙可部分保留,并有一部分功能,严重时关节发生骨性愈合。

4.变性性关节疾病

【定义与病因】

变性性关节病是一种慢性关节疾病。它的主要病变是关节软骨的退行性病变和继发性骨质增生,该病从病理上属非炎性关节疾病,故常称为关节病。

变性性关节疾病按致病因素可分为原发性和继发性两种类型。原发性骨关节病多因机体关节常年应力不均,随年龄的增长,结缔组织易发生退行性变化,尤其是软骨组织可因承受不均应力而出现破坏,过多的关节活动容易提前出现局部的骨关节病。任何使关节不稳定或改变其负重功能的损伤都可引起继发性骨关节病，如先天性关节构型不良（膝内翻、膝外翻）、犬髋关节发育不良、髌骨脱位、关节内骨折、股骨头软骨溶解、关节不稳定、长期不恰当地使用皮质激素引起关节软骨病变等。马削蹄、装蹄失宜，幼驹使役过早等都能促使变性性关节疾病的发生。

【临床与病理】

骨关节病的原发病损是透明软骨的退行性病变，软骨骨化、糜烂，最后骨端暴露，继发滑膜、关节囊和肌肉的变化。

最早的病理变化发生在关节软骨，关节软骨常软化失去弹性并在关节活动时发生磨损。磨损最大的关节面上的软骨被磨掉，使软骨下骨显露，由于不断摩擦，骨面变得很光滑，呈象牙样骨及骨质硬化。磨损较小的外围软骨面出现增殖和肥厚，在关节缘形成软骨圈，固化后形成骨赘，而外围的骨质发生萎缩形成骨质疏松。关节囊和韧带产生纤维性变、增厚和紧张，限制关节的活动。关节周围的肌肉因疼痛而产生保护性痉挛，使关节处于畸形位，关节的活动进一步受到限制，这将增加局部受压部位的退行性病变，其结果是关节的纤维性强直。

本病可发生在一个关节，也可多个关节发病。负重关节如髋关节、膝关节及肘关节最易发病。骨关节病的早期症状不明显，只有在关节功能出现障碍时才可看见到明显跛行。关节不灵活，触摸患部疼痛。疼痛有时与气候有关，每当天气突变，疼痛也会加重。

【影像学表现】

①关节间隙均一性或不均性狭窄。

②关节软骨下骨增生致密，关节面磨损凹陷。在马的跗关节，变性性关节病时还可见关节面蚕食状破坏，在一些病例可见邻近骨端骨皮质不对称性增宽、增密。

③关节面边缘有唇样骨质增生，关节囊和关节韧带附着点骨质增生。

病程长久者可发展为关节脱位或发展为关节愈合。

5. 犬髋关节发育不良

【定义与病因】

犬髋关节发育不良是一种由多种病因导致的复合性疾病，疾病的特征是髋臼变浅、股骨头变形，髋关节半脱位及变性性关节。该病几乎发生于所有品种的犬，但大型犬发病比例较高，其中德国牧羊犬最高，且具有遗传性。引起发病的原因与遗传、营养、骨盆部肌肉状态、髋关节的生物力学和滑液量等都有关。

【临床与病理】

犬髋关节发育不良是发育性疾病，与年龄相关。出生时髋关节发育异常的犬，一般在 6 个月至 2 岁这一时间段内逐渐发病。多呈两侧发病，无性别差异，发病后病情随年龄的增长逐渐加重。早期的关节病变表现为非化脓性滑膜炎和局部变性性关节病变，当滑液大量增加、韧带损伤加重时则出现下列变化：软骨外围骨赘形成；股骨头和股骨颈重建；髋臼重建；股骨头和髋臼软骨下骨骨硬化。在变性性关节炎过程中，髋臼变浅、股骨头变扁、股骨颈增粗。

临床表现为后肢步幅异常，走路摇摆，起立困难。髋部疼痛，跛行，患肢减负或免负体重。他动运动感觉关节松弛，可听到异常声音。

【影像学表现】

X 线检查时需正确摆位。髋关节的摄影体位多采用腹背位，前肢前拉固定，后肢充分伸展、后拉。两膝内旋使两股骨平行，膝盖骨正位于滑车沟上方。将躯干两侧垫住防止身体转动。X线束中心指向两髋关节连线的中点，投照范围应包括骨盆、股骨和膝盖骨。如摆位正确，成像后可见双侧髂骨翼等宽；骨盆口接近圆形；两闭孔大小相等；双侧股骨平行，膝盖骨位于股骨远端上方中央。

犬髋关节正常X线解剖结构如下：关节间隙的前1/3部分应等宽，至少有1/2股骨头位于髋臼内；股骨头外形为圆形且平滑，股骨头窝为一扁圆区域；股骨颈平滑、无增生性变化；股骨颈倾斜角约为130°。

髋关节发育不良的X线表现：髋臼变浅、股骨头扁平、关节间隙增宽；髋臼与股骨头关节软骨下骨质硬化，影像密度升高；髋臼缘骨质增生，呈唇样突起；股骨颈骨质增生，倾角改变，呈髋内翻或髋外翻；髋关节半脱位或脱位。

6. 犬类风湿性关节炎

【定义与病因】

类风湿性关节炎是一种严重慢性、进行性、侵蚀性及多发性关节炎，本病常侵害小型或中型的中年犬。类风湿性关节炎的病因尚不完全清楚，一般认为是多因素相互干扰引起的，与免疫机制有关，属于免疫介导性疾病。

【临床与病理】

早期变化可见滑膜炎性反应，滑膜充血、水肿、纤维蛋白渗出、滑膜增殖和绒毛增生致滑膜增厚，滑膜内有典型的单核细胞，淋巴细胞和浆细胞浸润。关节内有积液，滑液内有大量中性粒细胞。炎性肉芽组织侵袭滑膜下结缔组织，引起肿胀，并侵及关节囊和韧带。肉芽组织布满关节面，形成血管翳，干扰关节软骨摄取来自滑膜的营养物质，引起软骨坏死。除此之外，关节周围的肌腱、腱鞘也可发生类似的肉芽组织浸润，影响关节功能。

易发病关节有腕关节、膝关节、肘关节、跗关节、肩关节。患病动物表现为关节液渗出，关节周围软组织肿胀，跛行。疾病的发生有游走性、对称性，容易复发。关节活动受限，疼痛、肌无力、萎缩和关节畸形。实验室检查血清类风湿因子常呈阳性。

【影像学表现】

常发于肢体的远端关节，早期只见发病关节周围出现非特异性肿胀，关节囊扩张。关节间隙早期因关节积液而增宽，待关节软骨破坏则变窄。病后数周才出现骨的病理变化，表现为关节面边缘骨质侵蚀，并可累及邻近的骨皮质；骨性关节面模糊、中断、软骨下骨吸收囊变；关节临近的骨骼，特别是韧带附着处发生骨质疏松、溶解；还可见继发于肢体废用性的骨萎缩；晚期可见四肢肌萎缩，关节脱位或半脱位；骨端破坏后形成骨性融合。

7. 猫慢性进行性多关节炎

【定义与病因】

猫慢性进行性多关节炎是发生于幼年至中年猫的一种关节疾病，多发于公猫。致病原因尚不清楚，怀疑可能与免疫机制有关，与猫的白血病病毒和猫合胞型病毒有联系。

【临床与病理】

本病的病理发生有两种类型：一种是骨膜增生型，另一种是骨质侵蚀性，其中骨膜增生型的发病报道最多。疾病的临床表现有发热、不适、僵硬等。随后出现关节周围软组织肿胀，局部淋巴结肿大。最易发病的关节是前后肢的小关节，特别是腕关节和跗关节。膝关节、肘关节、肩关节和髋关节等发病率较低。

在发病的第1个月，主要临床表现是关节周围的软组织肿胀，肿胀位置为关节囊内或关节囊外。出现临床症状后1～3个月，在关节囊附着处可见骨膜骨化，临近关节部位的骨质密度降低、骨小梁稀疏。发病后2～3个月在软骨周围出现新骨。

过多的骨赘使小关节骨性连接，更严重的是软骨周围软组织肿胀导致骨膜骨化和软骨周围形成骨赘，软骨周围和软骨下侵袭造成软骨下骨质囊变、发病关节的邻近骨萎缩和关节间隙变窄。

8. 滑膜性骨软骨瘤

【定义与病因】

滑膜性骨软骨瘤是滑膜细胞化生而形成的成软骨细胞在滑膜内形成软骨组织沉积的一种疾病。本病起因不明。

【临床与病理】

沉积的软骨变成骨化中心，不断生长，呈蒂状，然后脱落于关节腔内成游离体，又称为“关节鼠”。

本病犬、猫均有发生，临床表现为关节肿胀、疼痛和跛行。

【影像学检查】

滑膜性骨软骨瘤的X线片上常见在关节内出现多个圆形样边界清楚、结节状高密度阴影。有些软骨瘤钙化，有些无钙化征，因此经关节造影可将其显示。

9. 滑膜内瘤

【定义与病因】

滑膜内瘤是一种起源于滑膜外间充质细胞的恶性肿瘤。本病病因尚不清。

【临床与病理】

滑膜肉瘤在犬和猫均不常见，最常侵害的关节是膝关节和肘关节。滑膜肉瘤生长缓慢，初期认为是关节内或关节邻近的软组织肿块，肿块可有部分钙化。犬的滑膜肉瘤更易累及临近骨骼，常发生远处转移，特别是向肺转移。

多发于大型犬，呈单肢慢性跛行。关节附近慢性渐进性肿胀，关节触诊及活动时引起疼痛。

【影像学表现】

初期X线片上只见到软组织肿块，当肿瘤部分钙化后则表现为模糊的、打孔状或线状钙沉积影像。邻近骨受累首先出现针状骨膜反应，继而出现骨皮质侵蚀而粗糙不整。关节骨端两侧同时发生骨松质破坏。

(1)骺炎　干骺端横径增宽，边缘呈唇样突出，干骺端骨内可能有低密度骨缺损区。缺损区外周可能有骨增生带，骺板增厚，骺板与骨骺及干骺端的界面不整，骨骺正常或呈楔形变形。长骨可能弯曲，弯折点位于骺板处，临近骨皮质因应力改变而改塑增宽或变薄。

(2)分离性骨软骨炎　病初X线检查一般无明显变化，有时需经关节造影才能见到病变。当软骨下骨受侵蚀后可见关节面局灶性变平、凹陷或有缺损，关节腔内有小骨片或钙化的软骨片游离于关节腔内或附着在骨缺损旁。为了更清楚地观察病变，检查时可做多个方位投照，如肱骨头应做侧位投照、肘部应做前后位和斜位投照、股骨远端及跗关节做斜位投照。

(3)关节软骨下囊样病变　关节面内出现囊腔样低密度骨缺损区，区内一般无结构，边缘清楚整齐，区外可能围以骨增生带，囊腔与关节腔相通或不相通。

五、各种影像检查的比较与优选

关节疾病患病原因多而复杂，临床诊断存在一定困难。X线检查作为一种对关节骨性结构进行直观观察的手段，为临床提供了进一步的诊断信息，但由于对软组织的分辨率不高，观察受到较大的限制。X线平片的观察重点在关节间隙和关节骨端。如关节间隙变窄即提示为关节软骨的破坏，结合病程是急性或慢性，X线平片对判定病因有一定的帮助。关节疾病常累及骨端引起骨质破坏，骨破坏区是局限还是广泛，临近骨有无骨质增生硬化，患骨有无持续性的骨质疏松等，亦可为病因的鉴别提供重要参考。CT能对骨性关节面作更精确的评估，对发现骨性关节面的破坏比平片敏感。由于CT的软组织分辨力高于X线平片，能很好地区分关节肿胀是由关节积液还是关节囊增厚或囊外软组织水肿所致，为分析病因提供准确的资料。MRI作为对关节疾病进一步检查的影像手段，能为临床诊断提供更多的信息。由于对软组织具有很高的分辨力，能分别直接观察关节囊、滑膜、关节软骨等结构，MRI可对病变的定位、定量做出准确的诊断，但对定性诊断仍有一定的局限，必须结合临床表现、实验室检查结果和X线平片所见，综合做出诊断。有时还需行病理活检才能确诊。

与骨和软组织病变的影像诊断一样，在实际工作中X线平片是关节疾病首选的影像检查方法，但更应重视CT及MRI在关节疾病诊断中的作用。如临床高度怀疑某关节病变而X线平片未能发现异常征象或征象不明确时，应及时考虑CT或/和MRI检查。

第八章 循环系统

第一节 心脏与心包

心脏是一中空的肌质器官，由四个心腔与四组瓣膜，以及房、室壁和间隔所组成，外有心包包裹。心脏外形近似前后略扁的倒立圆锥体。心脏位于胸腔纵隔内，约在胸腔后 2/3 部，或第三对肋骨（第二对肋间隙）与第六对肋骨（或第六对肋间隙）之间，夹在左、右两肺间，略偏左（牛心的 5/7，马、猪心的 3/5 位于正中矢状面的左侧）。心脏在胸腔中有两条轴线，一为心脏长轴，即由心尖到心基部中心之间的连线；另一为心脏短轴，即与长轴相垂直的径线。右心由右心房和右心室组成，右心房除了主要的心腔，还有一朝向前腹侧的盲囊，称为心耳。左心由左心室和左心房组成，左心房在心基部同样也存在心耳。

心包为包在心脏外面的一种囊状结构，由两层膜组成，内层是上皮构成的浆膜，外层为纤维结缔组织构成的纤维层，可保护心脏。心包位于纵隔内，被覆在心包外面的纵隔胸膜称为心包胸膜。在幼龄动物，心包向前与胸腺接触。心包内含有少量液体，与进出心脏的大血管外膜融合。在正常的 X 线片中心包不显影，除非心包内有脂肪形成对比。

一、检查技术

（一）X 线检查

X 线检查方法简便，可以多体位、动态观察心脏和大血管及搏动情况，可以清晰地显示心脏、大血管的轮廓、大小、形态和位置，根据心脏的形态和各心腔的大小及相互关系，可推断出心脏病变的性质及程度。心脏 X 线诊断有多种适应证，对于呼吸困难或者咳嗽的患病动物，X 线诊断可以用来区分原发性呼吸系统疾病和心源性呼吸系统疾病。临床上如果发现心血管异常，可以利用 X 线检查是否存在左心或右心肥大，是否并发有灌注性或充血性心功能不全。X 线片可以反映充血性心功能不全的级别，确定治疗的程度。常规心脏摄片，投照要求大动物在站立时，小动物（宠物）在侧位时进行，必须采取半卧位或卧位时，应考虑体位对影像表现的影响。

1. 透视检查

传统心脏透视检查时 X 线穿透被检动物胸部，经机体组织吸收衰减的 X 线直接照射在荧光屏上成像，目前多应用影像增强器获取数字化的图像信息，并在显示器上成像。透视是心脏、大血管 X 线诊断中最简便和最常用的基本检查方法之一。

其优点是：①可以从不同角度和方向来观察心脏和大血管的位置、形态、轮廓及搏动情况；②可以观察呼吸系统和体位变化对心脏、大血管形态的影响。其缺点是：①荧屏亮度较低，影像对比度及清晰度较差，对病变不能留有永久记录；②对早期病变的诊断率较低，需要与摄片检查相互配合；③长期透视使患畜、保定操作者受到极大的X线辐射。因此动物临床常规X线透视逐渐被摄影检查所替代。

（1）透视前准备　无论是给大动物做透视，还是给小动物做透视，一般均应在专门的暗房中进行（如带有影像增强装置和电视系统亦可在明室中进行）。在对动物进行透视之前，应将动物身体检查部位皮肤上的泥土、药物等清扫干净，以免污物干扰影像造成误诊；动物医生和保定者必须对眼睛进行暗适应，即可以在暗房中坐等10 min。如果检查者在透视前，必须在日光或灯光下活动，可提前15 min佩戴红色眼镜，以便眼睛保持在暗的环境中。透视时要将动物安全保定，必要时给予镇静剂，甚至可以进行麻醉。

（2）透视方法　胸部投照的摆位根据不同的检查目的和疾病状态而有所不同，通常包括侧位、对侧位、背腹位、腹背位和水平X线投照。评价心脏首选右侧位和背腹位，评价肺脏首选左侧位和腹背位。相对背腹位而言，腹背位时肺膨胀受阻，所以对于呼吸困难的患犬要选用背腹位。

透视时应先浏览一下整个心脏的透明度，然后按一定的顺序检查。透视用的X线机头上应装有可变孔隙遮线器，以便随时调节透视范围。

2. 摄影检查

心脏摄影检查是临床应用最广泛的检查技术。为了显示心脏各房室的大小和形态，常用左侧位，右侧位、腹背位和背腹位来观察。摄影检查优点是成像清晰，对比度和清晰度较好，可做客观记录，便于复查时对比，以观察病情演变；缺点是不能直接观察器官的运动功能，检查范围受限制，每次只能从一个角度投照。

（1）心脏摄影的技术要求　摄影前应了解摄影的目的和要求，以便决定摄影的位置和使用的胶片大小。与透视前准备的一样，要把患畜被检部位皮肤上的泥土、污物和药物（特别是含碘制剂）清除干净，防止在X线片上留下阴影。摄影时要使X线机头、检查部位和X线胶片三者排在一条直线上，摆位时可利用透射线软垫等辅助摆正和固定好动物；大动物摄影时常由辅助人员手持片盒。为避免呼吸的影响而降低胸片的清晰度，心脏摄影的曝光时间应在0.04 s以下。摄影距离即焦点到胶片的距离，应根据所用X线机的容量决定，一般为75～100 cm。

（2）摄影体位　在小动物心脏摄影时，常用的摄影体位是左侧位、右侧位和背腹位。左侧位和右侧位心脏的位置不同，在左侧位上心尖通常被肋骨抬高，与胸骨的接触面较宽。侧位投照时应将怀疑病变侧靠近胶片。拍摄侧位片时，动物取侧卧姿势，颈部自然伸直，前肢向前牵拉以暴露心脏位置，X线投照中心对准第4肋间。拍摄背腹位X线片时，动物取俯卧姿势，前肢稍向前拉，肘头向外侧转位，背腹位能较准确地表现出心脏的解剖位置。腹背位投射时两前肢前伸，肘部向内转。在大动物心脏摄影时，一般在站立姿势下做水平侧位投射，摄影时注意要将胶片中心、被照部位中心和X线中心束对准在一条直线上。

3. 心血管造影

心血管造影是指将造影剂注入心脏、大血管内，使其显影的一种特殊X线检查方法（图8-1），可用以显示心脏、大血管和瓣膜的解剖结构与异常变化。心血管造影应用于伴侣动物，对犬的先天性或后天获得性心脏病的诊断有重要意义。犬的心血管造影，动物需做全身麻醉。造影剂应选用高浓度水溶性有机碘化物，如50%泛影酸钠或60%泛影葡胺等，剂量每千克体重1.0～1.5 mL。X线机要求在200～500 mA以上，曝光时间应短于0.05～0.1 s，配套设备需要有快速换片机，高压注射器和专用的心导管等，可连续拍摄10张X线片，速度为每秒

2～3 张，注射速度约每秒不低于 15 mL。心血管造影分为常规造影和选择性造影。前者包括心腔、主动脉和主肺动脉造影，后者指冠状动脉、外周动脉造影等。DSA 所获得的影像，无心血管以外的组织结构影像干扰，可进行心脏大血管壁的形态、功能及腔内结构的运动和血流动力学研究。

严重出血、凝血机制障碍、碘过敏或有显著过敏体质、严重心律失常、急性心力衰竭、洋地黄中毒、急性重症感染、甲状腺损害和肝肾衰竭等患病动物禁用心血管造影技术。

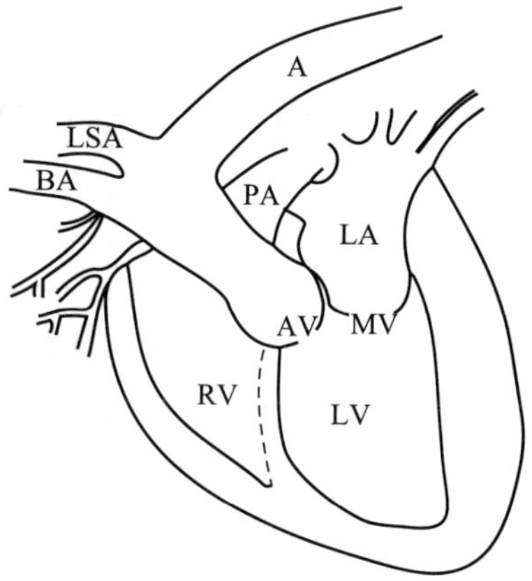

LA. 左心房；LV. 左心室；MV. 二尖瓣；AV. 主动脉瓣；RV. 右心室；BA. 头臂动脉干；LSA. 左锁骨下动脉；A. 主动脉；PA. 肺动脉。

图 8-1　心脏结构示意

(二)CT 检查

CT 具有比普通 X 线片高 10 倍的密度分辨力，能将微小的、早期病变显示出来，可提供更多的诊断信息。多排螺旋 CT 的扫描速度能达到毫秒级，是心脏大血管的重要检查方法。心脏 CT 检查能测量心腔大小、室壁厚度，测定心脏功能。普通 CT 因为空间分辨力和时间分辨力低，不能克服心脏大血管搏动伪影，很难用于心脏疾病诊断。电子束 CT(electron beam computed tomography，EBCT)和多层螺旋 CT(multislice computed tomography，MSCT)可用在小动物的心血管疾病的诊断。

1. EBCT

主要检查方式有容积扫描、电影和血流检查。EBCT 不但能观察心脏大血管形态，而且可显示心脏和大血管壁、房室间隔和瓣膜运动；计算心功能，分析血流动力学改变；对冠状动脉小片状钙化，EBCT 也有很高的发现能力。因此 EBCT 在冠状动脉硬化性心脏病、瓣膜病、心肌病、心脏肿瘤、心包疾患、先天性心脏病、肺动脉血栓栓塞和大血管疾病诊断中有重要价值。

2. MSCT

一次扫描可得到重建不同层厚 CT 影像的数据，成像速度快，能包容较大范围进行容积扫描。与 EBCT 血管成像相比，MSCT 影像质量高，检查时间短，费用较低，有很好的发展前景。MSCT 具备 EBCT 在心血管疾病应用的全部功能，在冠心病的预防、诊断和术后随访中起着十分重要的作用。64 排以上 MSCT 能进行冠状动脉检查，显示其起源和走向异常，狭窄和闭塞改变，在冠心病的诊断和筛选、冠状动脉支架置入和搭桥术后随访等方面得到广泛应用。

3. 影像特点

心脏大血管 CT 检查可用于测量心脏及各心腔的大小和室壁厚度，计算心腔容积及心室收缩功能，分析心肌节段性运动等。在各种先天性心脏大血管疾病的诊断与鉴别诊断中应用，例如：确定心脏大血管和内脏的位置是否异常，显示大血管走向、起源、连接和位置是否异常，确定心房和心室、心室和大动脉的相对空间位置关系，但是却难以确定心房、心室和大动脉的连接关系。CT 也可诊断室间隔缺损、房间隔缺损等疾病。此外，CT 还能诊断肥厚型心肌病、心脏瓣膜病，其密度分辨率高，易于发现心脏瓣膜钙化。

(三)MRI 检查

1. 简介

MRI 检查可以作为 X 线和 CT 检查的补充，其具有很高的软组织分辨力，又有流空效应特点，不用造影剂也能显示出心脏及大血管，因此对纵隔肿瘤和心脏大血管病变具有很高的诊断价值。磁共振影像灰阶特点是磁共振信号越强，则亮度越大，磁共振的信号弱，则亮度也小，从白色、灰色到黑色。对心血管疾病不但可以观察各腔室、大血管及瓣膜的解剖变化，而且可作心室分析，进行定性及半定量的诊断，可作多个切面图，空间分辨率高，显示心脏及病变全貌，及其与周围结构的关系，优于其他 X 线成像、二维超声、核素及 CT 检查。对疾病的诊断具有很大的潜在优越性。它可以直接做出横切面、矢状面、冠状面和各种斜面的体层影像，不会产生 CT 检测中的伪影；不需注射造影剂；无电离辐射，对机体没有不良影响。MRI 检查适用于心肌病变（主要为原发性心肌病和冠心病），各种大血管疾病（各种动脉瘤、主动脉夹层等），心包疾病（心包积液、心包炎等），心脏肿瘤，心脏瓣膜病和心功能测定。

2. 影像特点

应用心电门控消除心脏运动影响和选择适当的扫描层次，以获取心脏的长、短轴位像是心脏 MRI 扫描的两个特点。心脏 MRI 扫描的层位可选择：横切面、冠状面和矢状面像。

(1)横切面、冠状和矢状面影像　其与动物机体解剖轴线一致，操作简单，便于与传统 X 线影像对比，但这些层面均斜切心脏，影响心腔径线、室壁厚度测量的准确性，也不利于与超声心动图、放射性核素成像的对比，为其不足之处。

(2)心脏长、短轴位像　利用梯度场的旋转可直接获得心脏本身长、短轴位像，这些图像可准确测量心腔径线和室壁厚度，进行心功能测定，便于与超声心动图、放射性核素成像及 X 线心血管造影的对比分析。

(3)主动脉长轴像　沿主动脉弓走向切层即获得主动脉长轴像。该层面可完整的显示主动脉的升、弓和降部，有利于主动脉疾病的诊断。

(四)超声检查

超声心动图已发展成为一种既可实时观察心脏大血管的形态结构与搏动，了解心脏收缩舒张功能和瓣膜活动，又能实时显示心血管内血流状态的检查方法。该方法包括 M 型超声心动图，二维超声心动图，频谱型多普勒超声心动图和彩色多普勒超声心动图。以上检查方法的综合应用，提高了心血管疾病诊断的准确性。对于某些先天性心脏病和瓣膜病，超声心动图检查可取代有创性心血管造影检查，直接指导治疗方法的选择。

超声心动图有经胸、经食管和血管及心腔内三种检查方法。经胸检查法将探头置于胸骨两侧，经胸骨旁和心尖部的肋骨间隙、无肺组织遮盖处进行检查。经食管检查将小于 1.5 mm 的探头送入食管，超声束经食管前壁和侧壁进入心脏。而血管和心腔内超声成像则由导管将直径小于 2 mm 的超声探头送入血管和心腔内进行检查。

经胸壁做心脏的超声检查，是现阶段动物医学领域普遍应用的检查手段。经胸壁的超声心动图检查时，让动物仰卧，最好是俯卧，从左侧或右侧胸壁扫查。以犬为例，准备一个有缺口的小桌对做超声检查是很实用的，动物侧躺在桌上，心胸部在缺口处，探头从桌子下面扫查。如果动物呼吸困难最好取站立位以保证呼吸顺畅。探头放置于第 3 到 5 或到 6 肋间的胸壁下侧。声窗的大小会受到肋骨及肺组织的限制。探头与皮肤的接触面要涂布适量的酒精或耦合剂。

1. 心脏超声检测方法

（1）一维（M 型）超声心动图（one-dimensional echocardiography） 时间—运动型，也叫 TM 型或 M 型（T＝时间，M＝运动），被称为一维超声技术，其实显示的是二维空间：深度（叠加的界面或结构）和时间（在收缩和舒张期心脏内部结构的运动）（图 8-2）。M 型超声心动图检查描记心脏各结构的运动（如心室壁、中隔、心和血管瓣膜），沿着横轴以不同亮度的小点显示。M 型超声产生一种特殊的解剖学影像。M 型超声心动图是测量心脏如心壁厚度和心腔内径的一种方法，同时记录心脏运动模式如瓣膜活动情况。当用 M 型超声评价心脏时，声束必须垂直于心内的结构。M 型超声心动图的扫查位置几乎都在右侧胸壁，在胸骨旁扫查的心脏长轴和短轴的二维声像图是 M 型超声心动图检查的基础。

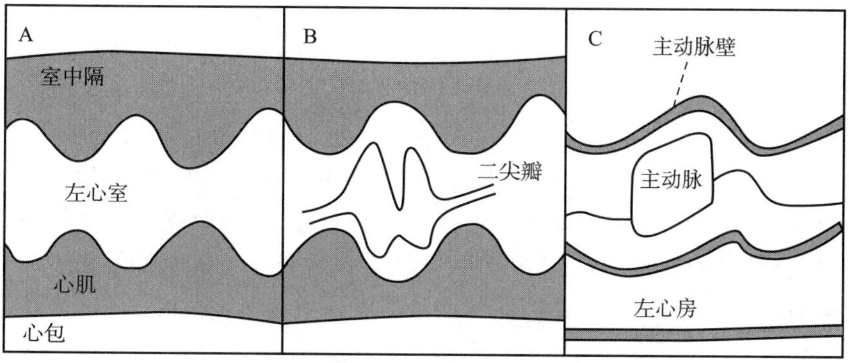

A. 在乳头基部；B. 在二尖瓣部；C. 在主动脉瓣部。

图 8-2　犬左心在不同水平面 M 型超声心动示意

（2）二维超声心动图（two-dimensional echocardiography）　二维超声心动图（2-DE）是在 M 型超声心动图基础上发展起来的超声成像技术，亦称辉度调制型，能清晰、直观、实时显示心脏大血管断面的解剖结构、空间关系及其功能状态。其与 M 型超声的显示方式有极大的区别，二者实际上是面和线的关系。二维显示心脏大血管断面影像，故又称为切面超声心动图（cross-sectional echocardiography），简称二维超声。现已成为超声心动图最主要的检查方法之一，在临床超声心动图学的发展和诊断水平的提高中发挥了极为重要的作用。2-DE 检查心脏时，基本上用三个相互垂直的平面，分别命名为长轴切面、短轴切面与心尖四腔切面。

切面超声心动图与 M 型超声心动图相似，亦可用辉度调制法显示回波信号，即将介质中由不同声阻所形成的界面反射，以光点形式排列在时基扫描线上，接收到的回波信号带有幅度与深度的信息。亮点的灰度（即灰阶）与回声波幅之间存在一定的函数关系。反射强，光点亮；反射弱，光点淡；如无反射，则扫描线上相应处为暗区。代表不同回波幅度的灰阶点，按其回波的空间位置，显示在与超声扫描线位置相对应的显示器上。切面超声的时基深度扫描线一般加在显示器的垂直方向上，并且声束必须进行重复审查，与在显示器水平方向上的位移扫描相对应，当影像达到或超过每秒 16 帧图像时，则形成一幅实时的切面（即二维）超声影像。

（3）多普勒超声心动图　血流的相对方向和流速可通过多普勒原理进行测定。超声检查工作者可因此获取关于心脏血流动力学、器官实际的血液供应和血管功能等方面的信息，同时它可以用于评估心瓣膜附近正常的或病理的血流从而诊断出心脏的病灶。常规多普勒技术，主要分为彩色多普勒血流成像和频谱多普勒技术两大类，频谱多普勒包括脉冲多普勒超声和连续多普勒超声两种。各种常规多普勒技术虽各有优缺点，但均已成为动物医学心脏诊断学的重要方法之一，通过取长补短，在临床心血管疾病诊断等方面发挥着重要的作用。

①脉冲波多普勒(pulsed-wave doppler，PW)。脉冲波多普勒采用间断发射和接收超声脉冲，以中空窄频带型频谱图像显示血流信息，适合于对血流进行定位诊断，显示方式简单，图像质量好，操作容易，已得到广泛的应用。PW 波多普勒的优点在于距离分辨力和角度矫正，这就使得血流的测量不必局限于与声束轴平行的血管。但 PW 难以用于高速血流的定量分析，所测流速大小还受到脉冲取样频率的限制，另外，在严重的狭窄病变或关闭不全时不能描记很高的血流速度。

②连续波多普勒(continuous-wave doppler，CW)。连续波多普勒是最早应用的多普勒技术，通过连续发射和接收超声脉冲，以填充型频谱图像显示血流信息，能测量高速血流，进行血流动力学定量分析，包括测算各心腔压力、心搏出量、心排血量、狭窄口面积等，显示方式简单，图像质量好，但操作比较困难，不能确定和定位某一回声的起始位置或深度，对异常血流往往难以进行定位诊断。

③彩色血流多普勒(colour-flow doppler)。彩色血流多普勒可同时显示彩色血流频谱和一维或二维声像图。彩色血流多普勒采用自相关技术对比来自心血管系统中相同取样部位两个连续的多普勒频移信号，提取并分析相位差，自动计算出每个取样点的平均流速，再通过彩色编码技术，以色彩显示血流方向、速度、性质、时相和途径等二维血流信息，朝向换能器的正常血液层流被编码为红色，而背离换能器的血流被编码为蓝色。湍流用第三种颜色表示，为绿色或黄色。

彩色血流多普勒超声检查显示方式直观简单，操作方便，图像质量好，对血流的空间定位能力强，尤其对鉴别诊断各种分流、返流等心血管病变具有独特作用，已得到广泛的应用。可以诊断室间隔缺损、房间隔缺损等病变，这些病变不能通过常规的 PW 波多普勒超声检查诊断。

2. 影像特点

M 型超声心动图有较好的时间分辨力，而二维超声心动图有较好的空间分辨力。二维超声心动图能清晰直观、实时显示心脏各结构的空间位置、连续关系等，是超声心动图的基本检查方法(图 8-3、图 8-4)。

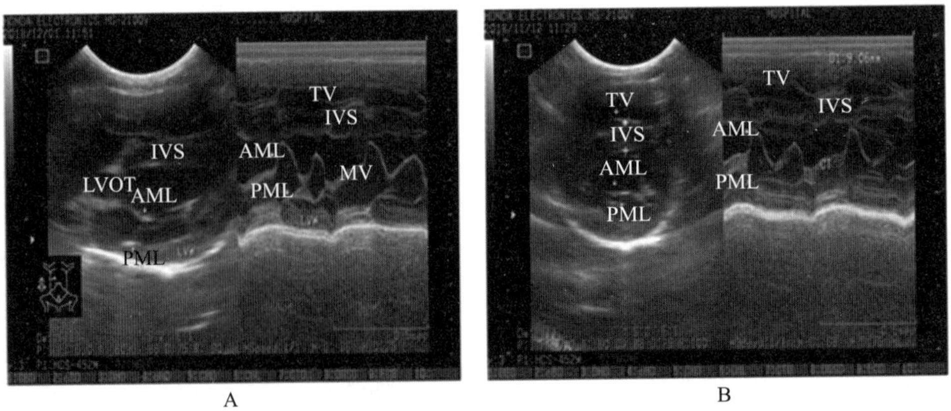

A B

A. 四腔室心切面；PML，二尖瓣后叶；AML、二尖瓣前叶；

B. 二尖瓣短轴切面；MV. 二尖瓣；IVS：房室隔；TV：三尖瓣；LVOT：左室流出道。

图 8-3 犬 B 超影像和 M 超影像(A 和 B 图中的左图为 B 超影像，右图为 M 超影像)

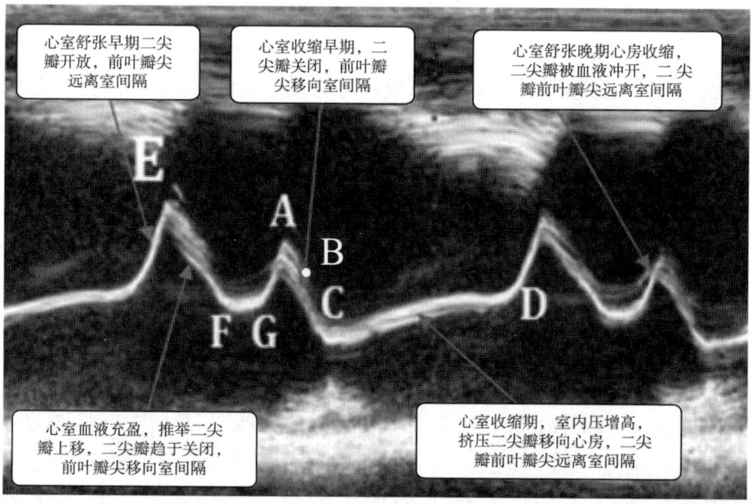

A 峰. 心房收缩形成；B 点. 二尖瓣半关闭状态；C 点. 二尖瓣运动最低点；D. 二尖瓣开放点，等容舒张期终点；BC 段. 等容收缩期；CD 段. 心室收缩期；DE 段. 二尖瓣开放至最大位置，快速充盈期开始；E. 二尖瓣前叶最大开放的位置；F 点. 二尖瓣呈现半闭合状态；DE 段、E 峰及 EF 段共同构成舒张期的快速充盈期。

图 8-4　犬心脏 M 超声影像描述

超声心动图检查还有一些特殊的检查方法。①经食管超声心动图检查(transesophageal echocardiography，TEE)，探头位于食管内，对评价左侧心瓣膜的形态与功能，诊断静脉窦型房间隔缺损，显示左房，特别是左心耳血栓与肿瘤，检测感染性心内膜炎赘生物，显示主动脉夹层等方面均优于常规经胸部超声检查。②心脏声学造影(cardiac acoustic contrast)又称造影超声心动图(contrast echocardiography)。常用的声学造影剂有过氧化氢溶液等。经外周静脉注入造影剂可进行右心声学造影，可用于心脏解剖结构的识别，确定先天性心脏病右向左分流的有无和分流部位，诊断左位前腔静脉和肺动-静脉瘘等。方法简便，安全可靠。心脏声学造影中颇有发展前途的是心肌灌注声学造影，可无损伤地诊断心肌缺血与心肌梗死。③介入性超声心动图(interventional echocardiography)即在超声引导下对某些心脏疾病进行检查、诊断和治疗，如心包穿刺及置管引流、心包活检及心包开窗术、心内膜心肌活检术、漂浮导管球囊定位、经皮球囊导管二尖瓣分离术(PBMW)等。④血管内超声成像(intravascular ultrasound，IVUS)用尖端带有微型超声探头的导管插入血管内直接显示血管病变，可用于了解血管壁的厚度，显示动脉粥样硬化斑块、血管壁上的血栓以及评价冠状动脉成形术的治疗效果等。此外，还有三维超声心动图和负荷超声心动图等。

二、正常影像表现

(一)X 线检查

熟悉心脏的解剖位置，对识别它们在 X 线片上的影像有很大帮助。就犬而言，使用 X 光侧位拍摄的心脏摄影，其头侧缘为右心房和右心室，在近背侧处可见前腔静脉和主动脉弓的影像。头侧缘向下(即右心室)以弧形与胸骨接近平行，若在胸骨下有较多的脂肪蓄积时，心脏下缘影像将变得模糊，这在左侧位片上尤为明显。心脏的后缘由左心房和左心室影像构成，与膈影的顶部靠近，其间的距离因呼吸动作的变化而不同。心脏后缘靠近背侧处可见主动脉影像，后缘房室沟腹侧可见后腔静脉。心脏的背侧由于有肺动脉、肺静脉、淋巴结和纵隔影像的重叠而模糊不清。主动脉与器官交叉清晰可见，其边缘整齐，沿胸椎下方向后行。

心脏的四个心腔和大血管在 X 线上的投影，彼此重叠，平片上仅能显示各房室的轮廓，不能显示心内结构和分界。心脏表面有脏层和壁层心包膜覆盖，正常情况下心包缺乏对比，不会显影。

1. 侧位影像

在侧位片上犬正常心脏的形态大小和轮廓因犬品种、年龄的不同而变化很大。心影的前缘或右心在第 3 肋间隙水平形成轻微的弯曲。该弯曲的背侧是由升主动脉和右心的影像组成，有时也有肺动脉的影像；中 1/3 和下 1/3 处是由心室流出道和右心室壁组成。心影的后缘左心不如右心弯曲，大约在第 8 肋骨水平上。在很大程度上后缘由左心室壁形成。

在犬右侧卧和左侧卧所拍摄的 X 线片上，心脏轮廓有轻微差别。右侧卧时，右心边界更圆，可被误认为右心增大。左侧卧时，在吸气时拍摄的 X 线片上，因心脏和肋骨之间肺泡充气膨胀的介入，心尖可与胸骨分离。猫的心影在侧位和背腹位上都呈卵圆形。因为猫的胸廓形态差别较小，所以猫的心脏轮廓的形态比犬的变化要小。猫的心脏长轴更朝向前，心影与胸骨形成 45°夹角。猫心脏的前后径与长轴垂直，测量时与 X 线平片上的肋间隙相比，正常时为 2 个肋间隙。年长猫因心脏位置的变化，主动脉弓向前延伸。

2. 背腹位（腹背位）影像

背腹位上，根据犬的胸廓形态不同，心影可占据一半（深胸犬）或 2/3（浅胸犬）的胸腔宽度。在对比度较好的 X 线片上，可见到主动脉弓。心脏的轮廓在第 3～8 肋骨之间。在心脏两侧，肺野的大小几乎相等。

心影右缘弯曲，由右心房壁和右心室壁组成。心影右缘向后延伸越过中线到达左侧。心影与右侧膈影形成右心膈角，后腔静脉从后穿过该区域。在背腹位（或腹背位）片上，正常时左心房不组成心影边缘。左心房在气管分叉处后方的中央，可在穿透力足够的 X 线片中看到。心脏的最大宽度在第 4 肋骨水平上。在前端和中央，心影和前纵隔影像重合。

在背腹位 X 线片上，心影的前缘由主动脉弓、右心耳、前腔静脉和肺动脉干组成。这些组织以复杂的方式互相重叠，不能逐一辨认。主动脉弓和右心耳重叠。前腔静脉组成了前纵隔影像的右边界，左锁骨下动脉组成了前纵隔影像的左边界。主动脉弓向后到达左侧，并朝向中线向后斜行延伸。肺动脉干分为左、右肺动脉到达中线的左侧。对于老年猫，主动脉弓在前纵隔的左侧向前延伸，形成一明显的膨出部。

在正常情况下，背腹位 X 线片上心脏呈不规则卵圆形，右缘的头侧偏圆，向尾侧则为右心室和右肺动脉。心尖偏左，左缘略直，为左心室所在，左缘近头侧的地方为左肺动脉。影像左右对称，脊柱与胸骨正好重叠，可见与心脏重叠的脊柱影像。后腔静脉自心脏右缘尾侧近背中线处显影。幼年动物的心胸比较成年动物大，心脏收缩时的形态比舒张时小，但一般在 X 线片上不易显示。相对于成年犬而言，幼年犬的心脏看起来更大，在胸腔内占据较大的位置。3 月龄以上的幼犬，其心脏轮廓比成年犬相对更圆。

3. 深胸犬与浅胸犬心脏影像位置的区别

深胸犬（如藏獒、雪达犬、柯利犬和灵缇犬等）心脏在 X 线片侧位上长而直立，约为 2.5 肋间隙宽，长轴几乎与脊柱呈直角，背腹位片上心脏显得较圆较小（图 8-5）；浅胸犬（如北京犬、西施犬、腊肠犬等）心脏在 X 线片侧位片上心脏长轴较为倾斜，向前凸出，在外形上显得更圆，不直立，心脏前缘与胸骨接触面更大，气管向背侧移位更明显，心脏宽度为 3～3.5 肋间隙宽，斜位上可见圆形的心脏轮廓，其心尖正好在中线左侧，背腹位上心影明显变短，右心显得更大且更圆，易误诊为心脏增大(图 8-6)。侧位片上，气管和脊柱在胸腔前部形成一锐角，深胸犬比浅胸犬的角度更大。

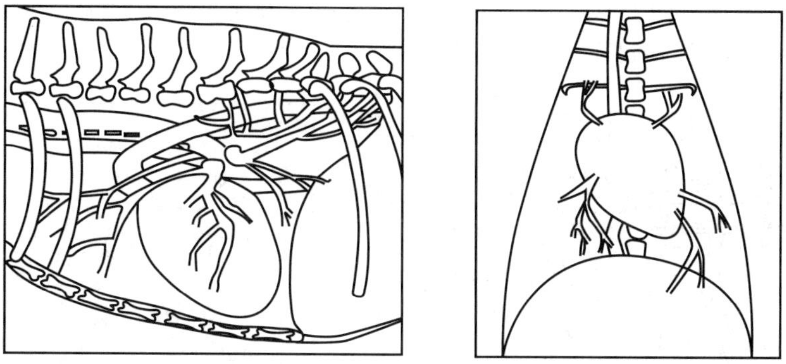

A　　　　B

A. 侧位，心脏显得长而直立；B. 背腹位，心脏显得圆而小。

图 8-5　深胸犬的心脏形态示意

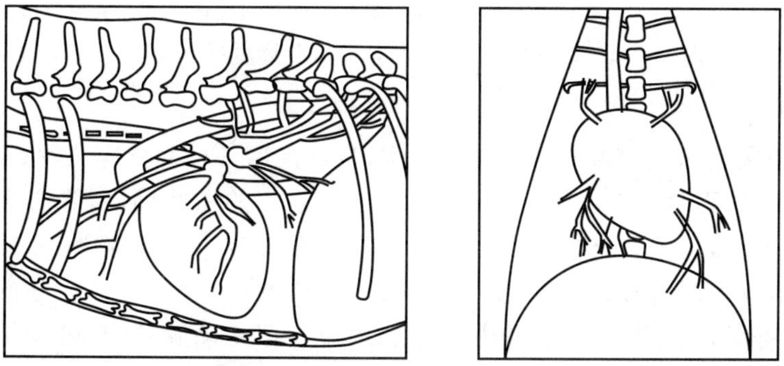

A　　　　B

A. 侧位，心脏显得更大，右心室更圆，气管与胸椎的夹角小；B. 背腹位，心脏显得大而圆。

图 8-6　浅胸犬的心脏形态示意

4. 吸气与呼气时的心脏形态(相对)区别

拍片时宠物犬处于吸气状态，胸腔变大，心脏显得较小(图 8-7)。深吸气相侧位片上心脏和膈之间存在一个间隙，后腔静脉窄而界限清楚。最大限度吸气时肺野可及第 12 胸椎后缘，

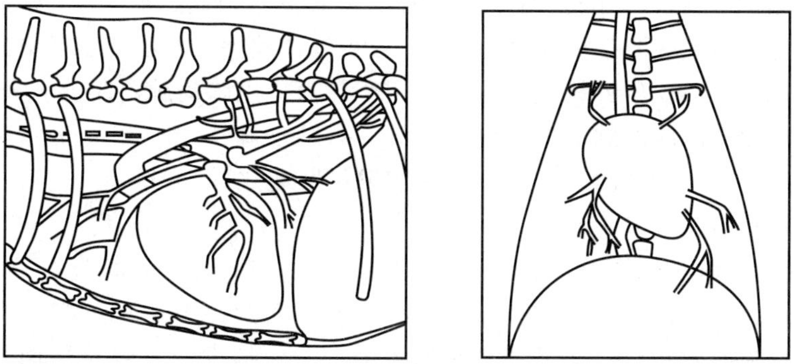

A　　　　B

A. 侧位，吸气时心脏显得小，心尖与膈之间距离较大；B. 正位，注意心脏与膈的位置。

图 8-7　犬吸气时的心脏状态示意

在吸气相腹背位片上，膈呈水平位，与心脏存在少许的重叠。最大限度呼气时，膈的弧顶可达第 8 胸椎中点，肋膈角可达第 10 胸椎；呼气时则右心与胸骨的接触面增加，气管向背侧提升，心脏显得增大，心脏后缘可与膈影重叠，易被误诊为心脏增大。后腔静脉的直径随呼吸阶段而改变，充分吸气时的心脏看起来比呼气时要小。

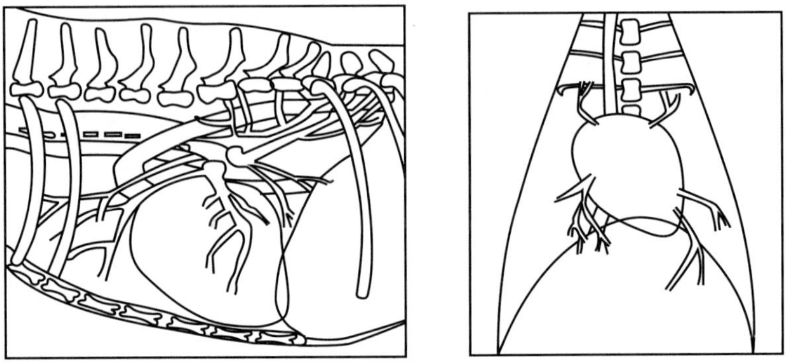

A　　B

A. 侧位，呼气时心脏显大，右心与胸骨接触增加，心尖与膈重叠，气管向背侧提升；B. 腹背位，心脏与膈有重叠。

图 8-8　犬呼气时的心脏状态示意

(二)CT 检查

CT 检查即应用造影剂获取 CT 横切面影像，从前向后各层面依次显示心脏大血管的正常所见。至少有一个层面显示左心室呈椭圆形，位于右心室的左侧偏后，除心尖壁略薄外，各部位心肌厚度大致相等，呈中等衰减。右心室呈三角形或扇形，紧邻右胸壁。右心房位于右心室的后上方，呈扇形或不规则形，前腔静脉呈三角、椭圆或圆形，位于升主动脉的右侧偏后，近膈肌层面可见后腔静脉，位于脊柱的右前方。左心房位于前主动脉后，脊柱的下方，经二尖瓣与左心室连通。两侧肺静脉于侧后壁进入左心房。

(三)MRI 检查

1. 自旋回波脉冲序列成像

SE 脉冲序列 T1 加权体轴横切面所见与 CT 类似，但是心室壁呈均匀中等信号，心外膜脂肪层为线状高信号，心内膜为线状较高信号，二者与中等信号的心肌和低或无信号的心腔内血流分界清楚，前后组乳头肌呈条带状与前后室壁相连，凸入左室腔内。MRI 可清楚显示主动脉窦和呈三叶状的主动脉瓣。降主动脉在收缩期呈低信号，舒张期呈中至高信号。右心室前壁较薄，厚度约为左心室壁厚度的 1/3，侧壁近房室沟部略厚，约为左心室壁的 1/2。MRI 可显示肺动脉 3 个瓣叶及窦，位置较主动脉窦高一个层面。主肺动脉由左前斜向右后，分出左肺动脉后，于前主动脉和前腔静脉的后方向右延续为右肺动脉。MRI 显示房室瓣和半月瓣均呈中线状等信号。心包腔呈曲线状低信号，位于脏壁层心包之间，与壁层心包和心外膜脂肪层形成鲜明对比，以右心室前方显示最佳。

在平行室间隔心脏长轴像上，犬左心室呈尖辣椒状，室壁可分为前壁、心尖和下壁三部分，主动脉呈楔状，前、后腔静脉呈管状与右心房相通，并清楚显示各自的开口。心脏短轴像显示左心室呈圆形，分为前壁、侧壁、下壁和室间隔 4 个部分。适度的左斜位层面可在一个层面上显示主动脉的升、弓、降部全貌。

MRI 除显示心脏大血管外，还可同时清楚显示周围器官和组织结构（如纵隔内气管、食管及椎体、脊髓、胸肋骨和胸壁肌肉等其他组织结构),有助于疾病的诊断与鉴别诊断。

2. 梯度回波快速脉冲序列成像

应用梯度回波(gradient echo,GRE)快速成像在 1 个心动周期内可获得 30 幅图像,时间分辨率可达 25～50 ms,若连续动态显示称 MRI 电影成像。MRI 电影成像主要用于心功能测定和观察血流动态,正常血流呈亮白高信号,与心血管壁的中等信号形成鲜明对比。

(四)超声检查

超声检查分以下几种。

1. M 型超声心动图

(1)主动脉根波群　此处 M 型超声心动图依次可见右心室流出道、主动脉根和左心房。左心房腔/主动脉根比例可用于评估左心房的扩张,正常情况下大小应该相等。主动脉前后壁位于图像中央,呈两条平行的回声反射,其内可见主动脉瓣开放与关闭的纤细回声。主动脉根波群包括两条回声较强的平行曲线,曲线显得比较自然圆滑,呈前后同步活动,心室收缩期同步向前移动,舒张期同步向后移动。前面的曲线代表右室流出道后壁和主动脉根前壁,后面的曲线代表主动脉根后壁和左心房前壁。两条回声之间的距离,即主动脉根内径,在各个心动周期中一般只有较小的变化。

(2)二尖瓣波群　在犬胸骨左缘 3～4 肋间探测,可依次见到右心室前壁、右心室、室间隔、二尖瓣的前叶和后叶和左心室后壁等结构(图 7-4)。正常二尖瓣前叶曲线呈双峰状,各转折点依次称 A、B、C、D、E、F、G。A,E 两峰位于心动图 P 及 T 波之后,分别表示心室缓慢充盈期和快速充盈期,C 点位于第一心音处,表示二尖瓣关闭。D 在第二心音后等长舒张期之末,二尖瓣由此时起开放。二尖瓣波群是最重要的典型波群,往往作为 M 型检查的基本波群,并作为探查其他部位波群的标志。二尖瓣回声曲线的活动幅度大,典型的舒张期图像由二尖瓣前叶形成者呈 M 字母样波形,由二尖瓣后叶形成者呈 W 字母样波形,二者形成类似于镜面样曲线图像。正常二尖瓣瓣叶组织菲薄,可产生一二条纤细的回声。二尖瓣波群的形态及其变化,与左侧心腔内血流动力学状态密切相关。

(3)心室波群　此处心动图自前至后依次可见胸壁,右心室腔,室间隔,左心室腔与左心室后壁。该波群为测量左心室腔内径、室间隔和左心室后壁厚度的标准区。

2. 二维超声心动图

用灰阶成像的方法可获取心脏的二维图像,又称为 B 型或切面超声心动图,二维超声心动图的空间分辨率较好,能清晰直观显示心脏结构的空间位置、连接关系等,是超声心动图最基本的检查方法。探测部位的选择及不同的角度决定心脏不同的超声图像(图 8-9)。

动物心脏的超声探查因探头放置位置及朝向方位不同将出现不同的心脏切面图像。如图 8-9 所示是犬经心脏探测的三个大致方向即横切面、矢状面和冠状面。将这三个切面平移或者旋转又可以得到其他角度的切面图像。

以下是几个常用的心脏探测位置。

(1)右侧胸骨旁探测

①心脏长轴切面。动物取右侧卧,探头放于动物右侧胸腔 3～5 肋间的胸骨旁,选择肋间隙进行扫查。可获得心脏长轴切面图。旋转探头使探测平面平行于左心室长轴,调整角度可观察各房室大小及形态,测量室间隔与左心室后壁的厚度并观察其运动。乳头肌、腱索及其与二尖瓣的链接显示清楚。如图 8-10 所示,其中切面 1 为心脏标准的四腔室超声图像(右心室

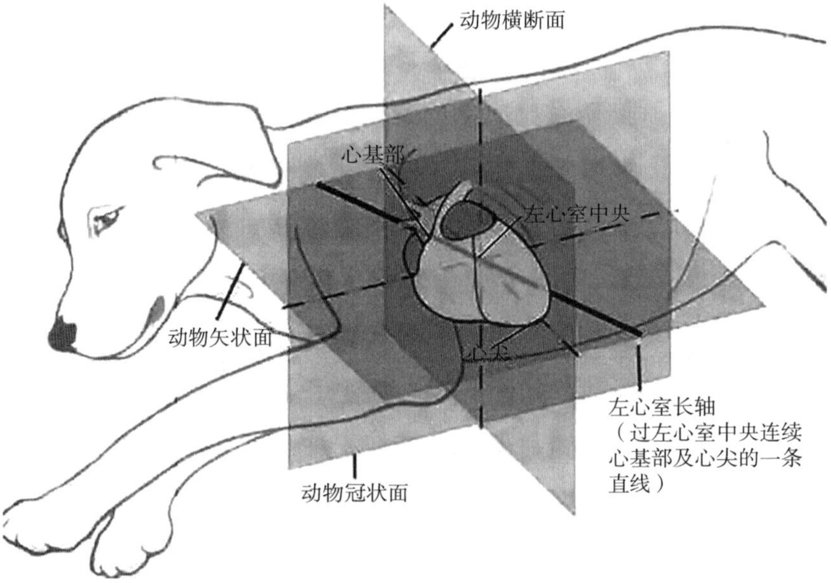

图 8-9　从不同角度用超声探头探测犬心脏模拟

（资料来源：DOMINIQUE P，et al，2015）

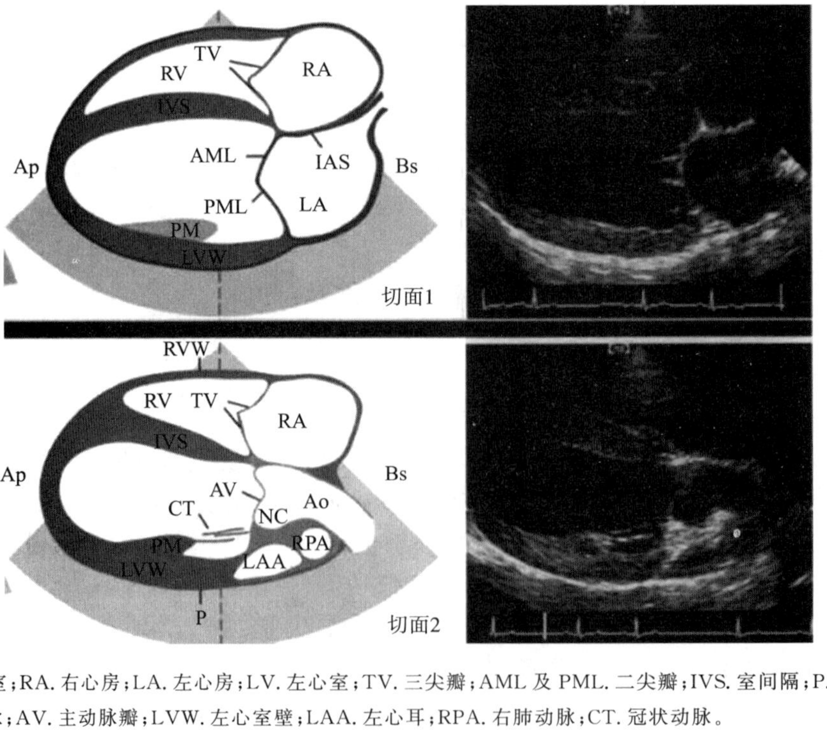

RV. 右心室；RA. 右心房；LA. 左心房；LV. 左心室；TV. 三尖瓣；AML 及 PML. 二尖瓣；IVS. 室间隔；P. 心包膜；Ao. 主动脉；AV. 主动脉瓣；LVW. 左心室壁；LAA. 左心耳；RPA. 右肺动脉；CT. 冠状动脉。

图 8-10　右侧胸骨旁探测犬心脏长轴切面

（资料来源：DOMINIQUE P，et al，2015）

RV、右心房 RA、左心房 LA、左心室 LV)，可用于三尖瓣(TV)、二尖瓣(AML 及 PML)、室间隔(IVS)、心包膜(P)、心室壁(LVW/RVW)的观察。继续向动物腹部摆动探头尾部，还可观察到左心室流入道图像(图 7-11)，在切面 2 左心室流出道图像中，可观察主动脉(Ao)，主动脉瓣(AV)等。

②心脏短轴切面　如果要测量左心室大小，可以在探查心脏四腔位置的基础上，将探头逆时针旋转 90 度，使超声切面在二尖瓣叶端处垂直于左心室轴，尽量使左心室切面接近圆形，如图 8-12 中切面 3 所示。此外，通过摆动探头尾部还得到一系列类圆形的心脏图像。可用于左心室及主动脉直径的测量，观察主动脉瓣(NC、RC、LC)、二尖瓣(PML 及 AML)、腱索(CT)、乳头肌(PM)等。

(2)左侧心尖位置探查心脏长轴切面　使动物左侧卧，放置探头于动物左侧邻近肋骨下的位置，可以得到一个过心尖部并平行于左心室中轴的四腔心切面。如图 8-13 中切面 1 所示。保持探头前端位置不变，将探头尾部向远离动物腹部的方向轻抬，便可在该四腔心切面的基础上显示出主动脉切面，形成图 8-13 切面 2 的标准五腔心切面。在四腔心切面的基础上，反方向摆动探头尾部则可得到图 8-13 切面 3 所示的二腔心切面。

(3)左侧胸骨旁探测　动物左侧卧，探头从下向上伸至动物左侧 4～5 肋间，大致肋骨与肋软骨连接处。如图 8-14 所示，摆动探头尾部可得到一系列近端为心室，远端为心房的心脏长轴图像。常用于心基部肿瘤、右心室流出道(RVOT)、肺主动脉(PT)、右心耳(RAA)的检查。

以图 8-14 中切面 3 的探查角度为起始位置，将探头顺时针旋转一定角度，可看到主动脉根部，如图 8-15 所示切面 1。摆动探头尾部可以产生如图 8-15 所示的一系列图像。可用于主动脉、肺动脉，心基部等结构的检查。此外，心脏的探测位置还有胸骨前位，即胸腔入口与动物矢状面平行处；以及肋骨下位，即在胸骨剑突处探头下压使探头尽量对准动物颅侧所得的切

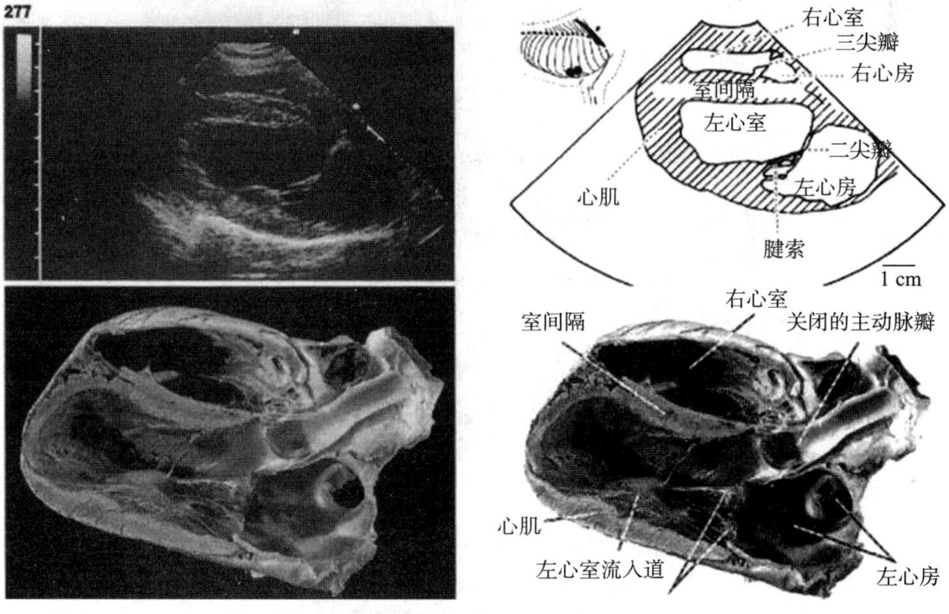

图 8-11　犬左心室流入道

(资料来源：NAUTRUP C P，TOBIAS R，谢富强，等译，2009)

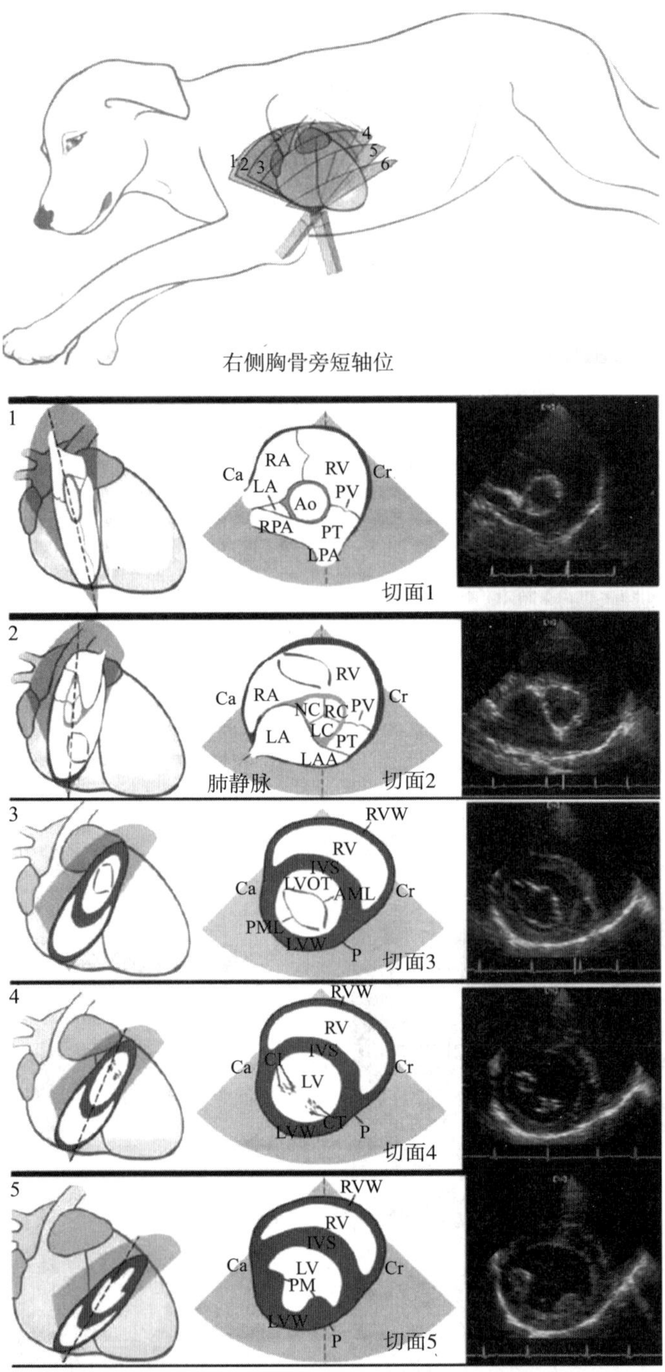

在切面1～5中显示右心室(RV)；右心房(RA)；左心房(LA)；左心室(LV)；三尖瓣(TV)；主动脉瓣(NC、RC、LC)；二尖瓣(PML及AML)；腱索(CT)；乳头肌(PM)；左心耳(LAA)；心室壁(LVW/RVW)；左肺动脉(LPA)；心包膜(P)；室间隔(IVS)；左室流出道(LVOT)。

图8-12 犬右侧胸骨旁短轴位解剖图和超声影像

(资料来源：DOMINIQUE P，et al，2015)

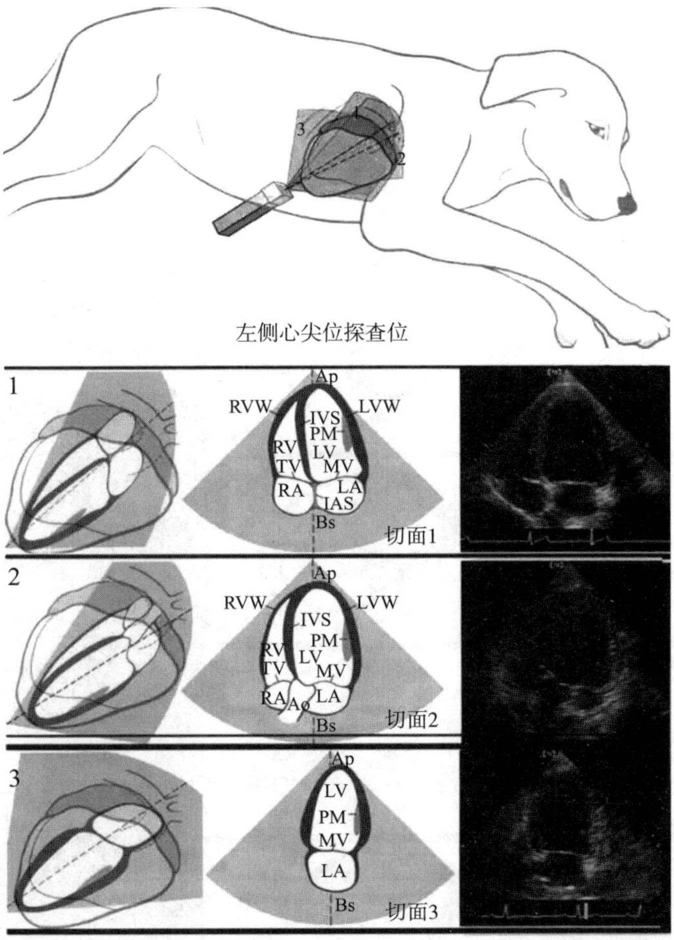

RV. 右心室；RA. 右心房；LA. 左心房；LV. 左心室；TV. 三尖瓣；AML 及 PML. 二尖瓣；IVS. 室间隔；IAS. 房间隔；Ao. 主动脉；AV. 主动脉瓣；PML 及 AML. 二尖瓣；PM. 乳头肌；LVW/RVW. 心室壁；LPA. 左肺动脉。

图 8-13　左侧心尖位扫查犬心脏长轴切面

（资料来源：DOMINIQUE P，et al，2015）

面。前者是观察主动脉弓，判断是否有主动脉瓣闭锁不全的最佳位置。而后者常用来记录多普勒主动脉流速。

3. 多普勒超声心动图检查

应用多普勒超声心动图可以无创伤地评价狭窄两端的压力阶差，有较高的临床应用价值。进行多普勒超声检查，可在不同的部位记录多种频谱曲线，曲线横坐标代表时间，纵坐标代表多普勒频移的大小或血流速度，从频谱图像上可以反映血流性质、方向和速度。彩色多普勒超声心动图应用彩色编码，以红、蓝、绿三种基本颜色显示血流频移的信号。通常规定红色代表朝向探头的正向血流，蓝色代表背离探头的负向血流，绿色代表湍流。血流的速度越快，其色彩就越鲜亮，而血流速度缓慢者的色彩较为暗淡，故根据色彩的类型及亮度即可直观了解血流情况。超声心动图可应用脉冲波或连续波多普勒频谱显示各瓣口的血流动力学情况，获得有关流速、流量的多个指标。

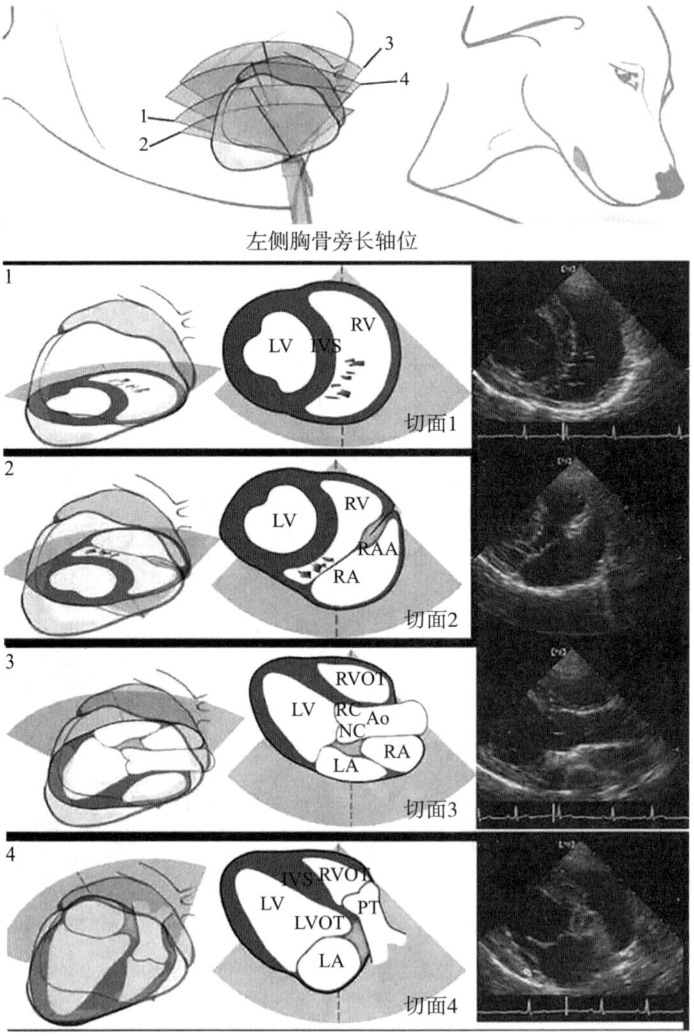

右心室(RV);右心房(RA);左心房(LA);左心室(LV);三尖瓣(TV);二尖瓣(AML 及 PML);室间隔(IVS);主动脉(Ao);右位主动脉弓(RAA);右室流出道(RVOT);左室流出道(LVOT);肺动脉干(PT)。

图 8-14　左侧胸骨旁探测犬心脏长轴切面

(资料来源:DOMINIQUE P,et al,2015)

(1)二尖瓣多普勒血流频谱　在心尖四腔图上,将采样容积置于二尖瓣口,获取呈窄带双峰的频谱图。E 峰位于舒张早期(快速充盈期),A 峰见于舒张晚期(心房收缩期),与二尖瓣前叶的 M 型曲线一致。

(2)三尖瓣多普勒血流频谱　在心尖四腔图上,将采样容积置于三尖瓣下,频谱图形与二尖瓣相同,但是血流速度较低,而且随呼吸时相变化而改变。

(3)主动脉瓣多普勒血流频谱　在心尖五腔图像上,将取样容积置于主动脉瓣下,于左心室射血期获取窄带单峰图。

(4)肺动脉瓣多普勒血流频谱　在即心底短轴位图像上,将取样容积置于肺动脉瓣下或瓣上,所获频谱的形状与主动脉相似,但是峰值较低,出现的时间略迟,受呼吸的影响较大。

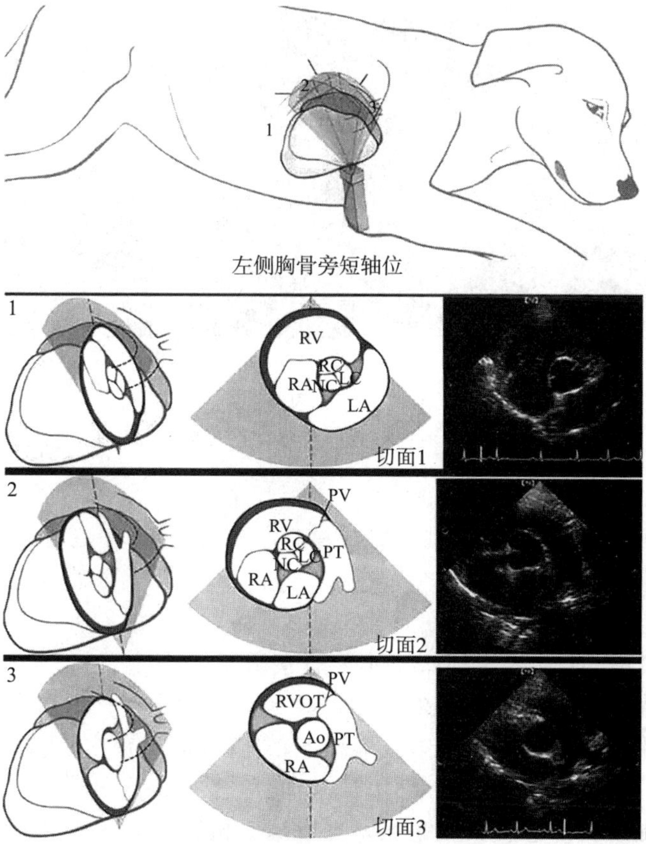

右心室(RV);右心房(RA);左心房(LA);右室流出道(RVOT);主动脉(Ao);主动脉瓣(AV);主动脉瓣(NC、RC、LC);主动脉(Ao);肺动脉干(PT);肺动脉瓣口(PV)。

图 8-15　左侧胸骨旁探测犬心脏短轴切面

(资料来源:DOMINIQUE P,et al,2015)

三、基本病变表现

(一)心脏和各房室位置异常

1.心脏整体位置异常

(1)心脏移位　是指由于胸、肺疾患或畸形导致心脏偏离正常位置。例如一侧肺不张、单侧肺发育不良等导致心脏向患侧移位;大量胸腔积液、气胸(图 8-16)等使心脏向健侧移位。

(2)心脏异位　心脏异位,也称胸外心,是指心脏的位置部分或完全不在胸腔内,是一种罕见而严重的先天性心血管畸形。是由于心脏本身在胚胎发育早期旋转异常所致,常与胸腹部脏器转位及心内畸形并存。心脏异位的基本类型为:镜面右位心、右旋心、左旋心等。

2.房室相对位置异常

正常时解剖学右心房居右,左心房居左,称为心房正位,如果情况颠倒,为心房反位。一般右心房和后腔静脉、肝在同侧,因此,根据肝和后腔静脉的位置可以推断右心房的位置,即有无心房转位。支气管的显示和类型对确定心房位置也很可靠,双侧右支气管型代表右心房异构或无脾综合征,双侧左主支气管型代表左心房异构或多脾综合征。

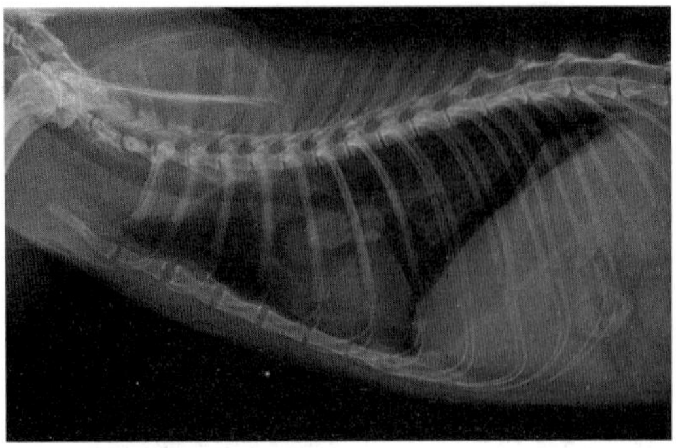

A

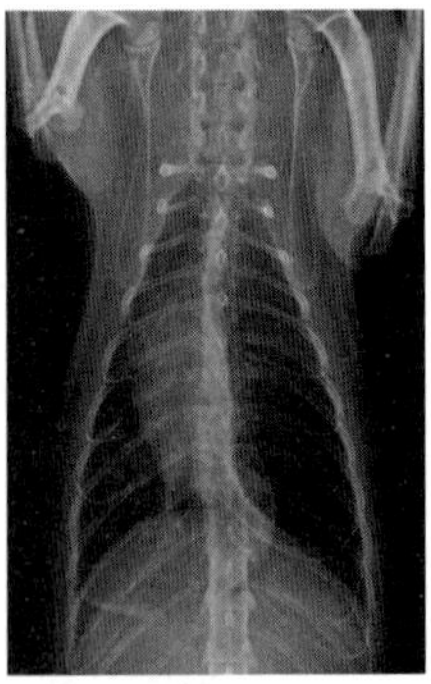

B

A. 侧位片；B. 腹背位片。

图 8-16　犬心脏移位(气胸)

3. 房室连接关系异常

解剖学上右心房与右心室相连，左心房与左心室相连，称为房室适应连接。相反称为房室不适应连接。

(二)心脏增大

当心脏发生病变时，普通 X 线检查多不能直接显示病变本身，但常能显示心脏各房室的异常改变。心脏增大(图 8-17)是心脏疾病的重要 X 线表现之一。心脏增大的基础，主要包括心肌肥厚和心腔扩张两种因素。在大多数情况下，二者常同时存在，或以某一种表现为主。但有时亦可出现单纯的心肌肥厚，而心腔并不扩张，此种改变亦称向心性肥厚，主要是由于肺循环或体循环阻力增加所致。心腔扩张是血容量增加引起的。常是负担过重或最早受损害的心腔首先发生，而不是所有心腔同时发生扩张，这样就有利于对病变的观察及诊断。另外，心肌本身的病变，也可使心影增大。对心脏外形的增大改变，在 X 线上很难区别是心肌肥厚所致还是心腔扩张所致。

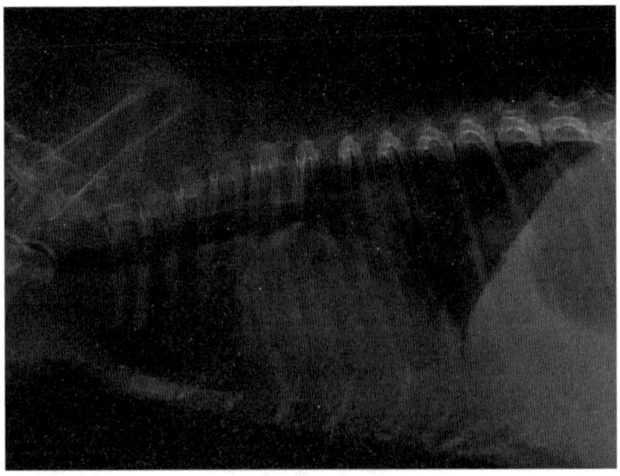

图 8-17　犬心脏增大的侧位 X 线影像

心脏增大是诊断心脏疾病的重要依据。从 X 线表现上判断心脏是否增大，最常用和最简单可靠的方法是椎体测量系统(vertebral scale system，VSS)，因为心脏重量和体长之间具有良好的对应关系，而且心脏和椎体可同时在胸部 X 线片上测量。该系统将心脏的长、短轴用从第 4 胸椎开始的椎体长度表示，其结果表示为椎体心脏比分(vertebral heart size，VHS)(图

8-18)。拳师、拉布拉多、德国牧羊犬、杜宾、查理士王小猎犬、约克夏㹴6个品种无心血管疾病和呼吸系统疾病临床症状的犬右侧位影像的 VHS 值,分别为(11.6±0.8)v、(10.8±0.6)v、(9.7±0.7)v、(10.0±0.6)v、(10.6±0.5)v 和(9.7±0.5)v。拳师、拉布拉多和查理士王小猎犬的 VHS 平均值显著高于其他品种的正常犬。除了拳师外,这5个品种的心脏病患犬的 VHS 值都有增大的趋势,特别是在约克夏㹴和查理士王小猎犬具有较高的心脏病诊断率。

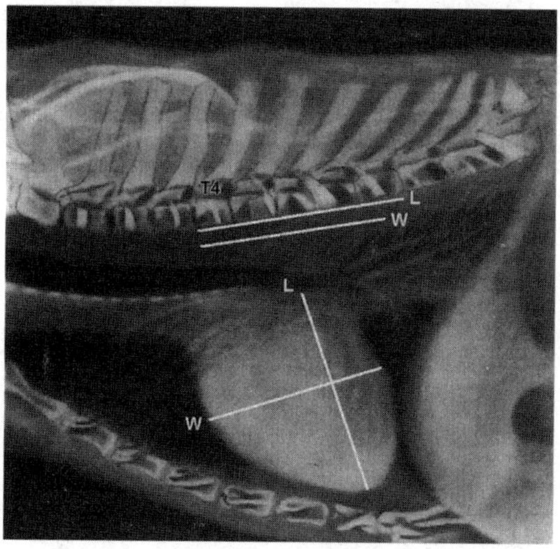

L. 心脏长轴,从气管分叉处腹侧至心尖的距离;W. 心脏短轴,从心后缘与后腔静脉相交处的中点引长轴的垂线至心前缘的距离;L 和 W 以从 T4 开始的椎体长度表示(估计至 0.1 v),相加即为 VHS。

图 8-18　侧位胸片上 VHS 的测量方法

1. 左心室增大

左心室增大多由高血压病、主动脉瓣或二尖瓣关闭不全、扩张型心肌病、主动脉瓣狭窄和动脉管未闭等引起。任何引起左心室工作负荷增加的情况都会造成左心室增大(图 8-19)。由于左心室的壁相对较厚,心肌肥厚在侧位片上也不会引起轮廓的变化,但此时心尖到心基的距离增长,心脏看起来比正常时长,同时使气管向背侧偏移。可见整段气管向背侧偏移,气管与胸部脊柱所形成的夹角变小或消失。心脏的后界变得凸圆。在背腹位片上显示心脏的左后区域增大,心脏轮廓与左侧胸壁和横膈的距离缩短,心尖部变圆。

(1)侧位　早期变化不明显,心脏后缘在后腰处的向内弯曲消失;心脏后缘变得更直,与胸骨基本成直角;心脏后缘比正常时更向后延伸,但心脏前后径的增大程度通常比右心室增大时前后径的增大程度小;左心室的伸长使末端气管向背侧移位,其腹侧弯曲消失;气管抬高,与脊柱形成的夹角变得更小;经常伴有左心房增大,向后背侧凸出;后腔静脉抬高。

(2)背腹位　左心边缘靠近左侧胸壁,使得左侧的肺野变小;左心室缘变圆,心尖也可能变圆;心影拉长或变圆,心尖向左偏移。

2. 右心室增大

右心室增大常见于三尖瓣狭窄、间隔缺损、肺动脉高压、肺动脉瓣或三尖瓣闭锁不全及肺源性心脏病、心丝虫病等。

(1)侧位　心室区的心脏前缘变圆;前腰更明显,以后可能会消失;增大的心室可能会间接

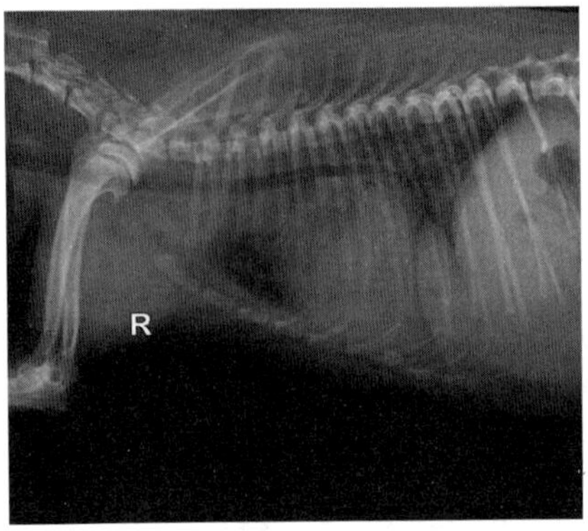

A

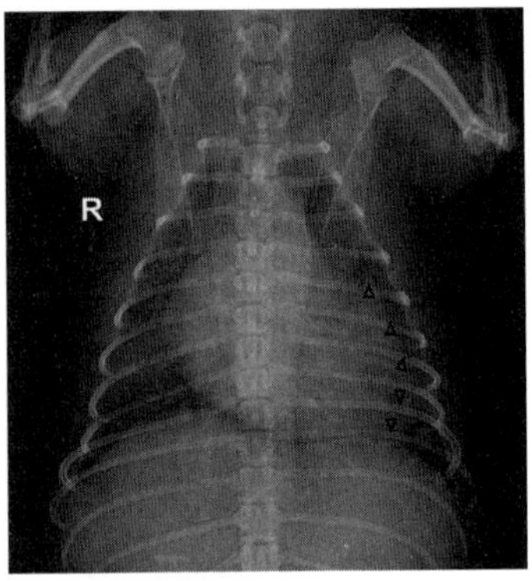

B

A. 右侧位；B. 背腹位，左心室增大（箭头）。

图 8-19　犬左心室增大的右侧位和背腹位 X 线片

引起气管抬高，而末端气管的腹侧弯曲仍然存在；心脏的前后径变大；心脏与胸骨的接触范围比正常时更大；增大的心室可能引起心脏倾斜，使心尖向后背侧移位，容易被误认为左心室增大。

（2）背腹位　右心缘更靠近右侧胸壁；增大的心室在右心缘膨出，其形状如反写的“D”；左心室受增大的右心室影响而移位，心尖可能移向左侧，造成左心室更接近左侧胸壁，容易误认为左心室增大；右心室增大早期，肺动脉可能明显凸出。

超声检查显示在右侧胸骨旁声像图上，正常状态下舒张期末的右心室腔应为左心室腔的 1/3～1/2。若右心室腔与左心室腔之比大于或小于此值，则意味着心室腔增大或心室壁肥大。

3. *左心房增大*

左心房增大与左心功能障碍程度没有直接关系，因为慢性左心房增大可以防止肺静脉阻塞，而急性阻塞（比如急性二尖瓣、主动脉功能障碍或急性扩张型心肌病）时肺静脉内压力升高，而左心房增大程度微弱。左心房增大主要见于容量负荷增大（二尖瓣关闭不全、左右心短路、扩张型心肌病）和压力负荷增大（高血压、限制性心肌病）。此外室间隔缺损、动脉导管未闭亦可引起左心房增大。

（1）侧位　末端气管被抬高，其腹侧弯曲消失；左主支气管被抬高，可见支气管“分离”；有时可见左心房在肺后叶支气管之间向背侧延伸，使支气管分离，呈“V”形；可见增大的左心房为一伸展至后叶的阴影，通常为楔形外观；后腰消失；肺静脉注入左心房时明显，密度更高（图 8-20）。

（2）背腹位　左心耳从心影的中心向外侧凸出超过左心边缘，如果左心室也增大，该征象可能看不见；双侧支气管偏移；左心房极度扩张时两侧支气管根部间隙的密度增高；心尖向右移动；增大的心房常表现为一与右心室重叠的阴影，所以在心影内可看到与右心室边缘相贴近且平行的心房边缘，有时心房边缘参与形成左心室边缘；心房极度增大时，可使主支气管分开。

超声检查左心房可从右侧胸骨旁观察，其相对大小可与右心房比较，可以辨别增大或心房内肿物。在左心室流出道的声像图上，于主动脉瓣水平测量左心房与主动脉流出道直径的相对大小。使用 M 型测量时，心房的大小在收缩期末测量，正常犬左心房/主动脉根比率的范围是 0.8～1.2。

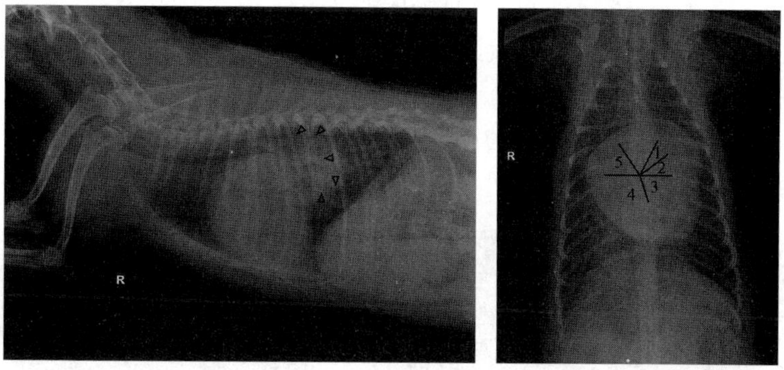

A　　B

1.肺主动脉；2.左心房；3.左心室；4.右心室；5.右心房。

A.侧位片，增大的左心房（前头）；B.背腹位。

图 8-20　犬左心房增大侧位（箭头）和背腹位（DV）X 线片

4.*右心房增大*

右心房增大主要见于右心衰竭、三尖瓣功能不全、房间隔缺损等。偶尔可见血管肉瘤影响右心房。右心房增大很少单独发生，很难通过 X 线影像确定，通常与右心室增大同时发生。

（1）侧位　气管在气管分叉处前被抬高，右主支气管被抬高，但末段气管的腹侧弯曲仍然存在；心脏前端轮廓凸出，部分结构不可见；心影增大；心脏形态变圆（应与心包积液相鉴别）；心脏前腰不明显或消失，右心房增大以其相对位置不同而使前腰突出或消失；后腔静脉通常增粗（图 8-21）。

（2）背腹位　可见心脏右前区突出，气管向左位移。

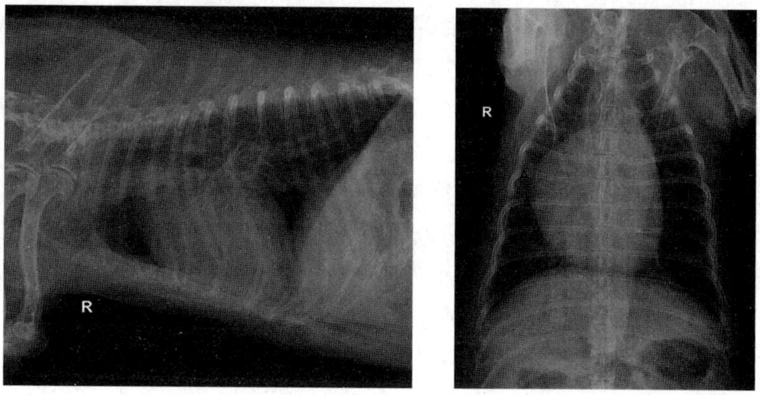

图 8-21　犬右心房增大侧位 X 线片和 DV 位（箭头处为心脏右前区突出的倒 D 型外观）X 线片

5.*全心增大*

全心增大常见于心肌肥大或心室扩张，最主要原因是瓣膜关闭不全或动脉导管未闭所引发的充血性心力衰竭。心脏向双侧扩展，横径显著增宽，主动脉弓消失，食管普遍受压向后移位。

（1）侧位　心脏轮廓圆，前腰和后腰消失，心脏的前后径增大。心脏的舒张期影像大于收缩期影像，这在低功率的 X 光机上显著，因其曝光时间不足以抵消运动性模糊；心脏相对于胸廓的轮廓看起来较大，吸气时的影像可使正常心脏看起来较大；右心边缘变圆，与胸骨的接触范围加大，左心边缘变直，心影更加直立；心脏的心尖至心基部的距离变大，气管和支气管被抬高，气管和脊柱的夹角变得更小，末端气管的弯曲消失，严重病例的气管可与脊柱平行；心脏与膈重叠(图 8-22)；后腔静脉朝向后腹侧。

(2)背腹位　心脏直径变大，两边的肺野变小；心尖向后移位，朝向左侧；膈可能受到压迫或重叠；心脏轮廓不规则(图 8-22)。

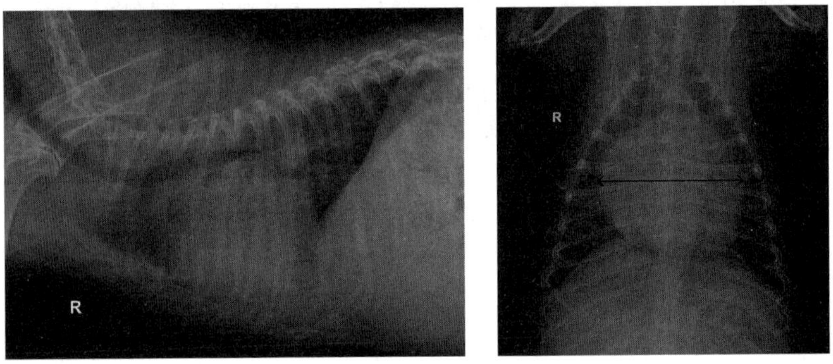

图 8-22　犬全心增大侧位(左)和背腹位(右)X 线片

X 线检查不能显示心脏瓣膜，故 X 线检查不能辨别肥大和扩张，而超声心动图则可清楚显示心脏瓣膜的异常增厚、钙化，瓣膜粘连，瓣口变形、缩小，显示先天性瓣叶裂和瓣膜的数目异常，以及损伤和感染所致的瓣叶撕裂或穿孔等，是显示心脏瓣膜首选的影像学技术。

超声心动图可直接实时显示右位心、左旋心、右旋心等心脏位置异常，心房、心室和大动脉的转位，以及静脉的位置异常。超声心动图直接测量心腔径线、面积及体积，定量显示心脏房室的异常扩大，反映心腔容量负荷增加和(或)心功能不全，并可测量心脏房室壁的厚度，发现心内膜增厚、心肌肥厚、心肌减薄和心肌内部回声增强等异常改变以及房室间隔缺损和心腔间的异常交通等。而心腔缩小则见于先天性发育不全、血流量减低和室壁增厚等。此外，超声心动图还可清楚显示各种病因所致的心腔变形，发现心腔内部的异常回声团块(肿瘤、血栓和赘生物等)。

与超声心动图类似，MRI 的 SE 脉冲序列影像即可清楚显示心脏位置异常，直接测量心腔径线、室壁厚度等，做出心脏增大的定量诊断。对于心脏壁及瓣膜的显示，MRI 的空间分辨力高于超声心动图，软组织对比度高，效果优于超声心动图。

CT 增强扫描可显示心脏内部结构和进行径线测量，以判定各心腔是否增大，显示心内畸形(例如房室间隔缺损等)，CT 影像的分辨力要显著高于超声心动图和 MRI，但是必须应用碘造影剂。

四、疾病诊断

1. *心包炎和心包积液*

心包炎是心包膜脏层和壁层的炎性病变，可分为急性和慢性两种，前者常伴有心包积液，后者可继发心包缩窄。心包分为壁层和脏层，壁层衬于纤维性心包的内面，内层即为心外膜。脏层和壁层之间的间隙称为心包腔，正常情况下心包腔内有少量液体，具有润滑作用，可减少搏动时的摩擦。由于疾病使心包腔内的液体积聚过多而影响心脏的正常功能，则为心包积液。心包积聚的液体可分为浆液性、浆液血性、血性、化脓性、乳糜性以及漏出性液体。

【病因】

心包积液是某些疾病的并发症，大多继发于感染某些免疫性疾病，其次还有心衰、甲状腺功能降低、外伤、代谢异常等。感染多见于病毒性疾病，如犬瘟热，猫传染性腹膜炎，也见于一些细菌性疾病，致病菌大多为金黄色葡萄球菌，其次为大肠埃希菌、肺炎双球菌、链球菌等。免疫性疾病主要见于系统性红斑狼疮等，发生漏出液的主要原因是心功能不全（如心力衰竭、低蛋白血症、黏液性水肿、肾病综合征等），结果是使心包内液体的生成与吸收平衡破坏，导致大量液体积聚于心包腔。心包积液也与肿瘤（特别是心基部肿瘤）有关。

【临床与病理】

（1）病理变化　主要病理改变为心包腔内压力增高，当达到一定程度（犬超过 200～300 mL，猫超过 20～100 mL）时，可压迫心脏，心脏舒张受限，致使体静脉回流受阻，心室充盈受阻，心脏收缩期排出量减少，从而引起一系列的血流动力学改变，严重时可有心包填塞的症状。由于心脏的代偿能力强，因此若病程缓慢，即使心包积液量较多也不会发生休克现象，但仍会发生一系列的血流动力学变化。心包可随积液量逐渐增加而扩张，静脉回流量、心排血量下降。机体通过收缩外周血管，进一步扩张心腔及加强水钠潴留而增加中心静脉压。这种代偿的结果可引起腹水或水肿。同时静脉回流及心排血量代偿性增加，基本可维持心血管功能，但长此下去将导致右心衰竭。症状与心包积液的量和积液产生的速度有关。

（2）临床表现　常见的临床症状为无力、发热，急性症状可有心包填塞症状，如黏膜苍白、呼吸困难、水肿、腹水、颈静脉怒张、静脉压升高，血压及脉压均降低。叩诊心浊区向上向后扩大。

【影像学表现】

在正常情况下，由于心包腔内存在少量液体而使心脏边缘显影不清楚，这些液体只显示了心包与心脏边缘的轮廓。超声检查对心包积液有肯定的诊断价值，诊断符合率可达 95％以上，而且敏感性高，当心包积液仅有 50 mL 时，即可发现，对心脏增大与心包积液的鉴别有肯定意义。根据右心房与右心室壁舒张期塌陷现象可诊断心包填塞，超声还可指导穿刺，安全可靠。MRI、CT 可提示诊断。

（1）X 线表现　侧位和背腹位片上心影增大，轮廓变圆，心影边界清楚（图 8-23）；心包积液量不超过 300 mL 时，心影增大，形态尚正常；中大量积液，心影呈球形或烧瓶状向两侧增大，心缘正常，主动脉弓消失；前纵隔影变短加宽；心脏搏动减弱或消失，主动脉搏动大致正常；肺血正常或轻度减少；透视检查发现心脏体积变大，收缩无力。

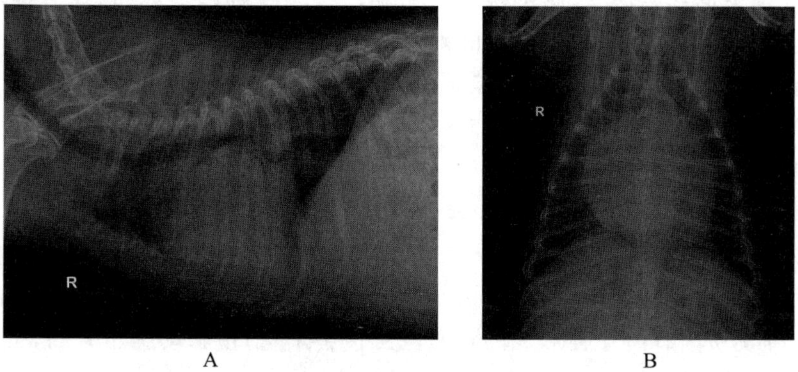

A　　　　B

图 8-23　心包积液(A)侧位,(B)背腹位 X 线片

(2)CT 表现　沿心脏轮廓分布的环形低衰减带。依部位不同,低衰减带的宽度有所变化。

(3)MRI　心包脏层和壁层间距增宽,可做半定量评价。信号强度因脉冲序列和积液性质有所不同。

(4)超声心动图　因心包液透声波,心包积液显示为在亮的心包侧壁和心外膜之间的无回声区(图 8-24),也可看到异常的心脏壁运动和腔室形状,以及心包内或心脏内肿物引起机能障碍。

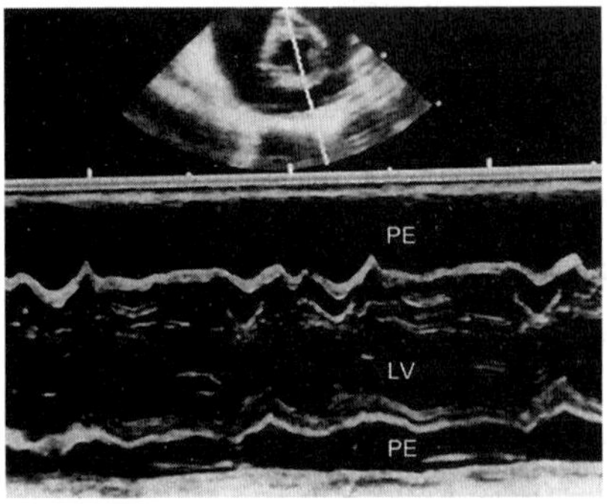

A

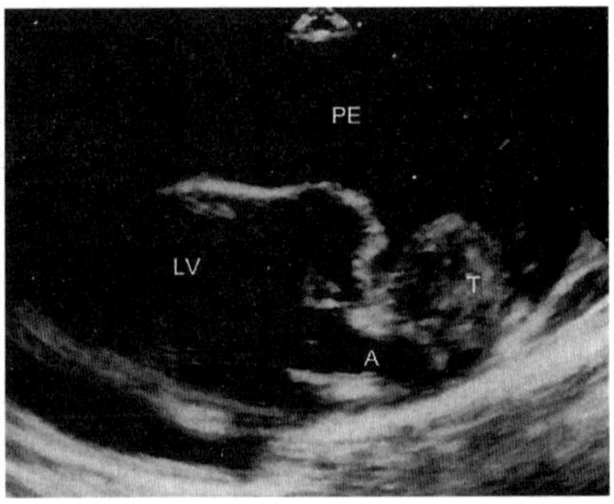

B

A. 心短轴二尖瓣和腱索水平面 M 型超声图。大量的无回声区(液性)见于心脏两侧;右心室壁清晰可见。小的 2-D 图像在 M 型上方显示心脏(由 M 型光标线横切)被心包液(在图中黑色部分显示)包围。

B. 1 只雪纳瑞犬的左胸骨旁心长轴 2-D 超声图,显现一大的心基部肿瘤和心包积液。PE. 心包积液;T. 肿瘤团块;LV. 左心室;A. 主动脉。

图 8-24　犬心包积液的超声心动图

心包腔内液性暗区最大宽度一般小于 8 mm。少数动物左心室后壁后方在收缩中晚期也可出现狭小无回声区,但至舒张期即消失。中等量心包积液时,左心室后壁后方无回声区增大,并在心脏侧面,心尖部及前面出现无回声区,液性暗区宽度小于 20 mm。大量心包积液时,心脏周围的无回声区进一步增大,甚至扩展至左心房后壁后方,心脏在液性暗区中出现摆动征,有时还可见右心室前壁呈波浪式运动或右心室前壁塌陷征,液性暗区宽度大于 20 mm。

2. 犬心丝虫病

【病因】

犬心丝虫病又名犬恶丝虫病,是由于丝虫科的犬心丝虫寄生于犬心脏的右心室及肺动脉内所致,可引起血液循环障碍、呼吸困难及贫血等症状。除感染犬外,猫和其他野生肉食动物均可作为终末宿主。本病在北美、非洲、欧洲南部和亚洲都有流行,在我国主要分布于南方地区。犬心丝虫病综合临床症状,结合外周血液内微丝蚴检查以及心音图、心动图、X 线诊断、心血管造影术等可以对一部分病例做出诊断。

【临床与病理】

(1)病理变化　犬、猫被感染后,幼虫经皮下淋巴或血液循环到心脏和大血管。成虫寄生于宿主的右心室、肺动脉,在右心房和前、后腔静脉也能发现。由于虫体刺激心内膜而引起心内膜炎,大量的虫体机械性堵塞可刺激血管内膜增厚,引起肺动脉阻塞。肺动脉扩张,在外观上变得扭曲。肺实质内有肉芽肿形成。若恶丝虫侵害严重,使肺动脉压升高,可引发右心室代偿性肥大,经久导致右心充血性心力衰竭。

(2)临床表现　轻微感染时,患犬可能不出现临床症状,严重感染的动物则会出现咳嗽、呼吸困难、运动耐力下降、体质虚弱、心悸亢进、贫血等临床症状。

【影像学表现】

(1)X线征象 不论在背腹位片上还是在侧位片上均可见明显的右心室增大,侧位上与胸骨接触范围加大,背腹位或腹背位上如反写的"D"字(图8-25);肺动脉干扩张,在正位片上表现为心脏的肺动脉段膨大突出,侧位上前腰消失;肺动脉弯曲、扩张,然后突然变细,形成所谓的动脉消减;肺实质发生浸润,使肺野血管阴影模糊不清,造成肺血管轮廓不明显;如果出现右心衰竭,则X线还可见到腹水或脾肿大及肝肿大的征象。

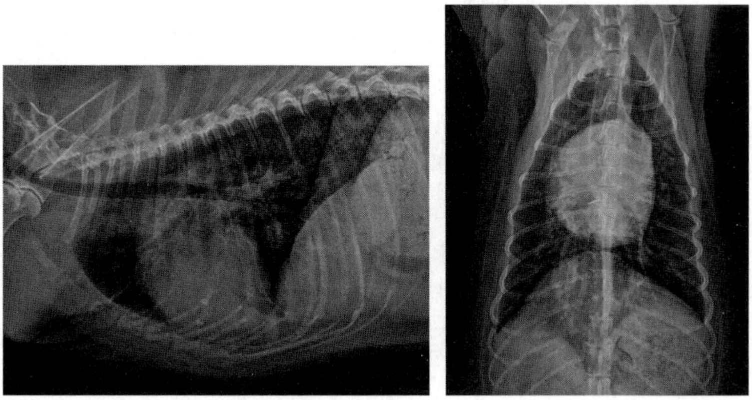

A B

A.犬左侧位表现为中度右侧心脏增大和肺叶动脉增大,继发于肺心病心丝虫病。中度支气管和非结构性肺间质混合模式和结节与嗜酸性支气管炎和肉芽肿性肺炎一致。

B.伴有肺心病的心丝虫病继发的中度右侧心脏肥大和肺血管扩张犬的背腹位。中度支气管和非结构性肺间质混合模式和结节与嗜酸性支气管炎和肉芽肿性肺炎一致。

图8-25 犬心脏右心室增大

(2)超声检查 可见右心室壁肥厚,右心房和肺动脉扩张,若恶丝虫较多,可在右心见到有回声的丝状物。在超声心动图切面上,患有腔静脉综合征的病犬,不仅在右心房内可看到犬心丝虫的产回声团块,而且在心室舒张前期可见产回声光团向右心室移动现象,在心室舒张末期虫体又一次回到右心房。在前、后腔静脉内,也能明显地显示犬心丝虫的回声影像。肺动脉内均易观察到虫体的回声。虫体回声呈强反射,其形状可呈点状,线状或聚集成团状。此外,在超声心动切面图上,可见到右心室扩张的现象。在扫查过程中,还应注意心脏的乳头肌、腱索、瓣膜上的图像,以免造成误诊。

3.冠状动脉粥样硬化性心脏病

【病因】

冠状动脉粥样硬化性心脏病简称冠心病(CHD)是指冠状动脉粥样硬化使血管腔阻塞导致心肌缺血缺氧而引起的心脏病,是一种严重危害动物健康的心脏病。

【临床与病理】

(1)病理变化 冠状动脉粥样硬化斑块引起冠状动脉狭窄是冠心病的基础病变。病变主要累及冠状动脉主干及其较大分支,以左前降支最常见,其次为左回旋支、右冠状动脉和冠状动脉左主干。根据梗死部位心肌梗死可分为心内膜下和透壁性两种,前者梗死区局限于心内膜下,后者的梗死区超过心肌厚度的1/2以上。若梗死累及乳头肌或室间隔,可造成乳头肌断裂、室间隔穿孔，大面积心肌梗死可引起室壁瘤和心室破裂。

(2)临床表现　主要临床表现为心绞痛，急性心肌梗死者出现心前区剧烈疼痛、严重心律失常和心源性休克，陈旧性心肌梗死者主要表现为呼吸困难、不能趴卧等心功能不全的症状。

【影像学表现】

(1)X线平片　对本病的诊断帮助不大。

(2)CT　平扫可显示冠状动脉钙化灶，表现为沿冠状动脉走行的斑点状、条索状、双轨形或不规则形的高衰减影，根据CT峰值和钙化面积的积分值可做出钙化的定量分析。由于以冠状动脉钙化预测冠状动脉狭窄的准确度约为80%，CT平扫可用于冠状动脉狭窄的筛选检查。CT增强扫描可显示陈旧性心肌梗死，呈低衰减，可见室壁瘤，瘤壁显著变薄，局限性向外膨出，瘤内可见低衰减充盈缺损，为附壁血栓。

(3)MRI　急性心肌梗死者，梗死心肌呈高信号，以T2加权像更明显，室壁局限性变薄，收缩期增厚率降低(>30%)，相邻心腔内可见淤滞血流所致的高信号，室壁运动显著减弱，增强扫描梗死区明显强化。陈旧性心肌梗死者梗死节段心肌变薄，呈低信号，以T2加权像更清楚。其他征象与急性心肌梗死相同。合并室壁瘤者，心室壁病变范围较大，舒张期室壁向外局限性膨出，急性期瘤壁呈高信号，陈旧期呈低信号，病变节段室壁收缩期增厚率消失，局部运动消失或呈反向运动，可见附壁血栓，通常在T1加权像上呈较高信号，在T2加权像上呈等至高信号。

(4)超声心动图　梗死心肌出现节段性室壁运动异常，可分为运动减弱、运动消失和矛盾运动(心室收缩期室壁膨出，舒张期室壁回缩)三种类型。此外，梗死室壁的收缩期增厚率减低，左心室每搏输出量和射血分数降低。室壁瘤常见于心尖部，心室壁局限性膨出，膨出的室壁变薄，并呈矛盾运动为其主要表现。

4. 先天性心脏病

先天性心脏病(CHD)种类很多，受心脏畸形程度影响，症状表现可能不易发现，日常生活中或不出现障碍，也可能表现为出生后不久转入重症。多发生于贵妇犬、柯利犬、猎狐㹴等。

(1)室间隔缺损

【病因】

室间隔缺损(VSD)是最常见的先天性心脏病之一，是指隔开左右心脏的室间隔部分缺损，残留有孔隙，血液通过缺损孔从血压高的左心室流入血压低的右心室(左—右短路性心脏病)，引起各种异常症状。常发生在位于主动脉下方的室间隔膜质部分(图8-26)。肌肉部分的室间隔缺损少见。

【临床与病理】

①病理变化。室间隔缺损按其解剖部位可分为嵴上型、嵴下型、肌部缺损。嵴下型缺损较多见，又称膜部缺损。室间隔缺损的血流动力学改变受缺损大小及肺动脉阻力大小的影响。正常情况下，左心室压力显著高于右心室压力，当存在间隔缺损时，血液自左心室分流到右心室。分流血量的多少与缺损口的大小、两心室之间的压力差成正比。缺损小，分流量少，对心肺功能无明显影响，一般不引起肺动脉压力增高；缺损大，分流量多，加重了左心室和肺循环负担，肺动脉发生扩张不能调节时，可引起肺动脉痉挛。此时，肺循环压力加大，右心室负担增加，发生肺动脉高压，产生双向分流或右向左分流，导致右心衰竭。

②临床表现。临床症状的轻重取决于室间隔缺损的大小和血液分流量的多少。缺损小，

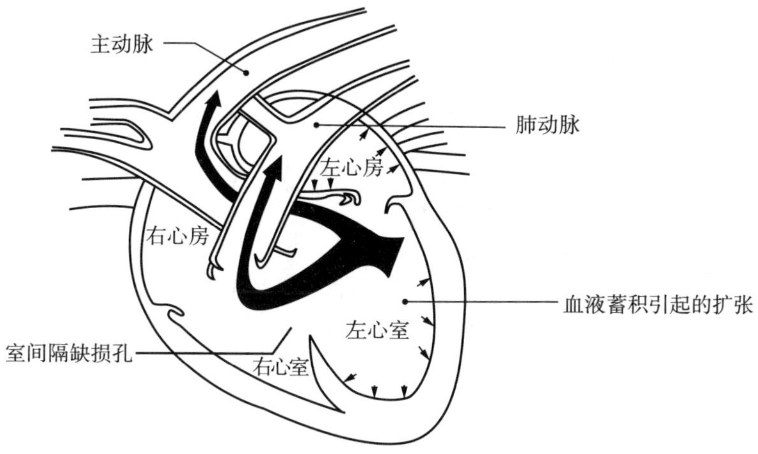

图 8-26　室间隔缺损(VSD)示意图

(资料来源:黄治国,2004)

分流量少者,临床上可无症状;而缺损大,分流量多者,通过缺损孔流向肺动脉的血液,与通过右心房、右心室流向肺动脉的血液一起,经过肺流入左心房。这样,回到左心室的血流量增加,引起左心室扩张、心衰,结果可有心悸、呼吸加快、咳嗽、乏力及易患呼吸道感染等症状。活动后可出现发绀。重型者可出现肺动脉高压及心力衰竭。

【影像学表现】

①X 线平片。小型室间隔缺损心肺 X 线检查无明显改变,或肺动脉段延长或轻微突出,肺野轻度充血。

中型缺损心影轻度到中度增大,左右心室增大,以左心室增大为主,主动脉弓影较小,肺动脉扩张,肺野充血。

大型缺损心影中度以上增大呈二尖瓣型,左右心室增大,多以右心室增大为主,肺动脉段明显突出,肺野明显充血。

当肺动脉高压转为双向或右向左分流时,出现艾森门格综合征,主要特点为肺动脉主支增粗,而肺外周血管影很少,宛如枯萎的秃枝,心影可基本正常或轻度增大。

②CT 和 MRI。CT 增强扫描可见室间隔不连续或缺失,及左、右心室异常连通。心电门控自旋回波序列 T1 加权像可直接显示室间隔信号不连续或缺失。在心室收缩期可见源于左心室,经室间隔进入右心室的喷射湍流无信号血流束。

③超声心动图。二维和 M 型超声心动图显示室间隔回声中断或缺失,左心室或双心室扩大,肺动脉增宽。连续脉冲多普勒超声,可探及缺损部的右心室侧有高速血流频谱。彩色多普勒超声心动图可见自左心室穿越室间隔,进入右心室以红色为主的五彩血流束,可据之确定分流部位和缺损大小。

(2)房间隔缺损

【病因】

房间隔缺损(ASD)为临床上常见的先天性心脏畸形,是原始房间隔在胚胎发育过程中出现异常,致左、右心房之间遗留孔隙(图 8-27)。房间隔缺损可单独发生,也可与其他类型的心血管畸形并存,由于心房水平存在分流,可引起相应的血流动力学异常。该病可发展为右心衰竭。

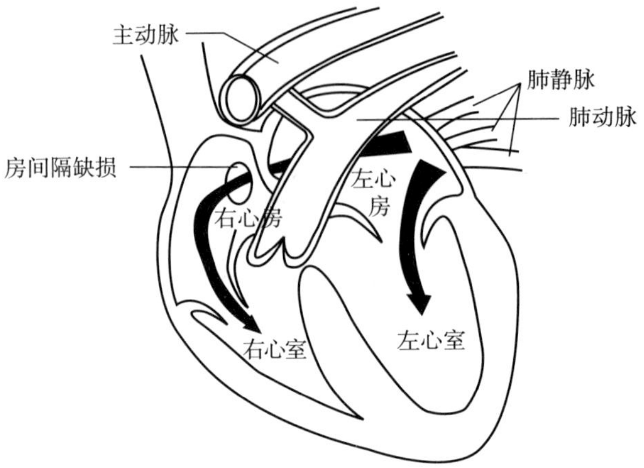

图 8-27　房间隔缺损(ASD)示意

(资料来源:黄治国,2004)

【临床与病理】

①病理变化。正常时左心房的压力高于右心房,在 ASD 时一般表现为左向右分流,分流量的大小取决于缺损面积的大小及两侧心房间的压力差。由于左向右分流,导致右心房、右心室和肺循环血流量增加,而引起右心房、右心室扩大,肺动脉压升高,右心室壁肥厚;疾病晚期肺动脉高压可导致血液分流方向逆转,出现心房水平双向分流或右向左分流。

②临床表现。一般症状轻,出现较晚,缺损小者可完全没有临床症状,大分流量者有心悸、气促、乏力症状,易患呼吸道感染;缺损大者发育差,胸廓畸形,心界增大,肺动脉瓣区第二心音亢进,并有固定性分裂,可有收缩喷射音。分流量大者三尖瓣区第一心音亢进,并伴有低调的舒张中期杂音。重度肺动脉高压及单心房者可出现发绀。

【影像学表现】

①X 线。房间隔缺损的心脏大血管形态及大小随缺损的大小及分流量的多少而不同。X 线平片心影呈“二尖瓣”型,肺血增多,除少数病例肺血改变不明显,大多数病例肺动脉自主干向远侧普遍扩张,肺门血管增宽,肺血管纹理增粗、增多,并延伸到肺野外带,边缘清晰。当发生肺动脉高压时,心影呈“二尖瓣”型,肺动脉段隆凸,心脏呈不同程度增大,以右心房增大较明显,且右心室增大,心尖圆隆且位于膈上。主动脉结缩小或正常。

②CT。增强扫描房间隔缺损的直接征象为房间隔中断或缺失,左、右心房直接连通,同时可见右心房、右心室增大,肺主动脉扩张。

③MRI。心电门控自旋回波序列 T1 加权像显示房间隔信号中断或缺失。当缺损较小不易显示时,MRI 影像可见经过缺损部的低信号喷射血流,借此可确定缺损的位置和大小。

④超声心动图。二维超声心动图显示房间隔回声中断,断端清晰。右心房、右心室扩大,肺动脉增宽。M 型超声心动图可见右心室前后径增大,室间隔与左心室后壁同向运动。多普勒超声可探及左向右分流的收缩期和(或)全舒张期正向低速双峰或三峰状湍流频谱,若出现自右向左分流,可探及负向湍流频谱。彩色多普勒超声于心房水平可见自左心房经房间隔射向右心房以红色为主的五彩血流束。

五、各种影像检查的比较与优选

(一)心脏与心包影像检查的比较

1. X线检查

可以在整体上显示心脏的位置、形态、大小、边缘，但是无法观察心脏大血管壁和腔内解剖结构。

2. MRI检查

心脏MRI的临床应用越来越广泛，与CT单因素成像和单一层面扫描方法不同，MRI是多参数、多序列和任意层面成像，但MRI必须结合心血管疾病的临床特点，有针对性地选择合适的扫描序列，才能做到有的放矢，达到临床应用目的。

3. 超声心动图

可以实时显示心血管的解剖结构和运动，对心脏功能和血流动态进行测量，在心血管疾病影像诊断中占据重要地位。但是这种检查不适于肺内血管。经胸壁超声心动图检查在肥胖、肺气肿和胸廓畸形患者中的使用受限。

4. CT扫描

心脏CT主要用来评价心脏的形态学改变，但需要静脉注射含碘造影剂，来进行增强扫描。主要观察心肌是否肥厚，有无陈旧性梗死。还可以测量心腔大小，另外对于心包积液以及心脏的肿瘤也有很重要的诊断价值。最后还可观察心脏大血管(左右冠状动脉)，有无血管狭窄以及狭窄的程度等。

总之，除冠状动脉本身的病变目前仍主要依赖选择性冠状动脉造影之外，其他各类心血管疾病的诊断均已采用无创和微创的检查技术。应合理地使用这些技术，从患病动物主人的实际情况和具体要求出发，由无创、少创到有创技术次序考虑。

(二)心脏与心包影像检查的优选

1. 先天性心脏病

X线平片与临床检测、超声心动图相结合仍是基本的无创性方法。对具有典型X线征象的单纯与复杂畸形如房、室间隔缺损，动脉导管未闭，肺动脉瓣狭窄等心脏疾病，70%～80%可提供有用的诊断信息。超声心动图和多普勒技术，不仅能显示畸形的形态变化，还能实时观察心脏功能和血流动态，已成为先天性心脏病(包括复杂畸形)首选的无创性影像学诊断方法。但超声心动图的空间分辨率低，不能显示冠状动脉分支及肺循环状态，且在一定程度上还受患病动物的体型、操作者技术经验等因素的影响。

作为无创性技术，CT对先天性心脏病包括复杂畸形如Fallot四联症、大动脉错位、三尖瓣闭锁不全等的诊断具有优良的效用和发展潜力。CT的时间及空间分辨率优于MRI，但基本上是横断面成像，需对比增强；而MRI对比分辨率高，直接多体位成像，一般无须对比增强，尤其近年开发应用的平面回波成像序列(EPI)，进一步提高了时间分辨率等。

2. 后天性心脏病

如常见的心脏瓣膜疾病、心肌病和肺心病等，超声心动图或并用多普勒超声能实时观察瓣膜的形态和运动变化，测定心室壁和肌部室间隔的厚度等，为首选的无创技术。对心肌病的诊断，超声心动图简便、有效，MRI全面、准确。X线平片对显示心脏整体大小和肺循环状态如肺静脉、动脉高压等具有优势。对继发于肺胸疾患的肺心病，X线平片“心肺兼顾”，简便且具有诊断价值。

MRI 和 CT,尤其 MRI 对多种后天性心脏病同样具有优良的诊断效果。二者的对比度和空间分辨率均优于超声心动图。对心包疾病如积液、缩窄,心脏包括心腔和肌壁肿瘤的诊断及其与心旁肿块的鉴别,超声心动图为首选,而 MRI 更全面,尤其显示周围解剖结构的关系等。心脏瓣膜关闭不全的诊断,超声心动图和 MRI 均已应用于临床,前者不但简便,且更为实用。电子束和螺旋 CT 可用于冠状动脉钙化的检测及定量分析,对冠心病的初步诊断具有重要意义。

第二节　大血管

一、检查技术

(一)X 线检查

X 线检查包括胸部平片、主动脉造影和肺动脉造影。

1. 胸部平片

因为 X 线照相是一个二维图像,可拍摄宠物的侧位和 VD/DV 位,但若拍摄宠物的先天性大血管病变可选择按心脏三维成像方法即 CT 方法三维重建投照。

2. 主动脉造影

经皮穿刺股或肱动脉逆行插管,亦可经右心经室间隔或粗大未闭动脉导管插管,主要显示胸主动脉及其分支,肺动脉重度狭窄或闭锁时的侧支循环及主动脉瓣病变。

3. 肺动脉造影

自右心插管,如肺动脉闭锁,可经未闭的动脉导管或粗大的肺体动脉交通支造影,特殊情况下,亦可按照肺静脉逆行造影。多取背腹位投照,主要显示肺动脉、静脉及分支的解剖形态和连接异常。

(二)CT 检查

CT 血管成像是在兴趣区血管内造影剂充盈的高峰期进行连续容积采集,而后再利用计算机的后处理功能,重建出血管的立体影像。CTA 技术主要包括容积数据采集、造影增强、计算机三维重建。该技术已经应用于临床,实现了颈动脉、冠状动脉及搭桥血管、胸腹主动脉、髂-股动脉、肾动脉、肺动脉和其他器官结构立体的显示。

(三)MRI 检查

目前心血管 MRI 扫描速度可达到 20 ms 一帧图像,可用于心脏大血管的实时动态成像。时间分辨力提高,图像质量更好。心脏大血管是 MRI 的热门研究方向,由于血液的流空效应,心内血液和心脏结构形成良好对比;MRI 能清晰地分辨心肌、心内膜、心包和心包外脂肪;无须造影剂;可以任意方位断层;对主动脉瘤、主动脉夹层、心腔内占位、心包占位病变、心肌病变的诊断具有重要价值。常规使用脉冲序列与心脏检查相同,亦需采用心电门控技术,为了进一步观察血管病变,应进行 MRA 检查。

磁共振血管成像是利用快速 MRI 技术和特定 MR 成像序列在连续层面上获得高强度血流信号,再重建三维可转动角度的心脏大血管图像;也可采用对比增强 MRA(contrast enhanced MRA,CEMRA)。这种技术能在造影剂首次通过血管时成像,在软组织和静脉尚未增强的情况下,快速扫描只获得显示动脉的图像,由于分辨力高,图像质量好,检查费用低于血管造影而且无损伤,所以在许多部位临床应用上已经替代传统插管血管造影。

(四)超声检查

主要包括二维超声检查和多普勒超声检查。前者主要用于观察大血管的走向、形态结构;后者主要用于观察血管内的血流情况。检查时根据不同部位的大血管可选择不同的探头。升主动脉、主动脉弓和肺动脉干的检查与用于检查心脏时的探头一样,用2.5～5.0 MHz的扇形扫查探头。颈部和四肢大血管用7～10 MHz的高频线阵探头。腹部大血管用3～5 MHz的凸阵探头。

二、正常影像表现

1. X线检查

X线平片可观察大血管的轮廓、位置、走行、粗细等,一般情况下,心脏三维像可观察主动脉及肺动脉的表现,观察肺门及肺血管较其他检查方法简单、清楚。

2. CT检查

采用注射造影剂后的CTA可清楚显示血管腔结构和大小,在不同的层面可分别观察主动脉、肺动脉及其分支,前、后腔静脉的位置、走行及连接情况。

3. MRI检查

MRI在各方位上扫描,均可以清楚地显示主动脉升、弓、降部,肺动脉及二者与心室的连接关系。

4. 超声检查

动脉的横断面呈圆形,纵行扫查时呈两条平行光带。血管壁可见三层回声反射。内膜回声较低,纤细光滑。连续性好,呈线状光带,中层为暗带,外层回声呈明亮的光带。正常动脉中的血流为层流。

三、基本病变表现

(一)心脏和各房室血流异常

1. 血流速度异常

血流速度异常是指血流流速高于或低于正常范围。大多数心脏疾患均会产生血流速度异常。如瓣膜狭窄时,瓣口的血流速度会增高,扩张型心肌病时瓣口的血流速度会减低。

2. 血流时相异常

血流时相异常是指血流的持续时间长于或短于正常,或者出现正常情况下不应该出现的时相。如在正常情况下,舒张期左心室流出道内无血流信号,但出现主动脉瓣关闭不全时,会产生左心室流出道内全舒张期异常血流信号。

3. 血流性质异常

血流性质异常是指血流失去正常的层流状态,变成湍流状态。例如,二尖瓣反流的血液在左心房内形成湍流。

4. 血流途径异常

血流途径异常是指血流流经正常心脏中不存在的血流通道。如主动脉血流经未闭动脉导管流入肺动脉，左心室血流经室间隔缺损流入右心室。

(二)冠状动脉异常

迄今为止，诊断冠状动脉病变的“金标准”仍是冠状动脉造影。冠状动脉异常包括：冠状动脉开口、走行异常；冠状动脉管腔狭窄、闭塞或扩张；先天性冠状动脉发育异常等。但冠状动脉造影也有其限度，主要表现在不能显示冠状动脉微血管，且属于有创检查。

MDCT 和 EBCT 可以显示冠状动脉主支和较大分支的病变，随着软硬件的发展，显示更加清晰和准确，并逐渐取代部分冠状动脉造影检查，在冠心病筛查，冠状动脉开口、走行、异常和先天性发育异常的诊断上已经可以满足临床诊断的需要。

(三)主动脉的改变

1.主动脉增大、钙化

侧位片上，增大的主动脉弓引起心脏轮廓向前背侧凸出。背腹位上，心脏长度明显增大。病因包括主动脉瓣狭窄和狭窄后扩张、自左向右分流短路、主动脉体肿瘤和动脉瘤。肺动脉段通常在右心室收缩时明显凸出，这个凸出的部分不能被误认为是增大的主动脉。老年猫因为心脏角度的改变，主动脉弓更凸出。短头犬和老年犬的主动脉弓也比较凸出。主动脉钙化可发生于主动脉的任何部位，以弓部或降部多见，多呈弧线状、块状或片状。常见于动脉粥样硬化、多发性大动脉炎、动脉瘤等。

2.主动脉狭窄

主动脉狭窄是指在主动脉区域，左心室流出道变窄。变窄主要是因为纤维软骨环的形成所致。主动脉狭窄影响血液从左心室流向主动脉。可累及主动脉瓣(瓣性狭窄)、主动脉出口(瓣膜上狭窄)或心室出口(瓣膜下或主动脉下狭窄)。瓣膜下狭窄是犬最常见的主动脉狭窄形式，而猫则可发生先天性的瓣膜上狭窄。

患病动物可能不表现该病的特征性症状，只是在体检时发现。在左侧第 4 或第 5 肋间隙下 1/3 胸壁处触诊可感觉到心前区震颤。在相同区域可听到收缩期杂音。严重病例，股动脉脉搏减弱。若临床症状继续发展，则出现运动不耐受、咳嗽和呼吸困难。如果心脏衰竭，则可能出现腹水和后肢水肿。

(四)肺血管改变

肺血管内血流动力学的改变对心脏、心血管疾病的诊断十分重要，可概括为以下几方面。

1.肺血流减少

右心室排血受阻致肺动脉血流量减少，主要见于肺动脉瓣狭窄、Fallot 四联症、三尖瓣狭窄或闭锁不全等。X 线表现为双侧肺门血管阴影缩小，肺纹理变细或稀疏，肺野异常清晰。因缺血严重而出现代偿性侧支循环血管，表现为许多杂乱的细小血管阴影，形似肺血流增多而实为肺血液减少。

2.肺血流增多

(1)肺充血　指肺循环血量增多，常见于自左向右分流的先天性心脏病。X 线表现为肺动脉及其各级分支成比例地扩张增粗，肺动脉段突出，肺门阴影增大、结构清晰、搏动增强。当血流量增多到一定程度，超过肺血管的代偿能力时，则出现肺动脉高压。

(2)肺瘀血　①肺野血流重新分布。肺瘀血的 X 线征象为肺透过度降低，血管纹理增多。②间质性肺水肿。当毛细血管外的组织间隙充满液体时，就可能导致间质性肺水肿。此时，肺内出现淡片状模糊阴影，由于液体在血管周围积聚，使血管边缘模糊，支气管周围出现袖口征。

肺泡周围被充满液体的肺间质所包围，形成肺野内的毛玻璃样模糊阴影。随液体积聚增多，间隔线逐渐变得清晰，液体潴留于肺叶间裂隙的周围，使叶间裂隙增厚显影。③肺泡性肺水肿。间质性肺水肿病程后期，液体溢入肺泡，在X线平片上出现大片絮状模糊阴影，一般位于中、后肺野，导致实质性肺水肿。肺泡性肺水肿亦可由左心衰竭引起，液体直接渗入肺泡。

3. 肺动脉高压

典型肺动脉高压引起中心肺动脉扩张，而肺野中外带的肺动脉分支变细，与肺动脉大分支之间有一突然分界，称为肺门截断征象，尤其在小动脉阻力增加时，此征象更加明显。

4. 肺静脉高压

肺静脉高压主要指左心房/室病变或左心瓣膜病引起肺静脉瘀血和压力增高。正常肺静脉压力与肺微血管压力和左心房压力大致相同。引起肺静脉高压的主要原因：①肺静脉、左心房、左心室的阻力增加；②二尖瓣狭窄、关闭不全；③各种原因所致的左心衰竭等。

肺静脉高压X线表现如下。①肺瘀血改变，两肺门阴影增大，轮廓模糊不清，透视下观察无搏动。肺瘀血加重时，表现为细小纹理增多，有时交织成网状，以中后肺野为甚。②肺静脉压轻度增高时肺野透亮度下降，肺野呈蒙纱状改变，肺门大，可见中央肺血管增粗，缺乏搏动；③肺水肿，随着肺瘀血的进一步发展，肺内可见到间隔线阴影。间隔线的出现，不仅标志着有间质性肺水肿的存在，而且也是X线诊断慢性肺静脉高压的重要指征；④肺静脉高压时，常伴有胸膜增厚或胸腔内含少量积液及含铁血黄素沉着。

四、疾病诊断

1. 肺动脉栓塞

【病因】

肺动脉栓塞，又称肺栓塞，是内源性或外源性栓子栓塞肺动脉或其分支引起肺循环障碍的综合征。在该基础上发生肺组织(多为出血性)坏死者称为肺梗死。最常见如血栓性静脉炎、创伤、慢性心肺疾患等所致的深静脉血栓。

【临床与病理】

(1)病理变化　肺栓塞的栓子大小不等。肺栓塞的血流动力学变化和临床表现随栓塞的大小、数目和栓塞的次数不同而有所不同。大块肺栓塞堵塞肺主动脉或其分支者可引起急剧呼吸困难、心动过速、低血压休克(急性肺心病)，甚至迅速死亡。急性肺栓塞大部分于4～6周内完全溶解，仅少部分残留的血栓栓塞通过机化和再通的病理过程，引起肺动脉及分支的狭窄和阻塞，形成慢性肺动脉血栓栓塞及继发性肺动脉高压。

(2)临床表现　肺栓塞常见的症状和体征以呼吸困难最为常见，其次是发热、呼吸急促、心率增加、发绀、胸痛、咳嗽和咳血等。肺栓塞缺少特异性症状和体征，临床诊断困难，尤其慢性病例常被遗漏。肺栓塞的临床表现多种多样，主要决定于阻塞的肺段数。慢性反复性肺动脉血栓栓塞起病缓慢，主要表现为明显的肺动脉高压和右心功能不全。

【影像学表现】

(1)X线平片　X线平片属常用的无创性检查，对于典型病例，两侧对比观察，可见区域性肺纹理稀疏纤细、肺透过度增加。并发肺梗死者，可见肺内似楔形的阴影。X线检查只对典型病例有指示意义，其敏感性和特异性均低。

肺动脉造影是肺栓塞可靠的诊断方法。它不仅可以明确诊断是否病变，还可以显示病变部位、范围、程度和肺循环的某些功能状态。其主要征象为：①肺动脉段以上大分支的腔内充盈缺损，呈半圆形或边缘不规则的漫弧形，亦可横跨于肺动脉分支处呈钝圆形或位于肺动脉管腔的中央，造成管腔不规则的狭窄；②大分支的闭塞，断端呈杯口状或束带状；③肺动脉分支的缺失、粗细不均、走行不规则。

该项检查为有创检查，存在一定危险性，必须从严掌握适应证。

(2)CT　螺旋CT肺动脉增强造影可显示：①肺动脉腔内偏心性或类圆形充盈缺损，充盈缺损位于管腔中央，即出现“轨道征”和管腔闭塞；②附壁性环形充盈缺损，致管腔不同程度狭窄；③间接征象包括主、肺动脉增宽，局限性肺纹理稀疏，肺梗死和胸腔积液。

(3)MRI　三维增强磁共振肺动脉造影已能显示肺段和部分亚段一级的肺动脉分支，并通过肺动脉腔内充盈缺损和分支截断等征象确定肺动脉栓塞的部位和范围，对于肺段以上的大分支还可显示狭窄的程度。主要征象的特点与肺动脉造影相似。

2.主动脉夹层

【病因】

主动脉夹层是由各种病因所致的主动脉壁中膜弹力组织和平滑肌病变，在高血压或其他血流动力学变化的促发下，内膜撕裂，血液破入中膜，将主动脉壁分为双层，形成主动脉壁间血肿，并进一步扩展的一种主动脉疾病。

【临床与病理】

(1)病理变化　主动脉壁中膜血肿是本病的主要病理改变，90%左右的主动脉夹层病例病理检查可见主动脉内膜有一横裂口，主动脉腔内高压血流流入中膜形成血肿，并使血肿在动脉腔内扩展延伸，可累及髂股动脉，形成所谓的“双腔”主动脉。部分血栓闭塞破口或中膜内出血而无破口者，称主动脉壁内出血。夹层可累及主动脉分支，由于假腔内压力较大，常继发主动脉破裂，导致患病动物死亡；或者在远端形成再破口，使血液向主动脉腔内引流。少数无内膜破口者为中膜内出血或血肿，或破口为血栓闭塞所致。

(2)临床表现　急性主动脉夹层最常见的临床表现是突发的剧烈胸痛(约占90%)，可并发休克。肢体血压、脉搏不对称为夹层血肿累及或压迫主动脉主支所致。心底部杂音和急性心包填塞征象的出现，为主动脉瓣关闭不全和血肿外穿破心包腔的特征。

【影像学表现】

(1)X线表现　急性主动脉夹层时，短期内可见纵隔或主动脉阴影明显增宽，搏动减弱或消失，边缘模糊，主动脉壁钙化内移。破入心包或有主动脉瓣关闭不全时，心影明显扩大。破入胸腔时，可见胸腔积液。慢性主动脉夹层时，纵隔明显增宽，主动脉局限或广泛扩张，有时外缘呈波浪状。主动脉内膜钙化明显内移，左心室可因主动脉瓣关闭不全而增大。

(2)CT表现　①平扫显示主动脉增粗，主动脉壁钙化内移，管壁增厚。可见并发的纵隔血肿、心包和胸腔积液等征象；②增强扫描能清楚显示真、假腔及假腔内的血栓，亚急性期主动脉夹层通常真腔较小，受压变形，衰减较高，而假腔较大，衰减较低。假腔内的低衰减血栓无强化，多数能显示低衰减线状内膜片，以此分隔真假腔。CT通常难以显示主动脉夹层的破口。

(3)MRI表现　MRI可提供主动脉夹层的形态和功能信息：①真假腔和内膜片及病变范围：真假双腔信号强度可相同，亦可不同，二者之间可见线状结构的内膜片，通常假腔明显大于真腔；②内膜破口或再破口表现为内膜片连续中断，可见破口处血流往返或假腔的血流信号喷射征象，再破口位于病变远端；③主要分支血管受累情况，包括血管起源于假腔、血管狭窄和内膜片累及血管及实质脏器血流灌注减低;④相关并发症:包括主动脉瓣闭锁不全、左心功能不全、心包积液、胸腔积液、假性动脉瘤等。

(4)超声表现　①增宽的主动脉内可见撕裂的内膜片反射。反射纤细,将主动脉分为真假两腔;②撕裂的内膜上有时可见其连续性中断,为真假腔相交通的破口,多位于夹层病变的起源处。在夹层病变的远端,有时可见再破口;③假腔内有时可见血栓形成;④真腔内血流速度相对较快,假腔内血流速度缓慢或血流信号延迟出现或无血流显示,在入口处可见自真腔流向假腔的血流,而于再破口还可见自假腔流向真腔的血流;⑤夹层病变累及主动脉根部时,彩色多普勒血流成像常可探及主动脉瓣反流。

3. 动脉炎

【病因】

动脉炎是发生在大动脉及其主要分支的一种慢性进行性炎症。可导致节段性动脉管腔狭窄,甚至闭塞,并可继发血栓形成。

【临床和病理】

(1)病理变化　本病主要累及大动脉的中膜,动脉壁弥漫增厚,常引起动脉管腔狭窄和阻塞,少数病例可引起管腔扩大和动脉瘤形成,但是多与狭窄和阻塞病变并存。显微镜下:动脉中膜的弹力纤维和平滑肌广泛断裂、破坏,同时有炎性细胞浸润和肉芽组织增生。动脉外膜亦见广泛性纤维化,与周围组织粘连。

(2)临床表现　主要有非特异性感染症状(发热、乏力、食欲不振、多汗、血沉加快等)和动脉狭窄、阻塞和瘤样扩张引起的血压改变。

【影像学表现】

(1)X线平片　胸降主动脉内收,搏动减弱甚至消失,主动脉弓及降主动脉边缘不规则,亦可见动脉的局限性瘤样扩张,动脉壁有线状钙化。同时,心脏(主要是左心室)有不同程度扩大。若病变累及肺动脉,斗牛犬患侧肺门缩小,肺野纹理稀疏、纤细,透明度增加。

(2)CT和MRI　CTA和MRA均能显示受累动脉管腔狭窄、阻塞以及扩张(呈串珠状或动脉瘤样),可见侧支循环形成。

(3)超声心动图　二维超声心动图:斗牛犬纵切面影像显示动脉管壁正常的三层结构模糊不清,动脉壁僵硬,搏动减弱,动脉瓣全层弥漫、不规则性增厚,呈弱回声、等回声或不均匀性回声;横切面可见管腔呈偏心性狭窄。有时可呈斑块状增厚,边缘较光滑,管腔出现向心性狭窄以致闭塞。

彩色血流多普勒影像:病变动脉轻度狭窄时,狭窄处彩色血流束可略变细;血管中、重度狭窄时,彩色血流束可明显变细,呈细线状;病变严重或管腔内血栓形成时,管腔可完全闭塞,无彩色血流显示。

五、各种影像检查的比较与优选

X线检查对大血管病变可起到粗筛作用。超声检查对大血管病的诊断有一定价值,操作方便,费用低是其优势,而空间分辨力较低和在一定程度上受患病动物体型和操作者技术水平的影响是其不足。由于CT的空间与时间分辨力较高,对钙化的检出灵敏,故CT在大多数大血管疾病中应用有价值;MRI具有无创、图像清晰,无造影剂过敏等特点,因此在大血管病变检查中有更大的优势。无创的超声、CT、MRI等技术已经替代了传统X线血管造影。

超声心动图(结合经胸和经食管技术)、MRI、CT 为各类动脉疾病和畸形的有效诊断技术。X 线平片仍为普遍应用的筛选或初步诊断方法。不同类型主动脉夹层和主动脉瘤的诊断,应根据病情优选适宜的方法。超声心动图对显示主动脉分支有相当限度,而 CT 血管造影有良好的诊断效果。对于先天性主动脉狭窄及主动脉弓畸形,MRI 能直接多体位成像,有助于显示畸形的解剖全貌,优于 CT 和超声心动图。

大动脉炎是常见的血管病,超声心动图、MRI 和 CT 均有助于主动脉本身狭窄、阻塞和扩张的诊断,但对显示主动脉和肺动脉分支的全面情况,血管造影及动脉、静脉 DSA 的配合应用仍为首选技术。

第九章　消化系统

消化系统包括口腔、咽、食管、胃、肠、肝胆、胰脏和脾脏等部分。对于食管、胃肠、肝胆、胰脏和脾脏疾病，可采用影像学检查技术来做出确定性或辅助性诊断。

在动物医学领域，世界发达国家已将CT、MRI等现代影像技术应用于科学研究和临床实践中。当前我国主要应用普通X线技术（平片与造影）和B型超声设备对动物（特别是小动物）进行消化系统的影像学检查。但随着科学的进步及人们医疗意识的增强，CR、DR及彩色超声诊断已逐渐被动物医院及动物主人所接受。

第一节　食管与胃肠道解剖特点及成像检查技术

犬猫食管与胃肠道影像检查首选硫酸钡造影。硫酸钡不易被X线穿透，填充胃肠道内与周围组织形成明显的对比，若同时用气体扩张内腔，形成气钡双重对比则可清楚勾画出胃肠道内腔形态以发现病变。CT、MRI和超声对了解胃肠道肿瘤的内部结构、胃肠道受浸润程度和转移情况均有较大价值。血管造影用于胃肠道血管性病变、富血管肿瘤、胃肠道出血的检查。

一、食管

（一）检查技术

1. X线检查

（1）X线平片　对食管检查价值不大。

（2）造影检查　首选进行X线平片检查，拍摄方位为腹背位或左右侧卧位。造影剂选用硫酸钡粉末制剂，使用时用硫酸钡与水制成混悬液，质量浓度为60%～250%（m/v），钡：水=（3～4）：1。使用少量钡剂可显示黏膜皱褶轮廓和结构；使用低浓度钡剂充满受检器官，可让食道、胃肠腔适度扩张，显示受检器官的形态、轮廓和蠕动情况；用压迫器对受检器官进行适度压迫时，可显示某些病变的特征；应用气钡双重造影可显示黏膜面的细微结构和微小异常。

2. CT和MRI检查

（1）普通检查　可以观察有无食管壁的局限性增厚或了解肿瘤向腔外生长的情况。

（2）增强检查　使纵隔血管增强以便与强化程度低的淋巴结区分，明确有无纵隔淋巴结增大。另外，根据肿瘤增强与否，可判断肿瘤血供是否丰富。

3. 超声检查

目前尚很少用于食管病变的检查。

（二）正常影像表现

1. X线造影检查

吞食钡餐后腹背位观察，食管分为颈、胸、腹三段，轮廓光滑整齐，管壁伸缩自如，宽度可达

2～3 cm。食管有两个生理狭窄(食道入口和膈食管裂孔处)与三个生理压迹(由前到后为主动脉弓压迹、左主支气管压迹和左心房压迹)。食管的黏膜皱襞表现为数条纤细纵行而平行的透明条纹状影,通过贲门与胃小弯的黏膜皱襞相连接。注入造影剂后迅速拍片,可见胸段食道自然弯曲的黏膜皱褶(图 9-1)。

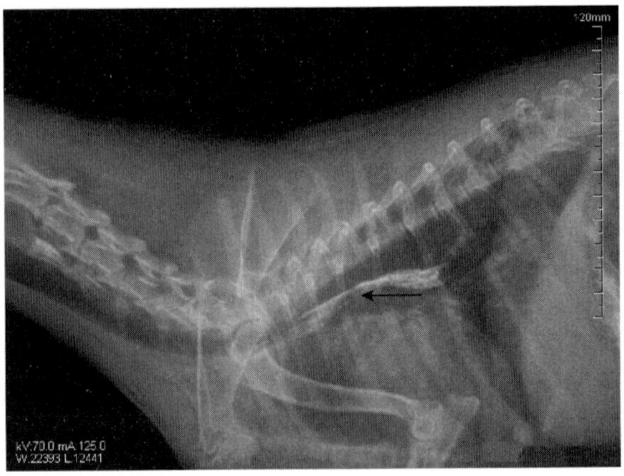

箭头处为心基部(主动脉弓处)弧形压迹。

图 9-1　正常犬胸部食道钡餐造影侧位 X 线片

2. CT 检查

食管在胸部 CT 横切面影像上呈圆形软组织影,位于胸椎及胸主动脉腹侧,其内如有气体或对比剂时可观察食管壁的厚度,约为 3 mm。穿过横膈食管向左进入贲门。胃食管连接部表现管壁局限性增厚,不要误认为病变。

3. MRI 检查

食管壁的信号强度与胸壁肌肉相似。主动脉和食管间常无脂肪间隔,食管内有气体时显示管壁,厚约 3 mm。

(三)基本病变表现

1. X 线造影检查

(1)管腔的改变　①管腔狭窄:持续的管腔缩小为狭窄。由误食强酸或强碱致食管化学灼伤的狭窄多见,累及整个食管中下段,范围较长。肿瘤所致的狭窄多较局限,边缘不规则且局部管壁僵硬。外来压迫造成的食管狭窄则在食管一侧,呈局限而光滑的压迹。贲门弛缓症引起的食管后段端狭窄表现为光滑对称的突状狭窄,饮热水后狭窄处可开放,顺利通过钡剂。②管腔扩张:可见于狭窄前段食管。表现为管腔增宽、钡剂滞留、气液面形成。

(2)轮廓的改变　①充盈缺损:钡剂涂布的轮廓有局灶性向内凹陷的表现。这是由管壁局灶性肿块突入腔内所致,常见于食管壁的肿瘤。②龛影:钡剂涂布的轮廓有局灶性外突的影像。溃疡型食管癌可见边缘不规则的局部向外凸的龛影。③憩室:为食管壁向外囊袋状膨出,有正常黏膜通入,与龛影不同。

(3)黏膜皱襞的改变　①黏膜皱襞破坏:正常的细条形黏膜皱襞消失,呈现杂乱不规则的钡斑影,多系恶性肿瘤侵蚀所致。正常黏膜皱襞影像在肿瘤破坏区边缘中断。② 黏膜皱襞增宽和迂曲:表现为透明条形皱襞影增宽和迂曲。见于黏膜及黏膜下层的炎性肿胀和增生或黏膜下静脉曲张。

2.CT 和 MRI 检查

食管有肿瘤时,CT、MRI 的横断面影像上可直接显示病变段食管管壁不规则增厚,甚至有肿块突向腔内,其前段食管腔扩张、积液、积气。来自纵隔的食管外压迫性病变,经 CT、MRI 检查可清楚地辨识食管周围的肿块、肿大淋巴结等。

(四)疾病诊断

食管癌的诊断方法如下。

【临床与病理】

食管癌多发于中老年动物,主要症状是进行性吞咽困难。食管癌的大体病理形态分为三种类型:①浸润型:管壁呈环状增厚、管腔狭窄;②增生型:肿瘤向内生长,形成肿块;③溃疡型:肿块形成一个局限性大溃疡,深达肌层。以上各类型可混合出现。有的报道也将食管癌分为四种类型:①髓质型;②蕈伞型;③溃疡型;④缩窄型。

【影像学表现】

食管癌的 X 线造影表现可概括为以下几点:①黏膜皱襞消失、中断、破坏,癌瘤表面呈现杂乱不规则的影像;②管腔狭窄,在典型浸润型癌,肿瘤表现为环状狭窄,狭窄范围一般局限,边缘较整齐,与正常管腔分界清楚;钡餐通过受阻,其前段食管扩张。管腔狭窄也见于各型食管癌的进展期,范围较大,轮廓不规则,不对称,管壁僵硬;③腔内充盈缺损,癌瘤向腔内突出,造成形状不规则、大小不等的充盈缺损,是增生型癌的主要表现;④不规则的龛影,早期为浅小龛影。典型溃疡型癌,可见一个较大,轮廓不规则的长形龛影,其长径与食管的纵轴一致,周围有不规则的充盈缺损;⑤受累段食管局灶性僵硬。向食管壁内或食管外生长的肿瘤可形成纵隔内肿块影。这些 X 线征象常不同程度地同时存在。

食管癌的并发症可产生相应的影像表现,其中 CT 检查效果要优于 X 线检查。食管癌穿孔形成瘘管,可见造影剂溢出食管轮廓之外。癌瘤(内容物)穿入纵隔可造成纵隔炎和纵隔脓肿,使纵隔影增宽,有的可见液面,其中有钡剂进入。有时可并发食管气管瘘,钡剂经瘘管进入相应的支气管,使之显影(大多为左后叶)。食管癌有胸内淋巴结转移,可造成肺门淋巴结增大,呈结节状,使前纵隔增宽。明显增大的淋巴结可使食管发生移位。

二、胃与肠道

(一)检查技术

1.X 线检查

(1)X 线平片　大动物为立位片,小动物为侧位片,用于观察膈下游离气体,诊断胃十二指肠穿孔。

(2)造影检查　现多用气钡双重造影。先口服产气粉使胃充气扩张,然后吞咽少量钡剂,并调整病畜翻身使钡剂均匀涂布在黏膜表面,以显示内腔表面的细微结构。在透视的同时拍摄必要侧位片。其后再灌下较多的钡剂填充胃腔,透视、拍片获得充盈相。

①上消化道造影:上消化道即胃与十二指肠。造影前禁食 6 h。钡剂动态造影,口服钡剂[钡∶水=1∶(1~1.5)],大型犬按每千克体重 8 mL 灌服,小型犬、猫按每千克体重 15 mL 灌服。拍摄方位为腹背位和右侧卧位,可观察胃与十二指肠形态、轮廓、黏膜皱襞、蠕动及张力、动度与排空情况。一般口服钡剂后即可观察胃,30 min 后可观察小肠;2 h 后,造影剂到达结肠内,胃已排空。

气-钡双重造影,患犬口服产气粉,产生 CO_2 后,再口服硫酸钡 60%～250%(m/v),充盈相 20～100 mL。

低张十二指肠造影(hypotonic duodenography):应用胆碱能药物(临床常用 654-2 10～20 mg,肌内注射),降低胃肠道的张力和蠕动,进行钡气双重造影。适用于检查胰腺、十二指肠病变,其检查价值可纠正常规造影时充盈不佳或肠壁收缩所致的假象。

②小肠造影:于检查前 12 h 左右禁食,检查前 1.5 h 左右口服 30%～80%(m/v)钡剂(20～300 mL),每隔 20 min 进行一次 X 线检查,顺序观察各段小肠,直到钡剂充盈回肠末端,到达盲肠、降结肠为止。

③大肠造影:用较稀的钡剂,钡水比例约为 1∶(3～4)。足量钡剂从直肠充盈至盲肠,可观察大肠轮廓形态、张缩功能(充盈法)。当钡剂排出,少量残钡显示结肠黏膜皱襞(黏膜法)。也可禁食 12 h,造影前(1～2) h 清洁肠道,经肛门插管双重造影,先注入钡剂,再注入气体,直到回盲瓣充盈。

2. CT 检查

常规空腹准备,检查前应用降低胃肠道张力的辅助药物并口服低密度对比剂(2.5%等渗甘露醇溶液 250 mL 与温开水配成 2 000 mL 溶液,400～500 mL,共 4 次,或清水 1 000 mL),使胃充分扩张,仰卧位平扫,然后行增强扫描。

3. MRI 检查

空腹准备,口服等渗甘露醇或清水 1 000 mL,行 T1WI 增强扫描及 T2WI 扫描。

4. 超声检查

普通经腹壁超声检查前需空腹准备,检查前饮水 500～1 000 mL,必要时口服或灌肠胃肠超声对比剂 500～1 000 mL 水,尽量充盈胃肠,以消除胃肠腔内气体、内容物等对超声波的干扰,而本身又不影响超声波的穿透,改善胃肠超声成像的内环境,使声束顺利穿透,从而使胃肠壁结构及其病变能更加清晰地显示。

被检宠物一般禁食 12 h,口服或灌肠温开水。先仰卧位再右侧卧位,观察贲门、胃底,由左往右,由横向纵,逐步扫查。贲门区检查时,探头于左季肋下靠近剑突的部位,向右后方倾斜扫查,贲门呈靶环征;胃底检查时,探头于左肋弓下,向左后上方倾斜 45°角以上,可获得完整的胃底断面影像;胃体检查,探头置于左前腹做纵向移动扫查,可显示胃体长轴图及横向移动胃短轴图;胃窦检查,探头置于右前腹侧扫查,可显示左右两个分离的圆形或椭圆形无回声区,分别为胃体和胃窦断面,汇合处为胃角。小肠检查,探头置右上腹向脐部移行,胆囊左面为十二指肠球部,胰腺水平右侧为十二指肠降部,在后腔静脉与肠系膜上静脉之间为水平部及升部,空回肠分布范围广,无特殊标准断面,检查从脐部开始,左前为空肠,右后为回肠。大肠检查,从回盲部开始,循升结肠-横结肠-降结肠-直肠等解剖部位顺序进行,在右肋缘下肝、右肾间隙显示结肠肝曲,在左肋缘下脾、左肾间隙可获结肠脾曲。

超声内镜检查(endoscopical ultrasonography,EUS)方法与胃镜相同。超声与内镜相结合,可同时观察胃内、胃壁各层结构及胃周围淋巴结。

(二)正常影像表现

1. X 线造影检查

(1)胃　胃是由胃壁包围的中空器官。胃分为胃底、胃体、胃窦三部分及胃小弯和胃大弯。贲门入口水平线以上的胃腔称胃底,胃底立位含气时又称胃泡;胃小弯转弯处为角切迹,角切迹与胃大弯最下一点连线以远的胃腔称胃窦；此连线与胃底之间的胃腔为胃体。幽门为长5 cm的短管，宽度随括约肌收缩而异，将胃和十二指肠相连。胃的轮廓在胃小弯和胃窦大弯侧光滑整齐。胃底及胃体近侧大弯轮廓常呈锯齿状，系横、斜走形的黏膜皱襞所致。

胃内存在一定量的液体和气体，所以在X线平片上可以借此辨别胃的部分轮廓，但胃的全部轮廓无法显示。胃位于前腹部，前面是肝脏，胃底位于体中线左侧，直接与左侧膈相接触。由于胃内存有一定的气体和液体，且气体常分布在液体表面，故在拍片时可选取不同的体位显示胃的不同区域。在侧位投照时，可见充有气或食物的胃与左膈角相接触，有软组织样不透明影环绕的气性阴影（图9-2）。在腹背侧位X线片上，胃内存留的气体主要停留在胃底和胃体，从而显示出胃底和胃体的轮廓（图9-3）。在左侧位X线片上，胃内气体则主要停留在幽门，显示为规则的圆形低密度区。通过胃造影术可以清楚地显示胃的轮廓、位置、黏膜状态和蠕动情况（图9-4）。

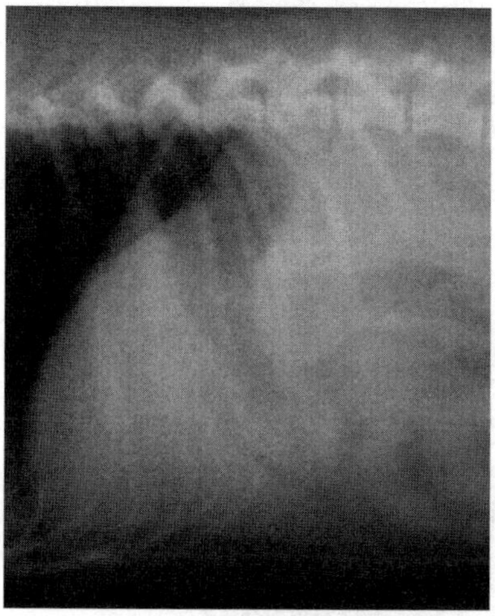

图 9-2　犬胃左侧位片

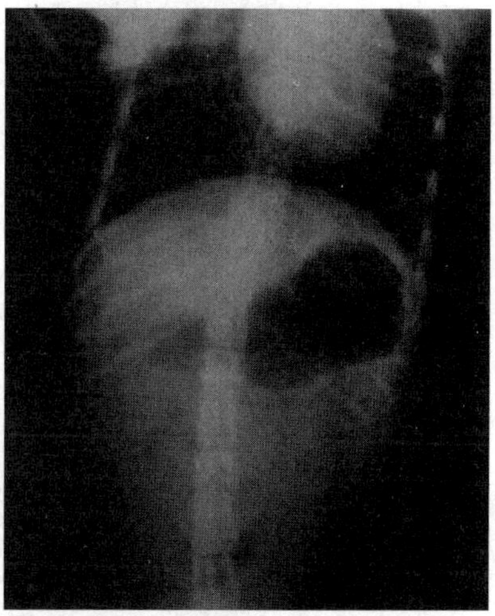

图 9-3　犬胃体和胃底的轮廓

（资料来源：谢富强，2018）

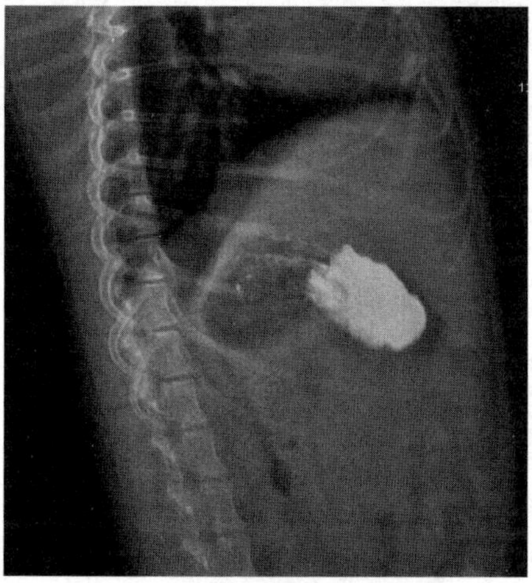

图 9-4　猫胃钡餐造影左侧位

不论在猫的侧位片还是在腹背位片，均可自胃底经胃体至幽门引一条直线，侧位片上直线几乎与脊柱垂直，与肋骨平行(图 9-4、图 9-5)；腹背位观察，则见此线与脊柱垂直(图 9-3、图 9-6)。

胃在空虚状态下一般位于最后肋弓以内，当胃充满时则有一小部分露出肋弓外。胃的初始排空时间为采食后 15 min，完全排空时间为 1～4 h。

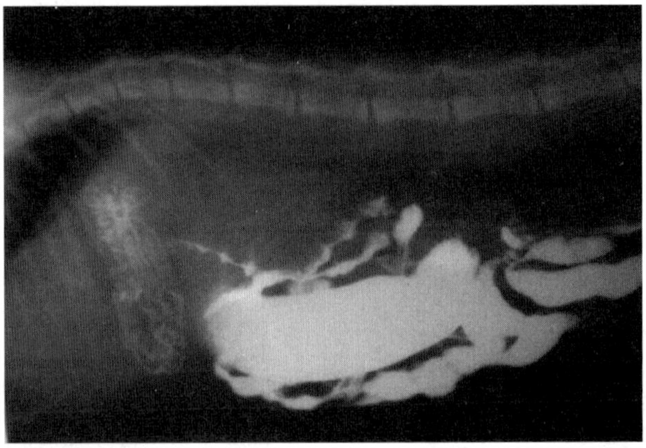

图 9-5　猫胃黏膜相

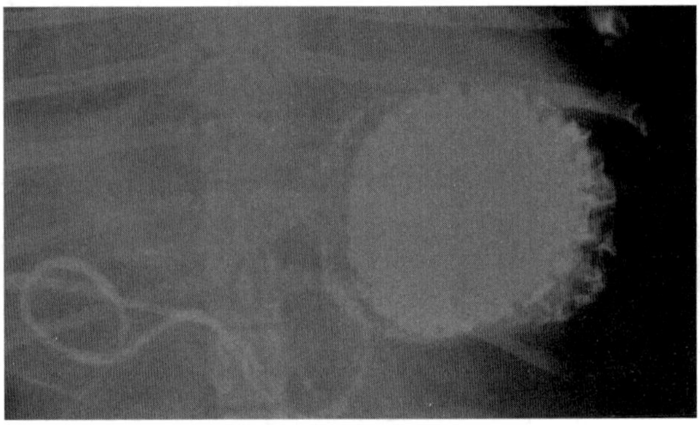

图 9-6　猫胃收缩状态影像

(2)小肠　小肠包括十二指肠、空肠与回肠。在腹腔中小肠主要分布于活动性比较小的脏器之间。小肠位置的变化往往提示腹腔已发生病变。小肠内通常含有一定量的气体和液体或粒状内容物，通过气体的衬托在 X 线平片上小肠轮廓隐约可见，显示为平滑、连续、弯曲盘旋的管状阴影，均匀分布于腹腔内。营养良好的成年犬、猫的小肠浆膜面也清晰可见，腹膜脂肪勾勒出其轮廓(图 9-7)。各段小肠的直径及肠腔内的液、气含量大致相等，由于犬的体型相差很大，无法用具体数值表示，通常用肋骨的宽度表示。一般犬小肠的直径相当于两个肋骨的宽度，猫小肠直径不超过 12 mm。

十二指肠全称为十二指肠肠曲，呈 C 型，位置相对固定，十二指肠将胰头包绕其中。十二指肠前曲位于肝右叶后面；降十二指肠沿右侧腹壁向后延续；十二指肠后曲位于腹中部，由此转换为升十二指肠直达胃的后部。

经造影技术可显示出小肠黏膜的影像，正常犬小肠黏膜平滑一致，而降十二指肠的对肠系膜侧黏膜则呈规则的假溃疡征(图 9-8)，猫小肠造影具有节段式外观(图 9-9)。造影剂通过小肠的时间，犬为 2～3 h，猫为 1～2 h。

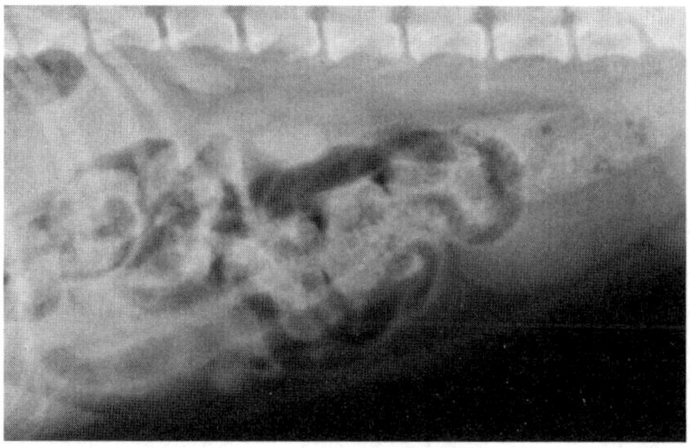

图 9-7　犬管状结构的小肠

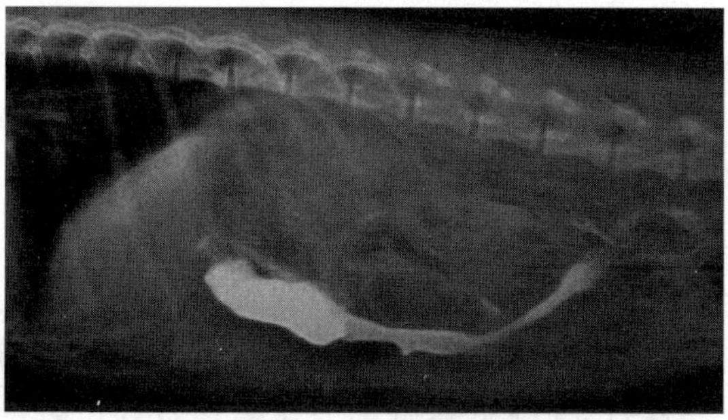

图 9-8　犬小肠钡餐造影

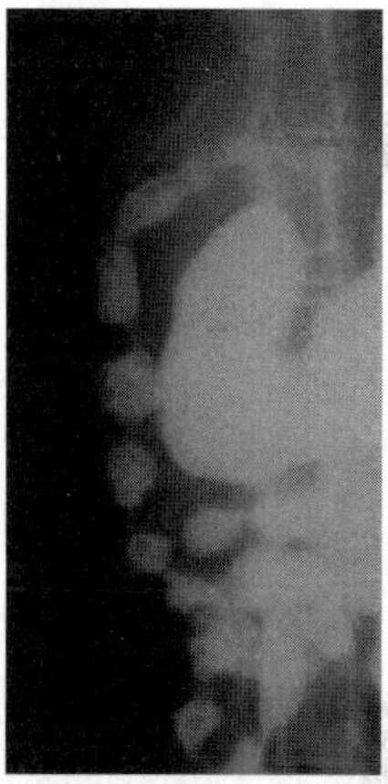

图 9-9　猫小肠造影

(3)大肠　犬、猫的大肠包括盲肠、结肠、直肠和肛管。犬和猫盲肠的 X 线影像不同，犬盲肠的形状呈半圆形或“C”形，肠腔内常含有少量气体，所以在 X 线平片上可以辨别出盲肠位于腹中部右侧（图 9-10）。猫的盲肠为短的锥形憩室，内无气体，故在 X 线平片上难以辨认。

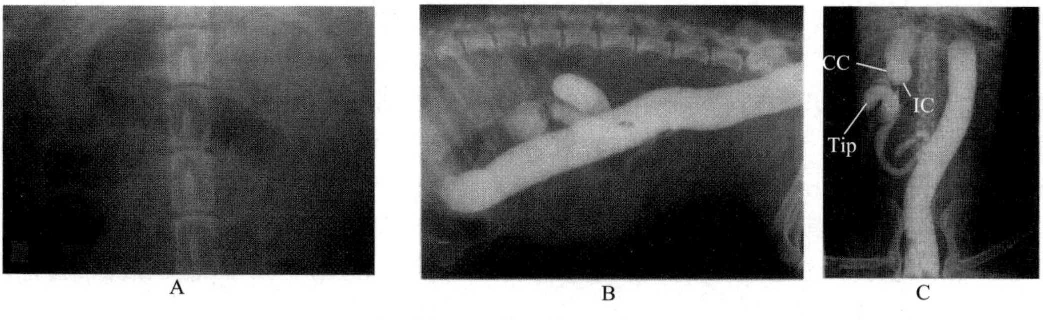

CC. 盲肠瓣；IC. 回结肠瓣；Tip. 盲肠末端。

A. 正常充气的犬盲肠；B. 犬钡灌肠侧位片示盲肠和结肠；C. 犬钡灌肠腹背位片。

图 9-10　犬盲肠 X 线影像

犬结肠是大肠最长的一段，为一薄壁管道，由升结肠、横结肠和降结肠三部分构成。结肠的形状犹如一个“?”，升结肠与横结肠的结合部叫肝曲或结肠右曲，横结肠与降结肠结合部叫脾曲或结肠左曲。升结肠和肝曲位于腹中线右侧；横结肠在肠系膜根前由腹腔右侧横向左侧；脾曲和降结肠前段位于腹中线左侧，降结肠后段位于腹中线，后行进入骨盆腔延续为直肠（图9-11）。直肠起于骨盆腔入口止于肛管。

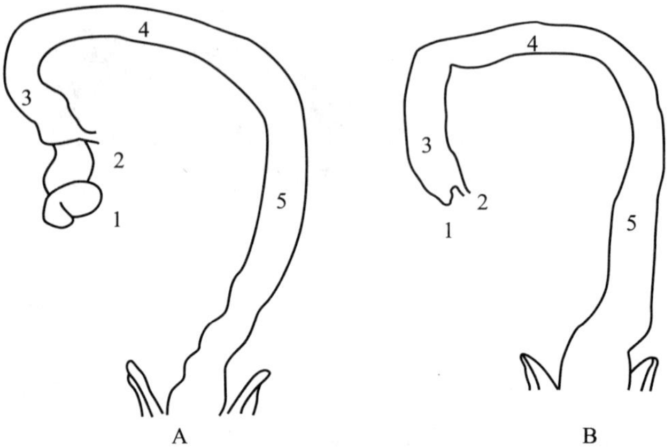

1. 盲肠；2. 回盲瓣；3. 升结肠；4. 横结肠；5. 降结肠。

A. 犬；B. 猫。

图 9-11 犬猫结肠解剖示意

大肠与其相邻器官的解剖位置关系对于大肠及其邻近脏器病变的影像学鉴别有非常重要的意义。升结肠与降十二指肠、胰腺右叶、右肾、肠系膜和小肠相邻；横结肠与胃大弯、胰腺左叶、肝脏、小肠和肠系膜根相邻；降结肠前段与左肾、输尿管、脾脏和小肠紧密接触；降结肠中段与小肠、膀胱、子宫相邻，此段结肠的活动性较大，邻近器官的变化会导致其位置的变化；降结肠后段和直肠与尿道、髂骨、腰椎腹侧、荐淋巴结、前列腺、子宫阴道和盆膈紧密接触。

2. CT 和 MRI 检查

CT 和 MRI 可以观察胃壁的厚度，胃壁的厚度因扩张程度而异。足量造影剂填充、胃充分扩张时正常胃壁的厚度不超过 5 mm，且整个胃壁均匀一致。

3. 超声检查

胃声像图上可见 5 层结构，从内到外为：黏膜与内容物接触层、黏膜层、黏膜下层、固有肌层、浆膜层（2 层弱回声，3 层强回声），平均厚度为 3～5 mm，黏膜褶皱可见。小肠的结构类似于胃壁的 5 层结构（图 9-12、图 9-13），这些层次在大肠内则无法区分。降结肠位于膀胱背侧，横结肠可在胃后辨识。十二指肠的收缩与胃一样，空肠和回肠大约每分钟收缩 1～3 次，整个肠壁的厚度在 2～3 mm 之间（图 9-14）。

肠管回声有三种表现。①充盈像：肠管内充满混有气体的肠内容物，形成杂乱反射，后方有声影。②收缩像：肠管形成低回声环，管腔形成强回声核心（图 9-13）。③积液像：肠管内有大量液体积存，可见小肠皱襞。

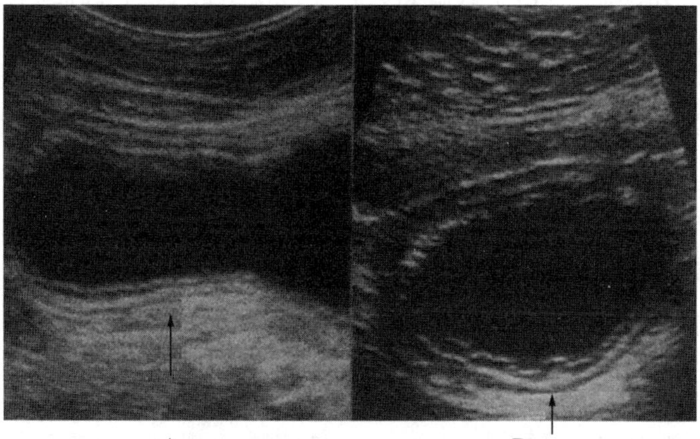

A　　B

A. 胃；B. 小肠。

图 9-12　犬正常胃肠管壁的超声层状结构

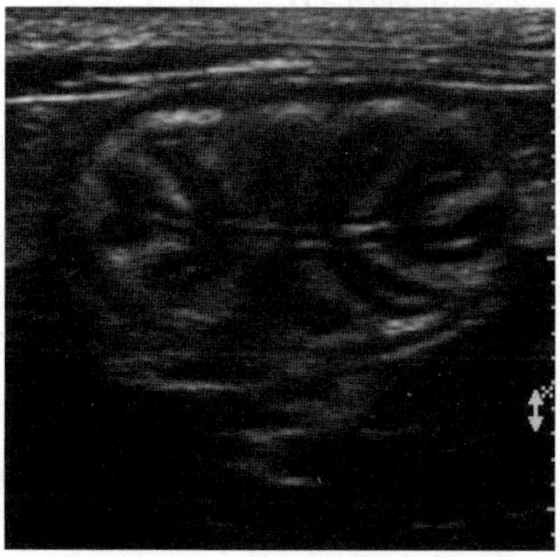

图 9-13　犬胃的横切面

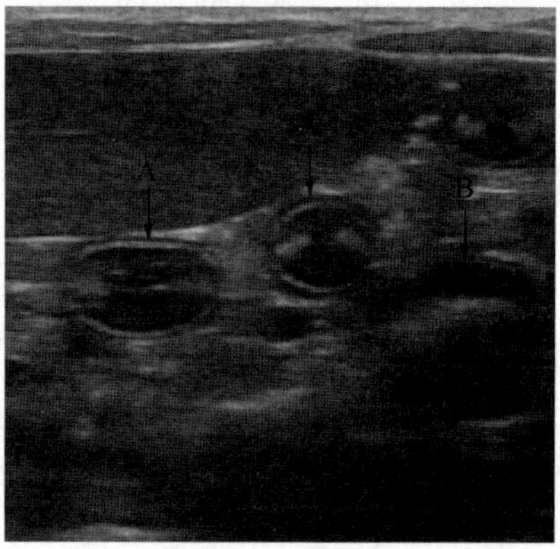

A. 横切面；B. 纵切面。

图 9-14　犬的正常小肠

(三)基本病变表现

1. X 线造影检查

(1)轮廓的改变

①龛影：胃壁局灶性溃疡形成的凹陷为钡剂充盈，故在切线位时呈局灶性向胃轮廓外突出的钡影，称为龛影；轴位观溃疡呈火山(crater)状，钡剂填充溃疡内表现为类圆形钡斑。

②充盈缺损：钡剂填充胃轮廓时，由于来自胃壁的肿块向腔内突出造成局部钡剂不能充盈。这时钡剂勾画的轮廓是肿块突向腔内的边缘。

(2)黏膜与黏膜皱襞的改变：黏膜的异常变化对发现早期病变和鉴别诊断有重要意义。

①黏膜破坏：表现为黏膜皱襞消失，代之以杂乱不规则的钡影，大都由于恶性肿瘤侵蚀所致。黏膜破坏与正常黏膜皱襞常有明确的分界，造成黏膜皱襞中断的影像。

②黏膜皱襞平坦：表现为黏膜皱襞的条纹状影变得不明显，严重时可完全消失，造成这种表现的原因有二：一是黏膜下层被恶性肿瘤浸润，其特点是形态较为固定而僵硬，与正常黏膜有明显的分界，常出现在肿瘤破坏区的周围；另一类是由于黏膜和黏膜下层的炎性水肿引起，与正常黏膜皱襞无锐利的分界而逐渐移行，常见于溃疡龛影的周围。

③黏膜皱襞增宽和迂曲：是由于黏膜和黏膜下层的炎性浸润，肿胀和结缔组织增生引起，表现为透明条纹状影的增宽，也称为黏膜皱襞的肥厚和肥大，常伴有黏膜皱襞迂曲、紊乱，多见于慢性胃炎。黏膜下静脉曲张也常表现为黏膜皱襞的增宽和迂曲。

④黏膜皱襞纠集：表现为皱襞从四周向病变区集中，呈放射状。常由慢性溃疡产生的纤维组织增生、瘢痕收缩而造成。有时硬癌（浸润型癌）的收缩作用也可造成类似的改变，但较僵硬且不均匀。

（3）功能性改变

①张力的改变：胃肠道的张力由神经系统调节和平衡。迷走神经兴奋使张力增高，交感神经兴奋或迷走神经麻痹使张力降低。张力高使管腔缩小，例如牛角型胃；张力低则使管腔扩大、松弛，例如无力型胃。

痉挛是局部张力增高，多为暂时性。胃大小弯的痉挛表现为一个或多个深浅不一的凹陷，其边缘光滑。活动性胃小弯溃疡可在对侧胃大弯出现一痉挛切迹，呈手指状指向溃疡。胃窦痉挛表现为胃窦狭窄，但形状可变，胃壁柔软，使用解痉药可以消除，依此与胃癌所致狭窄鉴别。

②蠕动的改变：可为蠕动增加或减弱。肿瘤侵犯胃壁可使局部蠕动消失，浸润型胃癌所致的“革袋状胃”表现为整个胃僵硬、无蠕动。

③运动力的改变：运动力为胃肠道输送食物的能力，具体表现在钡剂排空的时间。服钡后24小时胃尚未排空可认为胃运动力减低或胃排空延迟。

④分泌功能的改变：某些病变可引起分泌功能改变。胃分泌增加，空腹状态下胃液增多，称空腹滞留，表现为立位见胃内液面，服钡时见钡剂呈絮片状下降和不均匀分布。

2. CT 和 MRI 检查

胃肿瘤时可见胃壁局灶性增厚甚至有肿块突入胃腔，良性肿瘤（例如胃间质瘤）的边缘光滑，恶性肿瘤则表面不规则可伴有溃疡形成。CT 和 MRI 还需了解病变向腔外发展的情况、腹腔淋巴结或肝脏有无转移，明确肿瘤分期。

3. 超声检查

超声可显示胃壁增厚或肿块，还可以检查胃外及周围脏器受累的情况。

（四）疾病诊断

胃、十二指肠溃疡诊断如下。

【临床与病理】

胃、十二指肠溃疡是宠物常见疾病。胃溃疡从黏膜开始并侵入及黏膜下层，常深达肌层，其直径多为 5～20 mm，深为 5～10 mm。溃疡口部周围呈炎性水肿。慢性溃疡如深达浆膜层时，称穿透性溃疡。如浆膜层被穿破且穿入游离腹腔为急性穿孔。后壁溃疡易致慢性穿孔，与网膜、胰等粘连甚至穿入其中。溃疡周围具有坚实的纤维结缔组织增生者，称为胼胝性溃疡。溃疡愈合后，常有不同程度的瘢痕形成，严重者可使胃和十二指肠变形或狭窄。溃疡常单发，少数为多发、胃和十二指肠同时发生溃疡称为复合型溃疡。

本病的临床表现主要是前腹部疼痛，具有反复性、周期性和节律性的特点。严重者继发大出血和幽门梗阻。部分胃溃疡可恶性变。病犬可能出现顽固性呕吐和吐血，逐渐消瘦。

【影像学表现】

X 线可归纳为两类，直接征象，为溃疡本身的改变；间接征象，溃疡所造成的功能性和瘢痕性改变。

(1)胃溃疡　胃溃疡的直接征象是龛影,多见于小弯,其切线呈乳头状、锥状或其他形状,边缘光滑整齐,密度均匀。龛影底部平整或稍不平。龛影口部常有一圈黏膜水肿所造成的透明带。这种黏膜水肿带是良性溃疡的特征,依其范围而有不同的表现:①黏膜线:为龛影口部一条宽1～2mm的光滑整齐的透明线;②项圈征:龛影口部的透明带宽0.5～1 cm,如一个项圈;③狭颈征:龛影口部明显狭小,是龛影犹如具有一个狭长的颈。慢性溃疡周围的瘢痕收缩,造成黏膜皱襞均匀性纠集。这种皱襞如车轮状向龛影口部集中且达到口部边缘并逐渐变窄,是良性溃疡的又一特征。

胃溃疡引起的功能性改变包括以下几方面。①痉挛性改变,表现为胃壁上的凹陷(又称切迹)。小弯溃疡时可在大弯的相对处出现深的痉挛切迹。胃窦痉挛和幽门痉挛也是很常见。②分泌增加,是钡剂不易附着于胃壁,液体多时在胃内形成液面。③胃蠕动增强或减弱,张力增高或减低,排空加速或减慢。此外,龛影处常有不同程度地压缩。溃疡好转和愈合时,功能性改变也常随之减轻或消失。

胃溃疡引起的瘢痕性改变可造成胃的变形和狭窄。小弯溃疡可使小弯缩短,致幽门、贲门靠近,形成"蜗牛胃";也可以使胃体呈环状狭窄而形成"葫芦胃"。幽门处溃疡性瘢痕可造成幽门狭窄或梗阻。

胃溃疡还有一些特殊变化如下。①穿透性溃疡:龛影深而大,深度和大小均超过1 cm,龛影周围常有范围较大的水肿带;②穿孔性溃疡:龛影很大,如囊袋状,其中常出现液面和分层现象,即气液钡三层或气钡两层现象,但这种变化并非穿孔性溃疡所特有;③胼胝性溃疡:龛影较大,达1.5～2 cm,深度一般不超过1 cm,龛影口部常有一圈较宽的透明带,边界清楚而整齐,常伴有黏膜皱襞纠集。这种溃疡与恶性溃疡难于鉴别。

(2)十二指肠溃疡　十二指肠溃疡绝大部分发生在球部,占90%以上。球部腔小壁薄,溃疡易造成球部变形,X线检查易于发现。球部溃疡常较胃溃疡小,直径多在4～12 mm,大都在后壁和前壁,因此该龛影轴位像上近似火山口,表现为类圆形或米粒状密度增高影,其边缘大都光滑整齐,周围常有一圈透明带,或有放射状黏膜纠集。可以是单个或多个。龛影通常使用加压法和双重造影法才能显示。

宠物许多球部溃疡不易显出龛影,但如有恒久的球部变形,也能做出溃疡的诊断。球部变形主要是由于痉挛、瘢痕收缩、黏膜水肿所致,可以是"山"字形、三叶草形、葫芦形等。有时在变形的球部仍可显示龛影。球部溃疡愈合后龛影消失,变形则可继续存在。

此外,球部溃疡还可出现一些其他征象:①激惹征,表现为钡剂到达球部后不易停留,迅速排出;②幽门痉挛,开放延迟;③胃分泌增多和胃张力及蠕动方面的改变等,也常伴有胃炎的一些表现如胃黏膜皱襞的粗乱、迂曲等;④球部有固定压缩。

超声:胃溃疡是胃壁局灶性增厚,增厚胃壁顶端呈小凹陷型改变,有时呈典型"火山口"状。凹陷表面回声增强,周围结构回声降低。

(五)各种影像检查的比较与优选

胃、十二指肠病变首选的检查方法是内镜和气钡双重对比造影。胃、十二指肠气钡双重对比造影能较全面地观察整个脏器的轮廓、运动功能、黏膜表面及病变突向腔内的情况。内镜对局限于黏膜、浅表的早期病变可直接观察并活检,及时获得早期诊断。

CT、MRI和超声检查主要用于术前肿瘤的分期,观察肿瘤是否穿透浆膜层、周围淋巴结有无肿大、肝脏有无转移等。

第二节　肝脏、胆系、胰脾解剖特点及成像检查技术

一、肝

1. 解剖

肝脏位于前腹部膈与胃之间，其位置和大小随体位变化和呼吸状态而发生变化。动物品种不同，肝脏的形状与分叶也有一定区别。

牛羊肝脏扁而厚，略呈长方形，被胃挤到右季肋部，膈面凸，与膈接触；脏面凹，与胃肠接触。牛的肝脏分叶不明显。牛的肝管与胆囊管汇合成一条胆管，开口于十二指肠的“乙状弯曲”。羊的胆管与胰管合成一条总管开口于十二指肠“乙状弯曲”。

犬和猪的肝脏较大，位于腹腔的胸廓部分。由 6 叶组成，有左内叶、左外叶、右内叶、右外叶、方叶和尾叶。肝的前端轮廓呈凸起形，大部分与横膈相接。尾部与右肾、十二指肠前曲和胃相接。腹腔在此区域最深。从前到后由右内叶、右外叶及尾叶形成肝的右缘。肝的左缘由头侧的左内叶和尾侧的左外叶构成。方叶在肝脏前部的中央。肝的左侧和右侧分别与腹膜相接。胆囊位于前腹部右侧。

2. X 线检查

肝的 X 线影像呈均质的软组织阴影，肝脏的大小通常从 X 线平片上即可获得。相邻胃的位置通常有助于评价肝的大小和位置。肝的前面与膈相贴，可借助膈的阴影识别。腹部 X 线平片上不能辨识肝脏的精确轮廓。犬侧位 X 线平片观察（图 9-15），肝脏在膈、腹体壁、镰状韧带和胃之间占据一个三角形面积。其后缘显示的是左外叶，边缘锐利且有一部分投影超出最后肋弓或肋弓尾侧。有时肝影、胃及脾影相融合，尤其是在右侧位时。这些阴影的融合使得肝脏的后界模糊。必须考虑品种间的差异。老龄犬的肝脏更靠后，可能超出最后肋弓较远。

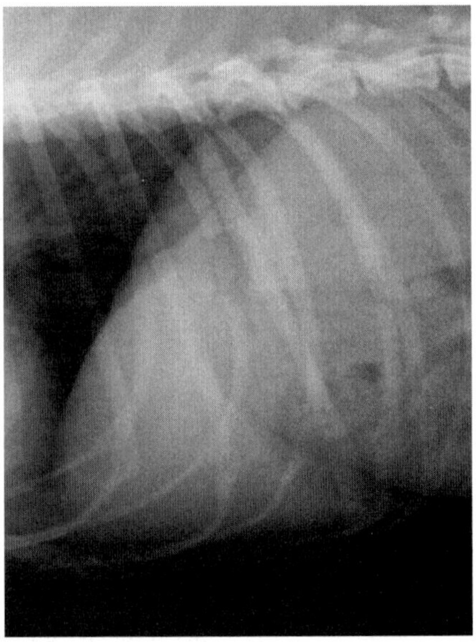

图 9-15　犬肝脏的侧面观

腹背位观（图 9-16），肝脏显示为同等密度的阴影，与膈相接，轮廓不清。在某种程度上，左右侧位和腹背位观时，肺的尾叶与肝脏重叠且常常可见重叠于肝脏阴影中的肺部血管。

肝脏的位置随呼吸而发生变化，吸气时更靠后。其位置还可依动物姿势和体型结构的改变而变化。右侧位时，使得左肝叶向尾侧移动，X 线平片上的投影显得比左侧位时大一些。

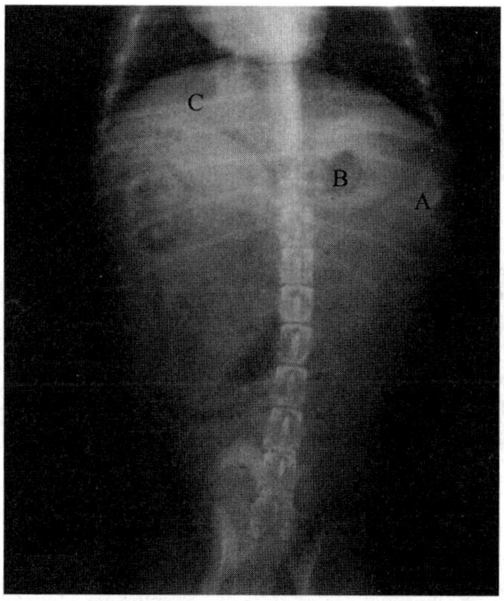

A. 脾；B. 胃；C. 肝。

图 9-16　犬肝脏背腹观

3. 超声检查

大部分 B 型超声诊断仪均可清晰探查肝胆系统，可配 3～5 MHz 线阵或扇扫探头，凸阵探头显示切面更宽。一般大动物因需探测较深而用较低频率探头，如 3.5 MHz；小动物则用分辨力好的高频率探头，如 5.0 MHz。

动物肝脏超声检查时，大动物采取立柱栏内保定。扫描部位：牛在右侧 8～12 肋间肩关节水平线下；羊在右侧 8～10 肋间肩关节水平线下；马在右侧 10～14 肋间肩关节水平线下；犬和猫，仰卧右侧 10～12 肋间或剑突后方。局部剪毛、消毒、涂耦合剂后，探头直接放在剑状软骨附近的腹中线上，与动物长轴平行，或向前方倾斜，以获得纵向或矢状切面影像。向左或右移动探头以获得侧面影像。探头旋转 90 度，可得到肝脏影像的横切面，以观察所有肝叶。如果犬胃内存在气体则干扰检查，这就需要进行肋间检查，尤其是深胸的犬和需要行细针抽吸或活组织检查者。

正常肝组织回声呈现为松散的细小光点、质地均匀、中等回声，周边回声强而平滑（图 9-17）。回声强度仅受脉管系统（肝静脉和门静脉）的干扰（图 9-18、图 9-19）。肝内管道结构呈树状分布。门静脉周围由于有纤维脂肪组织，其管壁回声强于肝静脉，但在患有纤维症、肝硬化和进行性系统硬化等病症中门静脉可见度下降。肝静脉在横膈前方显影最好（血液回流至后腔静脉），其管壁看不见，所以肝静脉超声成像像一个黑色导管。肝动脉和胆管通常观察不到。肝前缘在肺和横膈间显示为一强回声弯曲界面。肝缘锐利，轮廓清晰。应该将肝的回声与邻近器官的回声做比较（图 9-20），回声强度如下。

犬：脾脏＞肝脏＞肾脏皮质；猫：脾脏＝肝脏＞肾脏皮质

此外，肝脏的纹理比脾脏粗糙。

在肝的中部可见穿过膈的后腔静脉。肝后为胃，通过胃内强回声气体及其在胃内的蠕动可鉴别之。位于肝腹侧的镰状脂肪干扰肝的检查，其为一种多变的回声，显示线性编织状回声结构。肥胖动物影像质量可能稍差些。

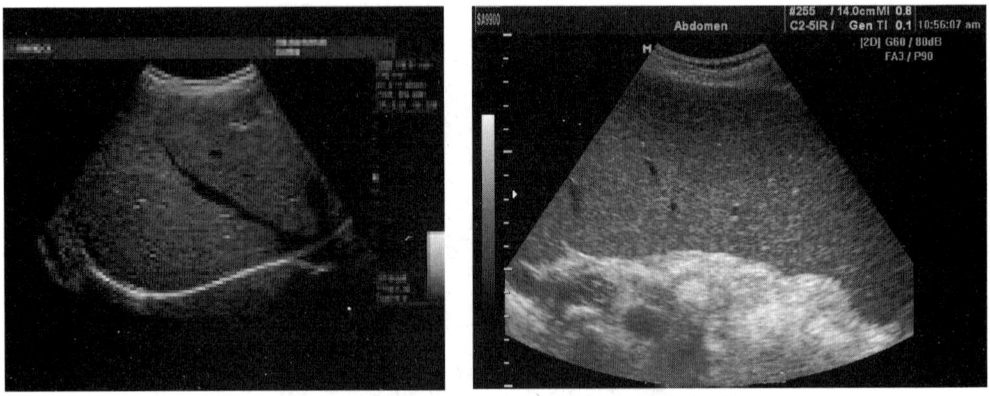

A　　　　B

图 9-17　犬正常肝脏纹理超声影像(A)与脾肿大超声影像(B)

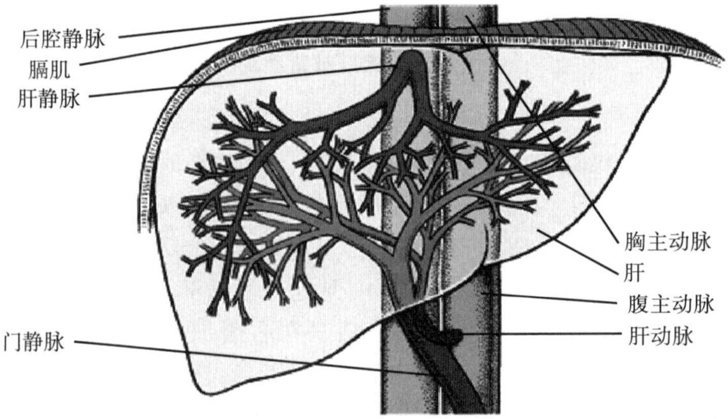

图 9-18　犬门静脉和肝静脉系统

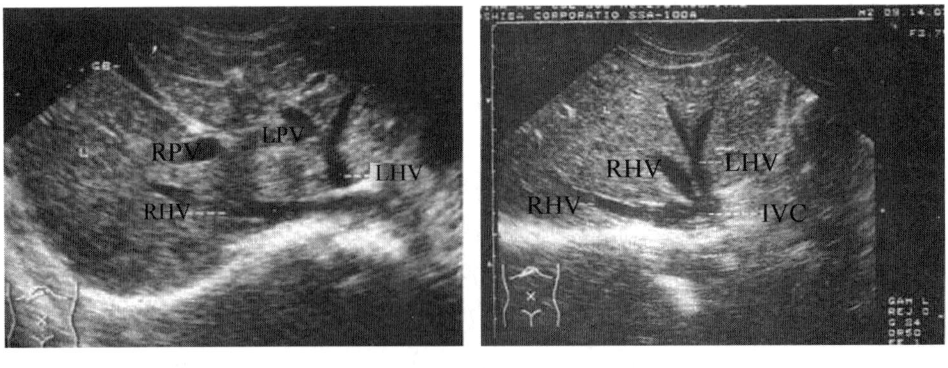

RPV. 右门静脉；LPV. 左门静脉；RHV. 右肝静脉；LHV. 左肝静脉；IVC. 后腔静脉。

图 9-19　犬左门静脉和肝静脉超声影像

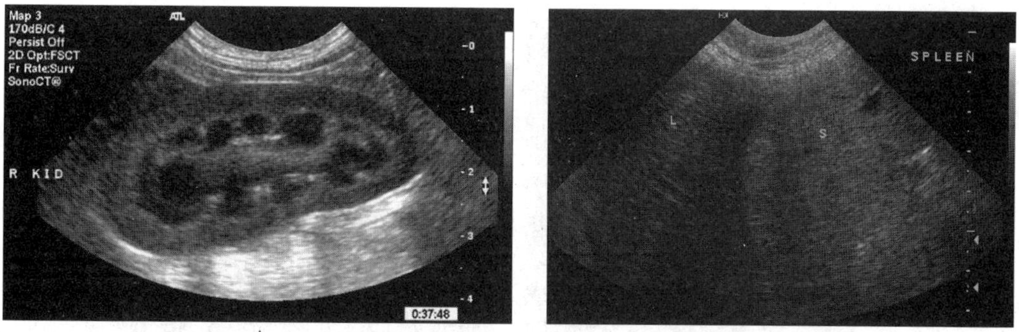

A B

图 9-20 犬正常肾脏超声影像(A)和正常肝脏(L)与脾脏(S)影像(B)

二、胆系

1. 正常解剖

胆囊位于肝的右侧,呈圆形或卵圆形结构,位于体中线右侧(图 8-21)。猫的胆囊有的是双叶的(图 8-22)。

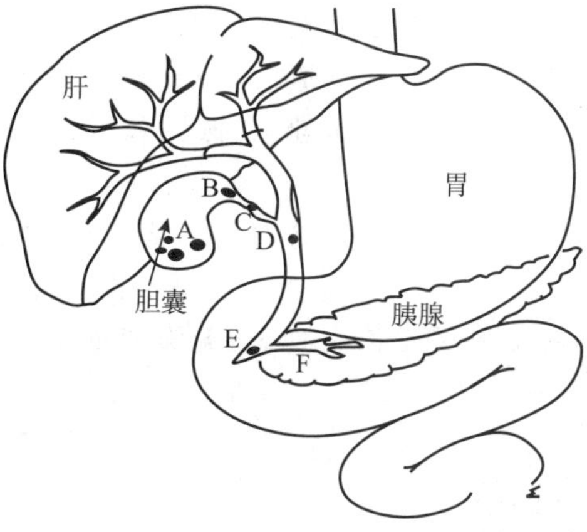

图 9-21 犬胆囊解剖位置图

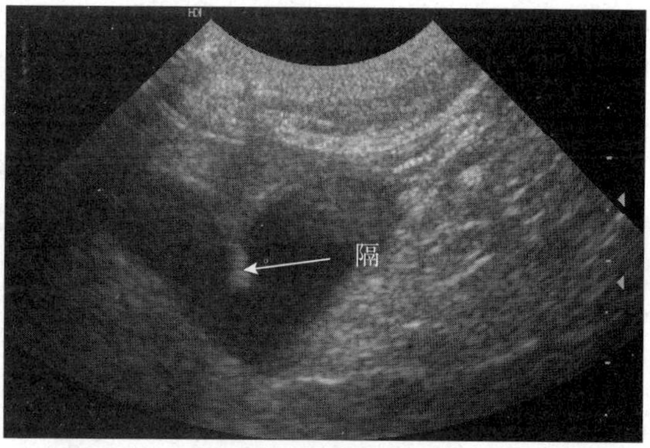

图 9-22 猫的双叶性胆囊,属于正常变异

2. X 线检查

胆囊在 X 线片上不显影,胆囊造影或胆囊内存有结石则可将胆囊显示出来。在侧位 X 线片上,胆囊位于肝区前下方,在腹背位 X 线片上显现于肋弓内右腹中部。

3. 超声检查

正常胆囊的纵切面呈梨形或长茄形,边缘轮廓清晰,胆囊壁为纤细光滑的高回声线。囊腔内为无回声区,呈液性暗区,有时其内部呈现粒状沉积(图 9-23)。后壁和后方回声增强。横切面上,胆囊显示为圆形无回声区。

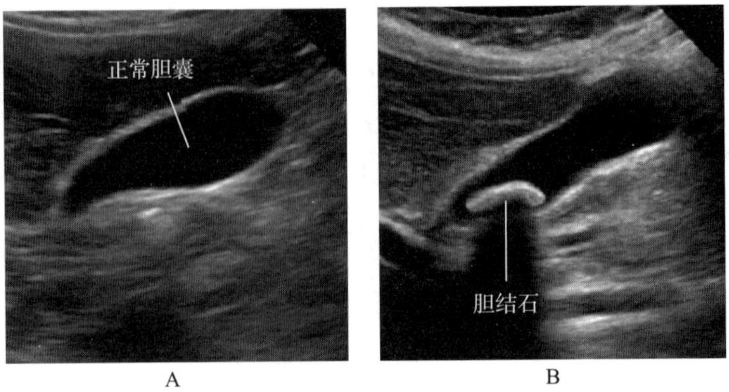

图 9-23　犬的正常胆囊超声影像(A)和胆结石超声影像(B)

三、胰腺

因胰腺的特殊解剖位置,胰腺是所有脏器中最难探及的腹部器官。大多情况下,胰腺是不可见的。大动物超声探查胰腺的报道少见,影像学上仅以犬为例进行综述。

1. 正常解剖

胰腺为一腺体,马的胰腺位于腹腔背侧,在第 16～18 胸椎腹侧,其与胃大弯、十二指肠和升结肠、横结肠相邻。包括一体和两叶。外有薄层结缔组织包裹,有明显的小叶结构。胰腺可分为胰头、胰体和胰尾三部分。胰腺体部是胰腺的主要部分,位于胃的正后部;胰腺尾部延伸至脾脏处。

胰腺横切面时,呈蝌蚪形、哑铃形或腊肠形,边界整齐、光滑,纵切时,胰头呈椭圆形,胰体呈近似三角形,胰尾呈梭形或菱形。马属动物胰腺呈不正三角形。而牛羊胰腺呈不正四边形;猪的胰腺略呈三角形,分胰头和左右两个叶。胰腺内部主胰管呈内径均匀、无饱满感的管道结构。

胰腺大小多采用切线测量法,一般犬胰头厚度小于 2.5 cm,胰体、胰尾小于 2.0 cm,主胰管内径 1～2 mm。

犬右叶位于十二指肠中间,沿右侧腰窝延伸,从第 9 肋间至十二指肠肠袢,约在第 4 腰椎水平的位置。其与降十二指肠紧贴。与右肾腹面、肝的尾突、回肠、盲肠和升结肠相连。

犬左叶在大网膜内,比右叶窄且短。与肝尾突、门静脉、后腔静脉和主动脉相邻。向后抵至左肾前方和脾中央区。

2. X 线检查

一般 X 线检查几乎无法观察到胰腺的位置和影像,CT 检查可观察到正常的胰腺结构及病变情况。

3. 超声检查

通常情况下很难观察到正常胰腺,其回声强度类似于周围的脂肪,或胃肠内气体的干扰使发现胰腺的检查更加困难。犬检查前禁食,或向胃内灌入液体以使幽门部气体移位。检查时使用高分辨率的 5 MHz 或 7.5 MHz 的线阵或凸阵探头。让待检动物仰卧或右侧卧,在前腹部和右侧肋旁区剪毛。扫查区域为自左侧肋弓到右侧第 9 肋骨或第 10 肋骨;自剑状软骨到脐孔。

由于与其邻近的胃和横结肠内存有气体，因此胰腺左叶的定位更加困难。对于它的检查可先将胃体定位，然后检查胃体后部和肾腹侧面的区域。动物右侧卧时，可能在左腰区旁侧见到左叶影像。左叶位于胃后结肠前，门静脉腹侧与脾的后内侧邻近，为一边缘模糊的低回声线性实体结构。腺体实质内可见血管穿行。

胰腺没有明显的被膜。超声检查显示边缘模糊。胰腺内部呈均匀性细小光点回声，等回声或广泛低回声结构，其回声强度略低于脾脏，而高于肝脏。其右支位于十二指肠上部。由胰腺十二指肠静脉来定位，可见一环状（横切）或纵行无回声管状结构贯穿胰腺（图 9-24、图 9-25）。在幼犬、瘦犬或无腹水的犬中更可能观察到胰腺。

猫的胰腺右叶在左面成像，其刚好位于肋骨后方，以脾作为声窗。找到右肾时，可见右侧胰叶位于右肾和门静脉之间。

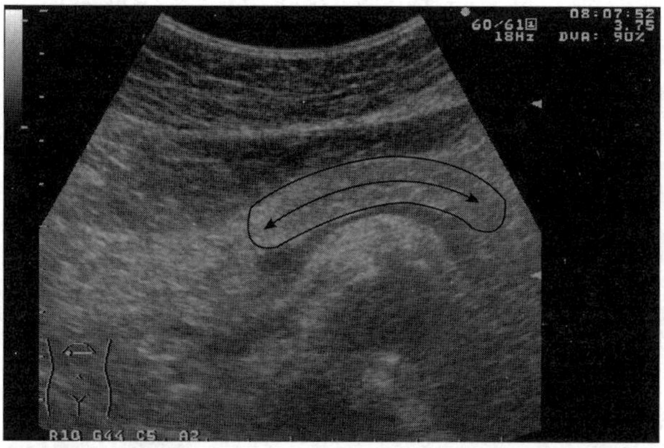

图 9-24　犬正常胰腺的横切（箭头）

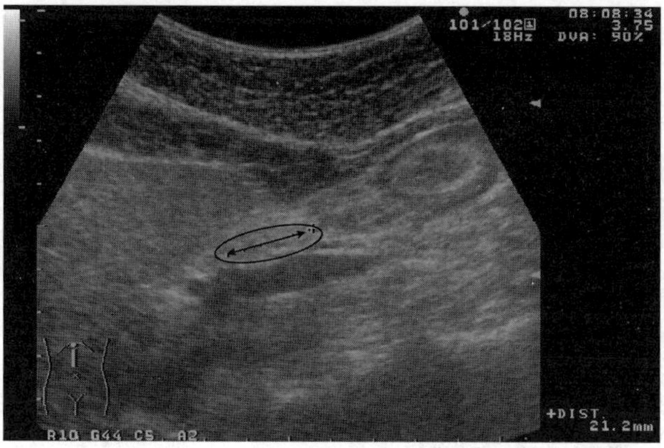

图 9-25　犬正常胰腺的纵切（箭头）

四、脾脏

1. 正常解剖

脾脏为长、扁的实质器官，分脾头、脾体和脾尾。脾头与胃底相连，脾体和脾尾游离性较大。

脾位于机体的前腹部、胃的左侧。大约与胃大弯平行。背腹观可以看见犬脾头，其通过脾胃韧带与胃相连，位于胃底的后侧、左肾的前方和左侧体壁的内侧。脾体和脾尾位置各异，常在右侧可以看到。在猫中，有时背腹观左侧可以观察到，通常侧部看不到脾尾。

猪脾狭而长，上宽下窄。牛脾呈长而扁的椭圆形，质硬，位于瘤胃背囊左前方。羊脾扁平略呈钝角三角形，质软，位于瘤胃左侧，被肺所掩盖。马脾扁平镰刀形，上宽下窄，位于胃大弯左侧。犬脾脏长而狭窄，下端稍宽，上端尖而稍弯，位于左侧最后肋骨及左侧。

正常脾脏大小各异。脾增大可通过腹中线或向后延伸。脾脏实质结构均匀细致。脾横切面呈三角形。

2. X 线检查

犬侧位片中，偶尔在胃的后方可见脾背侧端，呈现软组织密度影像。右侧位片中，其在腹底壁显示为一圆形、卵圆形或三角形阴影，刚好在肝的后方，因此有时辨别不清。左侧位时，脾可见或不可见，因为其具有游离性，可能被小肠遮挡而使影像模糊。当腹背位或背腹位投照时，脾脏显示为小的软组织密度三角形阴影，位于左侧，胃体后外侧(图 9-26、图 9-27)，左肾前外侧。血管注射造影剂进行脾造影摄片后显影很好。镇静或麻醉时，脾的体积会增大。对于猫来说，侧位片中通常看不见脾，但是腹背位时，在左侧腰窝可见脾的影像。犬的脾大小不定，因此临床检查评价脾增大有困难。

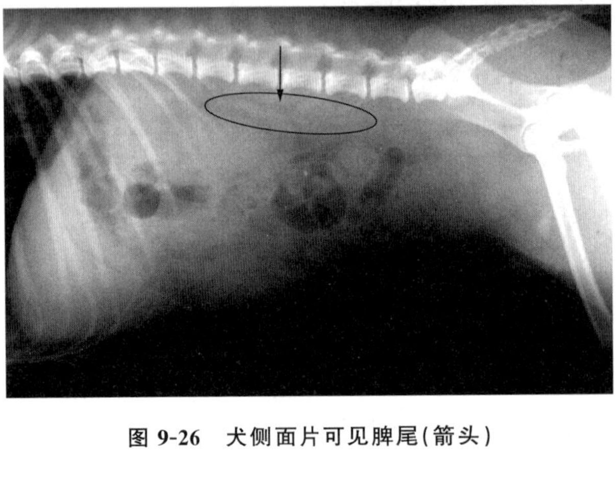

图 9-26 犬侧面片可见脾尾(箭头)

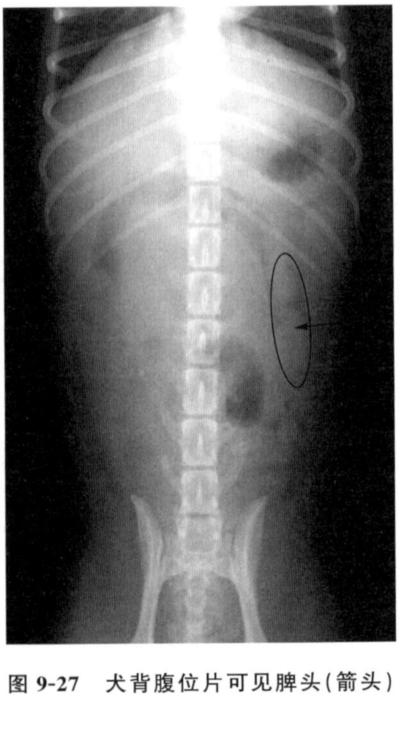

图 9-27 犬背腹位片可见脾头(箭头)

3. 超声检查

不同种类的动物进行脾脏超声扫查的位置有差异。牛在左侧 11～12 肋间背侧部；羊在左侧 8～12 肋间背侧部；犬在左侧 10～12 肋间或最后肋弓及中腹部；马在左侧 8～17 肋间肩端线及肷部下缘。在这些部位扫查可显示各自动物的脾头。

正常声像图特点：脾呈中等回声结构，光点细密均匀(图 9-28)，回声高于肝和肾。脾脏被膜平滑规则，边缘锐利清晰，呈强回声线。正中矢状面扫查时，探头可与左侧腹部成角度。脾刚好位于肝后，胃的外侧。在近场，可见其呈一条带状水平影像，远方的强回声为胃内气体。无回声的脾静脉稀疏地散在于脾实质内，除了“鲸鱼尾”样的脾门可见外（图 9-29），其他部分显影较差。脾门处用于检查淋巴结病。

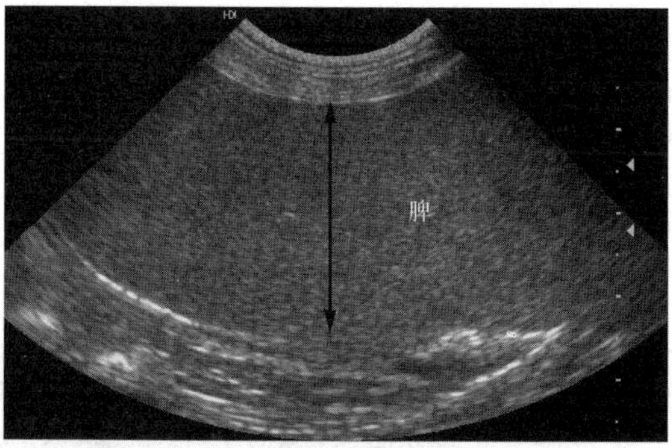

图 9-28　犬正常脾脏超声影像脾宽（箭头）

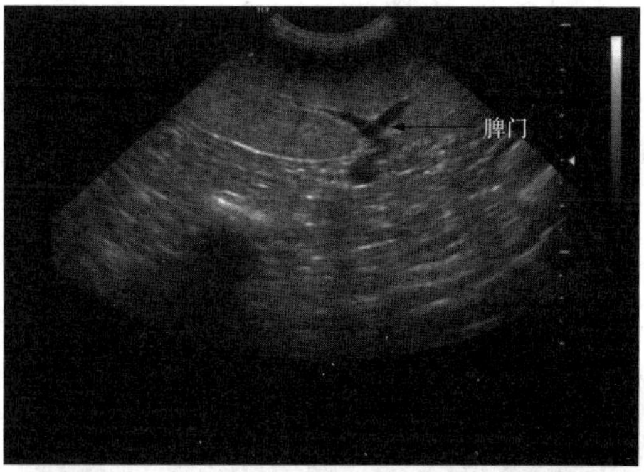

图 9-29　犬正常脾脏的脾门超声影像（箭头）

第三节　急腹症及影像学诊断

急腹症是指多种导致休克、败血症或严重疼痛的腹部疾病，病因包括消化道阻塞或渗漏、血管危象（充血、扭转、局部缺血）、炎症、肿瘤等。常见疾病包括急性胃扩张－扭转综合征、急性胃肠炎、胃内异物、溃疡性疾病、急性胃肠穿孔、急性肠梗阻、肠套叠、脏器肿瘤、急性肝炎和胆囊炎或破裂、急性胆道蛔虫、急性胰腺炎、腹壁透创等，其中消化系统疾病占急腹症的 90% 以上。

一、胃肠疾病

1. 胃内异物

【定义与病因】

胃内异物是犬、猫因误食异物引起的疾病，异物种类复杂，不能被胃液消化，又不能通过呕吐或肠道排出体外，使胃黏膜受到损伤，影响胃的功能。

引起胃内异物的原因有以下几种：幼年犬、猫生性活泼好动，喜欢玩耍、衔叼异物，不慎将异物咽下，这类异物有橡皮球、石头块、线团、缝针、硬币等；动物主人饲喂不当，将带骨肉、有核的水果如荔枝、桂圆等喂给动物；长毛猫经常梳理毛发，时间久了会在胃内形成毛团；动物长期缺乏维生素或矿物质则出现异嗜现象。

【临床与病理】

胃内存有异物的动物其临床表现有一定差异。有些动物可能没有任何临床症状，或有间歇性呕吐，这是由于异物有时阻塞幽门然后又回到胃腔内所致。胃内存有大量异物或异物形状比较尖锐时，异物会对胃黏膜造成强烈刺激，引起胃炎。动物出现顽固性呕吐，呕吐物中可能带有血液。有的动物可能发热、脱水、消瘦。

【影像学表现】

胃内异物的诊断用X线即可完成，异物的种类有不透射线和能透射线两类。

①高密度不透射线异物在腹部X线平片易于显示，并可显示出异物的形状、大小及所在的位置(图9-30、图9-31)。

②低密度异物如线团、碎布、袜子、纽扣或橡皮球等在X线平片上不能很好显现，在检查时可通过变换动物体位，使胃内气体恰好停留在异物周围，形成对比，在气体的低密度背景上衬托出相对高密度的异物影像(图9-32)。该类异物也可以利用造影的方法进行检查，即进行钡饲。造影时钡剂用量不能过多，以免遮蔽异物，犬的用量在5～20 mL左右，猫的用量在5 mL左右。在胃的造影图像上，碎布块等异物可以吸附钡剂，故在胃排空后仍能显示异物阴影(图9-33)。橡皮球之类的无吸附性异物则呈充盈缺损的X线征象。

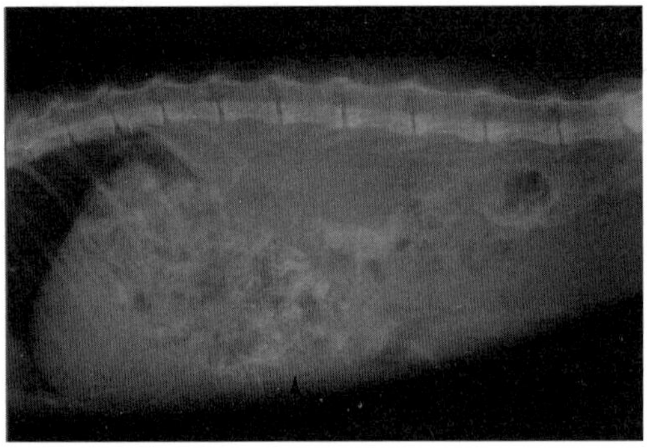

图9-30　高密度碎骨渣样异物在犬胃内堆积(箭头)

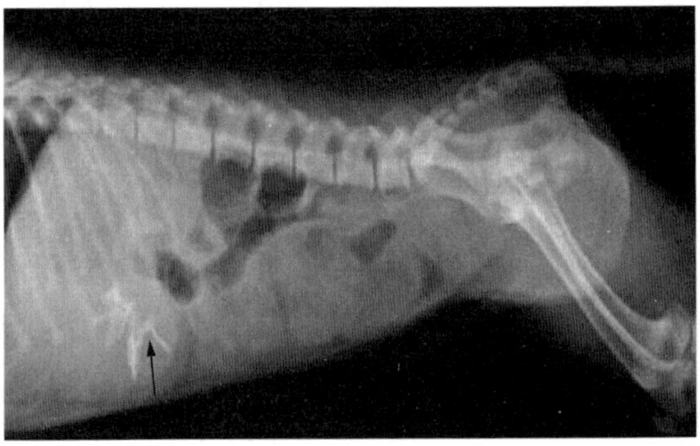

图9-31　犬胃内高密度样异物伴发肠套叠(箭头)

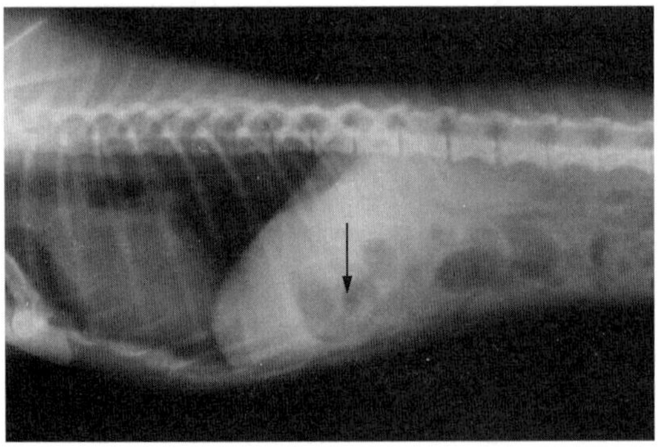

图9-32　犬胃幽门部出现圆形中等偏低密度影(箭头)

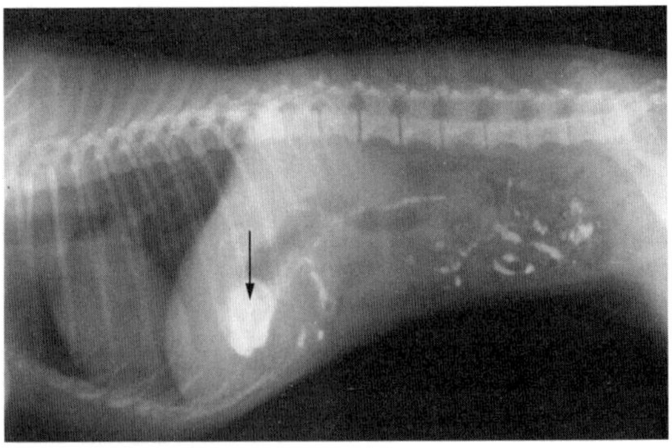

图9-33　胃内异物钡剂停留在纽扣处(箭头)

2.胃扩张-扭转综合征

【定义与病因】

胃扩张-扭转综合征是深胸大型犬的一种急性、致命性疾病。犬急性胃扩张是胃突然不正常扩张，并伴有气体、液体和食物排空发生障碍；胃扭转是已经发生扩张的胃在它的系膜发生旋转并伴有食管和十二指肠的部分或完全阻塞。急性胃扩张-扭转综合征以发病急，病情恶化快、死亡率高为特征。多发于中老年犬，在小型犬、猫也有发病的报道。致病原因不明，但可能的诱发因素有超重、过食、采食速度过快、食后剧烈运动以及脾气狂躁等。

胃扩张-扭转综合征在临床上常见 3 种情况：①胃扩张与扭转同时发生；②只发生胃扩张而无扭转；③只发生扭转而无明显扩张。其中胃扩张与扭转同时发生最严重，常呈急性经过，严重者迅速引起循环衰竭而死亡。

【临床与病理】

急性胃扩张和胃扭转都能引起胃急性膨大，胃内积气或/和积液，但多以气体为主。气体的蓄积是由于胃肠内容物排出受阻所致，气体不能通过正常机制逸出体外，必然会引起胃扩张。在单纯胃扩张时，胃的体积增大，而胃在腹腔内的位置及胃与其他脏器的解剖位置关系没有变化。

胃扩张-扭转时，胃在腹腔内的解剖位置发生变化，胃发生自身扭转，扭转的程度从 90°到 360°不等。在动物仰卧位的情况下，从尾侧向头侧看，胃是以顺时针方向发生扭转的。扭转的结果是幽门从腹部的右侧移到左侧，胃底部则随之转到了右侧，约 95%的患犬发生此种类型的扭转。

患犬发生胃扭转后，由于胃部扩张，致使腹部后腔静脉受压从而使得回流入心的静脉血减少，相应地心排血量也减少，组织灌注量下降，最终发生循环衰竭。

病犬的临床症状轻者表现为不安、焦躁、唾液分泌增多、干呕，腹部明显扩张，叩诊呈鼓音。严重病例就诊时已经处于休克状态，可视黏膜苍白，毛细血管再充盈时间延长，以及脉速、弱、细。

【影像学表现】

拍摄 X 线片是确诊的决定性诊断方法，也是鉴别普通胃扩张和胃扩张-扭转综合征的可靠方法。分别拍摄右侧位、左侧位和腹背位 X 线片，但右侧位 X 线片更具有诊断意义。B 超检查也有一定诊断意义。

①一般左侧位投照时，胃扩张和扭转均呈显著的积气性/积液性胃膨大阴影，腹腔内其他脏器后移，且因受挤压而影像不清(图 9-34、图 9-35)。

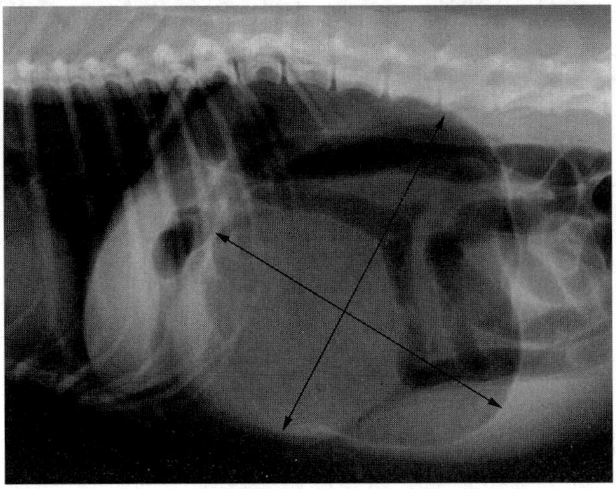

图 9-34 犬胃严重扩张积液，左侧位 X 线片

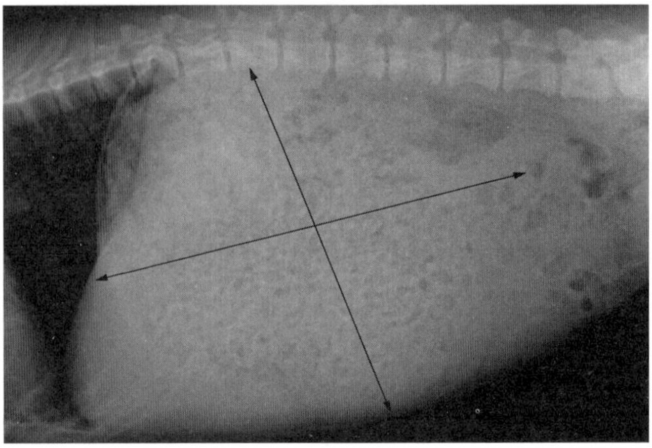

图 9-35　犬急性胃扩张：因突然采食大量食物，导致急性胃扩张，胃容量最高能达到原来的 5 倍

②右侧位投照时，可见 X 线片上出现胃腔被分割成两个或多个小室(图 9-36)，这是由于胃扭转后幽门移向左侧且其中充满气体，和充满气体的胃底共同构成的影像。在小室之间可见线状软组织阴影，是由胃的扭转索或胃的折转处形成。

③从 X 线平片上不易对胃扩张和胃扭转做出鉴别诊断时可进行胃造影检查。通过观察幽门的位置进行鉴别诊断。但一般胃扭转后由于贲门常受到压迫而阻塞，故造影不易成功。

④B 超声像图：积液性胃扩张可见胃部扩大的液性暗区(图 9-37)。积气性胃扩张可见胃内强光环样伪影。

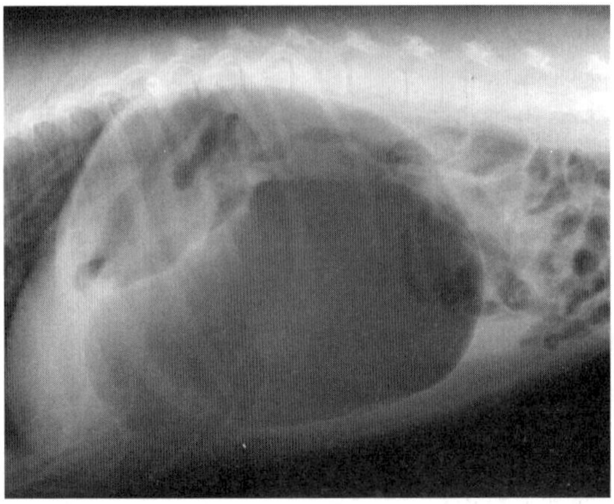

图 9-36　犬胃扩张-扭转综合征

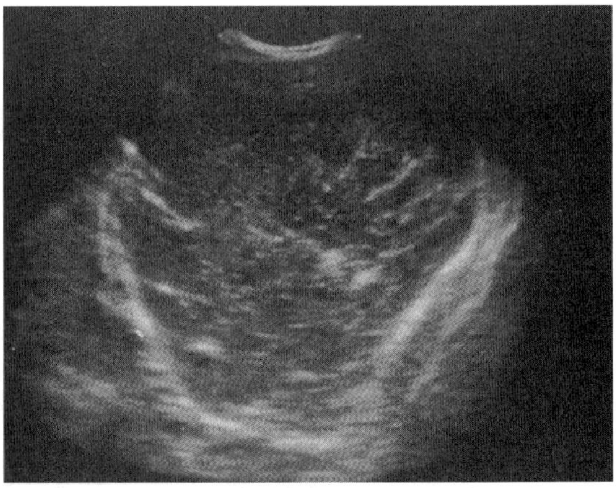

图 9-37　波斯猫胃内充满液体严重扩张

(资料来源：谢富强，2018)

3. 幽门狭窄/阻塞

【定义与病因】

由于各种原因引起的幽门狭窄或阻塞导致胃排空不畅或排空受阻。幽门狭窄阻塞有急、慢性之分。急性阻塞常见于胃扭转或胃内异物阻塞在幽门部，使其排空受阻；慢性阻塞则是由于幽门的病理性狭窄造成的。幽门病理性狭窄见于幽门肥厚、幽门痉挛、纤维化、肿瘤、黏膜肥大及幽门周围脏器发生占位性病变等。

【临床与病理】

由于胃扭转或胃内异物引起的幽门阻塞发病急，有相关的发病史及特征性症状。幽门痉挛多发生在幼龄、神经兴奋型的犬和猫。幽门痉挛更可能是胃的运动或蠕动异常所致，而不是真正的幽门括约肌痉挛，因为幽门窦和幽门作为一个整体活动，幽门窦的蠕动控制胃的排空。

幽门狭窄可能源于幽门运动功能异常，也可能是先天性或后天获得性狭窄。局部肥厚性胃炎也可引起幽门阻塞。

当食物因幽门阻塞而滞留时，则引起胃的膨胀，临床常见呕吐发生，呕吐多发生在采食后数分钟至数小时。常为喷射性呕吐，呕吐物为未消化或部分消化的食物，不见胆汁出现。

【影像学表现】

(1)X 线征象　在普通 X 线片上，慢性幽门阻塞无特异性 X 线征象，一般仅见胃体积增大，胃内容物较多。在胃造影像上，幽门可呈盲端(完全阻塞)、鸟喙状或细线状(部分阻塞)，幽门口或其附近可能有充盈缺损；胃内异物不完全阻塞可见钡饲后 2 h 在胃内阻塞部还残留钡剂。胃排空时间延长。如为幽门痉挛所致，在应用解痉药后幽门括约肌松弛，幽门管通畅，幽门狭窄或闭锁的 X 线征象消失。

(2)B 超声像图　B 超对于幽门病变的诊断具有优势，通常胃由于充满液体而膨胀，这使声像图看起来更方便。幽门窦肥厚时可见幽门呈环形增厚，淋巴肉瘤和腺癌能引起广泛性或局灶性幽门增厚，回声强弱不等，同时胃壁的正常层次消失。

4. 肠梗阻

【定义与病因】

肠梗阻是犬、猫常见的一种消化道疾病，是一种急腹症，发病部位主要在小肠，按原因可分为机械性、麻痹性、血运性肠梗阻。常见于小肠肠腔发生机械性阻塞或小肠正常生理位置发生不可逆的变化，如肠套叠、嵌闭和肠扭转等。引起肠梗阻最常见的原因有异物、肿瘤、幼犬蛔虫阻塞、肠套叠、先天性或获得性狭窄及麻痹性肠梗阻。幼犬最常见的急腹症之一是蛔虫阻塞，在小肠中互相缠结成团，形成蛔虫性肠梗阻。

【临床与病理】

患病动物所表现的临床症状与发生阻塞的部位有密切的关系，近端小肠阻塞后，临床症状急剧，表现为急性、顽固性呕吐，同时伴发腹泻，粪便中带有陈旧的血液。远端小肠阻塞后也会引发呕吐，但不急剧。肠套叠时呕吐与排红色、胶冻样便同时出现。腺癌能部分甚至完全阻塞肠管，临床症状多变，呈慢性疾病的过程。患病动物还会发生脱水、厌食、沉郁及腹痛。幼犬蛔虫性肠梗阻，有阵发性呕吐，轻度腹痛，呕吐物中常有蛔虫。营养不良，被毛粗乱，偶有神经症状。腹部触诊可触及条索样块状物。

【影像学表现】

①异物造成的肠梗阻，如为高密度异物，X 线平片即可显示出异物的形状和大小以及其阻塞的部位(图 9-38)。

②对于低密度异物或与腹腔软组织密度相近的异物，需进行肠道造影。肠道造影可显示钡剂排泄迟缓或受阻；可显示阻塞的部位、程度及类型。

③嵌闭性阻塞，普通 X 线检查或造影检查一般可确定肠嵌闭的部位(如膈疝、腹壁疝等)。肿瘤性阻塞，X 线平片可显示腹内肿块的软组织阴影，造影检查可显示肠黏膜不规则、充盈缺损、肠壁增厚、肠腔狭窄或造影剂进入肿瘤组织中。

④麻痹性肠梗阻：可以看出大多数肠袢扩张，几乎无收缩现象，肠曲呈花瓣征或香蕉征排列（图 9-38）。

⑤X 线平片检查还可以见到在阻塞部位之前的肠管有不同程度的充气、积液及肠腔直径增大（图 9-39）。水平投照检查可见肠管内对比良好的液-气界面影。

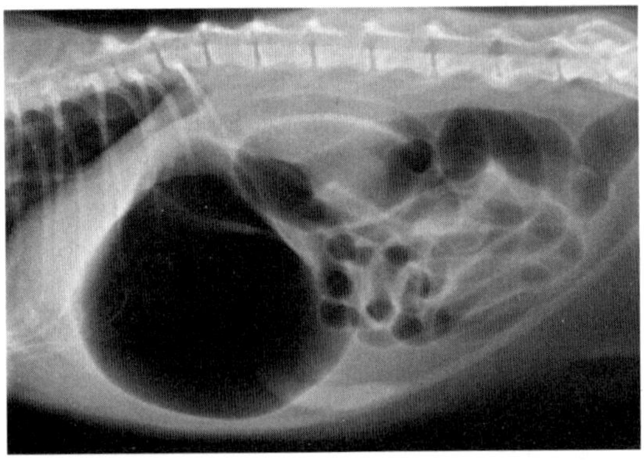

图 9-38　肠曲呈花瓣征或香蕉征排列

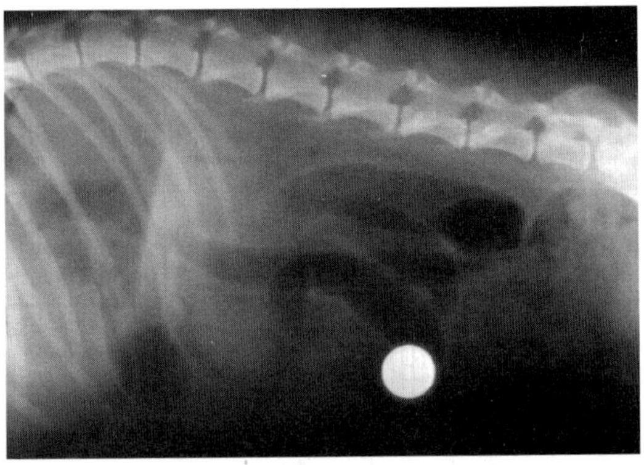

图 9-39　高密度异物阻塞小肠段

5. 胃肠穿孔

【定义与病因】

胃肠穿孔或破裂在几种情况下发生：一是来自腹部外的钝性或锐性损伤；二是由于胃肠内的异物刺破胃壁、肠壁；第三种是因胃肠过度膨胀而引起破裂，第四种是胃肠手术的术后并发症。

【临床与病理】

胃肠穿孔或破裂后，由于胃肠内容物流入腹腔引起化学刺激和细菌感染，导致急性弥漫性腹膜炎。腹膜充血、水肿并失去光泽，随后产生大量浆液性渗出液，释放毒素到腹腔内。渗出液内逐渐出现大量中性粒细胞，加上坏死组织、细菌和凝固的纤维蛋白，使渗出液变得混浊而成为脓液。

胃肠穿孔或破裂引发腹膜炎后，其主要临床表现可见呕吐、发热，并出现感染中毒症状。随渗出液的增多，腹部逐渐增大。呼吸方式改变，腹式呼吸减弱。腹痛明显，表现为腹肌紧张，腹壁触诊敏感。

【影像学表现】

①胃肠穿孔或破裂后由于有气体从胃肠道逸出进入腹膜腔，故多用水平 X 线进行站立、直立或侧卧位投照，在所拍摄的 X 线片上，于腹腔的最高处可见到气影。如果腹腔内气体的量较少，可做侧卧位投照，易于发现气影。

②由于继发性腹膜炎而出现腹腔内积液，因此在 X 线平片上腹部呈均质密度增高的阴影，腹腔器官外形轮廓模糊不清。局限性腹膜炎只是局部感染区的结构轮廓消失，广泛性腹膜炎时，则整个腹部影像模糊不清（图 9-40）。如果腹腔内同时有一定量的气体蓄积，则在站立水平投照时显示出气-液界面阴影。

③当怀疑胃肠穿孔时，如做胃肠造影则应选择刺激性较小的碘制剂做造影剂。造影检查可见造影剂漏入腹膜腔内（图 9-41）。

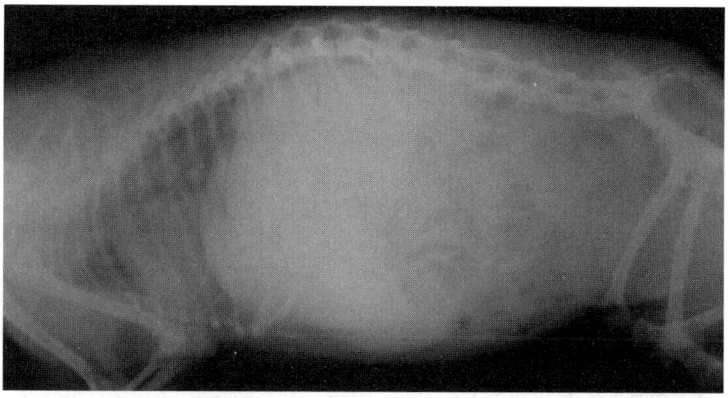

图 9-40　犬腹部影像模糊不清

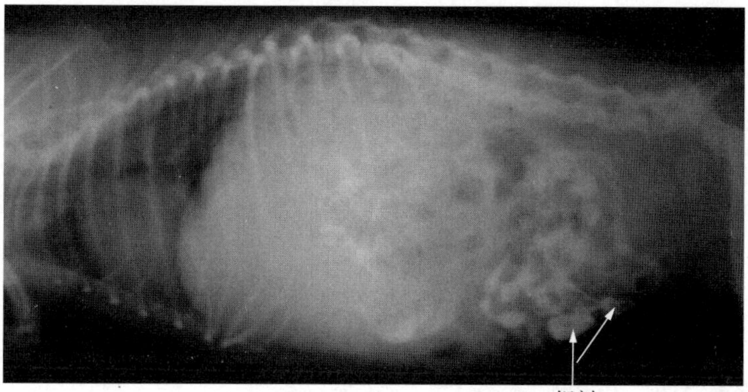

图 9-41　犬钡剂漏入腹腔内

6. 胃的肿瘤

【定义与病因】

与人类相比较，犬和猫的胃肿瘤比较少见。已知的小动物肿瘤有平滑肌瘤、腺癌、淋巴肉瘤和腺瘤。犬的最常见肿瘤是腺癌，最常发生的部位是胃的幽门窦和幽门。淋巴肉瘤是猫的最常见肿瘤。

【临床与病理】

由于肿瘤的作用影响胃的正常运动性、阻塞幽门、引起黏膜溃疡。患病动物的典型特征是有慢性呕吐史，烦渴多饮和体重减轻。临床症状可为短期，也可持续数月。呕吐物或为胃液和唾液或为食物，但呕吐与采食无明显关联。呕吐物内可带有新鲜或陈旧性血液。动物厌食沉郁。粗毛柯利犬、爱尔兰雪达和㹴类犬容易发病，平均发病年龄为 10 岁，公犬多于母犬。

【影像学表现】

(1)X 线征象　在 X 线平片上，肿瘤灶不易显现，偶尔在胃内气体的衬托下显示胃腔内有软组织块影像突入胃腔内。在胃造影或胃钡-气双重造影图像上，可清楚显示胃变形，胃腔内占位性充盈缺损或有溃疡龛影。胃壁增厚或不规则，幽门狭窄或闭锁(图 9-42)。

(2)B 超声像图　胃肿瘤的声像图显示胃壁异常增厚，呈非均质的低回声，形态不规则隆起。胃壁的多层清晰结构被破坏。肿瘤类型可表现为向胃腔内凸入的肿块型，弥漫胃壁增厚的浸润型和溃疡型。

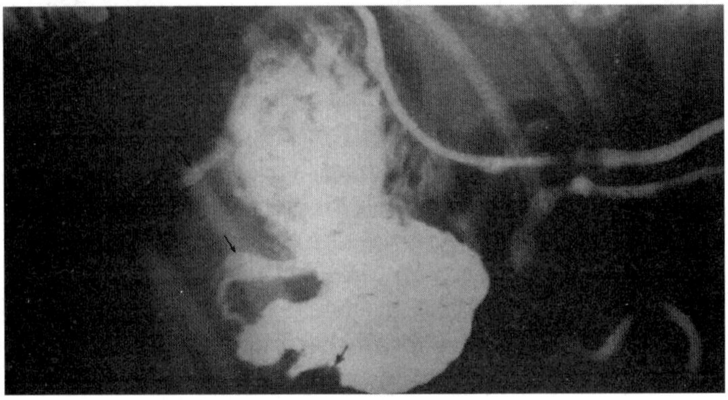

胃造影可清楚显示胃变形，胃腔内内伤性充盈缺损或有溃疡（箭头）。

图 9-42　犬胃肿瘤

7. 巨结肠症

【定义与病因】

原发性或特发性巨结肠症的猫的发生率远远高于犬，但都不是导致便秘的常见原因。猫的特发性巨结肠症是由结肠平滑肌的功能障碍引起的。特发性巨结肠症可以发生于 5 岁以后任何年龄的猫。

结肠动力障碍、阻塞或骨盆骨折愈合不良（对于猫来说）都可以导致发生巨结肠症。已经确定马恩岛猫有先天缺陷的因素影响。

【临床与病理】

患病动物精神沉郁、食欲缺乏和偶尔发生呕吐是最常见的症状。本病最初发病时没有明显症状并在不知不觉间发展，直到便秘反复发作，而且程度和次数日渐增加后主人才意识到问题的严重性。大多数猫精神沉郁、被毛因无法梳理而显得零乱。直肠内通常是空的，指检时可以感觉到直肠扩张。腹部触诊确定结肠内存有大量粪块。

【影像学表现】

结肠异常扩张，充满了颗粒状粪便（图 9-43）。

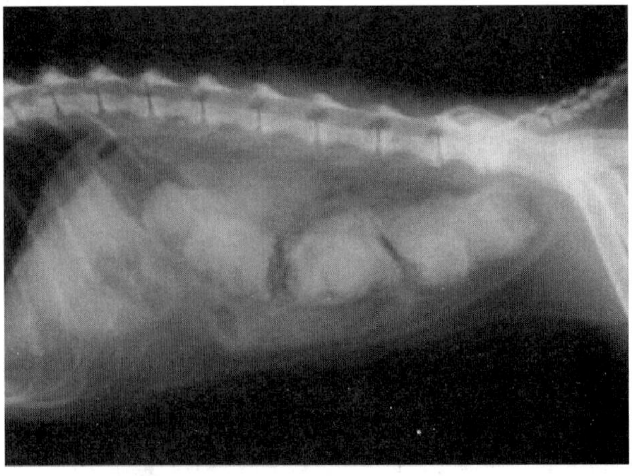

图 9-43　猫结肠异常扩张充满粪便

8. 胃肠炎

胃肠炎X线片显示弥漫性胃壁增厚，出现明显的胃壁皱褶，充满液体（图9-44）。超声显示胃壁的多层清晰结构被破坏以及形态不规则隆起（图9-45）。

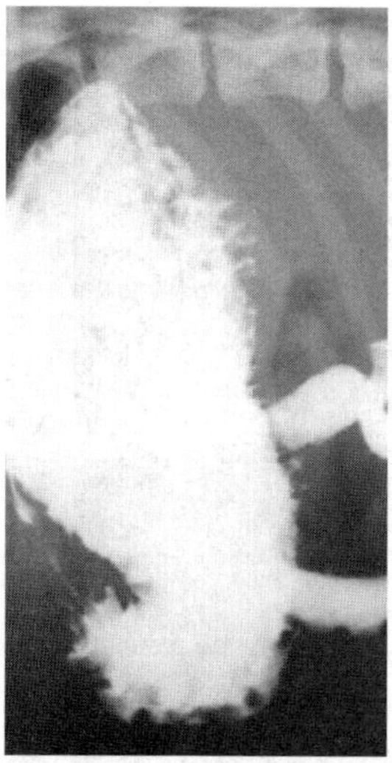

图9-44　犬胃炎X线片

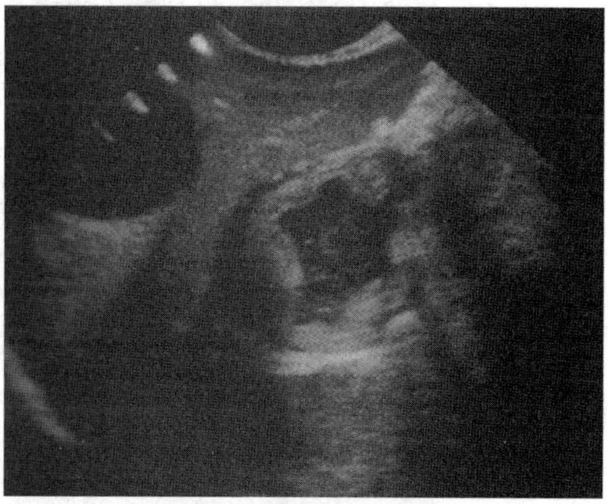

图9-45　犬胃炎B超影像

（资料来源：NAUTRUP CP，谢富强，等译，2009）

二、肝胆胰脾疾病

（一）肝病分类

肝脏包括弥散性疾病和局灶性疾病。与脾脏和肾脏相比较，超声检查法在识别或鉴定弥散性肝脏疾病上价值较低；常常需要结合活组织取样检查。

弥散性疾病低回声变化如下：①弥散性浸润：淋巴瘤；白血病；淀粉样变性；②被动性充血（图9-46）：右心衰竭可见肝静脉增大；③急性肝炎回声常常正常，但因门静脉周围回声增强可被注意到。

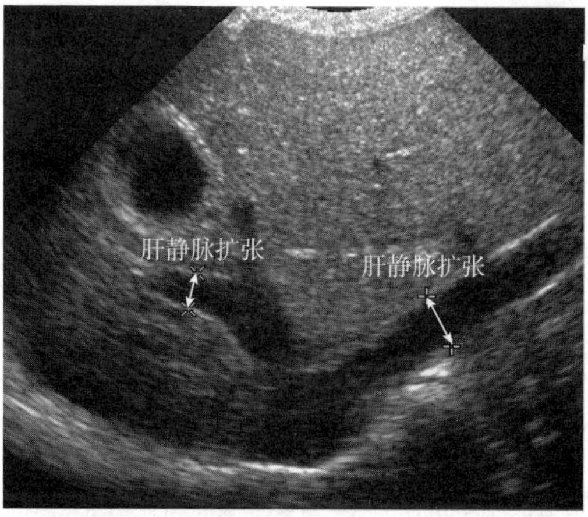

例：犬/猫（10岁暹罗猫）右心衰竭致肝充血/淤血，超声影像显肝实质回声均匀、肝静脉明显扩张（箭头）。

图9-46　犬肝脏肝静脉扩张

弥散性疾病高回声变化：①脂肪浸润：肝脏脂质沉积、糖尿病；②慢性肝炎：可能出现腹水症；③纤维化/肝硬化（图 9-47）：肝脏体积通常变小；④类固醇性肝病：肾上腺皮质功能亢进；⑤淋巴肉瘤（不常见）。

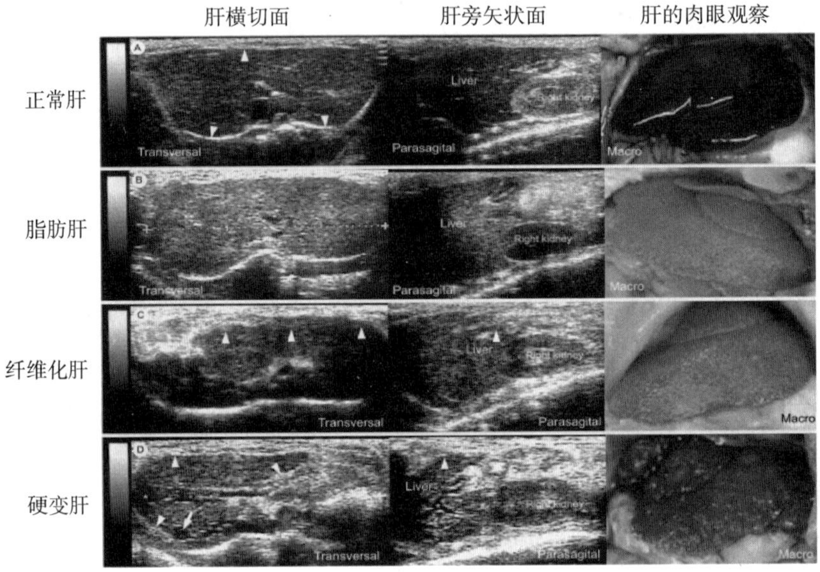

图 9-47　大鼠肝脏超声与组织学检查之间的相关性

局灶性疾病能引起局灶性增大的疾病包括肿瘤（淋巴肉瘤、肝瘤）、结节性增生、囊肿、脓肿、血肿、肉芽肿、再生性结节、炎症（胆汁淤积）。

（二）肝病检查

1. 正常肝脏（图 9-47）的超声影像和肉眼检查

横切面超声影像显示肝脏质地均匀，中等回声强度，肝脏表面规则（白箭头）。

旁矢状面超声检查呈现比肝脏回声强的右肾皮质。

肉眼检查展现肝脏表面光滑，棕红色，质地易碎。

2. 脂肪肝（图 9-47）超声检查和肉眼观察

横切面超声检查显示肝脏实质回声强度出现弥漫性增强。

旁矢状面超声检查显示肝脏回声强度高于右肾皮质。

肉眼检查发现肝脏表面有皱纹，微黄色，质地易碎。

3. 脂肪变性和纤维化（图 9-47）肝脏的超声检查和肉眼观察

横切面超声检查显示肝脏实质回声稀疏粗糙和不均匀，肝脏表面有斑点或略不规则线（箭头）。

旁矢状面超声检查显示肝脏回声强度等于右肾皮质回声强度，肝脏表面略不规则（箭头）。

肉眼检查发现肝脏表面略不规则，淡红色，较硬质地。

4. 硬变肝（图 9-47）超声检查和肉眼观察

横切面超声检查显示肝脏实质回声广泛粗糙，不均匀，肝脏表面极不规则（箭头），低回声再生结节（箭头）和轻度腹水。

旁矢状面超声检查显示肝脏回声强度略高于右肾皮质。

肉眼检查发现肝脏表面极不规则,这反映了肝脏内有再生性结节的存在,红色,硬质地。

1. 肝肿大

【定义与病因】

肝脏肿大包括弥散性肝脏增大和局灶性增大。

弥散性肝脏增大,边缘凸凹不平。引起肝肿大的疾病有被动性充血(右心衰竭)、恶性肿瘤和结节增生、库欣综合征(肾上腺皮质功能亢进)、脂肪浸润(糖尿病、肝脂肪沉积)、肿瘤、急性肝炎、猫传染性腹膜炎。

引起局灶性增大的疾病包括肿瘤(淋巴肉瘤、肝瘤)、结节性增生、囊肿、脓肿、血肿、肉芽肿、再生性结节、炎症(胆汁淤积)。

【影像学表现】

利用X线对肝脏进行检查可发现肝肿大和肿大的程度,但一般不能鉴别肝肿大的原因和疾病的性质。

在侧位X线平片上可见肝的后下缘后移,超出最后肋弓一个肋宽以上。肝后缘变钝,在腹腔内有适量脂肪的情况下,肝后缘轮廓显示的较清楚(图9-48)。可见与肝脏相关组织结构的移位。侧位观时,胃向背、向尾侧移位;胃轴向后下方倾斜与肋骨形成一定角度,幽门向后背侧移位。腹背位观时,更常见于向内侧移位。十二指肠前曲、右肾、胃和横结肠向尾侧移位。横膈可能被向头侧挤压,因此,透视检查时横膈的移动减少。在腹背位X线片上,可见胃体和幽门向左后方移位;经胃造影后则更能清楚显示。气腹造影能清楚显示肿大肝的轮廓、肿大范围及肝表面的形态。在发生胸腔积液、积气和肺气肿等疾病时也可引起肝和胃的后移,故应注意鉴别。

肝内肿块,依其大小和位置的不同,可引起相邻器官不同程度的位置变化。总的来说,在肝右边的肿块趋向于使胃和十二指肠向左后方移位,在左边的肿块趋向于使胃和脾向右背侧移位。起源于肝右侧的肿块能够使脾尾和右肾后移。肝肿块也能使小肠后移。

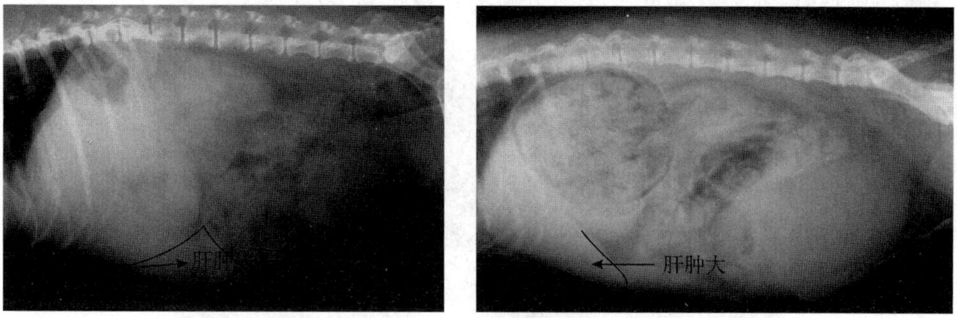

图 9-48 犬肝脏肿大

超声检查时,肝脏显得增大,轮廓光滑。其内可能有一弥散性增强的回声区,因此门脉血管影像的清晰度较差。回声结构和回声强度的变化可为广泛性或局限性变化,回声强度或高或低。为了看到肝脏轮廓的变化应该对其边缘进行评估。肝脏肿大时,可见边缘变钝,肝缘有结节性凸起,腹腔内有液体存在时可勾画出肝脏轮廓,从而可以鉴别细小的病变,但是通过特征性的超声影像无法确定组织病理学诊断的病因。确诊或是可疑病变或不明确的影像结果的确定均需要进行细针抽吸。

弥散性的回声增强可能是广泛的脂肪浸润、肝硬化或脂肪肝的结果。与镰状脂肪的回声相比较可能有助于诊断。普遍性回声减弱则与肝充血或淋巴瘤有关。弥散性肿瘤浸润鉴别困难，细针抽吸或活组织检查对于诊断是必需的。

肝脏局灶性病变有单个的，也有多个存在的。回声可以从无回声到低回声再到强回声而变化，边缘清楚或不清楚。局灶性病变与其相邻的肝实质形成对比。病变组织回声多变，包括良性瘤样增生、出血、脓肿和肿瘤。良性瘤样增生性病变回声或弱或强，并且偶见。局灶性肿瘤可能为转移性的或原发性的，仅通过超声检查确定不了肿瘤类型。通过超声引导细针抽吸或组织活检获得细胞型。

2. 肝脓肿

【病因与病理】

肝脓肿多见于牛，常因金属异物通过网胃刺伤肝脏而感染化脓。脓肿小者如鸽卵，大者似人头，一个至数个不等。马、牛和其他动物也可因化脓性细菌转移而形成肝脓肿，但犬、猫等小动物少见肝脓肿。由于肝组织、脓腔壁和脓液的声阻抗不同，可呈现与正常肝脏不同的声像图。

【影像学表现】

肝脓肿用B型超声成像法诊断，其声像图表现为液性暗区。肝脓肿形成后，由于脓液属于液体范畴，为均质介质，没有声阻差异，因此无回声，故在监视屏上呈现液性暗区。典型的肝脓肿无回声区边界清晰，切面常呈圆形或类圆形，伴后方回声增强效应，内有细小光点回声。一旦发现肝脏内有液性暗区，应从不同方向对同一部位进行探查，并注意液性暗区的数目、形状、大小等情况。

由于肝脓肿在各个阶段病理变化不一样，脓肿组织结构和脓肿中内容物也不相同，液性暗区情况也会不一样。肝脓肿早期，肝组织还处于炎性浸润期或坏死组织尚未液化时，声像图上表现为一个光点密集区或光团。坏死组织刚开始液化时，在液性暗区内可出现散在的光点或小光团。脓汁黏稠时，在液性暗区中亦会出现散在稀疏光点(图 9-49)。

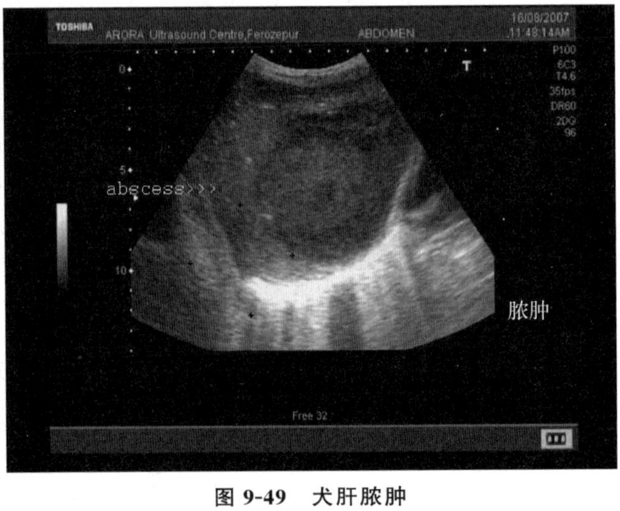

图 9-49 犬肝脓肿

3. 肝肿瘤

【定义与病因】

肝肿瘤为发生在肝胆系统的原发性或转移性肿瘤。在发病原因上，除了猫白血病病毒能引起淋巴增殖性肿瘤和髓增殖性肿瘤外，犬、猫肝肿瘤的发病原因尚不清楚。

肝肿瘤有原发性和继发性两种类型。犬、猫临床常见的原发性肝肿瘤包括肝细胞瘤、肝细胞癌、胆管癌和血管瘤。常见的转移性肝肿瘤主要来自乳腺癌、心脏或脾脏的血管肉瘤、胰腺癌等。在马已报道的有结肠癌转移到肝脏、恶性淋巴组织瘤（淋巴肉瘤）等。

【临床与病理】

犬的肝细胞瘤在体积不大时，一般没有症状，当体积较大压迫邻近脏器时就会出现临床症状，并可经腹壁触及。原发性恶性肿瘤对肝脏的破坏明显，引起较严重的临床症状。丙氨酸氨基转移酶和碱性磷酸酶极度升高，同时伴发血清总胆红素升高。血清球蛋白升高而白蛋白下降。患病动物厌食、体重减轻、发生腹水和黄疸。

【影像学表现】

（1）X线征象　①X线平片可见肝脏阴影扩大，在发病肝叶上能显示数量不等、大小不一高密度肿瘤阴影；②钡饲造影显示增大的肝脏将其邻近的胃和结肠向后推移；③气腹造影则更能清楚地显示肝脏的轮廓和肿瘤的形态。

（2）B超声像图　肿瘤的声像图随肿瘤性质不同而异。原发性肝癌呈现肝脏肿大和在肝实质内有癌肿结节样图像，肿块回声可表现为多种类型，有低回声、等回声、高回声、混合回声和弥漫型回声。肝脏转移性肿瘤声像图表现为肝内多个结节性肿块，其图像有多种类型（图 9-50）。

淋巴肉瘤是最常见的肝脏肿瘤。这种肿瘤的浸润过程可导致弥漫性肝肿大，也出现淋巴结节。通过直肠探查或腹部用超声成像法检查，均可发现淋巴肉瘤（图 9-51）。确诊需要病理组织学检查。

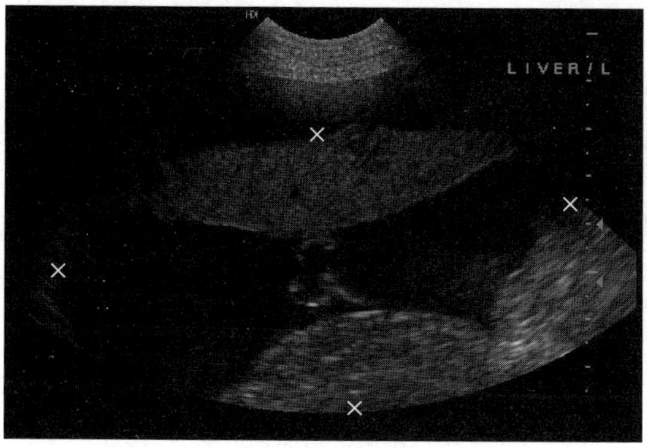

图 9-50　犬肝肿瘤

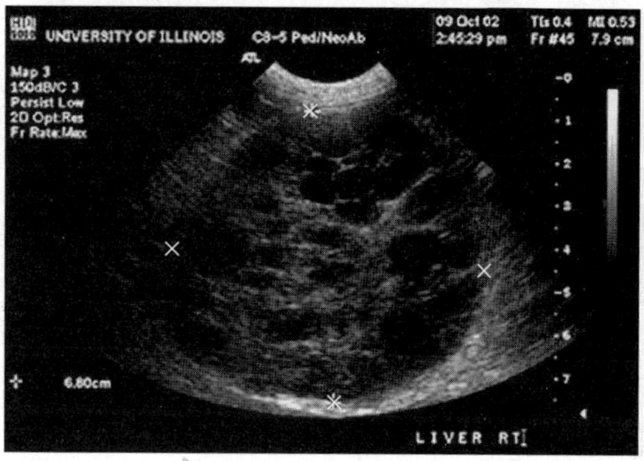

图 9-51　犬肝肉瘤

4. 肝纤维化

【定义与病因】

肝纤维化即肝硬化，是指肝脏受到某些有害因素作用后，产生肝细胞变性或坏死，肝细胞再生与结缔组织增生，从而导致肝实质纤维化和肝萎缩。马、牛、犬等均可发生。例如，牛由于肝内寄生虫病所致的肝硬化，马由于胆石症所致肝脏内胆汁阻滞，引起胆汁性肝纤维化。

【临床与病理】

肝硬化是一种慢性进行性病理过程。这个过程包括广泛的肝细胞变性坏死，肝小叶的纤维支架遭到破坏；再生肝细胞不沿原支架排列，而形成不规则的结节状肝细胞团；自汇管区和肝包膜有大量的纤维结缔组织增生。在肝硬化发展过程中，广泛的肝细胞不断坏死、再生结节形成、肝小叶结构改建和弥漫性结缔组织增生，造成肝内血液循环紊乱，导致门静脉高压。发生肝硬化的肝脏体积减小是由于疤痕组织的形成造成的。

发病动物食欲降低、体重减轻，出现腹胀、腹水，排出黑粪，沉郁、昏睡，可见肝性脑病等。

【影像学表现】

在X线平片上，体积减小的肝脏比增大的肝脏更难辨别。与肝脏体积减小有关的X线征象包括胃向前移位以及胃与膈之间的距离缩小等。腹背位观时，十二指肠前曲、横结肠和右肾比平常更靠前。

B超声像图，肝脏由于纤维化的结果，肝区回声增强，即肝区光点增多、变粗或有小光团，而且光点分布欠均匀。肝边缘不规则。在马由于胆石症所致胆汁性纤维化时，除可见肝脏内胆管扩张外，还可见到胆结石图像。肝纤维化时期不同，可出现肝脏肿大或缩小等变化。

5. 胆石症

【定义与病因】

胆石症系指胆囊、胆管内有结石，常常合并胆囊炎，从而使患畜反复出现疝痛、黄疸和体温升高的一种慢性疾病。胆结石含有胆固醇、胆色素等成分，其形状、大小、数量不一。牛、马、犬、猫等均可发生，但不常见。胆石症的发病原因不十分清楚，可能的病因包括胆汁淤滞、肝胆系统炎症或感染、胆汁成分发生变化，也可能与食物有关。牛的胆结石又叫牛黄，是一种名贵药材。

【临床与病理】

犬和猫胆石形成机理尚不清楚，经分析可知胆石中胆固醇含量比人的胆石低。胆石含有胆固醇、胆红素、钙、镁和草酸盐等。胆石症一般无明显症状，当胆囊结石嵌在胆囊颈部时，可导致胆囊内压力升高，胆汁酸刺激胆囊黏膜，造成炎症、水肿、充血、渗出，引起胆囊炎，相应表现出腹痛、呕吐、腹泻、脱水及黄疸。

【影像学表现】

阳性结石经X线平片即可显示，阴性结石需做胆囊造影；胆囊结石首选检查方法为B超检查。胆结石的特点有：产生强回声沉淀物，有无回声声影；具有移动性。

(1)X线征象　X线平片可显示阳性结石，常堆积在胆囊内。结石形状、大小和数量不定，表现为高密度阴影。造影检查用于发现阴性结石，胆囊造影常显示为多数成堆充盈缺损，呈圆形或多边形。

(2)B超影像　胆囊内有胆结石形成时，其典型的声像图有下列特点。

胆囊内出现强回声光团，由于结石的形态、大小不同，强回声可以呈斑点状或团块状；散在球形结石多呈新月形或半圆形。结石强回声明亮稳定、边界清楚，并伴有声影。声影边缘锐利、明晰，其内无多重反射回声。有时强回声不明显而声影显著。声影的出现对于结石，特别是小结石诊断有重要意义（图9-52）。

A.　　　　　　　　　　B.

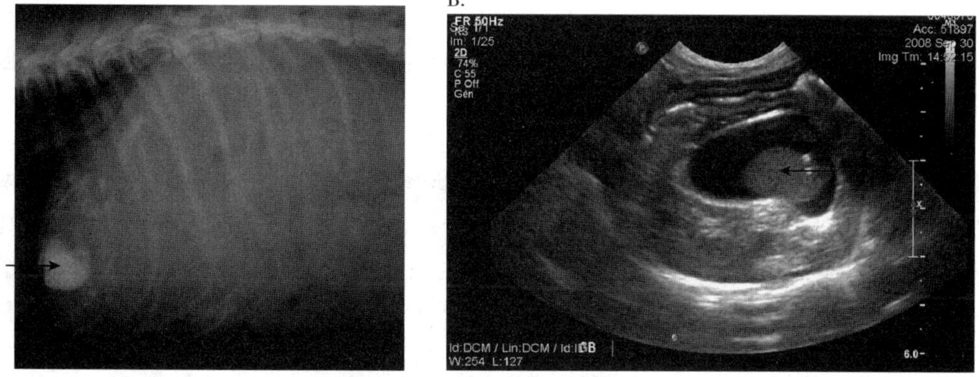

A. 胆结石 X 线片；B. 胆结石 B 超影像。

图 9-52　犬胆结石

6. 胆囊炎

胆囊为一囊状结构，其作用是从肝脏收集胆汁，并将其排泄进入十二指肠。

【临床与病理】

胆囊炎常与胆结石合并发生。患胆囊炎时，由于充血、水肿及细胞浸润，可使胆囊壁增厚，胆囊呈不同程度肿大，可因反复发作而使胆囊与周围组织粘连。这是超声诊断胆囊炎的病理基础。

【影像学表现】

胆囊壁正常情况下较薄，产回声，可见度差。猫胆囊壁小于 1 mm ，犬的略厚些为 1～2 mm。胆囊炎或肿瘤可能引起囊壁增厚。胆囊炎时可见胆囊增大，形状呈圆形或椭圆形，轮廓不光滑。胆囊壁弥漫性增厚，呈一层高回声带和一层低回声带，表现为“双边征”(图 9-53)，即胆囊壁变为双层。伴有外周水肿的胆囊炎的声像图特征是，胆囊的周围有光晕存在。胆囊内出现稀疏或密集的光点回声，后方无声影。若胆囊内有结石则可见结石高回声伴后方声影。胆囊壁变厚是一种非特异症状：慢性肝炎、胆囊炎、胆管肝炎、先天性肝纤维化、低白蛋白血症、败血病和肿瘤等病均可发生胆囊壁变厚现象。

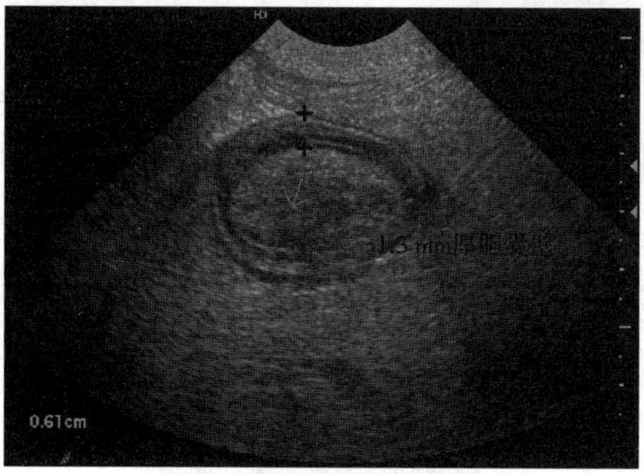

囊壁不规则，增厚，回声增强。

图 9-53　猫急性胆囊炎

7. 胰腺炎

【临床与病理】

胰腺炎分急性和慢性两种。急性胰腺炎在肥胖、中年雌性犬更常见。临床症状包括呕吐、食欲减退、前腹疼痛和做祈祷样姿势。

【影像学表现】

(1)X线征象　右叶胰腺炎时,由于发生相关联的腹膜炎,右前腹部软组织影像密度增高。正常情况下,右前腹部比左腹部更具有不可透射性。胰腺肿胀使得十二指肠向右侧移位,有时向背侧或腹侧移位,幽门向左侧移位。此时十二指肠可呈现C形外观。十二指肠蠕动减弱,钡餐通过缓慢,十二指肠可能扩张。十二指肠壁可能增厚,同时肠内积存气体。幽门窦可能向左侧移位。如果胰腺炎影响左叶,横结肠向后移位。常见因脂肪浸润引起的肝肿大。由于伴发腹膜炎和液体渗出,因此超出胰腺范围很远区域内的腹腔脏器的浆膜影像也可能消失。

(2)超声检查　急性胰腺炎时,胰腺为一增大的低回声结构。包膜不可见。根据不同的病情可能呈现低回声和均一的网状结构中有产回声的小叶结构出现(图9-54)。

超声影像变化与胰腺炎的相关程度是非特异性的,因此超声检查结果为阴性时也不能排除疾病存在的可能性。超声检查对于胰腺炎、肿瘤或局部腹膜炎的区分困难。炎症发生时,可能见到一混合性回声的肿块,局部有低回声区或瘤样结节。可能出现局部肠梗阻,有或无十二指肠或胃壁增厚,病变区可能有液体存在。其表现依疾病的发展阶段而不同,也可能伴有胆管阻塞、胆管和胆囊扩张。邻近的脂肪可能为强回声,提示有炎症发生。胰腺假囊是液体聚集于胰腺组织中,主要表现为无回声结构,同时有一些细胞物质的回声在里边。

胰腺脓肿与其他脓肿有相似的特征。脓肿内可见数量不等的腔洞,液体和有回声的微粒状物质。这可能是胰腺炎的结局。患有胰腺坏死时,可见斑块状增大的低回声和强回声区。

急性胰腺炎:由于胰腺周围脂肪坏死,周围有回声增强的区域;严重胰腺炎时表现为混合回声。

慢性胰腺炎由于胰腺脂肪坏死,胰腺为强回声。

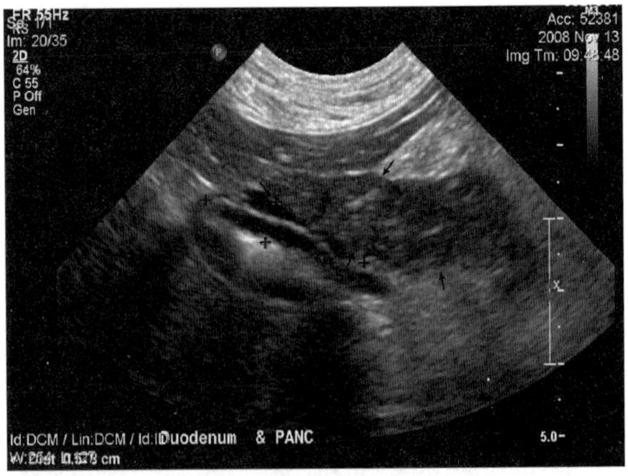

箭头范围内为肿大胰腺炎低回声,星号范围是十二指肠截面。

图 9-54　犬背腹侧胰腺炎

8. 胰腺肿瘤

胰腺肿瘤可引起胰腺体积增大,产生的征候与胰腺炎相似。偶尔肿瘤可侵入扩散至胃,受侵袭区的胃壁遭到破坏。胰腺肿胀趋向于使十二指肠向右腹部移位。

胰腺可能有胃泌素分泌瘤、促胃液素瘤的形成。其可引起胃泌激素过度分泌症、盐酸过度分泌、胃黏膜肥大和返流性食道炎。胰岛瘤是一种产生胰岛素的肿瘤。胃和十二指肠前曲可能形成溃疡。这种复杂的病症被认为是若埃氏综合征。X线检查胃皱褶影像显著，并且伴有胃壁和十二指肠溃疡。此病预后不良。

超声检查　胰腺肿瘤和胰腺炎的鉴别不能单独依赖于超声检查，结合其他系列检查对疾病的诊断更有利。确诊需要实施超声引导的细针抽吸。胰腺中的肿瘤常常因为体积较小而被遗漏。胰腺癌少见，其可转移至腹膜腔。胰岛细胞癌常转移至肝和局部淋巴结。

9. 脾脏肿瘤

脾脏肿瘤可发生在脾头、脾体或脾尾，位于腹中部，左侧或右侧。它可能很大，能引起腹部器官移位（能使胃朝前移位，使小肠朝无病变方向移位）。肿瘤有或无分隔，腹内可能积液（如血液），尤其是患有血管肉瘤时。血肿、血管瘤和血管肉瘤通常不能通过影像手段进行区分。超声波诊断脾肿瘤，确诊的话，需要手术后进行病料组织病理学检查。通常为局灶性的，呈低回声、强回声或混合回声，暗区边缘轮廓不规则（图 9-55）。

如果病变是在局部的包膜下，脾边缘可能发生撕裂，大肿块可使脾扭曲变形。淋巴肉瘤可弥散性或局灶性/多灶性的发生，呈低回声或强回声（图 9-56）。此外，脾脏内还可发生其他肿瘤如肥大细胞瘤和平滑肌瘤等。应注意的是，腹膜渗出液的存在并不是恶性肿瘤的很好指征。转移性肿瘤可转移到肺、肝、淋巴结（图 9-57）。

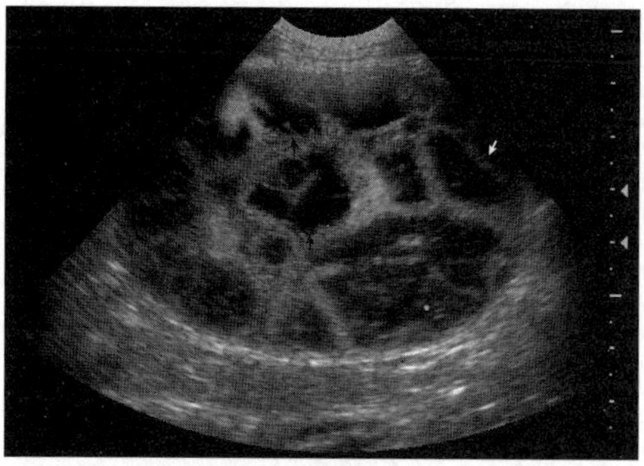

有多个低回声到无回声空腔。

图 9-55　犬脾脏血管肉瘤

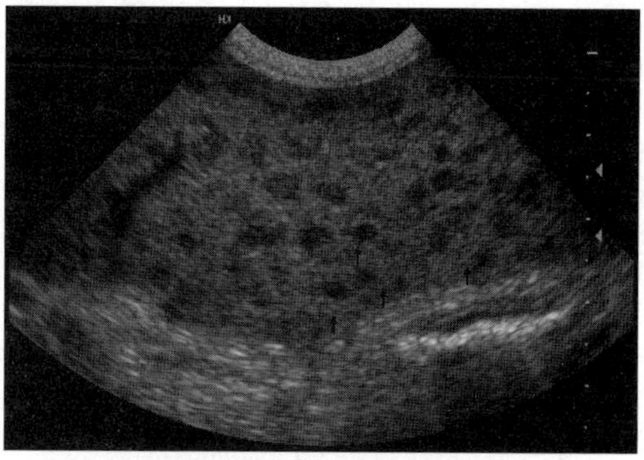

有多个低回声到无回声小空腔。

图 9-56　犬脾脏淋巴肉瘤

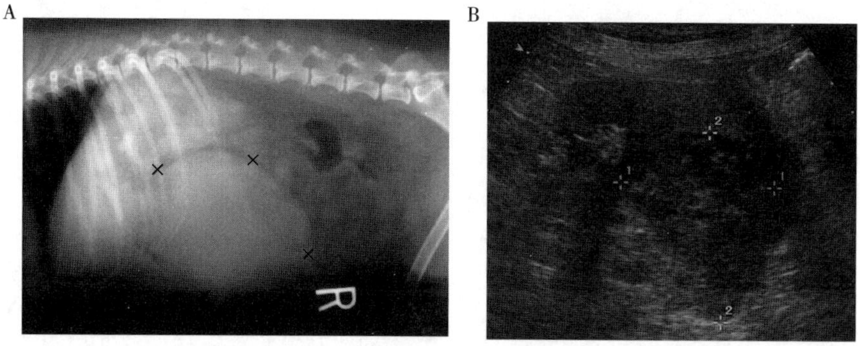

A. X光检查：脾脏中有密度增高的团状物；B. 超声检查：脾中有混合回声的团状物（星号范围）。

图 9-57　犬脾脏血管肉瘤、血肿和结节性增生

10. 脾肿大

【临床与病理】

腹部触诊可触及脾的肿大，表现腹前部器官巨大症，昏睡，虚脱，贫血，异常 RBC。

脾脏肿大分弥散性和局灶性肿大。脉管阻塞引起的脾脏充血、门静脉高压、脾脏扭转、炎症/败血症、肿瘤（淋巴肉瘤和肥大细胞肉瘤）、麻醉和镇静（吩噻嗪安神剂以及巴比妥麻醉剂等）均可导致弥散性脾肿大。其形状正常，边缘光滑。

局灶性或多病灶脾肿大的因素包括：血肿、梗死、囊肿、脓肿、结节性增生、肿瘤（血管肉瘤和血管瘤）等。

【影像学表现】

弥散性脾肿大时回声强度弥散性增强[如肿瘤性（淋巴肉瘤和肥大细胞肉瘤）]的情况并不常见，而回声强度弥散性降低（如充血、髓外血细胞生成、淋巴肉瘤、炎症/败血病，以及脾脏扭转）则更为常见。

局灶性或多病灶脾肿大多表现为弥散性，有无回声类的，如囊肿（血肿和肿瘤）；有低回声类的，如肿瘤、脓肿、急性梗死以及结节性增生；有强回声类的，如肿瘤、脓肿、慢性梗死和结节性增生；有混合性回声的，如肿瘤、血肿和脓肿、结节性增生等。

第十章　呼吸系统

呼吸器官由鼻腔、鼻窦、喉、气管、支气管、肺及胸膜等构成。由于呼吸器官具有良好的自然对比，因此成为X线检查的有利条件。CT密度分辨力高，无影像重叠，在细小病变的发现及显示病变的细节方面优于X线肺部检查，目前已成为人类医学主要的检查方法，但在动物医学方面尚未普及。MRI呼吸系统检查已逐渐应用于动物医学临床，并显示出独特的价值。

第一节　呼吸系统解剖特点及成像检查技术

一、胸廓

(一)正常解剖

胸廓是由内、外各种组织、器官包括胸壁软组织、骨骼、心脏大血管、肺、胸膜和膈肌等构成。

1. 骨性胸廓

(1)胸椎　犬背腹位或腹背位影像中横突可突出于纵隔影之外。

(2)肋骨　犬侧位观察，肋骨后段呈垂直走行；背腹位观察，前段自外上向内下斜行，同一肋骨前后端不在同一水平。前端肋骨扁薄，不如后段肋骨的影像清晰。第1～10肋骨前段有肋软骨与胸骨相连。因软骨不显影，肋骨前段呈游离状。肋骨及肋间间隙常被用作胸部病变的定位标志。

(3)胸骨　犬背腹位胸片上，胸骨几乎完全与纵隔影重叠，仅胸骨柄两侧外上角可突出于纵隔影。侧位及斜位片上胸骨可以全貌显示。

2. 胸膜

胸膜即被覆在肺和胸壁内表面的薄膜。分为脏层和壁层，前者包裹肺及叶间，后者与胸壁、纵隔及横膈相贴，两层胸膜之间为潜在的胸膜腔。

3. 纵隔

纵隔位于胸骨之上，胸椎之下，介于两肺之间，前为胸廓入口，后部经主动脉裂孔与腹膜后间隙相连。两侧为纵隔胸膜和肺门。其中包含心脏、大血管、气管、食管、淋巴结、胸腺、神经及脂肪等。纵隔分为三个区：前纵隔(心脏前)、中纵隔(心脏周围)和后纵隔(心脏后)。

4. 横膈

横膈是指介于胸、腹腔之间的薄层肌腱组织。两侧均有肌束附着于肋骨、胸骨及腰椎。横膈上有多个连接胸腹腔结构的裂孔，如主动脉裂孔、腔静脉裂孔和食管裂孔。

(二)检查技术

1. X线检查

常规检查包括侧位和背腹位或腹背位X线检查。拍摄时，要在吸气末时曝光，因为当肺充气时可为胸部内不同结构提供最佳对比。呼气时拍摄的X线片，肺野密度较高，许多肺纹理的微细征象丢失，但是呼气时X线片对于诊断某些空气不断从肺排出的疾病具有重要意义。X线投照范围包括整个胸部，从第1肋骨前2 cm到第1腰椎后。胸部的厚度超过15 cm时应使用滤线栅。

由于待检动物的呼吸运动影响，X线机的最低曝光时间至少为1/30 s。否则运动可引起胸内结构模糊，不能很好地显示出细微病变。曝光不足可造成肺野密度增高的假象，曝光过度使正常的肺纹理消失，可能掩盖病理变化。应用高千伏摄影技术比低千伏摄影可提供更丰富的对比度。由于骨和软组织对高千伏X线的吸收率相似，故高千伏胸片可以减少胸壁软组织和肋骨对肺内病变的干扰。

(1)透视　透视检查对胸部摄片起辅助诊断作用。在透视下可以随意选择各种体位，可多体位观察肋骨、纵隔及横膈等结构重叠处的肺部病变，并可确定病变位于肺内或肺外；通过病畜的呼吸运动可判断肋骨、横膈及纵隔有无活动异常。但由于透视影像的空间分辨率及密度分辨率均较低，在显示胸部病变的形态、密度及范围等方面有限度，且不能保留影像资料，因而此种方法逐步被胸部摄片所取代。

(2)摄片　摄片是指X线平片检查，是呼吸系统影像检查的最基本方法，可以观察到心脏、肺、纵隔、胸膜间隙、胸壁、骨骼、腹部和颈部。呼吸系统疾病的影像诊断首先要进行胸部摄片检查。在检查方法上，采用背腹位与侧位摄影以全面观察病变的部位及形态。一般背腹位胸片是指腹部贴近胶片，也可采用腹背位投照，即背部贴近胶片。采用动物侧卧进行腹背观察时，安置动物侧卧使胸膜液远离X线投照评定区，用于观察纵隔前部肿瘤和肺部团块。

①侧位投照。动物侧卧，前肢相互平行、前拉，以防三头肌与肺前叶的重叠。支撑胸骨，使之与胸椎在同一水平并与胸椎平行，这样胸部不会相对于投照的X线束发生旋转。颈部伸展不能屈曲。X线中心对准第5肋间隙，通常是在肩胛骨的后缘。左侧卧和右侧卧拍摄的X线片差别很小，一般首选右侧卧，因为右侧卧时心包膈韧带可限制心尖向右侧移位。

如果怀疑一侧肺发生病变，摆位时则应将该肺置于非支撑侧，因为支撑侧的肺充气不完全，其对比度降低。所以，全面评价双侧肺时要拍摄两张相对的侧位的X线片。如果怀疑胸腔积液时，有时可用站立侧位。站立侧位时，动物站立摆位，片盒沿动物胸壁放置，用水平X线束投照，投照中心位于第5肋间隙。

②背腹位和腹背位投照。背腹位X线片中，即动物俯卧时，心脏轮廓变形很小。如果主要是显示心影的病变，首选背腹位。肺后叶的动脉在这个摆位中最容易看到。拍摄背腹位X线片时，动物俯卧，肘头外展，前肢轻微前拉，后肢弯曲，俯卧在摄影床上。头在两前肢之间的中线上，胸部不能旋转，胸椎与胸骨重叠，X线中心对准肩胛骨后缘。

拍摄腹背位X线片时，动物仰卧，前肢前拉，X线中心对准肩胛骨后缘，胸椎与胸骨重叠。动物仰卧时，即在腹背位投照时，重力往往使心脏远离胸骨。然而，动物仰卧摆位时相对比较容易，通常易获得吸气时的X线片，所以评价肺时首选腹背位。动物仰卧时可增加呼吸窘迫的痛苦，对于这样的病例要拍摄背腹位X线片。

2.超声检查

超声波不能通过含气的肺组织，仅对肺浅表部位某些病变的观察有些意义。

3.CT检查

(1)平扫检查　不使用对比剂的常规扫描，扫描范围通常为肺前叶至肺后叶。对宠物多数胸部病变，平扫能满足诊断要求。平扫通常分别使用肺窗观察肺，软组织窗观察纵隔。

（2）增强检查　经静脉快速注射造影剂后再进行的扫描，通常是在平扫的基础上进行。主要用于鉴别病变为血管性或非血管性，明确纵隔病变与心脏大血管的关系。

（三）正常影像表现

1. X 线检查

（1）纵隔　胸片上除气管及主支气管可分辨外，其余结构缺乏对比，只能观察其与肺部邻接的轮廓。侧位片上前纵隔含有各类血管、淋巴管和神经，它们位于气管腹侧，呈软组织密度阴影。在腹背位和背腹位片上，脊柱和胸骨重叠在纵隔上。在背腹位或腹背位胸片上，左锁骨下动脉在前、主动脉在后共同构成前纵隔的左侧缘。右侧缘由前腔静脉和食道构成。胸腺有时呈软组织密度在左前方突出纵隔，其长轴指向后外侧。后纵隔偏左，其边缘是右肺副叶的标志，在此副叶跨过中线。

（2）横膈　除非腹腔内有气体，一般横膈不显影，但可根据其前低密度的肺和其后高密度的肝对比确定横膈的位置。腹背位或背腹位胸片上，膈内侧与心脏形成心膈角，外侧逐渐向后倾斜，与胸壁间形成尖锐的肋膈角。膈顶在第 8 至第 10 胸椎水平处。侧位片上，胸骨部与肋部之间以及肋部与腰部之间，留有三角形空隙，称为胸肋三角和腰肋三角；膈肌收缩时膈穹窿下降胸腔容积扩大，以助吸气。

（3）胸膜。正常情况下胸膜不显影，但偶尔位于叶间裂隙的胸膜呈高密度线。

2. CT 检查

（1）胸壁　犬胸骨柄呈向后突起梯形，两侧缘的凹陷为锁骨切迹。胸骨体呈长方形，高密度影。胸椎位于后胸廓中央。肋骨断面呈弧形排列。

（2）纵隔　前纵隔位于胸骨后方，心脏大血管之前。其内有胸腺组织、淋巴组织、脂肪组织和结缔组织。胸腺位于上纵隔血管前间隙内，分左右两叶，形状似箭头。中纵隔结构多，包括气管与主支气管、大血管及其分支、膈神经、迷走神经、淋巴结及心脏等。左右心膈角区可见三角形脂肪密度影，常为对称性。中纵隔淋巴结多数沿气管、支气管分布。后纵隔为食管前缘之后，胸椎前及椎旁沟的范围。后纵隔内有食管、降主动脉分布。

3. MRI 检查

（1）胸壁　增强检查胸壁肌肉在 T1WI 和 T2WI 上均呈较低信号，显示为黑影或灰黑影。肌腱、韧带、筋膜氢质子含量很低，在 T1WI 和 T2WI 上均呈低信号。脂肪组织在 T1WI 上呈高信号，显示白影，T2WI 上呈较高信号，低于骨松质信号。

（2）纵隔　前纵隔内胸腺呈较均匀的信号，T1WI 上信号强度低于脂肪，T2WI 上信号强度与脂肪相似。

二、气管

（一）解剖

气管是一从枢椎体开始向后延伸约至第 5 胸椎处的管状结构。在第 5 胸椎处，气管在心基部上方分叉成主支气管。气管由一系列的环状软骨组成。犬软骨环的背侧是不完整的，由气管肌覆盖气管背侧。两主支气管起始处之间的三角区顶端称为隆突。隆突在 X 线片上看不到。

(二)检查技术

1. X 线检查

气管的常规检查需要拍摄颈、胸部侧位和腹背位 X 线片。与腹背位相比,斜位可避开脊椎和胸骨的重叠而使气管更好地显现。必须注意在拍摄侧位片时不要使胸部旋转,这将导致气管明显的移位。颈部应自然伸展,过度伸展会导致胸腔入口处气管假性狭窄,而头颈俯屈则引起前胸段气管抬高。

气管造影检查现已极少施行,因为内窥镜更有诊断意义。

2. 超声检查

可以做颈部气管的超声检查。它与食道相邻,显示强回声和模糊不清的结构。在呼吸时可见到空气在管腔内移动。胸内气管不能进行超声检查。

(三)正常影像

犬的气管在侧位 X 线片上显示更清楚。其内的空气与软组织密度的颈部肌肉和纵隔内结构形成鲜明对比。前纵隔内的气管位于中线的右侧,在分叉处则位于中央。侧位 X 线片上,气管与胸椎形成一锐角。心基部上方圆形的低密度阴影标示气管分叉处,表示右前叶支气管的起始点。也可能见到另一个圆形的低密度阴影,表示左前叶支气管的起始点。在第 5 和第 6 肋骨之间,气管分叉处前气管向腹侧轻微弯曲。在正常的 X 线片上,只有靠近分叉处的主支气管才能看到,小的支气管无法辨别出来。气管腔的直径随着吸气和呼气有细微的变化。气管的直径比喉的宽度稍小,气管腔的宽度应为第 3 肋骨近端 1/3 处宽度的 3 倍。另外,在侧位片上测量的气管直径与入口深度呈一定比例关系,通常气管直径约为胸腔入口深度的 1/5。

MRI 检查影像特点:气管与主支气管内无信号,气管和支气管壁由软骨、平滑肌纤维和结缔组织构成且较薄,通常不可见,管腔由周围的脂肪高信号所衬托而勾画出其大小和走行。纵隔内的血管也是由周围的脂肪高信号所衬托而显现。

三、支气管

(一)解剖

气管分成左、右主支气管,左主支气管分成前、后二级支气管,前二级支气管分支分布到肺前叶的前部(尖叶)和后部(心叶)。左后二级支气管分布到肺后叶(膈叶)。右主气管分成四支二级支气管,分布到右侧四个肺叶,分别为前叶(尖叶)、中叶(心叶)、后叶(膈叶)和副叶(中间叶或单叶)。

(二)检查技术

1. X 线检查

支气管常规检查时需拍摄侧位和背腹位或腹背位 X 线片。

支气管造影是向支气管内灌注造影剂以显示支气管的方法。先给动物实施全身麻醉,然后给动物插管,通过气管内插管达到气管分叉处,向支气管内注入造影剂如碘化油。也可将插管插到单侧支气管内,将动物摆好体位使造影剂借助重力进入被检查的支气管,左侧卧时检查左肺,右侧卧时检查右肺。检查后叶支气管时需采取俯卧体位。在透视监控下可进行选择性支气管造影术。造影剂可经气管壁用套管针引入。

2. 超声检查

一般不用于支气管检查。

(三)正常影像

支气管在X线平片上基本不显影，只有肺门区的大支气管可见。支气管壁的轮廓由伴随的肺血管勾画出。

四、肺

(一)解剖

肺位于胸腔内、纵隔的两侧，左、右各一。肺有3个面和2个缘。肺的外侧面称肋面，后面与膈相贴称膈面，内侧为纵隔面(图10-1)。

肺的纵隔面上肺门是支气管、肺血管、淋巴管和神经出入肺的地方。

肺内部结构包括间质(结构性的或非结构性的)、肺泡、支气管、混合管和脉管。

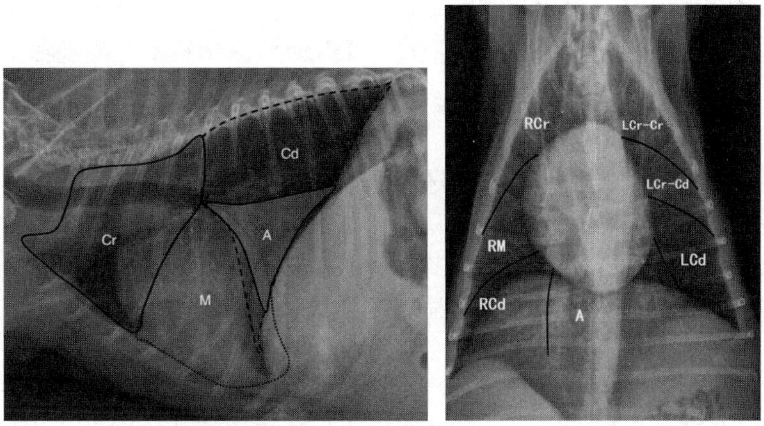

左图　　右图

A. 副叶；Cd. 左右后叶；Cr. 右前叶和左前叶的前段；M. 右中叶和左前叶后段；LCd. 左后叶；LCr-Cd. 左前叶后部；LCr-Cr. 左前叶前部；RCd. 右后叶；RCr. 右前叶；RM. 右中叶。

左图：左侧位；右图：背腹位。

图10-1　犬的肺叶X线解剖图

(二)检查技术

1. X线检查

肺的胸片观察取决于呼吸状况，吸气使肺的对比度达到最大状态。吸气侧位胸片的特点(图10-2、图10-3)：肺的后背方位于第12胸椎后，肺的副叶通气增强，吸气把心脏和横膈分开。

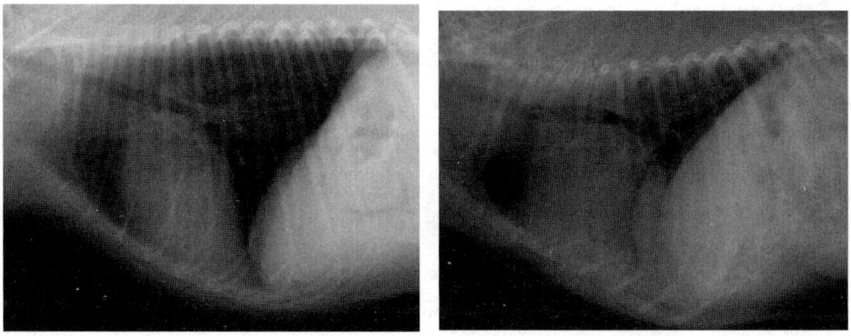

A　　B

图10-2　犬吸气(A)和呼气(B)侧位胸片

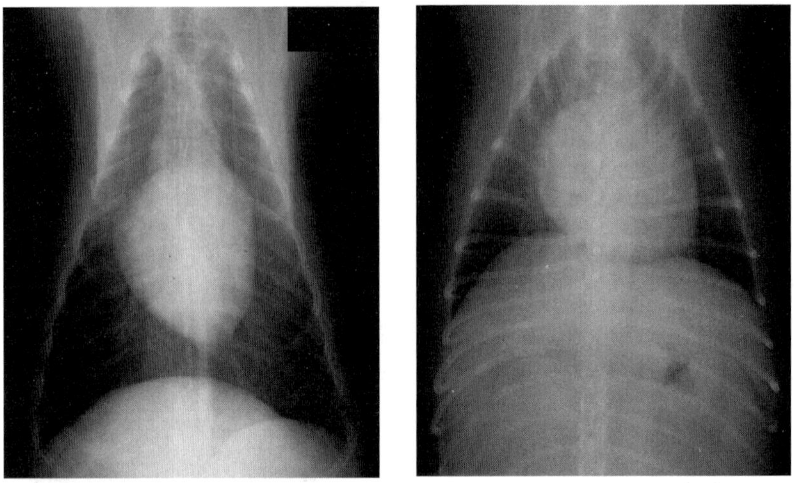

A　　　　　　　　　　B

图 10-3　犬吸气(A)和呼气(B)腹背胸片

吸气腹背/背腹胸片的特点:膈肌圆顶位于第 8 胸椎后;肺尖在第 10 胸椎后。

2. CT 检查

(1)平扫　根据胸部平扫影像可以对多数呼吸系统疾病做出正确诊断。检查时患畜采取仰卧位,扫描范围从肺尖至膈角。薄层扫描层厚为 10 mm,连续扫描。薄层扫描用于肺内的小病灶、支气管扩张、肺弥漫性病变等。

(2)CT 增强扫描　其所用的造影剂浓度为 1 mL 约 300 mg 碘。主要用于肺门及纵隔淋巴结与血管的鉴别、淋巴结的定性诊断如犬结核性与肿瘤转移的区别及肺内结节病灶的鉴别诊断等。

3. MRI 检查

为减少呼吸运动的伪影,胸部 MRI 检查应当使用呼吸门控或屏气扫描。增强扫描用于肺血管病变的诊断和肺内结节等病变的鉴别诊断。

(三)正常影像

1. X 线检查

肺野是许多组织,包括肺血管、支气管、细支气管、肺泡管、肺泡、肺间质、淋巴管、胸膜和胸壁在 X 线胸片上的综合影像。肺纹理是指在充满气体的肺野中可见自肺门向外呈放射分布的树枝状影。肺纹理由肺动脉和肺静脉组成,其中主要是肺动脉分支。支气管树和肺泡内所含的空气作为良好的阴性造影剂使肺血管清晰可见。其他组织构成了胸部影像的背景密度。在正常的胸片上仅能观察到肺门附近较大的支气管。肺动脉和肺静脉伴行于支气管两旁,有利于血管轮廓的显现。肺被叶间裂隙分成各个肺叶,但正常肺的 X 线片上看不到叶间裂隙。在侧位、腹背位和背腹位胸片上,肺叶间存在很大程度的影像重叠。

胸片上最明显的影像结构是心脏和肺血管,肺血管包括肺动脉及其分支和肺静脉。支气管动脉看不到。肺血管的清晰度随着吸气程度、动物年龄、动物姿势、有无疾病过程和曝光技术的变化而变化。呼气时的 X 线片显示血管的能见度降低,这是因为呼气时胸内气量减少使对比度降低,而且呼气使肺组织压缩。老龄动物胸片的对比度比年轻动物的要差,这是由间质组织增多造成的。

侧位胸片上，左右肺的血管互相重叠。在心脏前侧，通常可见两对肺血管，背侧的一对血管是右肺前叶的动脉和静脉，而腹侧的是左肺前叶的动脉和静脉。侧位胸片上，动脉位于相伴行的静脉的背侧。在心脏的后侧，右肺动脉和左肺动脉向胸腔外周分支延伸，左肺动脉稍位于右肺动脉的背侧。胸部的全面X线检查需要同时拍摄两张相对侧位的胸片。在犬心脏前侧，可见一条微弱的线状高密度阴影，约从第2胸骨向前向背侧延伸至第1肋骨处的前纵隔腹侧界，这是胸膜影像，在这里左肺前叶的前缘越过体中线到达胸腔的右侧，位于右肺前叶之间。

背腹位或腹背位胸片上，最容易在肺野的中带看到肺血管。由于心脏外周影像的影响，肺门处的血管则呈现出既小又少的模糊影像。肺动脉位于相应的支气管的外侧，肺静脉位于支气管的内侧。在大多数的背腹位和腹背位胸片上，可见到一条细的中密度线从心影的心尖连接到左侧膈，这是纵隔和胸膜的影像，是副叶和左右叶相接触的部位。

肺动脉比肺静脉清晰得多，肺动脉起源于气管分叉处前侧的肺主动脉，沿支气管树分布。肺静脉界限不清，在气管分叉处后方直接注入左心房。在左侧位胸片，前叶动脉和静脉的大小相等，其直径不超过第4肋骨近端1/3处的宽度。在背腹位胸片上，后叶动脉和静脉的大小相近，直径相当于与其相交的第9肋骨处的宽度。

侧位胸片上，主动脉从胸腔背侧穿过肺野。前胸的大血管参与组成前纵隔影像。在侧位、背腹位和腹背位胸片上，均可见到后腔静脉。在背腹位和腹背位胸片上，后腔静脉位于右侧胸腔的心膈角外侧。

2.超声检查

一般不用于呼吸系统检查。

3.CT检查

常规CT只能从某一横断面上观察某一断面的肺野或肺门。两肺野可见由中心向外围走行的肺血管分支，由粗渐细，前后走行或斜行的血管则表现为圆形或椭圆形的断面影。

(1)右肺门　右肺动脉包括前后肺动脉，在纵隔内延伸进入肺门。前肺动脉较短，入肺后很快分支并分别与右尖叶的尖段、后段和前段支气管伴行；后肺动脉在中间段支气管前外侧下行，先分出回归动脉参与供应右尖叶后段，然后分出右心叶动脉、右膈叶背动脉，最后分出基底动脉供应肺叶基底段。

右肺静脉包括右前和右后两支静脉干，右前肺静脉干引流右尖叶与右心叶的静脉血，右后肺静脉干引流右膈叶的静脉血。

(2)左肺门　左前肺动脉通常分为后动脉和前动脉，分别供应相应的肺段。左肺动脉跨过左主支气管后即延续为左后肺动脉，左后肺动脉先分出左膈叶背段动脉和舌段动脉，然后分出多支基底动脉供应相应的基底段。左肺静脉分为左前和左后两支静脉干，左前肺静脉干引流左尖叶和心叶静脉血，左后肺静脉干引流左膈叶的静脉血。

(3)叶间裂　横断面上，斜裂可见于第4胸椎平面以下的层面，表现为自纵隔至侧胸壁的横行透明带影；水平叶间裂因其与扫描平面平行，可表现为三角形或椭圆形无血管透明区。当叶间裂走行与扫描平面接近垂直或略倾斜时，则可显示为细线状影，高分辨力CT影像上，叶间裂可清楚显示为线状影。

4.MRI检查

正常肺野基本呈黑影。肺纹理显示不及CT，不呈树枝状，而呈稍高信号的横带状影，近肺门处可见少数由较大血管壁及支气管壁形成的分支状结构。

第二节　呼吸系统疾病及影像诊断

一、气管

(一)基本病变表现

1. 气管移位

颈部或纵隔肿块，或心脏增大可能会造成气管移位。邻近的肿块往往使气管移位而不是压迫气管。胸腔入口处或心基部上方的肿块容易造成压迫。气管位于肿物与肋骨、脊柱、主动脉或心脏等相对较硬的组织结构之间时可受到压迫。

扩张的食道可使气管向腹侧移位，增大的心脏使气管向背侧移位。前纵隔肿块通常使气管向背侧和外侧移位，也可能使末段气管向后方移位。胸内肿块可使气管分叉处向前移位。增大的气管支气管淋巴结可降低、抬高或压迫气管和分离主支气管。

在诊断气管移位之前，必须确定动物被准确摆位。拍片时背卧位颈部过度弯曲可使前胸部气管向腹侧移位，过度伸展可导致胸腔入口处的气管出现压迫。侧位 X 线片上，胸部旋转会使气管明显抬高。对于正常犬可常见到胸内气管向右侧发生一定程度的偏斜。腹背位和背腹位 X 线片可显示气管向外侧偏斜。

2. 气管发育不良

在某些短头品种犬(如英国斗牛犬、斗牛獒犬)中可见气管先天性发育不良(气管狭窄)。整段气管狭窄，直径小于喉的一半，或小于第 3 肋骨近端 1/3 处的宽度。气管发育不良在其他品种如德国牧羊犬、拉布拉多猎犬和巴基度犬中偶见，在猫中罕见。

气管发育不良在拍片或透视时气管直径不会随吸气和呼气变化。吸入性肺炎可能是并发症。气管壁内出血时，可能造成气管狭窄。

3. 气管阻塞

气管的异物性阻塞不常见，主要的临床症状是突然暴发严重的咳嗽。

充气的气管可提供良好的对比，异物通常可以看到。如果异物是透射线的，内窥镜更具有诊断价值。气管阻塞时因球阀作用，气体排出困难，将导致肺充气过度。如果异物进入支气管，将导致肺不张，从而使异物影像模糊。在不张的肺叶中无空气支气管征，原因是在支气管和肺之间有液体渗出使对比消失。

(二)疾病诊断

1. 气管塌陷

【临床与病理】

气管塌陷主要发生于中老年的小型犬，可能是获得性的或先天性的。先天性的气管塌陷在随后的生活中就表现出来。临床症状包括不同程度的呼吸窘迫和突发性的、慢性的干咳(“鹅鸣声”)。

【影像学表现】

由于常见类型的气管塌陷是在背腹面塌陷，因此侧位 X 线片诊断意义最大。前肢与脊柱垂直，拍摄吸气和呼气的整段气管的 X 线片。有时可用胸腔入口的轴位或正切位 X 线片，这时犬俯卧保定，头颈向背侧伸展。必须注意这种摆位不能加剧临床症状。

（1）X 线征象　气管内腔明显变窄。由于背侧气管肌内翻，气管背侧缘轮廓不清。颈部或胸部或二者气管都可能塌陷。若颈部气管塌陷，则在吸气时出现塌陷。若胸内气管塌陷则在呼气时出现，也可波及主支气管。通过轻压胸腔入口处的气管诱咳，或捂住鼻孔有助于使气管塌陷显示更加明显。

如果临床症状暗示气管塌陷，但吸气和呼气时的 X 线片都显示气管塌陷阴性，透视和/或内窥镜检查有助于诊断。

某些肥胖犬的气管看起来明显狭窄，这是因为气管与脂肪重叠或气管松弛，影像部分重叠造成的。肥胖动物的气管显影明显比体瘦的动物差。食道重叠在气管上也可能出现类似气管塌陷的征象，仔细检查可发现气管的真实轮廓。

（2）超声检查　颈部气管的超声检查可见气管扁平，气管直径随吸气和呼气发生变化。

2. 气管破裂

【临床与病理】

如果气管被穿透，则空气透入气管周围组织。

【影像学表现】

X 线片上会看到皮下气肿，皮下有空气密度的阴影。空气可在软组织内沿筋膜面扩散。如果胸内气管破裂，则可导致气纵隔，胸外气管破裂时空气进入纵隔，也可能造成气纵隔。气管环受损可导致管腔变窄，最终造成气管狭窄。

二、支气管

（一）基本病变表现

能否看到支气管取决于支气管与周围充气肺组织相对密度的对比。在正常情况下，除了肺门附近较大的支气管外，支气管树不能被辨认出来。一些较小的支气管可以看到断面。肺动脉分支沿支气管树分布。年龄和炎症变化可使支气管壁增厚而显现出来。

X 线征象如下。

①炎性疾病时，一旦发生支气管炎，支气管周围会发生不规则的浸润。断面观时支气管周围浸润清晰可见，包裹支气管周围的软组织呈袖套状，被感染的支气管呈“环状图样”（图 10-4）。厚的支气管袖套预示急性疾病过程，而袖套薄则表示慢性疾病。增厚的支气管壁几乎相互平行地向周边延伸，这种征象叫作“轨道”或“电车轨道”效应。环状图样表明终末支气管增厚，而铁轨图样是指纵向支气管壁增厚，支气管腔并不增大。

②支气管周围组织浸润使邻近支气管的软组织密度增加，而相邻血管的轮廓清晰度下降。因为支气管壁变厚或矿化，肺门周围区域的支气管壁的可见度增加。

③支气管内含有的渗出液使支气管正常的空气密度消失，在 X 线片上表现为断面观的肺内结节状阴影，或迅速消失的增宽的线状阴影。如果周围肺内浸润并且支气管内含有渗出液，则相互对比消失，支气管不可见。

④支气管异物，阳性异物可在 X 线平片上看到，看起来可能像是在食道。由于阳性异物对肺叶有影响，所以可以怀疑异物的存在。后叶支气管是最常发部，继发于支气管肺炎和肺实变的肺不张也可继发于支气管阻塞。肺后叶最易发病，异物作为一个活瓣允许气体进入肺脏而不能排出肺脏，这可能导致肺过度充气，最终形成肺气肿。支气管破裂将导致肺不张，而支

气管完全阻塞将导致该支气管分布的肺叶发生实变。

⑤支气管软骨钙化使肺野内出现线状阴影。这种征象至少可在某些部位的支气管树上看到。可见分支的两条线向肺野外围延伸,像铁轨或电车轨道。老龄犬有时可见到支气管钙化。

急性支气管炎尽管没有明显的 X 线征象,但也可能出现支气管型征象;慢性支气管炎常显示间质型病变(图 10-5)。与支气管相关的广泛性病变表现为肺叶密度增高、非血管型纹理增加和支气管周围浸润。表现支气管型的疾病包括慢性支气管炎和支气管扩张。X 线评估需与临床和其他检查结果结合进行。支气管炎的主要临床症状是咳嗽。慢性支气管炎和窦炎可能与内脏异位有关。

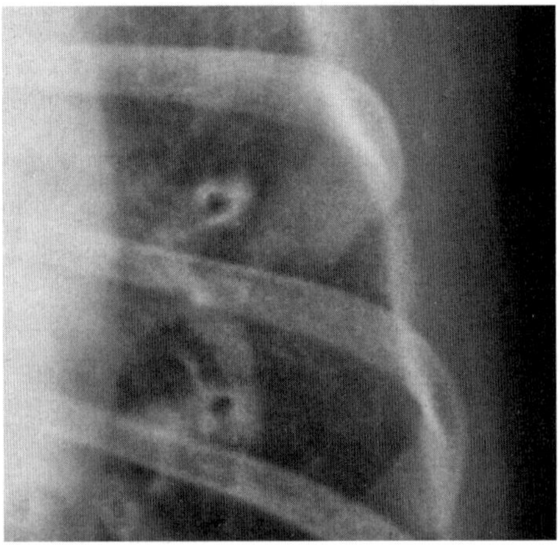

图 10-4　犬环状图样支气管

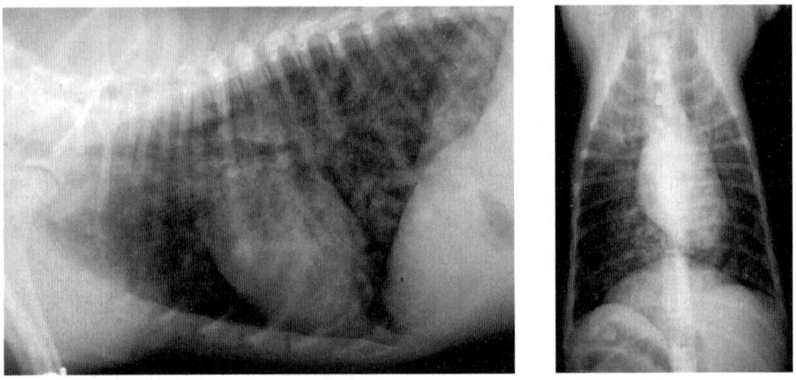

A　　　　　　　　B

A:侧位;B:腹背位。

图 10-5　犬慢性支气管炎

(二)疾病诊断

1. 支气管扩张

【临床与病理】

支气管扩张是支气管的一种不常见、异常的和不可逆的扩张。本病在猫中罕见。支气管扩张作为支气管长期严重疾病的后遗症而发生,它常常是慢性呼吸系统疾病发展的结果。支气管可以是管状扩张也可以是囊状扩张。病变的支气管失去逐渐变细的功能，支气管壁可能变厚。支气管分泌物在扩张的支气管内积聚，易发感染。先天性因素，包括原发性纤毛功能异常（如慢性鼻炎、肺炎支气管炎和支气管扩张症）和卡特金纳综合征（如纤毛运动异常并发左右转位），而获得性因素有中老年病畜支气管扩张导致的慢性支气管炎。

【影像学表现】

支气管扩张的X线征象各异，早期可能X线征象不明显，以后的病变与病程有关。最初可见的征象是支气管扩张且管腔不均匀，当管腔内充满分泌物和渗出液时，在支气管的横断面在X线片上显示为结节状阴影，很像转移性病灶。支气管周围的袖套或环状阴影明显（图10-6）。同时，X线影像也可见支气管壁增厚、间质浸润和肺不张或肺炎灶。扩张的支气管可能蔓延到肺野的周边。支气管造影有助于确诊，特别是早期病例。

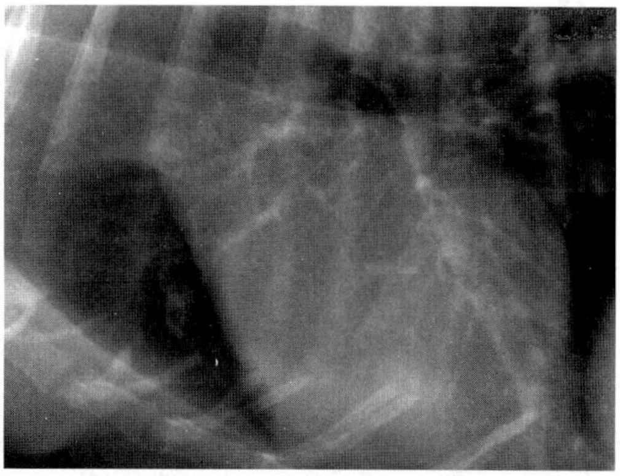

图10-6　犬支气管扩张

2. 过敏性支气管炎（支气管哮喘、猫哮喘）

【临床与病理】

哮喘是影响支气管和细支气管的慢性呼吸道炎性疾病。病因不清。临床症状与通过狭窄的支气管和细支气管吸入的气量减少有关。支气管和细支气管狭窄是由痉挛、黏性分泌物和管壁水肿引起的缢痕造成的。临床突然表现呼吸困难，症状可能是慢性的，主要是持续性咳嗽。

【影像学表现】

支气管哮喘的X线征象包括肺野密度降低和支气管充气过度而增大。肺野可能超出肋弓，可见膈一定程度的扁平和支气管纹理异常清晰，也可见到不同程度的支气管和间质型病变。X线征象各异，从支气管增厚和钙化的慢性支气管炎到轻微或没有病变。如果肺泡内存留空气，肺看起来比正常时密度降低。反之，X线征象不明显。支气管哮喘不常见，猫比犬多发。哮喘的猫因肺容量增大，其呼气和吸气时的X线片差别很小。

三、肺

（一）基本病变表现

1. 肺泡型

肺实变又称为渗出性病变，是指肺泡和终末细支气管充盈血液、脓汁、水肿或浸润液，肺泡内的气体被渗出液或细胞碎屑所代替，可见空气支气管征。受侵袭的肺或肺叶体积没有发生改变，因此没有发生纵隔移位。如果某一肺叶的腹侧和背侧部分受到侵袭，可能需要拍摄侧位和背腹位或腹背位胸片，才能显示出完整的病变程度。肺泡腔内渗出性病变见于肺内炎性病变。

X线征象如下。

①肺内出现模糊的“云絮状”、密度增高的阴影，向周边正常肺组织逐渐消退。肺段及肺叶的渗出性病变成为肺段或肺叶实变阴影。在较大的实变阴影内常可见支气管分支充气像，称支气管气象。

②使整体对比度下降。密度增高的区域有互相融合的趋势。密度增高的区域影响一个肺叶或一个肺叶的一部分,结果造成正常情况下看不到的肺叶边界显示出来,即叶间裂隙的位置可被辨认出来。

③因浸润肺组织较高密度的对比,含气的支气管清晰可见,表现为低密度的管状或分支状结构,即空气支气管征。支气管的断端表现为分散的圆形低密度阴影。充满液体的支气管看不到。如果支气管广泛性充满液体,肺病变区表现实变或均质的 X 线征象。

④含有空气的肺泡群常弥散地分布在浸润的肺泡内,这些低密度的充气肺泡群即空气肺泡征,使病变区的肺野呈现花斑状。

⑤腺泡的渗出性病变为直径 5～8 mm 边缘模糊的斑点状阴影,肺小叶内渗出性病变呈1～2.5 cm边缘模糊斑片状阴影,这些阴影称为肺泡结。

⑥如果感染从细支气管向周围肺泡发展,细支气管将被周围浸润勾画出来。

⑦肺泡型常变化很快,在临床症状开始之后很快表现出来,而在成功的治疗之后又迅速消失。

一个病例不一定要见到上述所有征象。肺水肿、肺内出血、肺炎、肉芽肿病变、支气管阻塞、梗死、变态反应、肺膨胀不全和慢性肺泡疾病都可以表现肺泡型肺实变。肿瘤很少出现肺泡型,但也可能出现。

肺透明度弥散性增强:呼气受阻导致空气滞留,例如猫哮喘、慢性支气管炎、先天性肺叶气肿、过度吸气、消瘦(图 10-7)。

肺透明度局灶性增强:幼畜支气管囊肿、犬肺吸虫、肺大疱(肺膨出,图 10-8)(有腔的脓肿和肿瘤)。

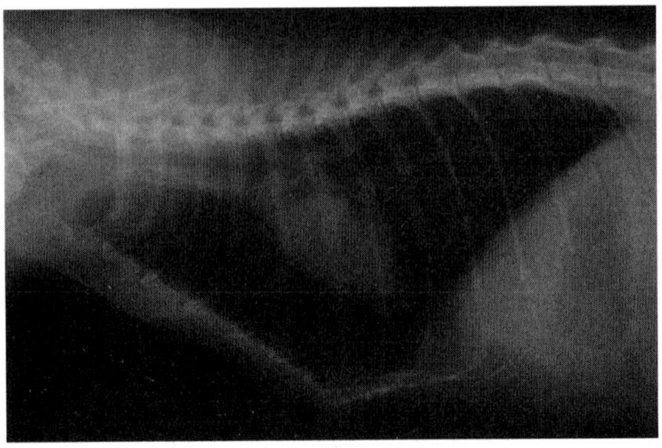

图 10-7　犬肺的透明度弥散性增强

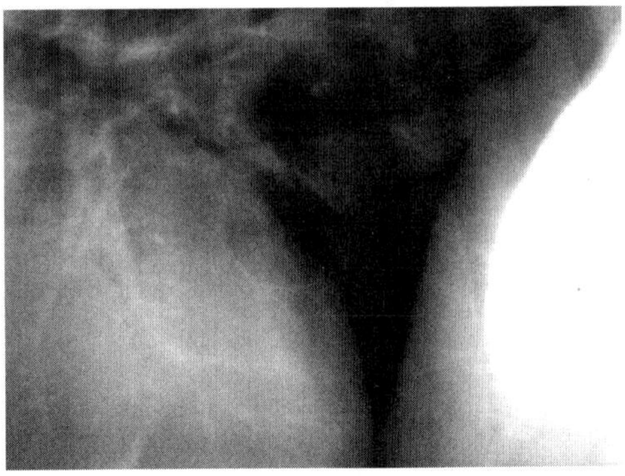

图 10-8　犬肺大疱

2.间质型

肺间质组织是支持结构，是肺内不含气体的部分,包括肺泡壁、肺小叶间隔、毛细血管和支持淋巴系统、细支气管和肺血管的组织,不包括大的血管。当胸片上出现肺间质病变的征象时(肺间质组织密度增高,肺野内的对比度广泛性降低),其病变已经侵袭到了肺泡。间质组织异常不直接影响肺内气室;然而,在发生间质病时,总气量可能因气室压缩而减少。肺间质可能会被纤维组织、肿瘤、细胞或液体浸润。很难区分肺间质病变是液体浸润还是其他物质浸润。肺血管轮廓不清,但仍能够看到。由于肺间隙成分的增加,细支气管和支气管可能显得增厚。

(1)增殖性病变　主要以纤维母细胞、血管内皮细胞和组织细胞增生为主，并有淋巴细胞、浆细胞浸润。肺内增殖性病变可形成肉芽肿、炎性假瘤和慢性炎症。肉芽肿多呈结节形状，炎性假瘤多呈球形或肿块形状，慢性肺炎多为肺段或肺叶阴影即网状或“蜂窝状”阴影。病变边缘较清楚，动态变化缓慢。

(2)纤维化　纤维化是指由纤维组织构成的病灶，是增殖性病变因纤维成分代替细胞成分发展而来。局限性纤维化表现为条索、结节、斑片、块状、肺段及肺叶阴影，边界清楚，密度高。较大的纤维化病变引起周围结构如气管、纵隔及肺门向患侧移位。弥漫性肺间质纤维化形成小结节、网状、线状及蜂窝状影像，呈弥漫分布。还可见肺气肿表现。结节状阴影的产生有多种原因，包括小的充液的支气管、小范围的纤维化、细胞浸润、肿瘤、肉芽肿、脓肿或寄生虫。

(3)肿块和结节　肿瘤及肿瘤样病变以肿块或结节为基本的病理形态。肺内良性肿瘤及肿瘤样病变常见于错构瘤和结核球，因其生长较慢、有包膜，病变的边缘清楚、光滑。周围型肺癌为常见的恶性肿瘤(图 10-9)，由于肿瘤生长较快及浸润性生长，肿块或结节有分叶，边缘模糊、毛糙。结节通常小于 3 cm，在软组织中至少要达到 4～5 mm 方可观察到。间质团块一般大于 3 cm，小于 3 cm 的结节或团块很难与终末肺管区别。因为这些线状纹理与血管无关，常被称为非血管性线状纹理。

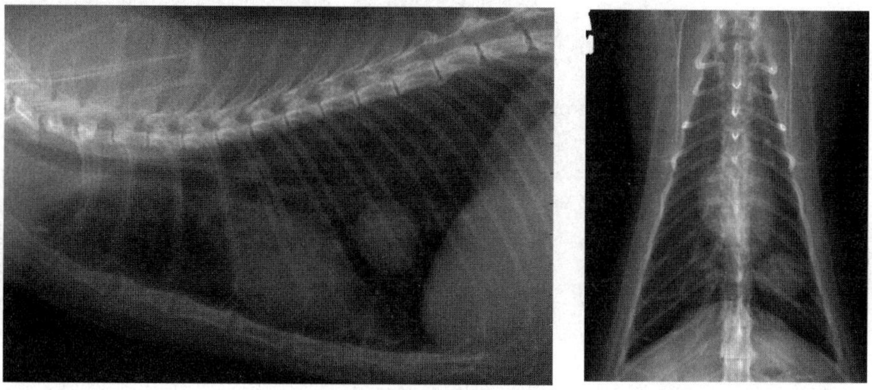

A　　　　　　B

A. 侧位；B. 腹背位。

图 10-9　犬孤立肺肿块

(4)钙化　钙化对于炎性病变属于变质性病变，钙化表示病变愈合。对于肿瘤病变钙化为瘤体的成分之一。X 线表现为密度高、边缘清楚的阴影，较小的矿化结节一般可观察到。肺结核钙化呈单发或多发斑点状(图 10-10)。错构瘤的钙化呈爆米花样(图 10-11)，周围型肺癌的钙化呈单发、多发颗粒状或斑片状。硅沉着病肺内钙化为多发结节状，在淋巴结呈蛋壳样钙化。

(5)空洞　空洞因病变内发生坏死、坏死组织经支气管排出后而形成。空洞性病变是肺结核、肺脓肿和肺癌比较常见的 X 线表现。空洞的 X 线表现有三种。①虫蚀样空洞：病理上为大片坏死组织中的小空洞。在 X 线上为大片阴影内的多发性透明区，边缘不规则如虫蚀状。常见于结核性干酪肺炎。②薄壁空洞：空洞壁厚在 3 mm 以下，多见于肺结核。结核性薄壁空洞病理上是由纤维组织和肉芽组织组成洞壁的纤维空洞。其 X 线表现为圆形、椭圆形或不规则形状的环形透明区，空洞壁的内外缘清楚。③厚壁空洞：洞壁超过 3 mm，多在 5 mm 以上。此种空洞在原发性或转移瘤、肺结核（图 10-12）、肺脓肿及肺癌均出现。

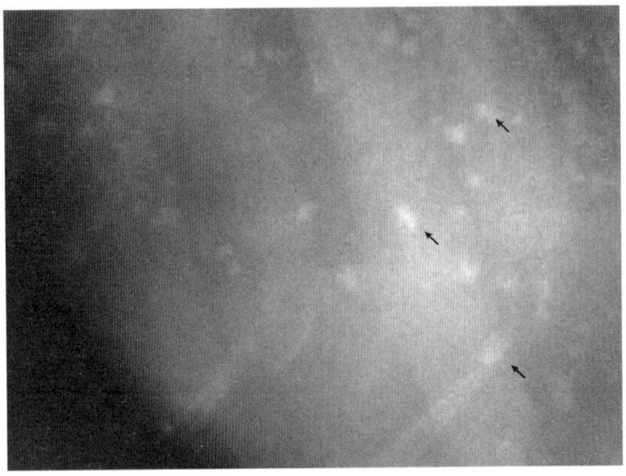

图 10-10　犬肺骨瘤

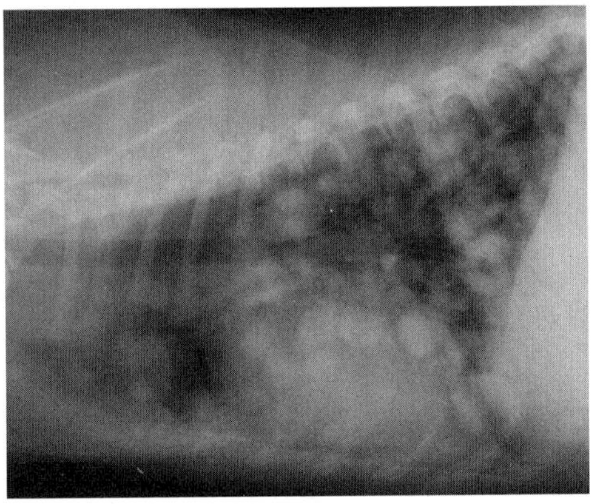

图 10-11　犬结节间隙型肺癌

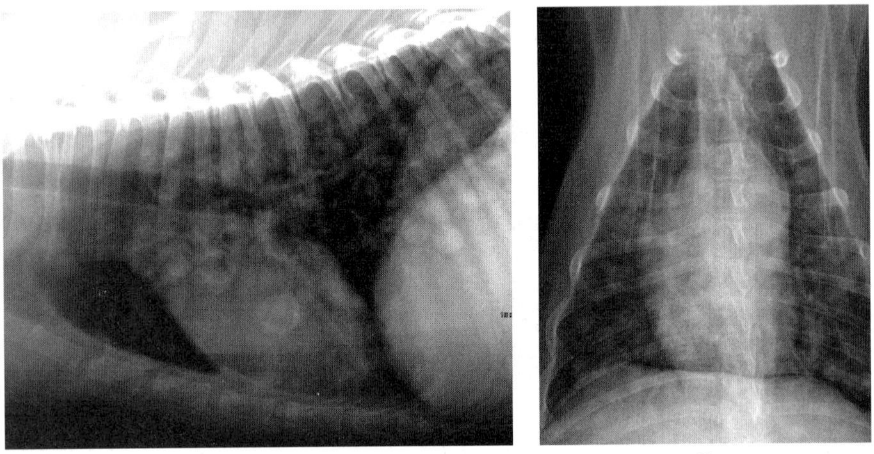

A　　　　B

A. 侧位；B. 腹背位。

图 10-12　犬有腔肺结核 X 线片

（6）空腔　空腔为肺内生理腔隙的异常扩张。与空洞不同的是并非由肺内病变坏死排出后形成的。肺大泡及支气管囊肿均属于空腔。在胸部影像上表现为壁厚 1 mm 左右，厚度均匀的环形阴影。

3. 血管型

血管型是指肺血管本身发生变化导致了血管形态改变。其 X 线征象如下。

（1）血管过度形成。血管直径增大和数量增加，造成肺野密度较高。与正常情况相比，血管更向肺野外围延伸，断面观血管数量增加。任何使右心排血量增加的疾病，如心脏从左到右分流，都会造成血管过度形成。血管过度形成也可见于炎症疾病的早期。肺静脉明显表明左心功能不全或从右到左分流。并发的肺水肿血管的轮廓将变得模糊。

（2）血管形成不足。肺野中缺乏血管影像。可见的个别血管直径比正常时变小，并急剧变细，肺野外围区域密度极低。肺前叶动脉的直径明显窄于第 4 肋骨近端 1/3 处的宽度。肺血管减少可能导致代偿性充气过度，这种情况下能更清楚地看到血管，外周的分支更加明显。任何减少右心排血量的疾病，如心脏从右至左分流、低血容量性休克、艾迪生病、肺动脉狭窄、肺血栓栓塞、严重的贫血和脱水，都会造成血管形成不足。

(3)血管扩张和扭转。血管的扩张和扭曲，尤其是肺动脉，是某些疾病的特征征象。恶丝虫病和动静脉瘘可能显示这种类型的病变。恶丝虫病时可能出现肺血管栓塞，并伴发肺实变，在恶丝虫病的早期阶段，可能不表现X线影像变化。肺发育不完全可能使对侧正常肺的血管扭曲。

(4)正常时看不到的血管，特别是肺静脉，在左心衰竭时可能变得明显，例如，二尖瓣关闭不全时。

4. 混合型

由于肺内不同组织间的紧密联系，在许多疾病中看到的都是混合型。例如，肺间质浸润可能先于肺泡浸润，所以在同一时间拍摄的X线片上，某些区域可能以肺间质变化为主，而其他区域则以肺泡变化为主。某一组织的疾病过程可能影响周围组织。与血管型相关的充血性心力衰竭，如果继发肺泡水肿，也可能产生肺泡型。

(二)疾病诊断

1. 肺不张

【临床与病理】

肺不张是指肺或部分肺不完全膨胀或塌陷，不能正常充气。其原因可能是支气管阻塞、胸腔积液、气胸、猫患哮喘(右肺中叶)、新生仔畜缺乏肺表面活性物质、吸入麻醉、长时间的躺卧和肺叶扭转。肺叶通气下降，肺泡塌陷。在发生肺不张时，肺体积通常减小，纵隔向患侧移位(图 10-13)，有时出现气胸和胸腔积液。发生肺实变时，肺保持原形状和大小。没有发生纵隔移位。

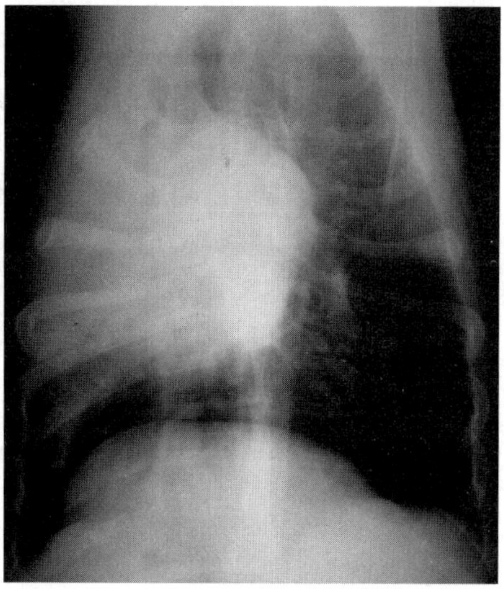

图 10-13 犬肺不张，肺向右侧移位

【影像学表现】

肺不张可能涉及一个肺叶或多个肺叶，可能是部分不张，也可能是全部不张。肺容量减少使纵隔向患侧移位。在腹背位或背腹位时可更好地观察到这样的征象。随着肺膨胀不全，相邻肺叶膨胀以填补空缺。严重病例可能见到空气支气管征。充气支气管造影，肺泡未能充气或被凝灰岩样物质填充，支气管内仍有气体。肺不张和肺泡型肺炎很难鉴别。犬、猫的右肺中叶最常发生肺不张。猫的肺不张与支气管哮喘有关。很多不常见的疾病如急性呼吸窘迫综合征和新生动物的肺不张也可表现肺不张。患病肺叶不再透明。

2. 肺气肿

【临床与病理】

肺气肿是指呼吸细支气管、肺泡管、肺泡囊、肺泡因肺组织弹性减弱而过度充气，呈永久性扩张，并伴有肺泡间隔破坏，致使肺容积增大的病理状态。肺气肿是老年动物的一种常见病和多发病，是一种复杂的疾病，主要表现为终末细支气管远端的气室扩张和肺泡壁破坏。在支气管哮喘时，或发生慢性支气管炎时发生。某些品种的犬，尤其是杰克拉塞尔和西施犬，肺气肿可能是先天性的。

【影像学表现】

X线检查可见一个或多个肺叶密度降低，纵隔向健侧移位，膈影变平并后移。心脏轮廓变小。多种摆位的X线片有助于诊断。患犬侧卧，患侧在下，用水平X线投照，获得背腹位胸片。如果发生肺气肿，则不会出现躺卧侧肺叶的正常塌陷影像。

3.肺炎

【临床与病理】

细菌性肺炎最为常见，分布在前下方、右中叶，例如支气管性肺炎和吸入性肺炎。

病毒性肺炎，犬瘟热，分布在背后方。

(1)犬瘟热　常表现间质型，肺血管和肺实质之间的对比度降低。可能出现支气管周围浸润。可能并发继发性细菌性肺炎，使肺泡型变得明显。

(2)真菌性肺炎　常出现特征性的肺门淋巴结病。球孢子菌病可能不会出现任何可见的肺部变化，也可能出现肺门周围间质型。病史和患病动物的来源有助于鉴别诊断。

(3)寄生虫性肺炎　肺炎可继发于寄生虫感染，如犬恶丝虫。

(4)弓形体病　犬的弓形体病可能出现间质型和/或肺泡型，通常还伴有一定程度的胸腔积液。猫患弓形体病时，可见间质型，尤其在肺后叶更为明显。

(5)猫圆线虫病　猫圆线虫的蠕虫生活在被感染猫的支气管内。肺后叶感染最为严重。有报道称会出现少量的胸腔积液和胸膜增厚。

(6)肺吸虫病　气管支气管淋巴结可能增大。也可能发生气胸。

(7)类丝虫病　该寄生虫侵袭肺脏，围绕虫体产生肉芽肿反应。同时支气管型增加，后叶表现最为严重。该病较为罕见。

(8)异物性肺炎　吸入性肺炎是液体或较大的粒子进入左肺前叶、右肺中叶、副叶和两肺后叶靠下部分的结果。常见肺泡型或混合型。可能发生突变，也可能发展成弥散性肺炎。植物芒类的物质进入肺后叶可导致吸入性肺炎。异物可能导致支气管肺炎、支气管扩张、肺脓肿、肺膨胀不全或肉芽肿肺炎。

(9)急性呼吸窘迫综合征　严重的胸部创伤、大手术、内毒素、严重的尿毒症和其他疾病(如急性胰腺炎和弥散性血管内凝血)可能导致肺泡内表面活性物质的减少。该病也可发生于吸入性肺炎、氧中毒和百草枯中毒。肺泡/毛细血管交换机制的效率下降，出现严重的呼吸窘迫和缺氧。肺内出现不同程度的实变，这是非心源性的肺水肿。发病过程长达数天。

(10)肺纤维化　患病犬临床表现为持续咳嗽和运动不耐受性。

【影像学表现】

肺炎典型的X线征象是肺泡型和间质型。急性细菌性肺炎表现为云絮状浸润的肺泡型。渗出性病变可导致肺泡和肺泡管内的空气排出。急性肺炎时，只要出现临床症状，X线征象就明显可见。肺浸润通常是斑片状分布，不规则，而且边缘模糊。应当拍摄左侧位、右侧位和背腹位或/和腹背位X线片进行诊断。

(1)支气管肺炎　病变通常发生在肺中叶和前叶靠下的部分。疾病的不同阶段可能侵袭不同肺叶。间隔几天连续的拍摄X线片可显示肺型的变化，根据治疗的效果，病变可能加重，也可能减轻。慢性肺炎经常出现混合型(肺泡型、间质型、支气管型)。肺诺卡菌病时经常出现胸腔积液。肺结核可能造成慢性肺炎,出现结节状的间质型。

(2)病毒性肺炎　该病通常很少引起可见的X线影像变化,除非伴发继发性细菌感染,出现肺内渗出和肺膨胀不完全。可能出现支气管外周浸润,以及使肺脏与肺血管之间对比度下降的间质型。

(3)犬瘟热　没有特征性的X线影像变化。

(4)真菌性肺炎　主要表现为间质型。常见大小不等的结节状阴影,可能与转移性肺病相混淆。

(5)寄生虫性肺炎　其X线征象与受侵袭的肺组织有关,可能出现肺泡型、间质型或支气管型。常见支气管周围实变和支气管型。

(6)弓形体病　常见许多模糊的支气管周实变区和支气管型。

(7)猫圆线虫病　整个肺野中可见广泛分布的小的结节状阴影。支气管纹理明显,有报道称会出现少量的胸腔积液和胸膜增厚。

(8)肺吸虫病　X线征象包括肉芽肿病变产生的结节状阴影、线状的支气管周围浸润和肺内囊性病变。

(9)类丝虫病　X线征象包括肺间质的粟粒状结节和线状或网状阴影,同时支气管型增加,后叶表现最为严重。

(10)异物性肺炎　异物可能导致支气管肺炎、支气管扩张、肺脓肿、肺膨胀不全或肉芽肿肺炎。最好经常进行X线检查以监测病程发展。

(11)急性呼吸窘迫综合征　X线征象无特征性,开始时表现为间质型,后发展为肺泡型,最后发生肺实变。该病不能通过X线征象确诊。幼犬有时也可出现类似的肺泡表面活性物质缺乏,造成幼犬呼吸窘迫综合征相似。

(12)肺纤维化　胸片显示整个肺野内广泛性间质型浸润和支气管纹理增加。通常还出现右心增大。

4. 肺水肿

【临床与病理】

肺水肿是指液体在肺间质和肺泡内异常积聚。肺水肿可能是间质型的、肺泡型的或混合型的。间质型肺水肿经常先于肺泡型肺水肿发生。造成肺水肿的原因有许多,包括心源性水肿,如左心衰竭、心肌炎、从左向右分流以及肺门肿块引起的血流阻塞;非心源性肺水肿,如吸入有毒气体、过敏、触电、低蛋白血症、沉积性充血、尿毒症晚期和急性呼吸窘迫综合征。

心源性水肿主要发生在肺后叶,常发生在腹侧。非心源性肺水肿常发生在背后方。

【影像学表现】

X线征象:心源性肺水肿是由心功能不全引起的肺水肿,常常发生在肺门周围,其X线征象如下。

根据水肿的类型和持续时间,出现间质型或肺泡型X线征象,但通常是混合型。肺泡密度增高可掩盖间质变化。肺门周围区域弥散性变化,在犬对称地向肺野两侧延伸。肺野外围可能不受影响。猫的变化可能不对称,主要集中在肺野中带。接近心脏处的肺静脉扩张,潜在的肺内变化会影响这些静脉的清晰度。肺静脉比肺动脉宽,胸腔前侧表现得最明显。中央区的肺动脉直径增加。血管影像通常变得模糊不清。早期由于小的肺泡群内充满液体,可出现细微的颗粒状或结节状阴影。叶间裂隙变得明显。心脏增大，增大的类型依潜在的异常而定。肺内征象变化迅速，这要依据疾病是否得到有效治疗。当肺水肿程度继续加重时，肺实变的区域变得更加明显。

非心源性肺水肿是由其他原因引起的肺水肿，常常发生在后背侧，其 X 线征象如下。

以肺泡型为主，出现许多结节状阴影。通常出现在两肺后叶，病变没有延伸到外围。叶间裂隙变得明显。心脏轮廓正常。肺内变化迅速。肺内可能不对称。

5. 肺出血

【临床与病理】

肺出血通常是由创伤引起的，也可能在弥散性血管凝血和抗凝血剂中毒和免疫介导疾病等时发生。出血，可发生在任何部位。

【影像学表现】

X 线征象：通常表现为肺泡型和混合型，但偶尔也会出现间质型。浸润呈斑片状分布，常可见到并发的损伤，如肋骨骨折。动物康复后数天，X 线征象通常迅速消退。当一般的肺型消除后，散在的阴影是血肿的影像。

6. 肺肿瘤

【临床与病理】

犬和猫相对少发肺原发性肿瘤。肺转移性肿瘤在犬中比较常见，但在猫中不常见。

(1)单一的软组织肺结节或团块特点　原发性肺肿瘤常位于肺后叶，如腺癌、支气管原癌、鳞状细胞癌和恶性组织细胞增多症，孤立性肺转移、寄生虫或霉菌性肉芽肿、脓肿、血肿和充满液体的肺大疱或囊肿。

(2)多个软组织肺结节或团块特点　转移性肿瘤、霉菌性肉芽肿、寄生虫性肉芽肿(肺吸虫和猫肺蠕虫)、脓肿形成、淋巴瘤、恶性组织细胞增生症、淋巴样肉芽肿病和充满液体的肺大疱或囊肿。

【影像学表现】

X 线检查阴性不能排除肺转移性肿瘤的可能性。虽然胸部 X 线片看起来正常，但仍可能存在广泛的转移性病灶。这是因为病变还小不能产生可见的阴影，肿瘤直径可能小于 5 mm。如果怀疑转移性肺肿瘤，则应分别拍摄左、右侧位的 X 线片。

(1)X 线征象　某些肺原发性肿瘤，如细支气管细胞肿瘤，表现弥散性间质型。淋巴肉瘤时，可能出现网状结节状阴影、肺门淋巴结肿大，以及胸肌淋巴结和/或纵隔淋巴结肿大。单个肿瘤的大小和密度差异很大，也可能钙化。通常肺内可见多个大小不一的病变。病变广泛分布于整个肺野。当肿瘤数量非常多时，彼此之间互相重叠，其边缘连到一起。要检查最大的浸润区边缘或外围肺野的病变。空气支气管征的缺乏，有助于排除肺泡型。肺转移性肿瘤的 X 线征象以间质型为主，最常见多发的、界限清晰的结节状阴影。转移性骨肿瘤常表现为较大的圆形阴影(“炮弹”形)。来自乳腺腺癌的转移性瘤表现为小的、多发性的、界限清晰的、广泛分布的结节状阴影。继发感染可能造成在潜在的间质型基础上重叠出现肺泡型或支气管型。通过分别拍摄左、右侧位 X 线片，可提高看到小的肿瘤结节的概率。不要将重叠的阴影如乳头或血管断面误认为瘤性肿块。不要将肺的异位骨误认为肺转移性肿瘤。

单个的结节状阴影可能代表肺原发性肿瘤。然而，其他疾病如肺脓肿、囊肿、梗死、血肿或肉芽肿也可能出现单个的结节状阴影。应当分别拍摄左、右侧位的 X 线片，因为只有位于上方肺内的小的病变才能被更好地显现。其原因是，侧卧时支撑侧的肺叶充气不充分，其内的对比度降低，所以病变，特别是小的病变，不能显示出来。

（2）超声检查　可通过肋间隙扫查胸腔内的肿块，但这要依赖于肿块所在位置和它到肋架的距离。肿瘤组织回声结构不均匀，经常产生混合回声。强回声的条纹代表充气的支气管。如果肿瘤有包裹，则表现为厚的强回声囊或壁包围的无回声区。肿瘤包囊化之后，使鉴别肿瘤与囊肿的困难程度增加。细针抽吸或活组织检查有助于确诊。

四、胸膜病变

（一）胸腔积液

【临床与病理】

胸腔积液是指胸膜腔内有液体，其包括以下几种。

（1）漏出液　见于心功能衰竭、低蛋白血症、肺叶扭转、累及肝脏的嵌闭性膈疝。

（2）血液（血胸）　见于创伤、肿瘤、抗凝血剂中毒。

（3）淋巴液（乳糜胸）　见于胸导管或其分支破裂。

（4）渗出液（脓胸）　主要见于渗出性胸膜炎，也可能是肺或纵隔感染蔓延的结果。

【影像学表现】

上述液体不管来源如何均具有液体的密度，X线片上不能区别液体的性质。

（1）X线征象　侧位片在胸腔腹侧见密度均匀增高，由于液体进入叶间裂隙其形状如扇贝状。肺边缘与胸膜侧壁分离。由于液体进入叶间裂隙，所以将其影像显示出来。只有在投照时X线束正对裂隙时才会显影，裂隙在边缘宽，近肺门处窄。侧位片见液体分布在膈脊柱隐窝，将肺缘与脊椎腹侧面分开。心影部分或全部模糊。腹背位片上可见到心脏轮廓而背腹位片中心脏轮廓模糊。有些病例由于肺漂浮在液体中使得气管向背侧移位。腹背位或背腹位片上，在肺缘和胸壁之间可见液体密度阴影。阴影延伸到叶间裂隙。液体量少时腹背位显示最清楚。肋膈结合处正常的锐角消失。膈影模糊。液体可以聚集在肺膈之间形成假膈影，膈显得增厚。在左侧胸腔后部副叶与后叶间的胸膜折转处可能聚集液体，显得此处增厚。改变体位拍片可显示液体的流动性。液体量少时常规拍片不能将其显示，使用水平投照站立侧位拍片将看到腹侧密度增高。除非伴有气胸，否则不能看到气-液交界面。胸腔积液使得胸腔内部器官边界不清，后肢站立腹背位X线水平投照可见液体位于肋膈角。液体可能被包裹在某一特定区域，此时改变体位投照液体不会改变位置。液体的不规则分布表明肺的病变，如肺叶扭转，此时液体集中在发病肺叶周围。

（2）超声检查　胸腔内液体呈无回声或低回声区分布在肺和肋骨之间。肺的轮廓被衬托出来，呈强回声三角形边缘，漂浮在液体中。如果肺尖实变则肺尖为低回声。少量液体可以在胸腔腹侧或支撑部分找到。

如果是炎症渗出液则可见到低回声纤维碎片漂浮其中。慢性病例则形成纤维素与心包和胸膜相连。液体可被局限在包裹内并被分隔成小囊。如果液体含有细胞成分，可见涡动的、斑块状有回声絮状物。液体中出现的亮的强回声斑块可能是气体或气泡。

不能将胸膜折转或心包膈韧带误认为是纤维块，心包膈韧带由心尖向后到膈，呈现为连续的、波浪形状结构。

(二)气胸

【临床与病理】

气胸是指胸腔内出现游离气体。气胸可能为闭合性也可能为开放性。由于胸腔正常的真空状态消失,肺脏出现不同程度的塌陷。胸壁外伤、合并纵隔损伤的食道破裂、气管或支气管的破裂均会导致气胸。主要临床症状是呼吸困难、运动不耐受。当胸壁创伤或支气管破裂气体进入胸腔而不能随呼气排出胸腔时就会发生张力性气胸。胸腔压力增大,肺脏压缩。

【影像学表现】

(1)X线征象　由于充气的肺脏不再支撑心脏,侧位片上见心脏与胸骨分离,心脏腹侧透射线性增加。肺脏边缘回缩,远离胸骨、膈和膈脊柱隐窝,空气密度衬托出肺边缘影像。因肺不张或部分不张使肺密度增加。胸腔外围未见正常肺纹理。有时在叶间裂隙见到气影。由于胸腔内气体增加,X线片显得曝光过度。检查少量气胸时在呼气时拍片更容易检出。动物侧卧水平投照的腹背位将显示胸腔聚集的气体(图10-14)。严重的张力性气胸使膈变平、后移,甚至膈影倒置,呈现帷幕状。当膈肌与肋骨的连接点变得明显可见,表现为三角形软组织凸起、尖端指向心脏时即为帷幕状。如果为单侧性则纵隔移位,偏离发病一侧。

正常动物在最大吸气时右肺中叶延伸到心脏下面,将心脏和胸骨略微分开,不要将这种现象误认为是气胸。

(2)CT检查　肺窗上气胸表现为肺外侧带状无肺纹理的高透亮区,其内侧可见弧形的脏层胸膜呈细线状软组织密度影,与胸壁平行。肺组织有不同程度的受压萎陷,严重时整个肺被压缩至肺门呈球形,伴纵隔向对侧移位,横膈后移。

(3)超声检查　胸膜腔内游离气体很难与充气的肺脏进行区分。

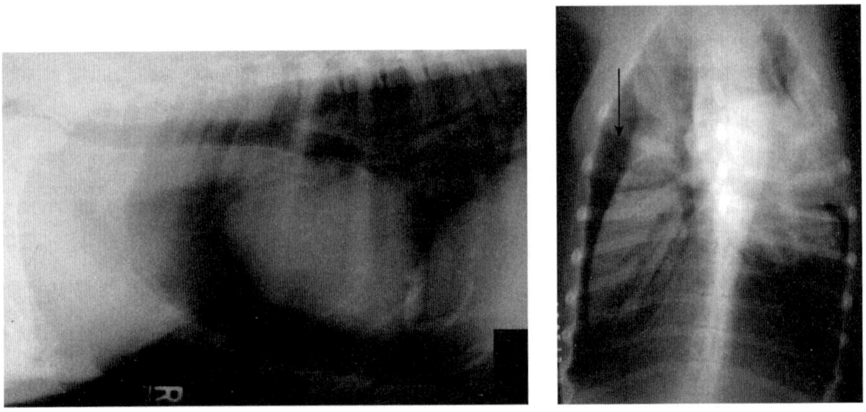

A　　　　　　　　　　B

A:侧位;B.腹背位。

图10-14　犬气胸X线片右胸膜腔灰色暗影

(三)胸膜增厚、粘连及钙化

【临床与病理】

胸膜炎性纤维素渗出、肉芽组织增生、外伤出血或脓胸均可引起胸膜增厚、粘连及钙化。轻度局限性胸膜肥厚、粘连多发生在肋膈角区。胸膜钙化多见于结核性胸膜炎、出血机化和尘肺。

【影像学表现】

(1)X 线检查　局限性胸膜肥厚、粘连常表现为肋膈角变浅、变平、膈运动轻度受限。广泛胸膜增厚粘连时，可见患侧胸廓塌陷，肋间隙变窄，肺野密度增高，肋膈角近似直角或闭锁，横膈前移且顶变平，横膈运动微弱或不动，纵隔可向患侧移位。叶间裂隙为细的高密度线由肺门伸向胸部。背腹位或腹背位上可见细的高密度线将肺与胸壁分开。老年动物见于钙化或纤维化。可见正常的明显的副叶与左后叶结合部胸膜裂隙。肺野边缘呈片状、不规则点状或条状高密度影。

(2)超声检查　胸壁与肺组织间有一层厚薄不一、大小不同的中等密度回声区。胸膜钙化可见斑片状强回声伴后方声影。

(3)CT 检查　胸膜增厚表现为沿胸壁的带状软组织影，厚薄不均，表面不光滑。与肺的交界面多可见小的粘连影。胸膜钙化多呈点状、带状或块状的高密度影，其 CT 值接近骨骼。

(4)MRI 检查　影像特征没有 X 线和 CT 影像突出，不推荐使用。

(四)胸膜外肿块

【临床与病理】

起源于胸壁、膈和纵隔的肿块会向胸腔突出，将胸膜顶起。肿块可能是炎性肿胀，含液囊腔或肿瘤。其会侵袭邻近软组织或骨骼，这类肿块很难与肺肿瘤进行鉴别。胸膜外肿块向胸腔突出时表现为锐利的突起边缘，可能压迫肺脏。肿块基部宽，前后缘呈凹形，与壁层胸膜交融在一起。需要检查肋骨、胸骨、脊柱，观察骨膜反应和骨破坏现象。与膈相关的胸膜外肿块如脓肿或肿瘤少见。除非是真正膈疝，膈破裂也伴有胸膜破裂，因此不是胸膜外肿块。

【影像学表现】

使用胸膜造影作为辅助诊断方法。将水溶性碘制剂以每千克体重 1 mL 注入胸膜腔。每 10 mL 造影剂中加入 1 mL 10%盐酸利多卡因。将套管针于第 7 肋间隙或第 8 肋间隙刺入胸膜腔，缓慢注入造影剂。避开肋骨后缘以免刺破血管，不要刺到肺脏。当有气体回抽时，应将针头退回。注入完毕，拍片前转动动物身体以使造影剂均匀分布。

超声检查：肿块通常邻近胸壁，使肺脏移位。因为肿块不随呼吸移动故定位为胸膜外肿块。

五、横膈

横膈发生异常主要表现是膈疝和膈破裂。

膈疝是指腹腔器官经膈破裂孔突入胸腔。膈疝可能是先天的，但对于犬不常见；也可能是后天获得的，多为创伤所致。获得性膈疝更准确地说是膈破裂，因为没有疝囊，腹腔器官经异常裂孔而不是生理孔道进入胸腔。常有外伤史，临床症状包括呼吸困难，胸腔内出现腹腔器官和液体。胸腔听诊肠音或正常肺音消失，腹围缩小，也有无症状病例但罕见。

1. X 线征象

正常膈影中断或消失。由于胸腔密度增高，肝和肺的密度对比消失或部分消失。如果胃肠进入胸腔则见胃肠内气体阴影。疝入并扩张的胃很像气胸，这属于急症并危及生命。如果肝脏进入胸腔，则胃前移，侧位片上幽门区指向前腹侧而不是后腹侧。小部分肝脏进入胸腔，X 线检查可能漏诊。单侧发病者纵隔偏移，连带心脏移向健侧。受累侧肺脏被压缩或塌陷，肺血管纹理消失。膈疝时常见胸腔积液，如果肝脏疝入由肝流向心脏的血液受阻而造成渗出。

胸腔穿刺或使用利尿剂以及随后进行 X 线检查对于评估胸腔内结构是必需的。如果大量腹腔器官进入胸腔，腹腔体积减小，正常的腹部阴影消失。如果腹腔器官前移也可怀疑为膈疝。膈疝还伴有其他异常现象，如肋骨骨折、气胸、胸腔或肺内出血。腹背位和背腹位片上心膈角模糊。侧位片上的膈脊柱隐窝减小。钡饲造影对于确定胃肠的位置是有用的。

2. 超声检查

腹腔液体会显示出膈的后缘，胸腔积液能显示出膈的前缘当评估膈的完整性时由肋间扫查较好。在胸腔内见到腹腔器官表明膈破裂。

腹腔器官（如肝、脾或胃肠道）均可在胸腔见到，并能追溯到腹腔。胃肠道的蠕动可以与充气的肺脏区别开。胸腔内可见到气体，心脏移位，胸腔积液时不会出现镜像伪影。

六、纵隔

纵隔的形态改变多表现为纵隔增宽。引起纵隔增宽的病变可为肿瘤性的、炎症性、出血性、淋巴性、脂肪性和血管性。脂肪性和血管性，以纵隔肿瘤最常见。胸腔、肺内及纵隔病变均可使纵隔移位；肺不张及广泛胸膜增厚可牵拉纵隔向患侧移位；胸腔积液、肺内巨大肿瘤及偏侧生长的纵隔肿瘤可推压向健侧移位。

1. X 线检查

纵隔内肿瘤、淋巴结增大、动脉瘤等均可表现为纵隔肿块，纵隔相应部位增宽变形。畸胎瘤所含牙齿、动脉瘤壁钙化、淋巴结结核钙化均表现为纵隔内更高密度影。腹腔组织或脏器疝入胸腔也可使纵隔增宽、变形，空腔脏器疝入时，可见空气影。一侧肺气肿时，纵隔向健侧移位。

2. CT 检查

根据 CT 值可将纵隔病变分为 4 类：脂肪密度、实性、囊性及血管性病变。脂肪瘤以右心膈角多见。实性病变可见于良、恶性肿瘤、淋巴结肿大等。囊性病变表现为圆形或类圆形液体样密度影，心包囊肿多位于右心膈角，支气管囊肿好发于气管或食管旁及肺门部。主动脉瘤可见瘤壁的弧形钙化。CT 增强检查对鉴别血管性与非血管性、良性与恶性肿块很有价值。血管性病变增强检查可明确显示动脉瘤、动脉夹层及附壁血栓。实性病变中，良性病变多均匀轻度强化，恶性病变多不均匀较明显强化。囊性病变仅见囊壁轻度强化，脂肪密度病变仅见其内的血管强化。

第三节　各种影像检查的比较与优选

一、胸壁影像检查的比较

1. X 线检查

X 线胸片经济简便、应用广泛、整体感强，是胸部疾病诊断的基本方法。X 线检查的目的主要是明确胸部是正常还是异常。

2. CT 检查

CT 检查易于发现胸部病灶和显示胸部病灶特征，可用于 X 线胸片诊断困难的所有病变的检查。

3. MRI 检查

MRI 检查多用于纵隔和肺门病变的诊断，主要是了解肺部病变对纵隔的侵袭、纵隔病变对心脏大血管的侵袭情况，鉴别纵隔或肺门病变是血管性还是非血管性，不使用对比剂也可显示纵隔或肺门的淋巴结肿大。

4. 超声检查

超声检查主要适应证为胸壁良、恶性肿瘤、胸壁感染、胸膜病变及浅表的肺肿物。

二、胸壁影像检查的优选

X 线、CT、MRI 和超声检查在胸部的应用各有其优势和限度，彼此间可以互相补充、互相验证，进行胸部影像检查时要进行优选，其原则如下。

1. 因病而异

比如 MRI 不能观察慢性支气管炎、肺气肿、气胸、肺粟粒性病变等。怀疑是肺门淋巴结肿大可直接选用 MRI。对胸膜增厚、粘连与钙化的显示，MRI 和超声不如 X 线和 CT。MRI 显示纵隔病变与血管性病变、鉴别横膈上下病变则有明显优势。

2. 因时而异

疾病的发生和发展是有其过程和规律的，如大叶性肺炎的充血期，用 X 线检查多无阳性所见，但应用高分辨力的 CT 多能发现异常。

第十一章 泌尿系统

泌尿系统包括肾、输尿管、膀胱和尿道,这些结构在常规 X 线检查时均表现为软组织密度,缺乏自然对比。肾具有排泄含碘造影剂的能力,尿道又与外界相通,因而适于排泄性和逆行性泌尿系统造影检查。当前,CT 和超声波检查已广泛用于泌尿系统检查,成像效果明显优于常规 X 线检查,目前已成为主要的检查方法。MRI 泌尿系统检查已逐渐应用于动物医学临床,并显示出独特的价值。

第一节 肾和输尿管解剖特点及成像检查技术

一、肾

(一)正常解剖

1. 结构

肾呈蚕豆形,表面包有一层薄而坚韧的纤维囊,也称被膜。肾的内侧缘中部凹陷为肾门,内陷形成肾窦。肾门是肾盂、血管、神经、淋巴管出入的门户。肾的内部由髓质和外周的皮质组成。皮质因富含血管而呈红褐色;髓质血管较少而色较浅,呈圆锥形,称肾锥体。肾实质包裹的中间的空隙部分称为肾窦,它除了包括肾盂以外还包括肾脏的血管神经,淋巴管以及脂肪组织,肾盂收集来自肾集合管的尿液,尿液通过输尿管从肾盂进入膀胱(图 11-1)。

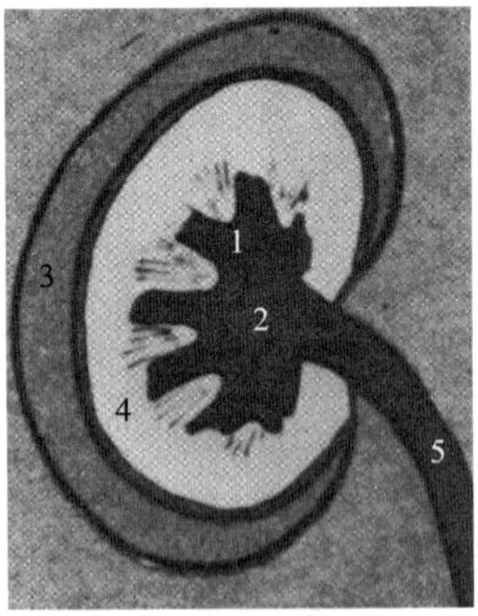

1. 肾盂;2. 肾窦;3. 皮质;4. 髓质;5. 输尿管。

图 11-1 肾脏解剖图

2. 类型

肾分为 4 种类型,即复肾、有沟的多乳头肾、光滑的多乳肾和光滑的单乳肾。由许多独立的肾叶构成的肾为复肾。见于鲸、熊、水獭等动物的肾。如果相邻肾叶仅中部合并,肾表面以沟分开，每一肾叶仍保留独立的肾乳头，为有沟的多乳头肾，如牛的肾。如果所有肾叶的皮质完全合并，肾表面光滑无分界，但每一肾叶仍保留独立的肾乳头为光滑的多乳头肾，如猪和人的肾。如果所有肾叶的皮质和髓质完全合并，肾乳头也愈合为一个总乳头，称为光滑的单乳头肾。大多数动物的肾属于这一类，如马、羊、兔、犬等。

3.位置

牛右肾呈长椭圆形，位于第12肋间隙至第2～3腰椎横突的腹侧。左肾呈三棱形，前端较小，其位置不固定，一般位于第2～5腰椎横突腹侧。

猪左右肾呈豆形，位置对称，位于最后胸椎和前3个腰椎横突腹侧。每个肾乳头与一个肾小盏相对，肾小盏汇成肾盂，接输尿管。

马右肾略呈三角形，位于最后2或3肋骨椎骨端及第1腰椎横突的腹侧；左肾呈豆形，位于最后肋骨和前2或前3个腰椎横突的腹侧。羊和犬的两肾均呈豆形，羊的右肾位于最后胸椎至第2腰椎下；左肾在瘤胃背侧的后方，第4～5腰椎下。犬的右肾位置比较固定，位于第13胸椎至第1腰椎水平处；左肾位置变化较大，位于第2～4腰椎水平处。猫的右肾位于第1～4腰椎水平处，左肾位于第2～5腰椎水平处。

(二)检查技术

1.X光检查

X光检查包括腹部X线平片和尿路造影检查。

(1)腹部X线平片　这是泌尿系统常用的初查方法，常规拍摄腹背位和侧位片(图10-2)，需包括盆腔在内，这种检查可以诊断泌尿道的结石、肾的钙化、某些肿瘤与子宫蓄脓等。

(2)尿路造影　根据造影剂引入的途径分为排泄性尿路造影和逆行性尿路造影。前者用于观察肾盏、肾盂和输尿管检查。后者用于膀胱和尿道检查。

①排泄性尿路造影。其又称静脉性肾盂造影(IVP)，是泌尿系统疾病诊断中是最常用且有效的检查方法之一。造影前先拍摄肾脏X线片平片做对照，然后进行膀胱充气造影可使输尿管末端的轮廓更清楚，最后再进行造影剂造影检查。在将有机碘化物的水溶液如离子型泛影葡胺或非离子型碘海醇等造影剂注入静脉后，几乎全部以原形经过肾小球、肾小管浓缩排出使肾脏显影，不但可以显示肾盂肾盏、输尿管及膀胱内腔解剖形态，而且可以了解两肾的排泄功能。

检查前准备：禁食24 h；检查前需灌肠，清除肠管内的气体和粪便。

注入方法包括低剂量快速注入法和高剂量缓慢注入法。以800～850 mg/kg静脉快速注射造影剂(碘的最大剂量不超过35 g)，立即拍摄初次X线片。以规律性间隔(例如，2 min、5 min、10 min、15 min、30 min)进一步拍摄腹背位X线片，直到获得清晰的肾图和肾盂造影图，然后拍摄侧位X线片查看输尿管。实施高剂量缓慢滴注法，对显示母犬异位性输尿管尤其有用。该方法也可用于肾衰竭的病例。所用造影剂为1 200 mg/kg，与等量的5%葡萄糖生理盐水混合。碘的剂量不超过35 g。注射的时间要超过10～15 min。注射一经完成马上进行侧位和腹背位摄片，并施用腹部加压绷带。10 min后再次拍摄，如果肾脏功能显示正常，则可移除加压绷带。

禁忌证：严重的肝、肾和心血管疾病为本法的禁忌证，甲状腺功能亢进症、过敏体质、妊娠、多发性骨髓瘤及糖尿病(特别是合并尿毒症的情况)为相对禁忌证，应慎用。

②逆行性尿路造影。通过膀胱镜将输尿管导管经尿道插入输尿管内，通过导管将造影剂逆行注入输尿管和肾盂内进行造影。逆行性尿路造影不受肾功能的影响，可以显示肾盂、肾盏、输尿管

形态。插入输尿管导管后,先拍尿路 X 线平片,然后再经导管缓慢注入造影剂,直至尿路完全显影。

2. 超声检查

肾与输尿管超声检查一般选用线阵式或突阵式探头,猫和中小型犬肾脏超声检查首选 7.5 MHz 的探头,而大型犬则需要 5 MHz 的探头。检查肾脏时,动物需要仰卧,从腹侧进行检查。动物取侧卧位时,左肾位于最后肋骨后方,脾头的内侧,通常接近体壁,所以检查时从体壁开始,先剃毛,清洁皮肤,涂上耦合剂,把探头向内侧滑动,进行肾脏的横切面和矢状面扫查。将超声波束平行于腰椎,与横切面成直角可获得第三个切面,即冠状面。由于右肾位于肝脏尾叶的肾窝内,因此检查时从肝脏开始,沿体壁向后滑动。

3. CT 检查

(1)平扫检查　肾与输尿管 CT 检查不需要做特殊的准备。取仰卧位,检查范围包括全部肾脏,若要检查输尿管,则需继续向下扫描,直至输尿管的膀胱入口处。

(2)增强检查　肾与输尿管增强检查的方法是静脉内快速推注造影剂,注毕后立即进行双肾区扫描,可显示肾实质强化;5～10 min 后再次进行双肾区及输尿管区域扫描,以检查肾盂和输尿管充盈情况。

4. MRI 检查

(1)平扫检查　肾与输尿管 MRI 检查常用 SE 序列,行横断面 T1WI 和 T2WI 检查,必要时辅以冠状面或矢状面 T1WI 检查。

(2)增强检查　顺磁性对比剂 Gd-DTPA 如同含碘的尿路造影剂,可由肾小球滤过。快速静注 Gd-DTPA 后,立即进行 T1WI 检查。

(3)磁共振尿路成像(MRU)　MRU 用于检查尿路梗死性疾病,不用造影剂也能显示扩张的肾盏、肾盂和输尿管。MRU 原理是尿液中游离水的 T2 值要明显长于其他组织和器官,因而在重 T2WI 上呈高信号,背景结构皆为低信号,应用最大强度投影(MIP)进行三维重建,获得清晰的泌尿系统影像。

(三)正常影像表现

1. X 光检查

(1)腹部 X 线片平片　在质量较好的 X 线平片上可以识别出肾脏的外部轮廓,并可据此估测肾脏的大小、形状和密度。肾脏的测量方法是将肾脏的长度与腰椎椎体的长度进行比较。正常犬肾脏的长度约为第 2 腰椎长度的 3 倍(2.5～3.5 倍),猫为 2.5～3 倍(图 11-2、图 11-3)。

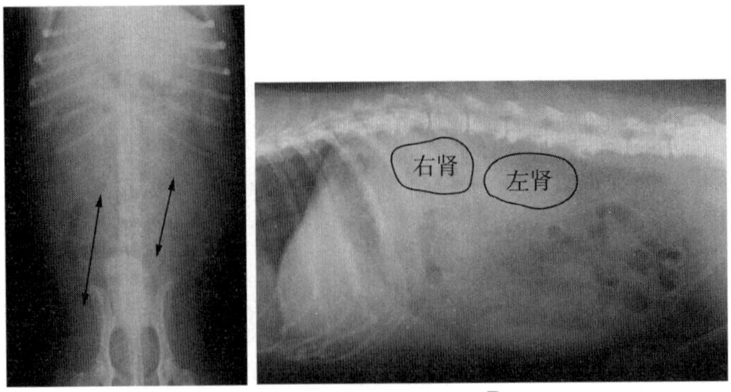

A　　B

图 11-2　犬肾脏 X 线平片腹背位片(A)和侧面片(B)

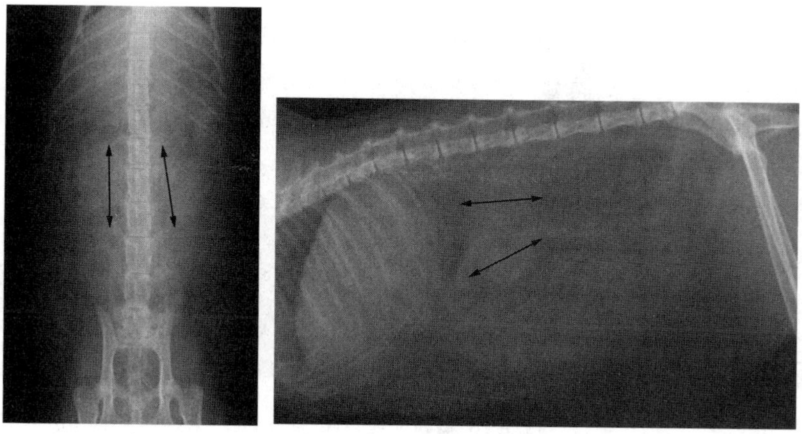

A　　B

猫肾更容易识别，其形状比犬肾更圆些。

图 11-3　猫肾脏 X 线平片腹背位片(A)和侧面片(B)

(2)尿路造影

①排泄性尿路造影。正常排泄性尿路造影显示注入造影剂后肾实质呈现密度均匀的显影；之后肾盏和肾盂开始显影(图 10-4)。输尿管管腔充满造影剂后开始显影，其前端与肾盂相连，最后进入膀胱。输尿管管腔的直径可因蠕动有较大的变化，但其边缘光滑。但如果注射造影剂时压力过高会使部分造影剂回流到肾脏，需鉴别，以免误诊。

②逆行性尿路造影。正常的肾盏、肾盂和输尿管表现同排泄性尿路造影(图 11-5 至图 11-7)。

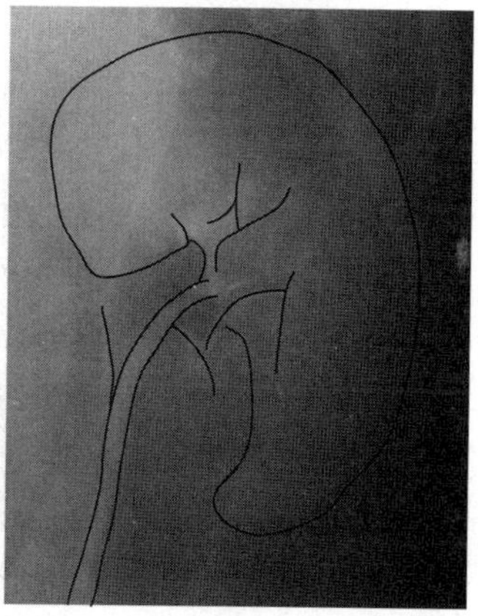

图 11-4　犬排泄性尿路造影：肾盂肾盏开始显影(腹背位片碘造影剂)

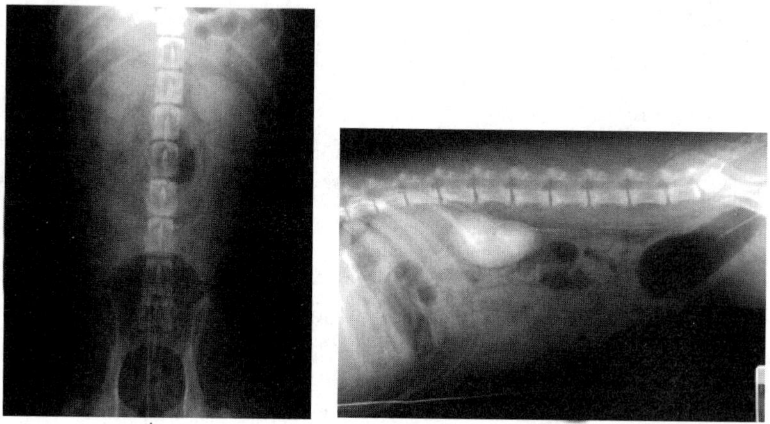

A　　B

立即拍片；A. 腹背 X 线片；B. 侧位 X 线片。

图 11-5　犬正常性尿路肾盂造影

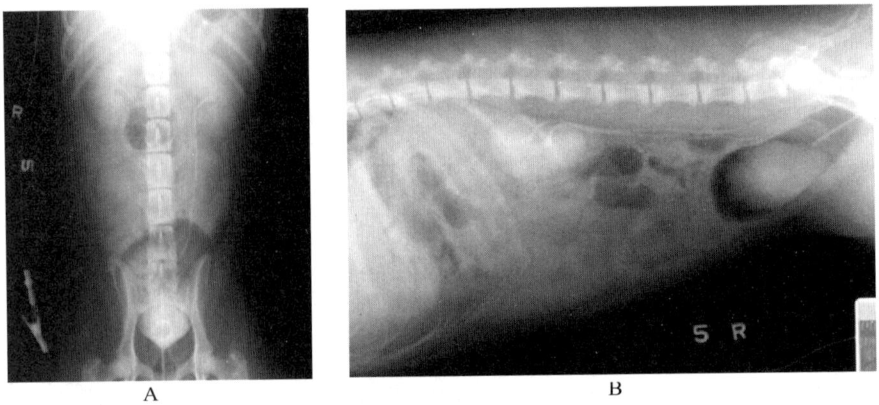

A B

5 min 后拍片；A. 腹背 X 线片；B. 侧位 X 线片。

图 11-6　犬正常逆行性尿路肾盂造影

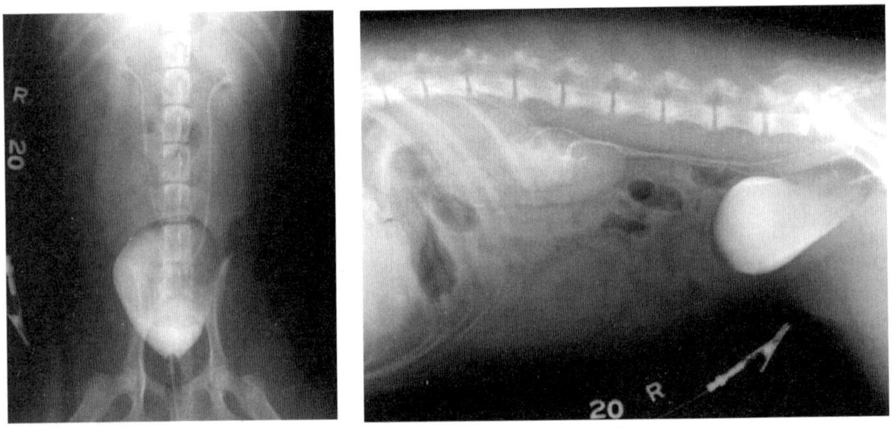

A B

20 min 后拍片：肾盂造影片和膀胱造影；A. 腹背 X 线片；B. 侧位 X 线片。

图 11-7　犬正常逆行性尿路造影

造影剂可以诱导肾衰竭，所以要注意观察肾脏持续浑浊化，以及随时间推移是否更为强烈。此外，肝脏和胃肠是造影剂的另一排泄途径。

2. *超声检查*

正常影像表现（图 11-8）：正常肾脏呈椭圆或卵圆形，被膜清晰、光滑，回声较强。犬的肾外周皮质呈均匀性弱回声或等回声，髓质呈实质性暗区，明显低于脾脏的回声强度。对于猫来说，肾脏产生的回声常强于肝脏，略等于脾脏回声。如果肝脏和脾脏正常且在同一深度成像，与它们相比会很有价值。肾髓质被憩室和血管分为几部分。由于存在脂肪和纤维组织，肾盂为强回声。在横切面上观察肾盂最佳。肾脏皮质和髓质厚度相等，界限清晰。与肾皮质相比，肾髓质为低回声或无回声。肾锥体为圆形或三角形低回声，肾窦呈不规则高回声。肾脏的超声检查部位及声像图特点见表 11-1。

表 11-1　几种主要动物肾脏的超声检查部位及声像图特点

动物种类	体位	检查部位	声像图特点
牛	站立位	右侧 12 肋间上部或肷部上前方；左侧肷部上后方	包膜周边回声强而平滑；肾皮质为低强度均质微细回声；肾髓质呈多个无回声暗区或稍显低回声；肾盂及其周围脂肪囊呈放射状排列的强回声结构。根据检查面不同可显示肾静脉、后腔静脉、肝或脾
羊	站立位	同牛	
马	站立位	左、右侧 16 至 17 肋间上部或左侧最后肋骨后缘	
犬	站立位、仰卧位、侧卧位	左、右 12 肋间上部及最后肋骨上缘	
猫	站立位、仰卧位、侧卧位	同犬，但左肾有更大的游离性	

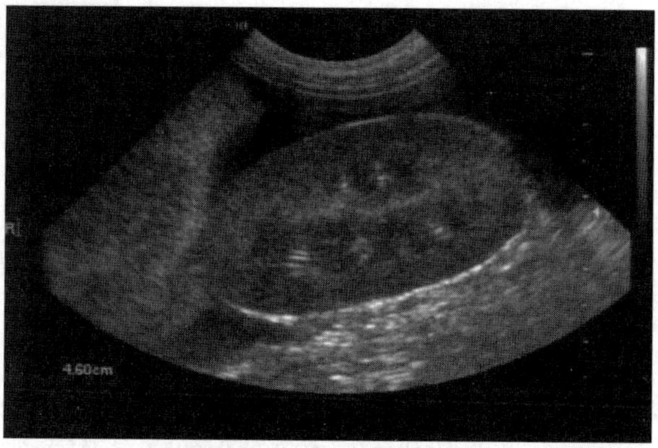

图 11-8　犬肾脏超声影像

3. CT 检查

正常影像表现：平扫检查，在肾周低密度脂肪组织的对比下，肾表现为圆形或椭圆形软组织密度影像，边缘光滑、锐利。肾的中部层面可见肾门内凹，指向前内侧。除肾窦脂肪呈较低密度和肾盂为水样密度外，肾实质密度是均一的，不能分辨皮质、髓质。自肾盂向下连续层面追踪，多可确定腹段输尿管，呈点状软组织影像，而骨盆段输尿管则难以识别。增强检查，肾的强化表现取决于造影剂的用量、注射速度以及扫描时间。

4. MRI 检查

正常影像表现：SE 序列检查，在 T1WI 像上，由于皮质髓质含水量不同，致皮质信号高于髓质。T2WI 像上，皮质和髓质难以分辨，均呈较高信号。肾窦脂肪组织在 T1WI 和 T2WI 上分别呈高信号或中等信号。Gd-DTPA 增强检查，肾实质强化形式取决于检查时间和成像速度，类似 CT 增强检查。

二、输尿管

（一）正常解剖

输尿管是一对将尿液从肾脏输送到膀胱的细长管道，左右各一。输尿管起自集收管（牛）或肾盂（马、猪、羊、犬），然后沿腹腔顶壁向后伸延，左侧输尿管在腹主动脉的外侧，右侧输尿管在后腔静脉的外侧,横过髂内动脉的腹侧而进入骨盆腔的膀胱,再转向腹侧由三角区斜的裂缝样的开口进入膀胱。

(二)X 线检查

正常的输尿管在 X 线平片或超声检查时看不到。静脉尿路造影显示输尿管位于肾盂和膀胱之间。透视检查可见含有造影剂的尿液沿输尿管平行后移(图 11-9),在三角区进入膀胱。X 线检查时不应将这些波纹误判为输尿管的充盈缺损。

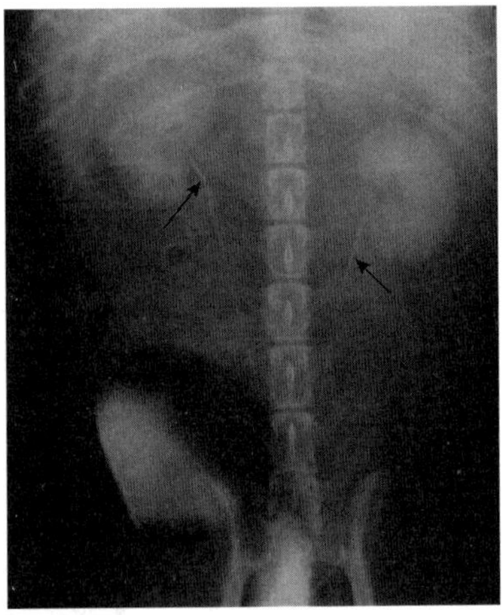

碘制剂造影可见到两肾下面的输尿管。

图 11-9　犬正常输尿管

(三)超声检查

通过将生理盐水注入膀胱,然后仔细扫查膀胱后部就可以确认尿液是否是从正常的输尿管进入膀胱的。可见尿流喷入无回声的膀胱。能够确认尿液有没有喷射进入膀胱有助于诊断输尿管异位。需要高分辨率探头和非常丰富的经验。

三、膀胱

(一)正常解剖

膀胱是存储尿液的器官,位于盆腔内,充满尿液时可伸达腹腔底壁。公畜膀胱背侧是直肠、降结肠和小肠,而母畜的膀胱背侧为子宫和子宫阔韧带。当扩张时膀胱腹侧与腹壁相邻,前方与小肠相邻。

膀胱呈梨形或长卵形,分为膀胱顶、膀胱体和膀胱三角区三部分。前端钝圆的为膀胱顶,中部膨隆为膀胱体和后部缩细成为膀胱颈。三角区为位于背侧的三角形肌纤维束,由膀胱颈延伸到输尿管的入口。幼年动物膀胱的位置与成年动物的略有不同,小部分位于盆腔内,大部分位于腹腔内,腹侧邻接腹底壁,向前可达脐孔与耻骨前缘之间。

膀胱壁厚度为 1～2 mm:犬 1.6 mm;猫 1.7 mm;膀胱壁的厚度随膀胱大小而变;通常观察不到输尿管和尿道,除非其内充满尿液。

(二)检查技术

1. X 线检查

X 线检查包括腹部 X 线平片和膀胱造影检查。

(1)腹部 X 线平片　拍摄位置一般选取盆腔腹背位或背腹位和侧位片(图 11-10)。

(2)膀胱造影　分为顺行性造影和逆行性造影两种方法。

①顺行性膀胱造影。通常为排泄性尿路造影的一部分。造影剂从肾脏经输尿管到达膀胱,膀胱内有高密度对比剂,应在此时拍摄膀胱背腹或腹背位片和侧位片。本方法的优点是一次检查就能全面了解肾脏、输尿管和膀胱的情况,缺点是膀胱可能显影不良,影响诊断。

②逆行性膀胱造影。是将导尿管插入膀胱内并注入造影剂以使膀胱显影的方法。本方法的最大优点是可以清楚地显示膀胱黏膜的形态结构。

2. 超声检查

大型和中型动物多采用直肠探查法,取站立保定位,用 5.0 MHz 直肠探头伸入直肠内向下或偏左、偏右扫查,均能清晰显示膀胱和盆腔段尿道的各个纵切面。中小型动物则一般采用体表探查法,取站立或仰卧保定位,用 7.5 MHz 或 5.0 MHz 的探头于耻骨前缘后腹部做纵切面和横切面扫描。膀胱应有适度充盈的尿液，空虚的膀胱无法进行超声检查。需要显示膀胱下壁结构时可在探头与腹壁间垫以透声垫块。

3. CT 检查

（1）平扫检查　膀胱充盈时常规行仰卧位横断面检查，注意识别盆腔内肠管，避免误诊为肿块。

（2）增强检查　根据平扫显示情况，行增强检查。动物一般可经尿道插管向膀胱内注入低浓度碘造剂、生理盐水、空气等使膀胱胀满易于检查。静脉注射造影剂后立即进行膀胱扫描，并于注药后 30～60 min 再次扫描。前者能观察病变早期强化表现，后者在造影剂的对比下，能进一步显示膀胱壁的形态和病变。

4. MRI 检查

（1）平扫检查　常规用 SE 序列，行横断面和矢状面 T1WI 和 T2WI 检查。一般用体部表面线圈，但对于细微的病变显示效果不佳；使用相控阵表面线圈和直肠内表面线圈，能提高影像的空间分辨力及信/噪比。

（2）增强检查　平扫发现膀胱壁病变，特别是肿块性的病变时，应使用增强 MRI 检查进行确诊。方法是静脉给予 Gd-DTPA 后立即进行病变区 T1WI 检查。

（三）正常影像表现

1. X 线检查

（1）腹部 X 线平片　膀胱的大小、形状和位置随尿液的多少而异，排尿后膀胱缩小，与盆腔其他结构缺乏对比，故在 X 线平片上不显影；充满尿液时膀胱增大，在 X 线平片上位于耻骨前方、腹底壁上方、小肠后方、大肠下方的卵圆形或长椭圆形均质软组织阴影。膀胱极度充盈时，也可能向前伸达脐部的上方（图 11-10、图 11-11）。

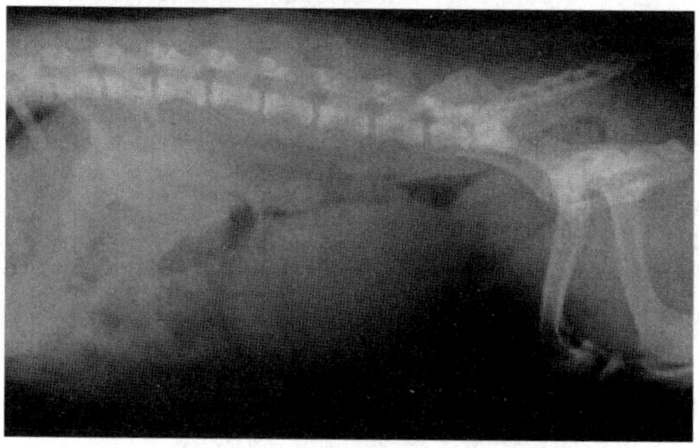

椭圆形中等密度影位于后腹部。

图 11-10　犬膀胱侧位 X 线片

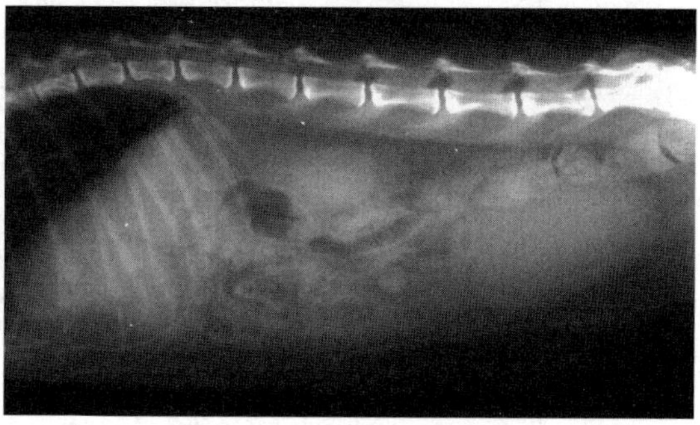

图 11-11　猫膀胱 X 线片

（2）膀胱造影　能显示膀胱内壁，其大小、形态取决于充盈程度。较为充盈的膀胱呈椭圆形，边缘光滑整齐，密度均一。

膀胱造影方法包括阳性造影法、阴性造影法和双重造影等，适用于评估腹后包块或肿瘤、尿结石、膀胱和尿道破裂及撕裂、下行尿道症状等。

膀胱阳性造影（positive contrast cystography），各种用于尿路造影的液体有机碘制剂都可使用。用无菌水或生理盐水将造影剂稀释到 10%～20%（W/V）。通常所需稀释的造影剂为 6～12 mL/kg。静脉注射也可以显示出膀胱的轮廓。

膀胱充气造影(pneumocystography)时病畜应左侧卧。通过柔韧的导尿管或注射器将空气或二氧化碳注入已经排空的膀胱。

膀胱双重造影(double-contrast cystography) 先把小剂量20%(W/V)未稀释的含碘造影剂注入已排空的膀胱。犬的阳性造影剂为1～5 mL,猫为0.5～1 mL。进行侧位和腹背位摄片,然后将膀胱排空,并注入中等量气体,再次摄片。

2. 超声检查

通常很难观察到膀胱壁的三层,但经直肠的超声检查提高了对膀胱壁的分辨率,黏膜为明亮的回声线,黏膜下层呈低回声,肌层为中等回声带,浆膜层为高回声带。膀胱内则充满无回声的尿液(图11-12)。但马属动物由于尿液中含有高浓度的碳酸钙,呈现回声颗粒悬浮在尿液中,这使膀胱内容物呈云雾状(图11-13)。膀胱壁总的来说为回声强、光滑、弯曲的界线。根据扩张的程度不同,膀胱壁的厚度各异。膀胱颈和三角区通常要比膀胱壁的其他部位略厚。

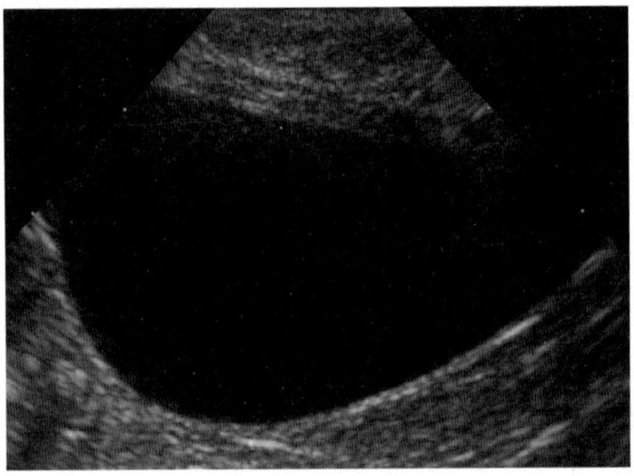

图 11-12 牛膀胱正常解剖超声影像

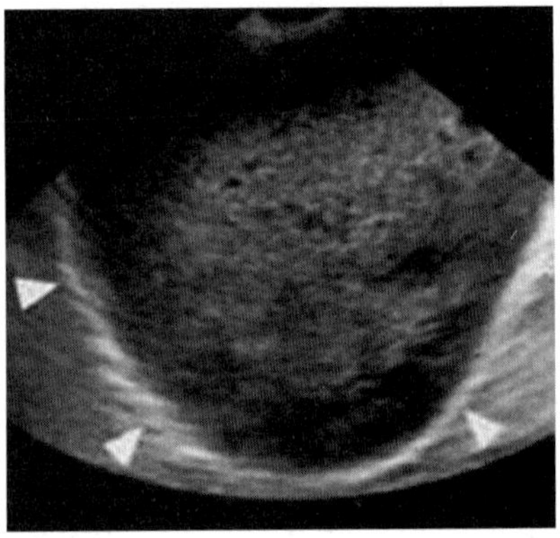

图 11-13 马腹部超声检查膀胱

三角区的背侧可能会有局灶性增厚,这是输尿管乳突,是输尿管进入膀胱的位置。输尿管在三角区的入口可呈现亮的喷射状或束状回声,这表示进入无回声膀胱腔的输尿管内尿液的涌动。

结肠扩张可导致膀胱腔向内凹陷。探头的压力常会导致膀胱壁的畸形。大肠内的气体和矿物质能引起多种强回声和混响伪影。从几个不同切面成像会确诊异常膀胱形状或膀胱腔内病灶。

3. CT 检查

(1)平扫检查 CT检查膀胱,需适当胀满,以区分膀胱壁与内腔。正常膀胱呈圆形或椭圆形,腔内水样密度,膀胱壁厚度均一,内外缘光滑平整。

(2)增强检查 膀胱增强检查的方法是静脉内注射造影剂,注毕后立即进行膀胱区域扫描,可显示膀胱壁强化;30～60 min后再次进行膀胱扫描,膀胱内呈均一的高密度。

4. MRI 检查

膀胱内正常的尿液呈T1WI低、T2WI高信号;造影剂增强后,造影剂在尿液中沉积,尿液呈T1WI高、T2WI低信号,若造影剂浓度低或与尿液混合部均匀时,尿液呈现类似软组织的信号(T1WI稍高、T2WI稍低)。膀胱壁的肌层呈T1WI均匀中等信号、T2WI低信号,黏膜和黏膜下层T2WI高信号,浆膜层T2WI高信号。增强检查早期黏膜和黏膜下层强化,晚期肌层强化。

膀胱壁增厚，不光滑，信号不均，以低信号为主是膀胱炎的特征。膀胱结石在 T1WI 和 T2WI 上皆是低信号。膀胱肿瘤时 T1WI 表现与膀胱壁信号相同，但高于尿液的信号，而低于膀胱周围的脂肪信号；T2WI 的信号高于膀胱壁，但低于尿液信号。

四、尿道

(一)正常解剖

尿道是从膀胱通向体外的管道。雄性动物的尿道为排尿和排精的共同管道，所以也称为尿生殖道。雄性尿道以坐骨弓为界分为骨盆部和阴茎部，二者交界处变狭窄，称尿道峡。雄性尿道由黏膜、海绵体层、肌层和外膜构成。雌性动物的尿道短，位于阴道腹侧、骨盆底壁，以尿道内口接膀胱颈，借尿道外口开口于阴道与阴道前庭交界处。雄性和雌性的尿道在长度和宽度上有较大区别。雄性尿道长而细，可分成三段：前列腺尿道起自膀胱止于前列腺后界；膜性尿道起自前列腺后界至阴茎尿道球部，相当于坐骨后缘处；阴茎部尿道从骨盆后缘延伸至阴茎头部的一段，此段在犬有阴茎骨包绕。

(二)检查技术

1. X 线检查

X 线检查包括腹部 X 线平片和尿道造影检查。

(1)腹部 X 线平片　拍摄位置一般选取盆腔背腹或腹背位和侧位片。

(2)尿道造影　分为排泄性尿道造影和逆行性尿道造影两种方法。

①排泄性尿道造影：将导尿管插入膀胱内，排光尿液，然后注入造影剂至膀胱完全充盈。抽出导尿管后，按压腹部使动物自主排尿，在排尿过程中迅速拍片。本方法的优点是可以同时观察膀胱的状态，且在排尿时尿道处于松弛状态，对于观察尿道狭窄、瘘管等效果较好，但操作较烦琐。

②逆行性尿道造影：将导尿管插入膀胱内，先行导尿，再将导尿管退至尿道前端，然后注入造影剂，使尿道显影。或者直接将注射器放在尿道口，然后捏紧尿道口再注射造影剂。

2. 超声检查

使用 5 MHz 或 7.5 MHz 探头探查完膀胱后探头后移，可探查尿道。公畜检查时将探头放在阴茎侧腹面，从尿道开口向后纵向和横向探查；远端尿道探查多在会阴部或怀疑有结石的阴茎部垫以透声块扫描。对于骨盆腔内的腹部尿道可使用直肠探头向下或偏左、偏右扫查，均能清晰显示盆腔段尿道的声像。

3. CT 检查

(1)平扫检查　尿道 CT 平扫检查时取仰卧位，检查范围从膀胱开始，直至尿道口。CT 检查能获得清晰、逼真的呈软组织密度的尿道影像。

(2)增强检查　尿道增强检查的方法是静脉内快速推注造影剂，注毕后 10 min 左右再进行尿道区域扫描，以检查尿道充盈情况。或者将导尿管插入膀胱内，排光尿液，再将导尿管退至尿道前端，然后注入造影剂，使膀胱和尿道充满造影剂，之后行 CT 检查。CT 影像经处理后可清晰显示骨盆的结构，也可去除骨骼、软组织影像的重叠，可清晰显示尿道部位及与周围组织的解剖结构关系，并具有三维可视化。

4. MRI 检查

(1)平扫检查　尿道 MRI 检查常用 SE 序列,行横断面 T1WI 和 T2WI 检查,必要时辅以冠状或矢状面 T1WI 检查。相控阵表面线圈和直肠内表面线圈,能提高尿道影像的清晰程度。

(2)增强检查　静脉快速注射 Gd-DTPA 后,立即进行 T1WI 检查。

(3)磁共振尿路成像(MRU)　MRU 利用尿液中的水作为“天然”对比剂达到“造影”的目的,通过重 T2WI 加权成像技术,长 T2 静态或缓慢流动的尿液高信号,而短 T2WI 的实质脏器和快速流动的血液呈低或无信号,可突出显示尿路中水的高信号,使尿道清晰显示。

(三)正常影像表现

1. X 线检查

尿道造影后可见尿道起始于膀胱颈,向下延伸,止于尿道口。雄性动物的尿道分为三段即前列腺尿道、椭圆形的膜部尿道和阴茎部尿道,公犬可见呈棒状的阴茎骨。雄性动物可见骨盆部和阴茎部以及二者交界处的尿道峡。

2. 超声检查

近段尿道在膀胱尾端可部分显现,公畜的前列腺可作为定位指标之一。远段尿道常显示不清,尿路造影后可清晰显示尿道。

尿道横断面观察,正常尿道为圆形、双层、带有狭窄的无回声中心。内层的回声缘代表黏膜界面,为玫瑰样外观。纵切面扫查时,尿道为一条低回声带。

3. CT 检查

CT 平扫可见尿道呈软组织密度影像;增强检查时尿道明显充盈,可显示尿道的立体影像以及与周围组织的解剖结构关系。

4. MRI 检查

由于尿道管径较细,加之 MRI 伪影较多,普通 MRI 扫描不易显示尿道结构,横断面和矢状面 T1WI 和 T2WI 检查皆呈高信号。尿道增强检查时,其强化程度取决于检查时间与 MRI 扫描的速度。MRU 时尿道呈高信号,而背景结构呈低信号。

第二节　泌尿系统疾病及影像诊断

一、肾

(一)基本病变表现

要从数量、大小、形状、边缘、位置和透明度等来评价肾脏;X 线照片中观察到的变化将帮助你确定鉴别诊断。

1. X 线检查

(1)腹部 X 线平片上,肾异常表现包括肾区内高密度钙化影像及肾轮廓的改变。高密度影像一般见于肾结核、肾癌和肾囊肿。肾轮廓改变包括肾增大、肾轮廓局部凹陷和肾脏影像消失。肾影像增大并局部突出,可能为单侧或双侧,主要见于急性肾盂肾炎/急性肾炎、肾盂积水、肾淋巴肉瘤或肾囊肿、猫传染性腹膜炎、肾淀粉样变性、肾代偿性肥大。肾轮廓局部凹陷,常为瘢痕所致;肾脏影像消失则一般见于肾周疾病,如肾周脓肿或血肿。形状规则的小肾最可能是先天性异常发育不全;通常为双侧,幼犬常带有肾疾病症状;有些慢性疾病常常为不规则形状,静脉肾盂造影显影较差但均匀,造影剂正常进入下尿道。这些慢性疾病可能牵涉一个或两个肾,可考虑到以下因素:末期肾、梗死、慢性肾盂肾炎和慢性肾炎。

(2)尿路造影时,肾盏、肾盂和输尿管常见的病变包括:肾实质内出现肿物如肾肿瘤、肾囊肿、血肿或脓肿均可引起肾盂和肾盏受压、变形和移位;肾结核、肾癌时肾盂、肾盏被破坏,变形肾盂、肾盏边缘不规则,甚至正常结构完全消失;肾盂、肾盏和输尿管肿瘤、肾实质肿瘤、结石(图 11-14)、血块时,造成肾盏、肾盂和输尿管内充盈缺损,显示病变区域内无造影剂填充;肾盏、肾盂和输尿管肿瘤、结石、血块、先天性狭窄、外在性压迫时,因为梗阻造成肾盏、肾盂和输尿管扩张积水(图 11-15)。

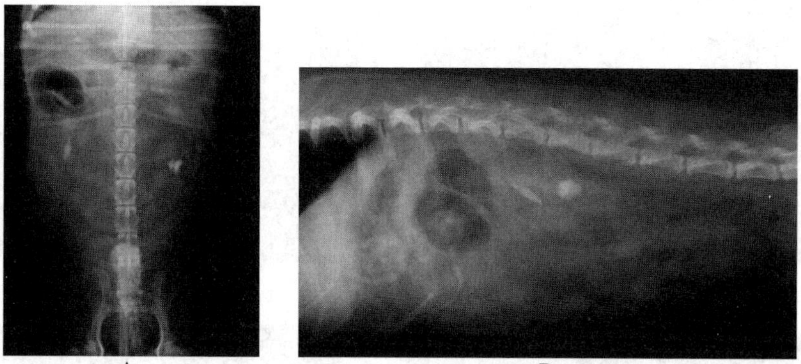

A　　B

A. 背腹观;B. 侧面观。

图 11-14　犬肾结石

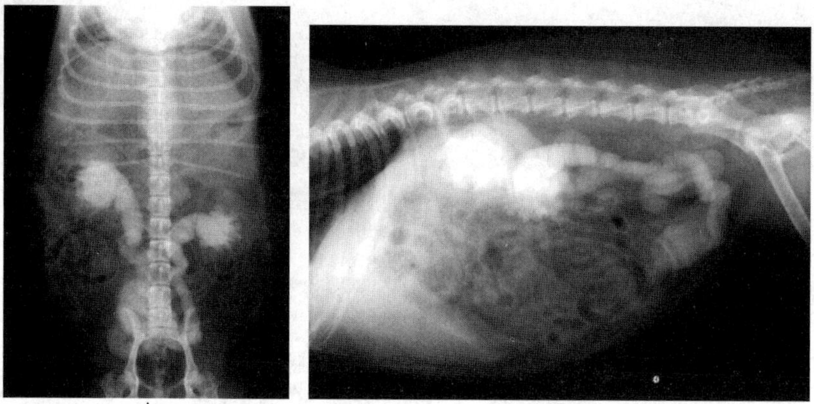

A　　B

碘造影剂造影后影像,说明三角区梗阻,其继发于移行细胞癌。

图 11-15　犬双侧肾盂积水

2. *超声检查*

从回声强度上讲,肾的回声可分无回声、低回声、强回声和混合回声。发生肾盂结石时肾窦内有高回声光团伴后方声影。纤维化和梗死时在皮质中常常呈三角形,如图 11-16 所示。肾盂积水时,肾窦分离,高回声的肾窦部分或全部为液性暗区替代。肾盂发生脓肿和肿瘤时,肾窦区呈现低回声。肾中出现单纯性囊肿或多囊肾以及脓肿时,肾实质呈现单发或多发性的边缘光滑的圆形或椭圆形无回声液性暗区，壁薄，且不与肾盂、肾盏相通(图 11-17)。发生肾癌时，肾实质内呈现出不规则的肿块，回声不均匀且有液性暗区；以高回声为主的肾实质肿块呈含脂肪成分的血管平滑肌脂肪瘤的特征(图 11-18)。

从病变的分布上讲，分弥散性疾病和局灶性疾病。弥散性疾病又分为低回声变化(如淋巴瘤、水肿和炎症)和强回声变化[包括淋巴肉瘤(图 11-19)、间质性肾炎(图 11-20)、淀粉样变性病、纤维化、肾钙质沉着症、乙二醇中毒(因矿物质沉着肾脏有极强回声)图 10-21 等]。局灶性疾病包括肿瘤、脓肿、囊肿、血肿、梗死、结石(图 11-22)等。

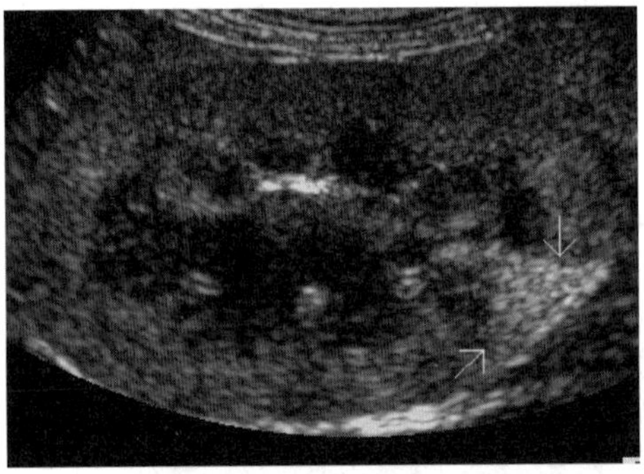

图 11-16　犬肾脏皮质有呈三角形的强回声梗死

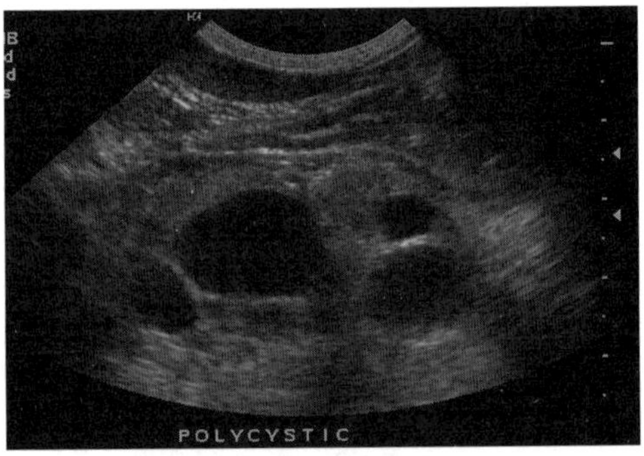

图 11-17　犬肾脏中有无回声的多囊肿

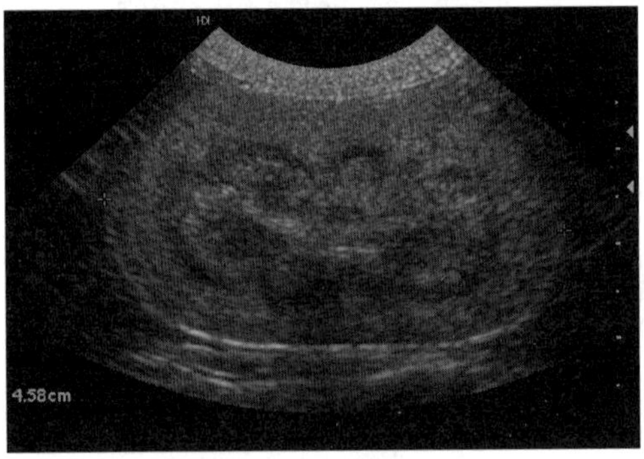

图 11-18　犬肾脏淋巴肉瘤肾明显增大，肾实质模糊的回声

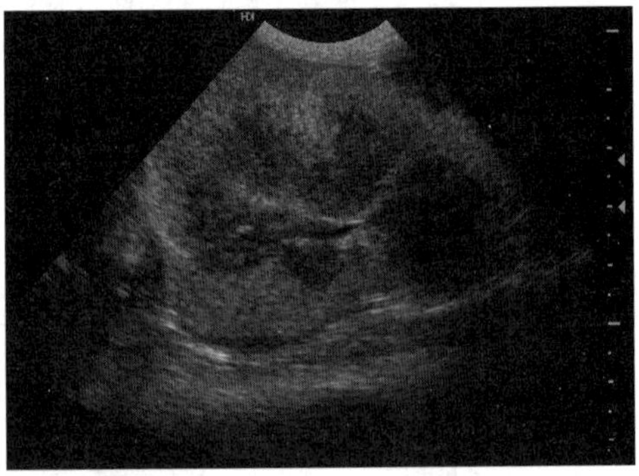

图 11-19　犬肾脏淋巴肉瘤 肾脏变大

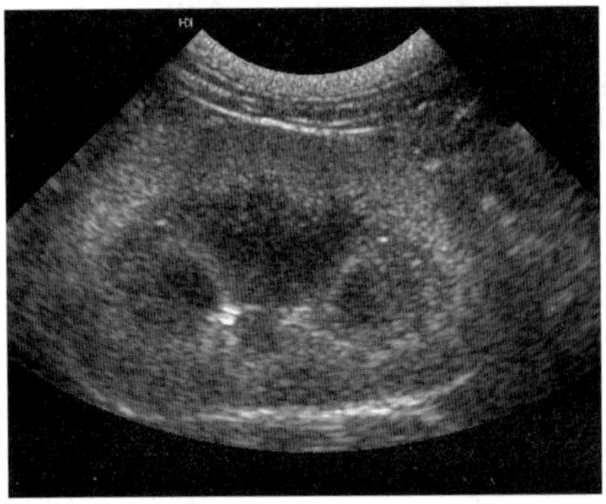

图 11-20　犬间质性肾炎 皮质回声增强

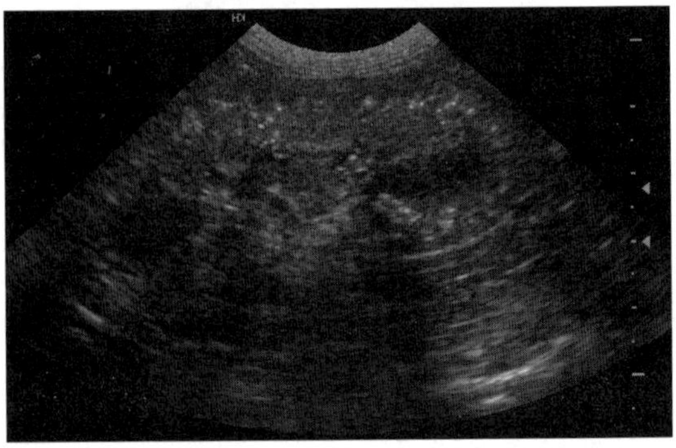

图 11-21　犬乙二醇中毒
肾脏皮质和髓质间断性回声增强

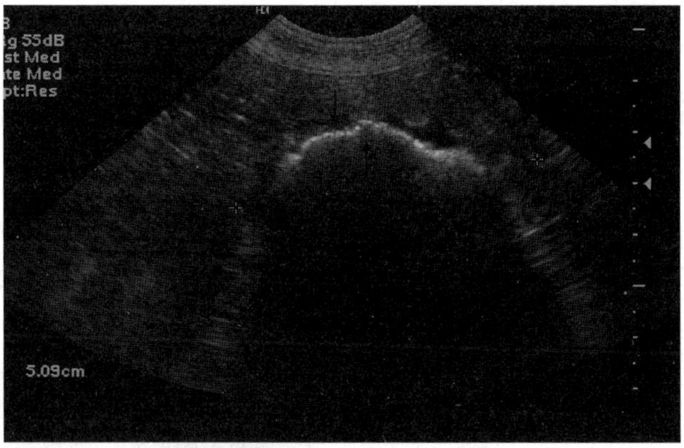

肾中有矿物质沉着，回声强、呈条索状。

图 11-22　犬肾结石

3. CT 检查

CT 检查病变包括肾实质、肾盂、肾盏和输尿管异常。肾实质主要病变是密度不同的肾实质肿块，有些较大的肿块向肾外突出而导致肾形态发生变化。依肿块密度不同，病变表现不同：①肾囊肿时呈水样密度囊性病变，无强化；②各种类型的良、恶性肾肿瘤表现为低密度、软组织密度或混杂密度的肿块，增强检查时常有不同程度和形式的强化；肾血肿和肾癌呈现高密度的肿块。肾盂、肾盏常见病变是结石，肾盂积水产生的肾盂、肾盏扩大，还有肿瘤所致的软组织密度肿块。输尿管主要病变是由于梗阻造成的扩张积水，在梗阻端层面有可能发现高密度结石影像或软组织密度肿块，后者常为输尿管肿瘤。

4. MRI 检查

肾与输尿管的 MRI 检查时，病变根据组织成分的不同而有不同的信号特征：肾囊肿或肾盂、肾盏和输尿管扩张的病变时均呈长 T1WI 低信号和长 T2WI 高信号；脂肪性病变如血管平滑肌脂肪瘤的脂肪灶，在各成像序列上均与腹内脂肪信号强度相同；肾癌时由于病变内含有出血、坏死和纤维化，常导致信号不均，增强检查多呈不均一强化。MRU 检查，显示扩张的肾盂、肾盏和输尿管呈高信号。

(二)疾病诊断

1. 肾积水

【临床与病理】

由于尿路阻塞导致肾内尿液积聚，压力升高，使肾盂、肾盏扩张及肾实质萎缩，称为肾积水。分为先天性或获得性两种。肾积水可能伴有先天性输尿管异位。出现梗阻时仍然继续产生，从而引起输出通道扩张，压力逐渐增大，使肾实质萎缩。获得性肾积水是由于尿液流出通道部分或完全阻塞，通常为输尿管梗阻。尿路阻塞在动物主要是机械性原因，如腹腔肿物、尿路结石、输尿管狭窄、膀胱三角区的肿瘤或手术时无意结扎了输尿管。尿路阻塞可发生于泌尿道的任何部位，且因阻塞部位和程度不同，肾积水的程度也不同。尿路阻塞时尿液通过出现障碍，造成尿流梗阻，梗阻以上部位因尿液排出不畅而压力逐渐增高，管腔扩大，最终导致肾脏变成了充满液体的囊，肾脏积水，肾实质变薄，肾功能减退，并且不再产生尿液。如果对侧肾脏有足够的功能而且未发生感染，将不表现出临床症状。

【影像学表现】

(1)X 线检查　泌尿系统 X 线平片可见到尿路结石影像及积水增大的肾轮廓。早期排泄性尿路造影可见肾盏、肾盂扩张，肾盏杯口消失或呈囊状显影；当肾功能减退时，肾实质显影时间延长，显影不清楚。排泄性尿路造影可以显示出肾脏的轮廓。如果无尿液产生，病变的肾脏就不会排泄造影剂。如果仍然产生尿液，梗阻的近端会看到输尿管积水，并伴有肾盂扩张。若排泄性尿路造影肾显影不清晰时，可行逆行性尿路造影，通常可获得较清晰的肾积水影像。增大的肾脏常表现为充满液体的圆形光滑的腹部肿物或表现为软组织密度阴影。肾脏使相邻的器官移位，并向腹腔腹侧延伸。必须将其与其他的腹部肿物区分开。

(2)超声检查　根据病变的严重程度可见到不同大小的无回声区域，肾脏体积出现不同程度增大。少量积水可见中间出现无回声暗区，随着积液量增多，肾盂明显扩张，无回声暗区也随之增大(图 11-23)，肾实质明显受压变薄。在大动物具有大量肾积水时，肾脏体积太大以致肾脏深侧面超出扫查范围(20 cm 以上)，会形成巨大无回声暗区或整个肾组织全部为均质的液体所代替，仅远侧壁有回声带。扩张的程度与梗阻的原因和发病时间有关。扩张的输尿管呈无回声的管状结构，从肾盂向后到膀胱。如果梗阻发生在膀胱三角区，在膀胱背侧能看到输尿管的痕迹。发生输尿管异位时可见轻微的肾盂扩张和输尿管积水。如果病程较长，肾脏的结构会逐渐被无回声的液体代替。补液后肾髓质会轻度增大。

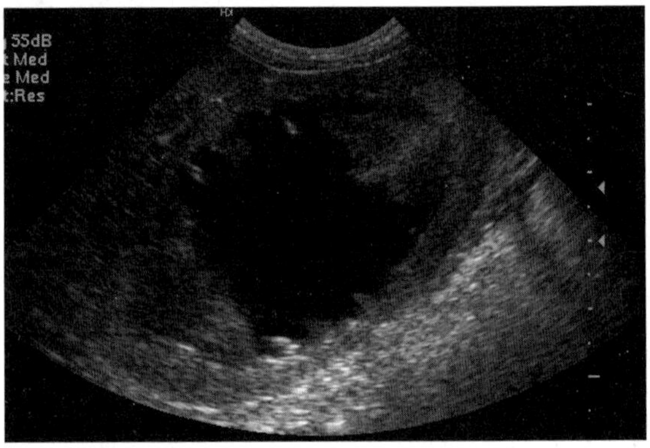

肾盂增大回声减弱或无。

图 11-23　犬肾积水

2. 肾盂肾炎

【临床与病理】

肾盂肾炎是肾脏的化脓性炎症。临床症状不确定，确定尿路感染需要进行尿液分析和尿液培养。

【影像学表现】

①X 线征象无特异性。肾脏轮廓不规则，在慢性病例可见肾脏变小。静脉尿路造影可见肾盂和隐窝扩张及变形，肾皮质萎缩和不对称，近端输尿管扩张。

②超声检查显示肾盂有一定程度的扩张，集合管畸形，肾髓质和肾盂回声增强，肾脏轮廓的大小和形状各异。围绕肾嵴有个强回声带，肾皮质存在局灶性低回声/强回声区，肾髓质存在局灶性低回声区。

3. 肾脓肿

【临床与病理】

肾脓肿不常见。肾脏实质因炎症化脓而被破坏，形成一脓性包囊，肾功能完全丧失。

【影像学表现】

摄片检查可见肾变大。根据疾病的程度，超声检查可见局灶性低回声区，可看到絮片样强回声区。病变见于整个肾脏，表现为大的分割的腔。后壁回声增强不如肾囊肿时明显。

4. 肾和输尿管结石

【临床与病理】

结石是在肾内形成盐类结晶的凝结物，使患畜呈现肾性疝痛和血尿，严重时，形成肾积水。结石的形状多样，包括球形、椭圆形或多边形等，大小不一。射线透不过的结石常由多种化学成分构成，包括草酸盐（草酸钙）和磷酸盐（磷酸铵、磷酸镁和磷酸钙）。尿酸盐和胱氨酸结石通常为可透射线性结石。

【影像学表现】

结石成分不同，其密度和形状也不同，因此X线影像也不同。

（1）肾结石　腹部X线平片检查时，结石表现为肾内的矿化阴影。一般位于肾脏中央。偶尔可见单个大的结石，同肾盂的形状类似。这样的结石被称为“鹿角”样结石。结石还可见圆形、卵圆形或桑葚状高密度影像。低密度结石需经造影检查，在影像上显示为充盈缺损的阴影，同时常显示肾盂扩张变形的并发征象。

超声检查时，肾结石表现为强光点或强光团，后方伴有明显的声影。难以将小结石与正常的强回声肾盂区分开。若肾结石导致输尿管阻塞，就会发生肾盂积水，则超声影像兼有积水的声像图特征。CT检查，能确切发现位于肾盂和肾盏内的高密度结石。不应将肾实质内钙化看作结石。猫的肾结石罕见。

（2）输尿管结石　多为肾结石脱落进入输尿管所致。X线平片和平扫CT检查均在输尿管走行区域内出现约米粒大小的致密影像，CT还可以发现结石上方的输尿管和肾盂的扩张。对于X线平片和平扫CT难以发现的结石，可行尿路造影或增强CT检查，以显示输尿管结石。超声检查，输尿管结石表现为高回声光团并伴有后方声影。

5. 肾钙化

【临床与病理】

肾实质钙化，主要由于血钙升高，然后钙盐沉积在肾的实质，导致肾功能障碍。该病理过程还可能伴有创伤、慢性感染、肿瘤、甲状腺功能亢进或库欣综合征，钙化的程度因此各异。

【影像学表现】

钙化沉着物表现为肾脏内有不透射性增强区。对动物进行充分的准备可以降低将肠道的不透射线影像误认为是肾脏不透射线影像的可能性。

超声检查时，肾脏钙化会引起皮质回声增强。血钙过高性肾病的犬，其皮质髓质结合部会出现强回声边界或缘，但这也可能是个附带发现，尤其是猫，这被称为“髓质缘”征（图11-24）。

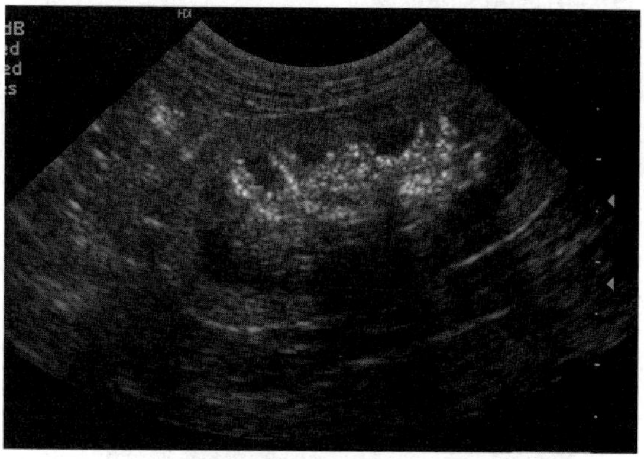

肾盂中出现回声极强的斑块。

图11-24　犬肾钙化

6. 肾脏破裂

【临床与病理】

肾脏破裂可见于创伤。临床上主要表现为伤侧腰部疼痛、肿胀、腹壁强直、血尿等。

【影像学表现】

X线平片可见明显的腹膜后不透射线区，影响了腰肌影像。它可向腹侧延伸，压迫腹部组织。静脉尿路造影时，在腹膜后，肾脏区域常见游离的造影剂。如果肾动脉被破坏，其排泄功能会受损或完全丧失。如果有囊内出血，严重的话会引起肾脏明显增大，但无出血的特异症状。

超声检查时，新鲜肾出血的无回声区域会破坏肾脏结构，也可能为肾周围无回声区，这表示有囊内或肾周围出血。随时间推移，无回声区会变小，回声增强，而回声结构各异。

CT 检查时，显示肾实质不连续和肾表面中断，其间有血液和/或外溢的尿液而呈不规则带状高密度，混杂密度或低密度影。增强检查，撕裂的肾组织发生强化，但如果撕裂不完全离断而无血供时则不再强化。肾撕伤通常并伴有肾周血肿。

7. 肾肿瘤

【临床与病理】

肾脏肿瘤的临床发生率不高，通常发生于中年或老龄动物肾脏的皮质。可能为良性或恶性，也可能为原发性或继发性。源于肾小管上皮的肉瘤是犬最常见的肿瘤。猫最常见的肿瘤为淋巴肉瘤，并可能会扩散到对侧肾脏。曾报道过的各种恶性肿瘤有血管肉瘤、纤维肉瘤、移行细胞癌、鳞状细胞癌和畸胎瘤。良性肿瘤包括纤维瘤、腺瘤和脂肪瘤。多数在尸体剖检时才被发现。肾癌具有局部侵袭性并与周围组织很快形成粘连。肾脏是转移性和多发性肿瘤的常发部位，侵害肾脏的多中心性肿瘤中淋巴肉瘤最常见，有约 50%的这类肿瘤造成犬、猫肾脏发生病理变化，使肾脏肿大和变形。猫淋巴肉瘤与猫白血病病毒感染有关。患肾脏肿瘤的动物腹部膨大、嗜睡，精神不佳，食欲减退，体重减轻，体温升高。由于不同程度的肾性尿毒症的发生，动物出现呕吐等症状，尿液检查时常见到血尿。

【影像学表现】

肿瘤的 X 线影像与肿瘤的大小、肾脏功能的变化有关，X 线征象可能无特异性。腹部 X 线平片检查显示肾脏影像增大，呈分叶状或局部突起，肾脏的轮廓不规则并且影像模糊（图 11-25）。少数肿瘤有不同程度的钙化。癌一般只发生于肾脏的一极。尿路造影时，由于肿瘤的压迫，使肾盂增长、狭窄、变形乃至闭塞，致使肾盂分离。肿瘤压迫或侵犯肾盂时，肾盂变形或发生充盈缺损（图 11-26）。

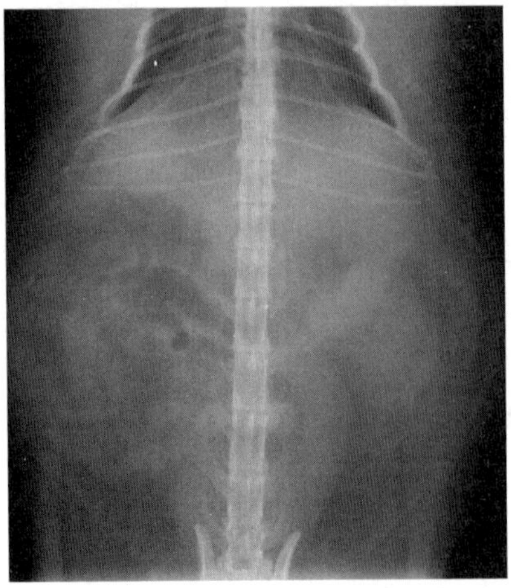

图 11-25　犬肾肿瘤，轮廓不规则

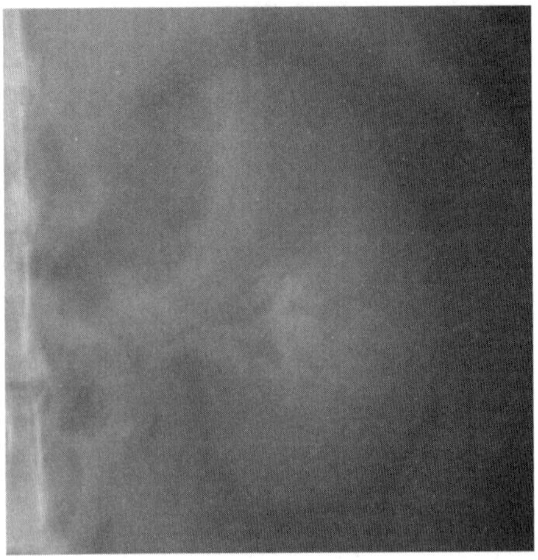

图 11-26　犬静脉肾盂造影：边缘不规则，肾盂变形

目前，超声检查是肾脏肿瘤的主要检查方法。肿瘤变化为局灶性或多发性。超声检查时，肾脏表面有隆起，肿块边缘不光滑，呈强弱不等的回声或混合性回声，有坏死、囊变所致的液性暗区。淋巴瘤的皮质回声减弱或出现局灶性低回声区，不见后壁回声增强。单个肿瘤的回声常为混杂回声，有局灶性强回声区，而且可能会代替大部分肾脏结构。确诊需要进行细针穿刺抽吸或组织活检。如果疾病发生弥散性浸润，可能会累及双肾。

CT 检查，肾肿瘤表现为肾实质肿块，肿块较大时向外突出。肿块密度不一，部分肿瘤内有不规则的钙化灶。增强检查早期，肿瘤有明显不均一强化，其后由于周围肾实质强化而呈相对低密度。淋巴结转移位于肾血管及腹主动脉周围，呈单个或多个类圆形软组织密度结节。

MRI 检查，肾肿瘤多呈混杂信号，T2WI 上病变周边可有低信号带，代表假性包膜；Gd-DTPA 增强检查，肿块呈不均一强化。MRI 的重要价值在于确定肾静脉、后腔静脉及右心房内有无瘤栓，发生瘤栓时，这些结构的流空信号消失。

8. 肾囊肿

【临床与病理】

肾囊肿是一种统称，包括单纯性肾囊肿和多囊肾，而单纯性肾囊肿又分为原发性肾囊肿和多发性肾囊肿。单纯性肾囊肿为一薄壁内充满液体的囊肿，可单发或多发。多囊肾一般为遗传性病变，异国短毛猫、波斯猫、缅因猫等品种的猫常发，因双肾上布满大小不一的多房性囊肿，同时其他器官也具有囊肿，如肝脏和胰腺。多囊肾时病畜可出现精神沉郁，呕吐不食，嗜睡，多饮多尿，体重减轻，口臭等症状。患猫会出现不同程度的肾衰竭症状。并非所有患本病的动物都会出现临床症状。

【影像学表现】

(1)单纯性肾囊肿　腹部 X 线平片多无异常，偶见囊肿壁钙化。尿路造影检查会显示形状的变化，可见肾盂、肾盏受压迫。囊肿区透射线性增加，而且囊肿产生的压力可使集合管系统变形。若只靠 X 线进行检查，则囊肿与肿瘤很难区分开。超声检查时，可见肾实质内有单个或多个圆形的无回声液性暗区，边缘光滑的圆形缺损，后方及后壁回声增强。如果囊肿靠近肾周边，病变部位向外突出，就会影响肾脏的轮廓。肾周囊肿表现为肾周围大的无回声区，充满液体。CT 和 MRI 检查的影像表现与超声影像相似，分别呈水样密度和信号强度，增强检查时无强化。

(2)多囊肾　平片检查时可见双肾影像明显增大，边缘呈波浪状(图 11-27)。尿路造影可见肾盂、肾盏移位、变形或分离。超声、CT 和 MRI 检查均可发现双肾布满大小不等的液性区，CT 和 MRI 检查还可以发现部分囊肿呈出血性密度和信号，增强检查时无强化。

9. 肾炎

【临床与病理】

肾炎的发生与感染、中毒、外伤及变态反应等因素有关。急性肾炎眼观变化多不明显；慢性肾炎可见肾明显皱缩，表面凸凹不平，质度硬实。切面皮质变薄，结构致密，有时皮质或髓质内见有或大或小的囊腔；间质性肾炎可见体积缩小，被膜增厚，皮质变薄。肾炎病畜精神沉郁，体温升高，食欲减退，后期呕吐，腹泻或便闭。病畜不愿活动。弓腰，步态强拘，频频排尿，尿少浓暗，有的为血尿。

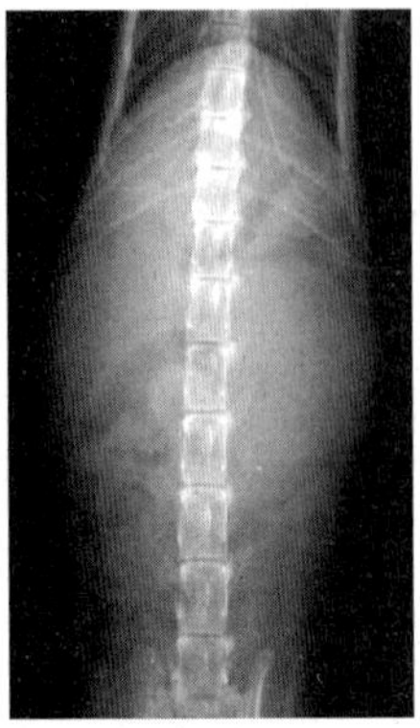
A

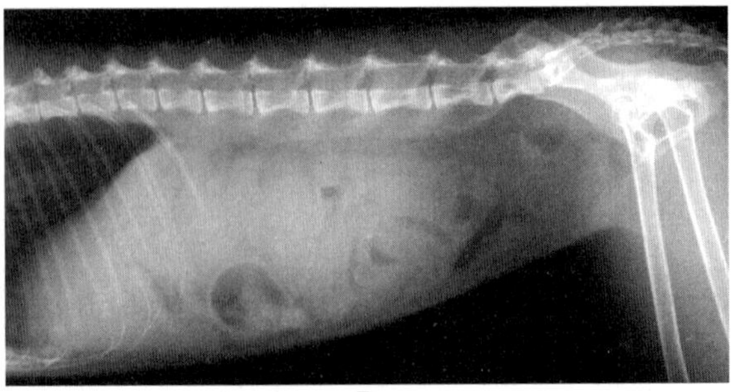
B

形状不规则的大肾;较瘦的猫可能发生;继发于肾功能不全;囊肿破坏正常组织(肾大,无特征性标示)。

A.腹背X线片;B.侧位X线片。

图 11-27 猫多囊肾病

【影像学表现】

通常不能通过X线诊断出肾炎。急性炎症时肾脏会增大,肾脏出现小结节表明有慢性肾炎,一些患肾病动物的肾脏会减小。

超声检查时,急性肾炎时观察不到肾脏的变化。因此,未发现异常并不能排除患病的可能。急性或慢性肾小球肾炎通常会使皮质髓质结合部更明显,而且皮质的回声增强。其临床意义存在争议,因为有时也见于正常动物。猫的传染性腹膜炎和肾小管坏死不会影响肾脏的回声。发生慢性间质性肾炎时,髓质皮质结合部不清楚。任何慢性肾病都会出现典型的弥散性强回声皮质浸润,因此确诊需要细针穿刺抽吸或组织活检。

10. 梗死

【临床与病理】

肾梗死可为肾动脉栓塞或肾静脉栓塞所致,前者常见于心血管疾病的附壁血栓脱落,后者常为肾或邻近恶性肿瘤的侵犯或压迫。急性肾梗死时,受累的肾组织乃至全肾发生坏死、破坏,肾功能丧失。急性肾动脉性肾梗死临床症状明显,表现为突然性腰痛、蛋白尿和血尿等。肾静脉性肾梗死一般无明显症状。

【影像学表现】

通常造影可显示梗死发生于无功能的三角区。这个信息无特异性,因为能造成肾脏内无功能区的原因有很多。

超声检查。肾脏梗死会表现为肾皮质有个强回声的三角区,三角的顶端朝着皮质和髓质结合部。

CT和MRI检查时,除能发现肾动脉或肾静脉主干内较大栓子外,还可显示节段性肾梗死灶,其呈尖端指向肾门的楔形病变。CT呈低密度且无强化,MRI则呈长T1WI低信号和长T2WI高信号灶。

(三)各种影像检查的比较与优选

当临床怀疑为肾和输尿管结石时,通常以X线平片作为初查方法。若平片不能确定,应行尿路造影、超声或CT检查,以确定有无结石。MRI对钙化病灶显示效果较差,因此对于肾和输尿管结石显示效果不佳,而MRI可显示由结石造成的肾和输尿管积水。

在进行肾囊肿的检查时，超声、CT 和 MRI 检查均表现为特征性的液性区，易于诊断。但是，当单纯性肾囊肿内有出血、感染和囊肿壁发生钙化后逐渐转变为复杂性囊肿时，不易与肾癌相鉴别。

X 线检查对肾积水的诊断具有重要价值，若积水是由结石引起，泌尿系统 X 线平片可以见到尿路结石的影像及增大的肾轮廓；B 超可以明确判定增大的肾是实质性肿瘤还是肾积水，并可确定肾积水的程度和肾皮质萎缩的情况，简便易行，应作为首选的检查方法；CT 诊断肾积水的准确率可达 100%，还可以显示积水的程度、肾脏外形大小变化和结石或肿瘤所在的位置。MRI 一般用于肾衰和造影剂过敏的肾积水患畜。

超声和 CT 对诊断肾实质肿瘤有重要的价值，结合临床表现的无痛性尿血等症状，基本可以确诊。但是少数囊性肾癌及伴发有感染、出血的肾囊肿，使用超声和 CT 检查进行鉴别诊断时有困难。

二、输尿管

1. 输尿管异位

【临床与病理】

先天性输尿管异位可能会引起幼犬尿失禁。该病在雌犬中更常见。对于雌犬，异位的输尿管可能会开口于阴道、尿道、膀胱颈、子宫体或子宫角。最常见开口于阴道。输尿管异位为单侧性或双侧性，并经常伴有一定程度的扩张(巨输尿管或输尿管积水)。发病时可能会出现尿道感染。也会伴有尿道的其他先天性异常。在一些品种犬(金毛、拉布拉多等中大型犬种)该病与遗传有关。对于雄犬，尿失禁不是该病的特征，因为移位的输尿管可开口于尿道，尿液可回流到膀胱；然而尿失禁能发生于雄犬(雌性犬只发生概率高于雄性犬只)。

临床发病的雌犬可出现持续性尿失禁，如果双侧输尿管发病，不会出现尿频。当犬躺卧时，尿液常从阴门流出。

【影像学表现】

X 线检查时，通过静脉尿路造影可看到输尿管异位。同时进行膀胱充气造影有助于确认后段输尿管。据说大剂量造影技术可以使输尿管更好地充盈。为了使输尿管的显影更好，需要提前对动物进行准备：禁食 24 h，并灌肠。动物应该进行侧位、腹背位或腹背斜位摄片。右腹 30°左背斜位可显示左侧输尿管的轮廓，左腹 30°可显示右侧输尿管的轮廓。

腹背位片会看到异常的输尿管绕过膀胱，并进入阴道，通常会见一定程度的输尿管扩张。输尿管也可以由正常位置进入膀胱，然后在黏膜下移行，开口在异常位置。

逆行性阴道尿道造影术已经被用于诊断输尿管异位。动物全身麻醉，将带气囊充有造影剂的导尿管插入前庭。气囊充气，将足量的造影剂注入以扩开阴道。使用同静脉尿路造影一样的造影剂，稀释到 10%。当充满阴道时，造影剂由阴道进入异位的输尿管。

在超声检查中，输尿管异位时常伴有肾积水或输尿管积水。在输尿管后段可看到扩张的输尿管的痕迹，它会绕过三角区，通常会顺着膀胱壁进入尿道。使用灰度或彩色多普勒技术还可以判断是否有输尿管乳突。

2. 输尿管积水

【临床与病理】

输尿管积水是输尿管扩张的一种，可能为先天性，或是结石或是其他原因引起的梗阻的结果。其可能继发于感染,也可能是创伤引起狭窄的缘故。该病常伴有输尿管异位。

【影像学表现】

碘造影剂造影可见梗阻部位附近扩张的输尿管(图 11-28)。如果这种状况持续存在,则会发展为肾积水。输尿管梗阻可能来自腹部肿物的压力或膀胱异常,例如肿瘤,这可阻碍尿道的排空。偶尔梗阻可引起无肾积水性肾萎缩,该病例的肾脏比正常的肾脏要小。

超声检查:在离开肾盂的部位可见扩张的输尿管。它表现为由肾盂向后延伸的管样无回声组织。如果梗阻由输尿管结石引起,液体会衬托出强回声的结石。除非有严重的扩张,否则输尿管的中间部位会因肠道的气体阴影而模糊。在膀胱的背外侧可见扩张的输尿管。

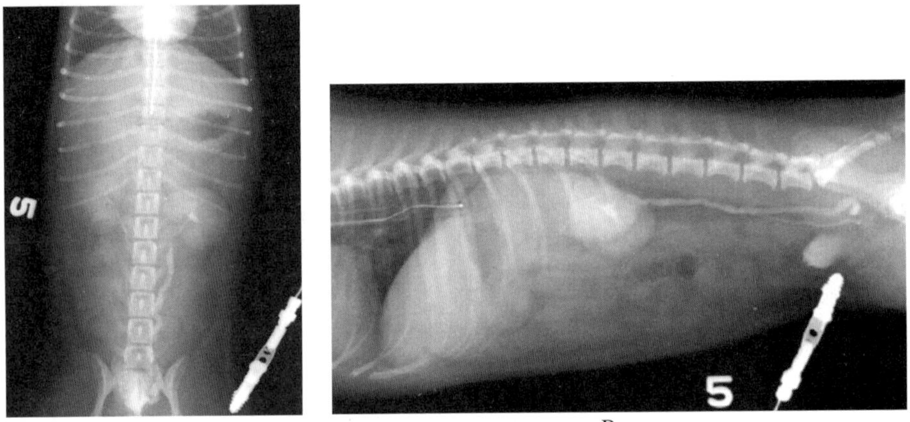

A　　　　　　B

通常需要碘造影剂静脉滴注来鉴别扩张的输尿管。A.腹背位片;B.左侧位片。

图 11-28　犬输尿管积水

3.输尿管结石

【临床与病理】

尽管输尿管结石很罕见,偶尔从肾脏到膀胱的小结石也可以阻塞输尿管。

【影像学表现】

由于结石的直径只有几毫米(图 11-29),读片时需要非常仔细。为了避免将肠道内容物误判为输尿管结石,对动物进行充分的准备很关键。同样,肠道内容物也可以与结石重叠,这样很容易将其忽略。静脉尿路造影将出现输尿管的梗阻。

4.输尿管破裂

【临床与病理】

输尿管破裂通常由腹部创伤引起。破裂部位最常见于肾脏附近或膀胱附近。

【影像学表现】

碘造影剂造影是判断输尿管完整性最可靠的方法。通过静脉尿路造影可见造影剂从破裂部位的输尿管漏出。输尿管破裂会引起自身的狭窄和肾积水。如果向腹膜后间隙漏尿则 X 线平片可见该区密度增加。如果尿液漏入腹腔,会引起腹膜炎。

超声检查时,在肾周围和腹膜后间隙可看到无回声的液体。

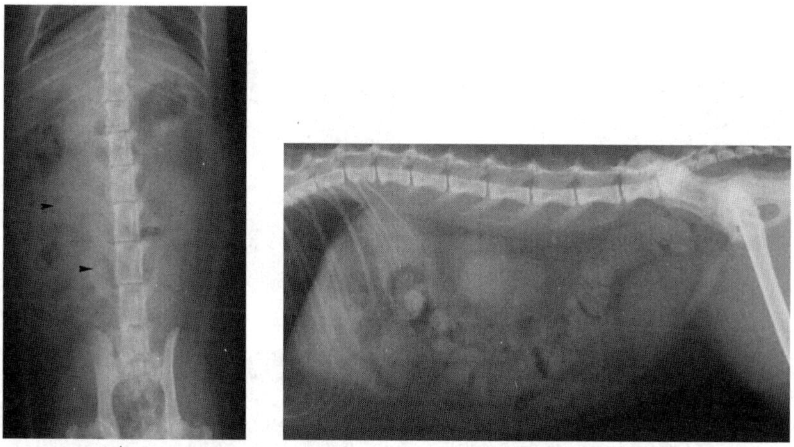

A　　　　　　　　　　　　B

A. 腹背侧 X 线片，箭头指高密度结石，B. 左侧 X 线片。

图 11-29　犬输尿管结石

三、膀胱

(一)基本病变表现

1. X 线检查

膀胱造影时，主要异常表现为充盈缺损，多为膀胱肿瘤、结石或血凝块所致，有时也见于膀胱息肉或膀胱破裂等病变。膀胱形态不规则，呈囊袋状外突，见于膀胱憩室。

X 线检查的适应证：排尿困难、血尿、脓尿、痛性尿淋漓和失禁。

(1)腔内变化　膀胱结石、气泡、细胞和晶体碎片、血凝块。

(2)膀胱壁变化　膀胱炎、肿瘤和息肉。

膀胱造影异常："充盈缺损" 指通过气体造影或逆行碘制剂造影可显示膀胱轮廓；同时也显示膀胱壁和膀胱内的异物和占位性病变。

充盈缺损—气泡(图 11-30)：光滑，圆形、出现在造影剂边缘。

充盈缺损—尿结石(图 11-31)：大小各异；+/— 不规则边缘；位于造影剂的中心。

充盈缺损—血凝块：大小和形状各异(图 11-32)；有时呈圆柱状；分布在造影剂的任何部位。

充盈缺损—黏膜缺损(图 11-33)：膀胱肿瘤，膀胱壁出现不规则边缘；若膀胱壁上有三角区可怀疑移行细胞癌，通过组织活检可以确诊本病。

需注意的是，最好避免穿刺取样，以免引起扩散和转移。可插入导管利用负压抽取组织或者使用膀胱镜取样。

2. 超声检查

膀胱病变的性质与类型的不同导致膀胱异常超声影像的不同：与膀胱壁相连、强回声的菜花状或带蒂的肿块是膀胱肿瘤的常见 B 超影像；膀胱内强回声，后方伴有声影，一般提示为膀胱结石；与膀胱相连的囊状液性暗区，大小数目不一，一般是膀胱憩室的表现。

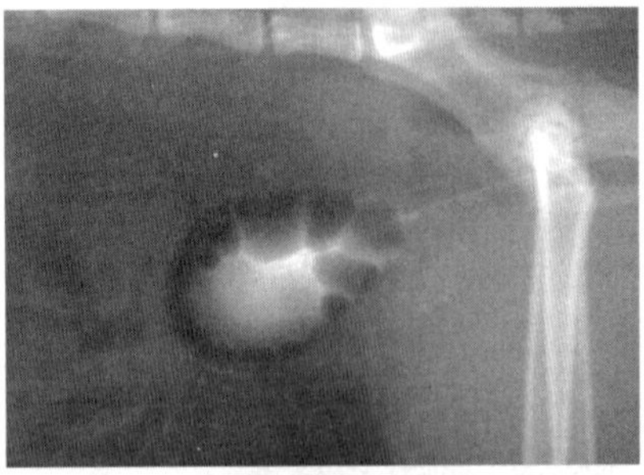

图 11-30　犬膀胱充盈缺损——气泡

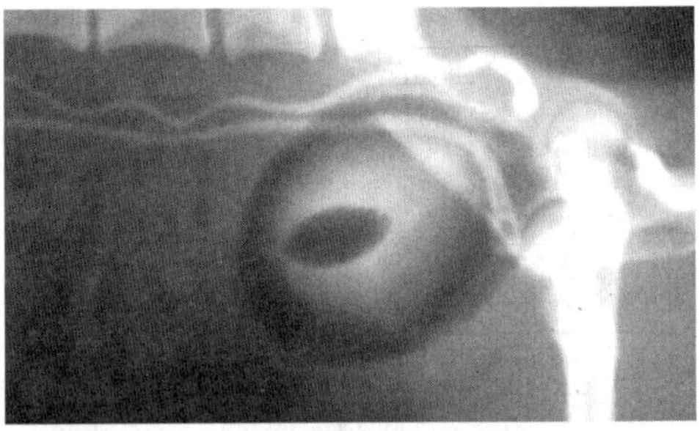

图 11-31　犬膀胱充盈缺损——尿结石

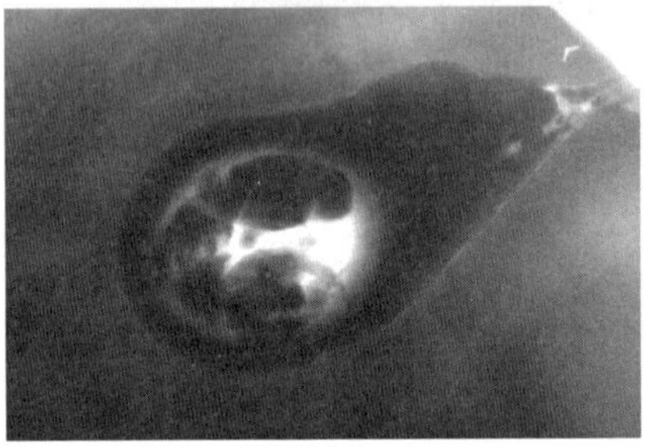

图 11-32　犬膀胱充盈缺损——血凝块

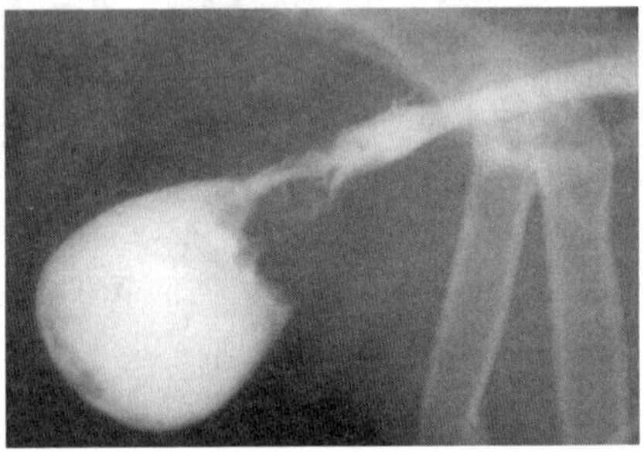

图 11-33　犬膀胱充盈缺损——黏膜缺损

3. CT 检查

CT 影像显示膀胱壁广泛不规则增厚、膀胱缩小和内外缘不光滑提示为膀胱炎；膀胱增大异常见于尿道梗阻；膀胱壁局灶性增厚常见于膀胱肿瘤；膀胱内出现肿块，一般提示膀胱内有肿瘤、血凝块或结石。

4. MRI 检查

膀胱壁增厚，不光滑，信号不均，以低信号为主是膀胱炎的特征。膀胱结石在 T1WI 和 T2WI 上皆是低信号。膀胱肿瘤时 T1WI 表现与膀胱壁信号相同，但高于尿液的信号，而低于膀胱周围的脂肪信号；T2WI 的信号高于膀胱壁，但低于尿液信号。

(二)疾病诊断

1. 膀胱结石

【临床与病理】

膀胱结石在动物中时有发生，其中以马和犬的报道较多。膀胱结石的原因非常复杂，可能的因素包括日粮配合不当、饮水不足、尿液 pH 变化、长期尿潴留、尿路感染和甲状旁腺机能亢进等。

膀胱结石的大小和形状不一，有的小如沙粒，大者经腹部(犬、猫)或直肠(牛、马)触诊可发现膀胱内有移动感的结石。结石较小时，动物几乎不表现临床症状。但随着结石体积的增大，其对膀胱壁形成机械刺激，动物则出现尿频、尿痛和血尿等现象。

【影像学表现】

大多数膀胱阳性结石经 X 线平片即可发现，显示为大小、形状、数目不定的高密度阴影。一般雌性动物膀胱内结石体积较大，数目较少；雄性动物结石数量相对较多，体积较小。密度较低或透 X 线的阴性结石可进行膀胱造影。透 X 线结石在进行造影时表现为充盈缺损像，多位于膀胱中部；膀胱充气造影可在低密度背景衬托下显示出密度较低或较小的结石(图 11-34)。

B超的结石声像特征是膀胱内无回声区域中有致密的强回声光点或光团，且较大结石光团后方伴有声影（图11-35），有时可见膀胱壁增厚。冲击触诊通常并不能使结石运动，但未粘连的结石可随体位的变化而变化。

CT检查，结石表现为膀胱内的致密影像，即使是阴性结石，其密度也显著高于软组织。

MRI检查，结石在T1WI和T2WI上皆呈低信号。

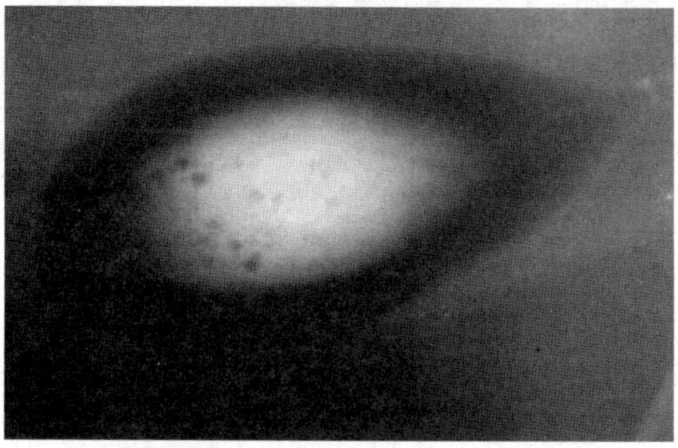

图11-34　犬膀胱结石充气造影X线片

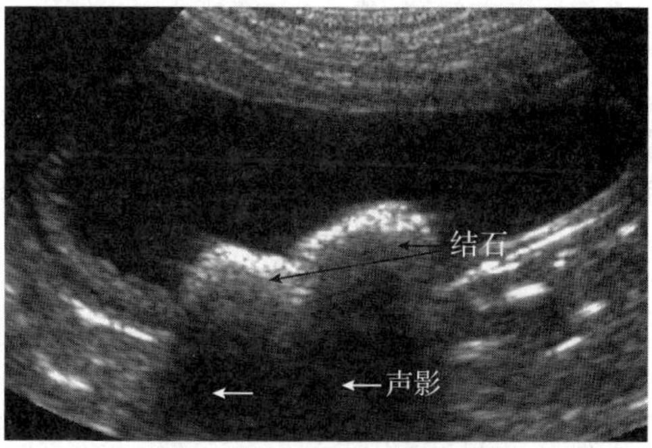

两结石回声强，下面存在声影。

图11-35　犬膀胱结石超声检查有声影

2. 膀胱炎

【临床与病理】

膀胱炎是指膀胱黏膜或黏膜下层组织的炎症，分急性和慢性两种。急性膀胱炎可见膀胱黏膜肿胀、充血、出血，黏膜表面覆有大量黏液或脓液、黏膜有白细胞浸润。严重者，黏膜出现溃疡、脓肿；表面覆有固膜性附着物。

慢性膀胱炎时膀胱黏膜的完整性遭到破坏，纤维组织增生导致黏膜弥漫性增厚，表面粗糙且有颗粒，膀胱壁因此失去弹性，黏膜下层和肌层有成纤维细胞、淋巴细胞和单核细胞浸润。

临床以尿频、尿少且浑浊，甚至血尿为特征。排尿时疼痛、呻吟。雌性动物和老年动物常发。膀胱炎常见的原因是细菌感染，肾脏的下行性感染或尿道的上行性感染而侵入膀胱；也见于导尿管消毒不彻底而造成感染。膀胱结石、膀胱肿瘤、导尿管使用不当等机械性刺激可造成膀胱的炎症。邻近组织器官炎症的蔓延可引起膀胱发炎，如肾炎、输尿管炎、前列腺炎、尿道炎、阴道炎和子宫内膜炎。长期使用某些药物（如环磷酰胺）或各种有毒、强烈刺激性的物质（如松节油）均可引起膀胱炎。

【影像学表现】

由于没有X线平片变化，膀胱X线平片对于诊断膀胱炎意义不大，故需做膀胱造影检查。可用充气造影或膀胱双重造影来观察膀胱壁的影像变化。膀胱造影可见膀胱壁较厚，黏膜不规则（图11-36），呈局灶性或弥漫性轮廓不整，尤其是前腹位部黏膜边缘不规则。其程度从轻度的毛刷状表面到显著的凹凸不平。

超声检查时，若膀胱内有血凝块与严重血尿有关；游动无声音，通常回声强；可以贴服在膀胱壁；严重的急性出血可充盈膀胱，产生低回声的缎带样式，这与站立或运动无关。

膀胱中碎片回声强度各异；能够变厚足以和膀胱壁形成汇合层；强力触诊冲击可引起回荡，看起来像雪球。

超声检查时，可见膀胱壁增厚，膀胱轮廓不规则，黏膜下层呈现低回声带（图11-37）。

CT和MRI检查均可以清晰地显示膀胱炎病变后期所致的膀胱壁增厚。

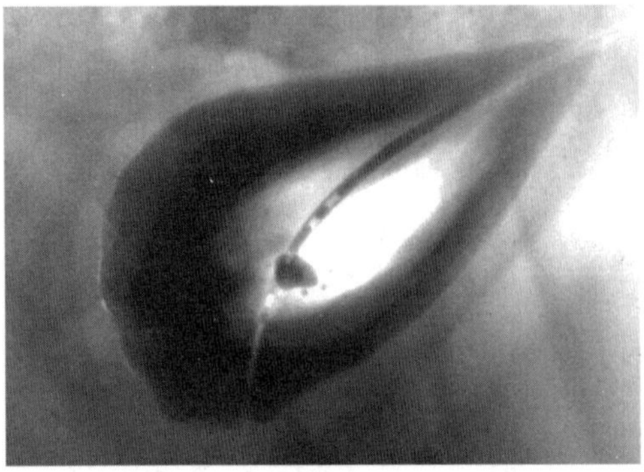

左侧壁黏膜不规则。

图 11-36　犬膀胱炎双重 X 线片造影

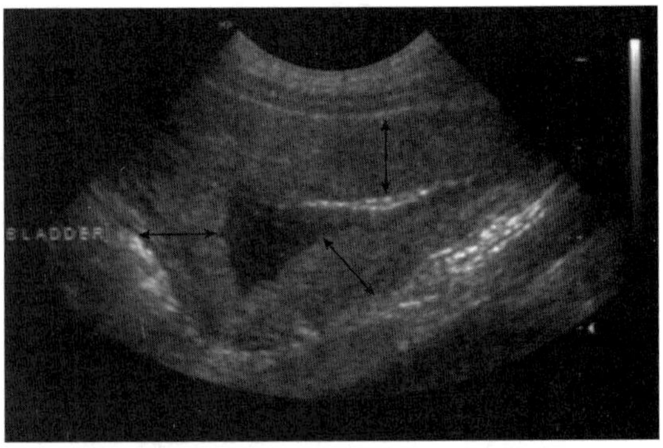

膀胱壁增厚、膀胱轮廓不规则。

图 11-37　犬慢性膀胱炎超声图影

3. 膀胱肿瘤

【临床与病理】

膀胱肿瘤的发病原因尚不清楚，一般认为与致癌物质诱发、慢性炎症刺激、尿液潴留等因素有关。膀胱内肿瘤团块有腔内型、腔外型、壁外型和混合型等，可能是一个或多个团状物。有些肿瘤会侵袭肌层，进而延伸至周围组织和器官。动物常见的临床症状包括尿频、尿血、脓尿；当肿瘤部分阻塞尿道时，发生排尿困难和尿淋漓；当尿道完全阻塞时会导致尿闭。

【影像学表现】

膀胱造影 X 线片可显示膀胱内大小不同的充盈缺损，通常单发，也可多发，呈结节状或菜花样。肿瘤较小不影响膀胱的形状，且由于膀胱容积较大，不易被发现。

B 超检查时，声像图可见膀胱无回声区内有自膀胱壁向腔内突入的肿瘤团块状回声，呈强光团，边缘清晰，后方不伴有声影。深部浸润性肿瘤可穿透膀胱壁，使膀胱壁平滑性图像中断，呈现一向膀胱外突出的实质性肿块图像（图 11-38）。最常见的是移行细胞癌（图 11-39、图 11-40）。

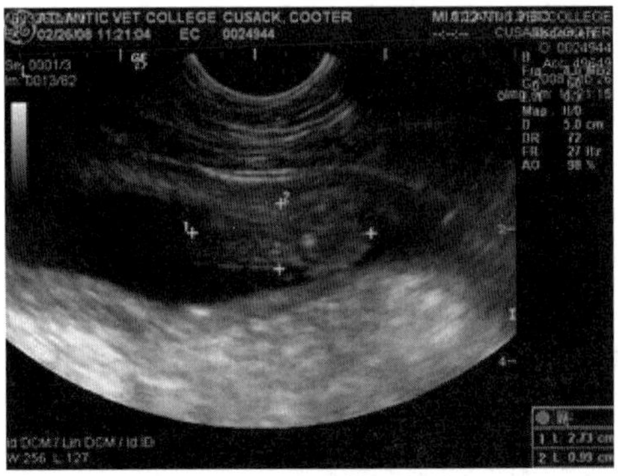

从膀胱壁向腔内突出的实质肿块。

图 11-38　犬膀胱肿瘤 B 超影像

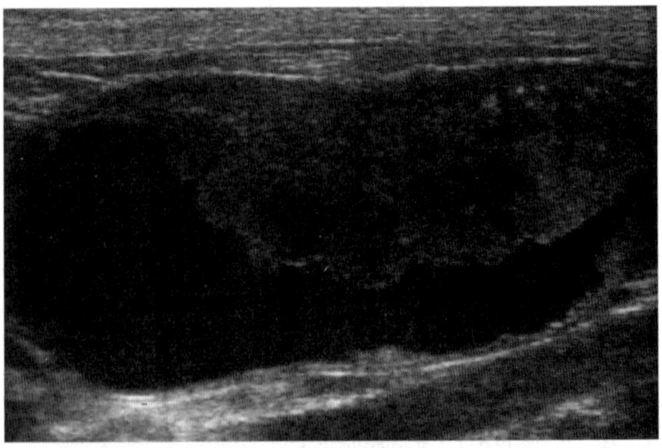

需病理组织学证实从膀胱壁向腔内突出肿块。

图 11-39　犬移行细胞癌 B 超影像

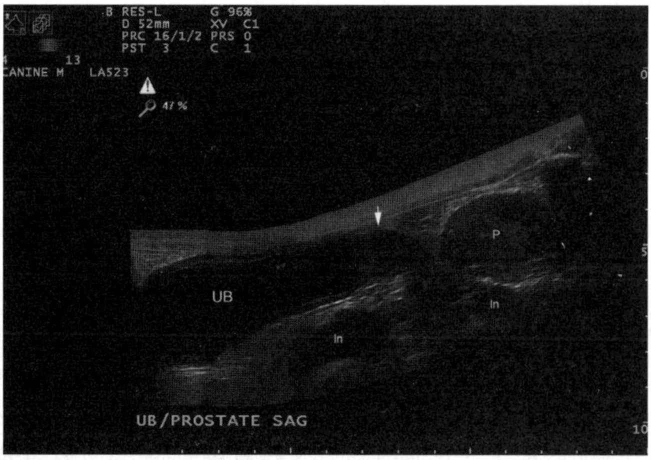

膀胱癌（UB）和前列腺癌（P）的超声矢状面影像，伴有区域淋巴结（ln）转移。

左侧是前部，右侧是后部。

图 11-40　老年绝育公犬的膀胱癌（箭头）和前列腺癌

（资料来源：MATTOON J S，et al，2013）

CT 和 MRI 检查能显示自膀胱壁向腔内生长的肿块，并能发现膀胱癌侵犯肌层所致的局部膀胱壁增厚。此外，在膀胱癌时，直肠内 B 超和 MRI 检查还能显示肿瘤对膀胱壁的侵袭程度；CT 和 MRI 检查也能发现肿瘤对膀胱周围组织的侵袭范围和程度。

（三）各种影像检查的比较与优选

急性细菌性膀胱炎很少进行影像学检查，临床症状即可确诊；慢性膀胱炎时，依据临床症状及影像学（B 超、CT 和 MRI）表现也能明确诊断。

膀胱结石的诊断主要依靠 X 线平片和 B 超检查，根据其位置和临床症状，通常不难做出诊断。CT 和 MRI 检查虽然能显示膀胱内结石，但不作为常规检查方法。

根据影像学表现，结合临床症状，膀胱肿瘤诊断并无太大困难，并有可能估计其良、恶性。对于膀胱癌，B 超、CT 和 MRI 检查还能较为清晰的显示肿瘤侵袭范围及有无转移。

四、尿道

（一）疾病病变表现

1. X 线检查

①腹部平片上，尿道异常表现主要为出现高密度影像，一般见于尿道结石、肿瘤等。

②尿路造影时，尿道黏膜不光滑，和/或造影剂外溢，提示发生了尿道损伤；尿道黏膜粗糙，管径变小，提示可能发生了尿道狭窄。

2. 超声检查

尿道阻塞导致尿液积聚在尿道内，使尿道扩张，B 超检查可见一个宽的无回声中心，通过插入导尿管或注入造影剂可确定阻塞部位。若阻塞物为结石，则可见到高回声光团并伴有后方声影。尿道肿瘤通常对称性地环绕在尿道周围，并向膀胱颈扩展，B 超检查时呈强弱不等的回声。

3. CT 检查

CT 检查时主要病变是由于梗阻造成的尿道扩张积水，在梗阻端层面有可能发现高密度结石影像；各种类型的尿道肿瘤表现为低密度、软组织密度或混杂密度的肿块，增强检查时常有不同程度和形式的强化。

4. MRI 检查

尿道肿瘤的典型 MRI 是 T1WI 和 T2WI 加权相显示出与正常尿道强信号相比的低回声块影。

（二）疾病诊断

1. 尿道结石

【临床与病理】

由于受环境因素、日粮因素、饮水量、泌尿系统感染等因素的影响，而导致动物发生尿道结石。尿道结石可发生于各种动物，以犬和猫的发病率最高，且雄性动物发病率高于雌性动物。公犬尿道结石犬常发生于阴囊与阴茎骨之间的尿道以及近膀胱颈尿道，牛尿道结石常停留在 S 状弯曲，绵羊和山羊则常发生在 S 状弯曲和尿道突起处，马多在坐骨弓骨盆入口处。动物出现排尿困难、尿频、尿血等症状。尿道不完全阻塞时，尿液细小或仅有少量血尿滴出；完全阻塞时，则出现尿闭，厌食、精神沉郁、脱水、卧地不起，有时呕吐、腹泻，触诊可见膀胱充满，严重时出现尿毒症，常在 72 h 内出现昏迷和死亡。膀胱过度充满，可出现膀胱破裂，反刍动物膀胱破裂比小动物更易发生。在膀胱破裂的短时间内，病畜症状可因与膀胱扩张相关的疼痛减轻而有所改善，但会迅速发生腹膜炎和尿毒症，导致动物死亡。

【影像学表现】

X 线平片可用于尿道结石的诊断，显示为尿道内有大小、形状、数目不定的高密度阴影。犬的尿结石在 X 线平片上一般不显影，但尿道造影可以显示结石的部位、数量和阻塞程度（图 11-41）。B 超检查可见尿道内有高回声光团并伴有后方声影。CT 检查能确切发现位于尿道内的结石，但对于阴性结石，可行尿路造影或增强 CT 检查，以显示尿道结石。MRI 检查，结石在 T1WI 和 T2WI 上皆呈低信号。

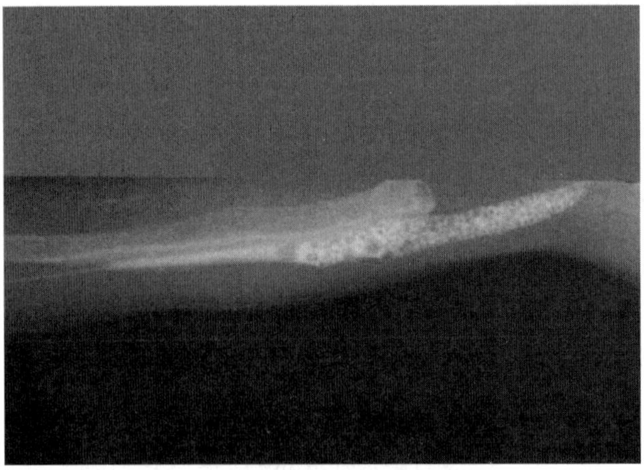

尿道碘制剂造影 X 线片，尿道中有颗粒样结石。

图 11-41　犬尿道结石

2. 尿道狭窄

【临床与病理】

尿道狭窄一般是指胶原和成纤维细胞增殖形成的尿道纤维瘢痕化，疤痕收缩减小了尿道腔的宽度。尿道狭窄的原因可以是炎性的(如尿道炎),也可以是外伤性(如车祸或医源性损伤)。

【影像学表现】

逆行尿道造影可以发现尿道有时呈细线状,或造影剂在狭窄处受阻。超声波检查时狭窄尿道周围的纤维变性呈现增厚的,不规则的组织侵入其他无回声尿道腔。CT 和 MRI 检查的组织对比度好,能清晰显示尿道损伤的情况、狭窄的长度和程度以及与周围组织的关系。

(三)各种影像检查的比较与优选

应用放射学方法可评估尿道狭窄和尿道周围异常的位置,长度等,尿道造影和 B 超检查均可直观地显示尿道狭窄的长度、部位、程度,但这些检查只能提供尿道腔的状况,不能明确尿道狭窄部的真实情况。CT 尿道成像可三维重建膀胱尿道与骨盆之间的关系,但有放射线暴露。MRI 检查可以提供尿道狭窄部清晰的解剖结构,分辨尿道及尿道周围结构的组成细节,更准确地区分病理表现。

第十二章　生殖系统

第一节　影像检查技术

一、X 线检查

由于 X 线对动物生殖系统尤其是胎儿产生生物效应——电离辐射，往往会导致妊娠母畜发生流产，所以在妊娠早期诊断、胎儿发育监测、性别鉴定和发情周期卵泡发育鉴定等方面都禁止使用 X 线放射检查。但其仍可用于家畜不孕症(包括各种子宫疾病和卵巢囊肿)的检查。检查时常采用腹腔后部侧位平拍或透视，尤其是采用子宫输卵管造影法，该法是经宫颈口注入 40％碘化油或有机碘以显示子宫和输卵管内腔，可观察输卵管通畅情况。

二、超声检查

超声检查是大小哺乳动物卵巢、子宫和胎儿的生殖生理和生殖疾病的最常用检查方法。

(一)马和牛超声检查

母马和母牛等大型动物通常采用经直肠超声检查卵巢和子宫的方法(图 12-1 至图 12-3)。检查前先清空直肠粪便，然后寻找待检器官，最后正确放置线性探头，确保快速而准确检查。

超声线性探头送进直肠前，为保证探头清洁卫生，防止探头潮湿，最好把塑料手套包裹在探头上。探头扫描平面和塑料手套之间充满耦合剂，以排除气体，防止气体引起不良的反射，影响成像质量。

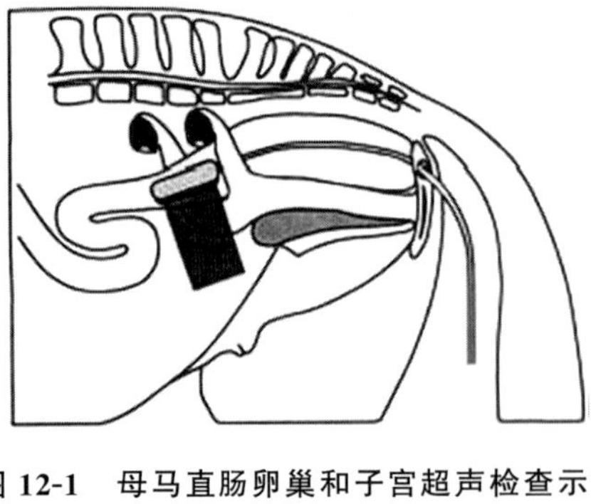

图 12-1　母马直肠卵巢和子宫超声检查示意

(资料来源：WOLFGANG K，2004)

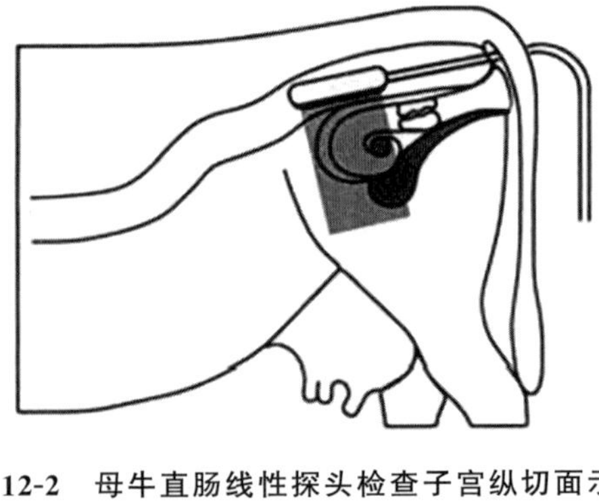

图 12-2　母牛直肠线性探头检查子宫纵切面示意

(资料来源：WOLFGANG K，2004)

图 12-3　母牛扇形探头检查骨盆腔前端观察子宫和膀胱横切面示意

（资料来源：KAEHN W，2004）

探头经肛门进入直肠后，超声探头首先遇到的最易识别的器官是膀胱。牛膀胱内尿液呈低回声；母马尿液的回声强度则显著不同，从无回声到较强回声。探头继续前行，直到屏幕出现子宫为止。探头搁置在分叉水平上的子宫上部。在该处探头扫描下方，沿子宫角侧旋直到显示卵巢，然后探查对侧卵巢。矢状方向放置探头所切的每层代表一个子宫角的横切面。以此方式再一层一层扫描子宫角。子宫角扫描完后，再成像子宫体。从分叉处开始，沿子宫中线退回探头直到子宫颈，在此过程中可以看到子宫体的矢状面。在膀胱水平面上部可见到空怀母牛子宫颈。

除了直肠超声检查外，少数马也可进行腹部超声检查子宫和胎儿。

(二)羊超声检查

临床中普遍使用 B 型超声进行中小反刍动物妊娠诊断和胎儿数量检查。母羊内生殖器的超声检查方法分为两种：经腹下皮肤进行超声检查和经直肠超声检查。选择何种方法取决于探头的类型、诊断的结果和工作的条件等。对妊娠小于 35 d 母羊的检查，经直肠线性超声探头检查要比腹部超声检查更为准确。妊娠 35～70 d，两种方法的准确性基本相同。妊娠中后期，腹部扇形或凸型探头超声检查更优先，因为此时能展示妊娠的大部分子宫。两种方法均采用 5.0 MHz 频率的扇形、线性或凸型探头。

1. 腹部超声检查

腹部超声检查时母羊可采用站立位、坐位或侧卧位。探头放在绵羊和山羊乳腺前部无毛处，即充满皮脂的腹股沟腺体的前部，即使不事先剪毛，也利于使用探头耦合剂（图 12-4）。此外，空怀子宫和妊娠早期子宫在此部位显示最佳的声图像。在妊娠后 1/3 时期，妊娠子宫向前延伸，所以探头也必须向前移动才能展示出更完整胎儿。此时事先必须清除被毛，尤其是为了准确计数妊娠 100 d 后胎儿的数量，必须在乳腺周围 20～40 cm 处剪毛，用探头对腹部两侧进行扫描。

对大群绵羊可使用特殊保定栏。当母羊仰卧时检测胎儿的数量最为准确。禁食 12 h 使母羊饥饿有助于超声检查。

2. 直肠超声检查

在直肠超声检查前，须对母羊进行保定。如果超声探头系在较硬的电缆线上，可通过控制电缆操纵探头在直肠内运行。在探头电缆易弯曲的地方固定导管，从而使与探头的连接部位变硬。

首先润滑超声探头，然后通过肛门引进直肠（图 12-5）。向前推 15 cm，可见膀胱，然后向左右两侧各侧旋 45°,直到观察到子宫为止。

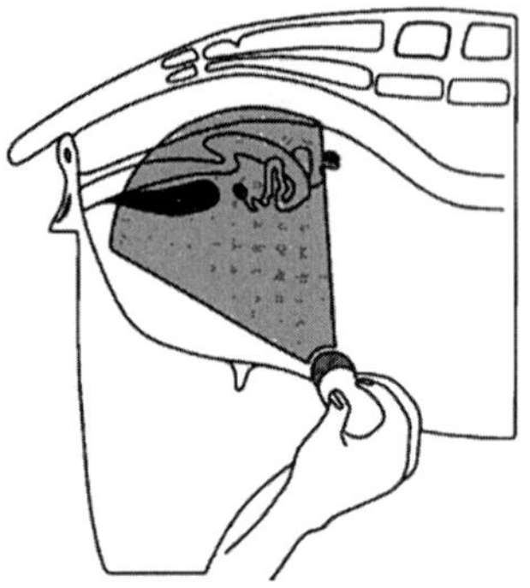

图 12-4 扇型探头放在乳腺前方无毛处经腹部超声检测羊生殖系统

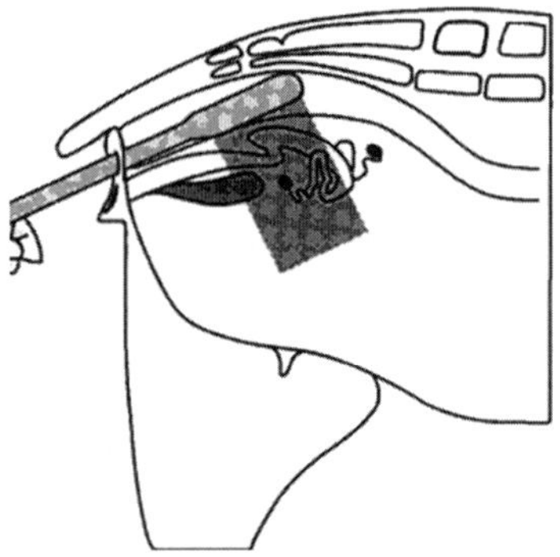

图 12-5 线型探头经肛门沿直肠向前插入 15 cm,扫描至膀胱为止直肠超声检查羊生殖系统

(三)犬猫超声检查

犬卵巢与肾脏相邻,紧靠其后。卵巢常被脂肪包裹,在年轻犬可能看不到。体积为 1.5 cm×0.7 cm×0.5 cm,豆形。同源实质产生的回声均一,并与肾脏的回声质地相似。卵巢皮质内的卵泡为薄壁环绕的无回声组织当卵泡增大时,卵巢会更容易被看到。

犬猫生殖和产科检查使用腹部超声检查法。线性、扇形和凸型探头均适用于此方法(图 12-6、图 12-7)。扫描前,动物采取腹背位,剪除从耻骨到脐带前部两排乳腺之间长 5~8 cm 路径的被毛,然后在探头和待检犬皮肤之间涂上耦合剂。对于泌乳期母犬和患有乳腺炎症或肿瘤的母犬来说,把探头放在乳腺上面检查会好于放在腹白线皮肤上面的检查。

大型犬、病犬或妊娠后期犬更适宜于站立检查,子宫与下腹壁接触最近,因此很容易扫描到。小型犬和猫适宜于侧位或仰卧位检查。对于仰卧位妊娠犬,应注意犬发生呼吸困难,深呼吸可严重影响超声检查的操作。

母牛和母马在直肠超声检查期间,子宫通常紧挨着探头,膀胱有点位于较深处。相反,犬和猫经腹部超声检查期间,膀胱离探头最近,子宫影像在较深处,直肠位于膀胱背侧,直肠的横切面呈圆形,与探头最近的直肠表面产生明亮和凸形影像。

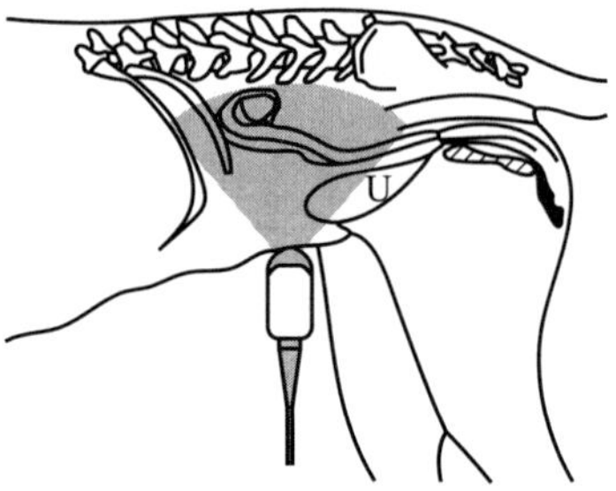

子宫位于膀胱(U)背侧。

图 12-6 用扇形探头扫描站立母犬

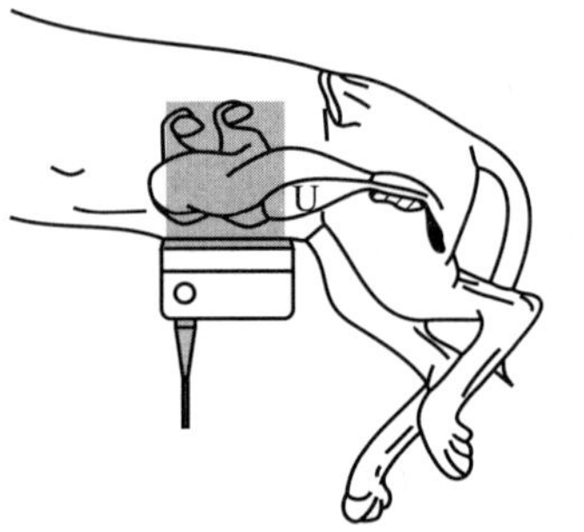

子宫位于膀胱(U)前方。

图 12-7 用线性探头检查侧卧妊娠母犬

三、CT 检查

雌性空怀哺乳动物生殖系统位居骨盆腔内,很少受呼吸和肠蠕动的影响,周围有较多的脂肪衬托，因此 CT 检查所获影像质量较高。检查应在膀胱充盈状态下进行。扫描范围通常自髂骨嵴水平至耻骨联合，层厚 10 mm 或 5 mm，连续扫描。

CT 检查主要用于发现生殖系统肿块，并对其进行定位，确定其起源和性质，如囊性、实性、脂肪性、血性和脓肿等；对恶性肿瘤还可判断其浸润和转移情况。

四、MRI 检查

MRI 检查无放射性损伤，对动物体生殖功能无副作用，是一项很安全的检查手段。MRI 显示软组织更好，可直接三维成像，不需注射造影剂即可显示血管结构。无论对正常结构的显示，还是肿瘤侵犯范围及深度的判定方面均优于 CT 和超声检查。

常规行 SE 序列 T1WI 和 PSE 序列 T2WI 并脂肪抑制技术检查。其中 T2WI 检查非常重要，不但能显示子宫各部解剖结构，且能显示卵巢，有助于确定骨盆腔病变的起源部位和范围。

第二节　家畜卵巢

一、正常影像表现

家畜卵巢中的卵泡和黄体诊断均采用超声检查法。

(一)卵泡

1. 卵泡超声影像

大中型动物的卵泡横切面超声影像是一个腔内为无回声液体而外周为狭窄明亮的细胞壁的声像图。当声波穿过不含细胞、清亮的卵泡液体时，由于缺乏声波反射而导致卵泡内产生无回声特性。当超声波垂直撞击光滑反射面时，有些超声波被反射回探头，在屏幕上显示强烈回声。在超声波垂直撞击卵泡前后壁的地方回声强度最强(图 12-8)，形成特定影像。在充满液体的较大卵泡下方可见到放大的回声或明亮的增强区影像。在超声波以斜切方式碰撞卵泡壁的地方，仅小部分能量被反射回探头，剩余部分均偏斜离开探头，未被接收。在这些部位，卵泡壁回声较差，因此声像图较暗。超声波正切撞击部位下方形成狭窄的回声阴影，该较强回声阴影的产生是液性卵泡的标志。在少数牛接近排卵时的卵泡腔内靠近卵泡壁处有一个回声点(图 12-9)。这个回声点是否可能代表卵丘或不同结构尚不清楚。

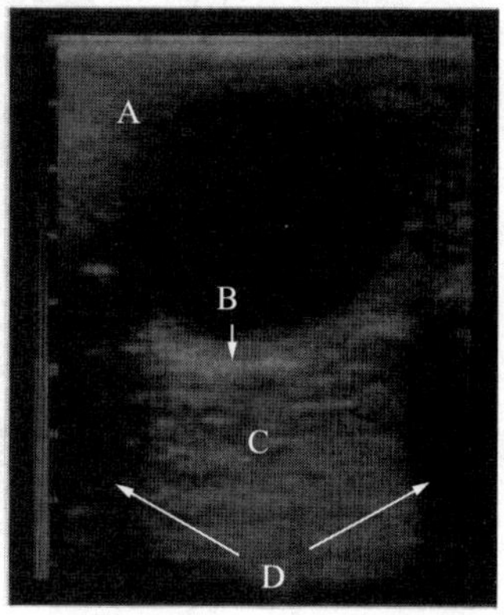

A. 切向波入射；B. 有镜面反射的高回声远端壁；C. 回声相对增强区；D. 阴影。

图 12-8　母马发情卵泡声像图

有时，在邻近较大的卵泡壁处可看见多丛反射。卵泡的形状各异，有圆形和卵圆形，也有不规则的多边形和角形的(图 12-10)。这些形状的差异是因邻近卵泡、黄体或卵巢基质之间不同压力相互挤压形成的。

使用频率 3.5 MHz 的探头可以探查直径 6～8 mm 的卵泡，但使用 5.0 MHz 频率的探头可检测 3～5 mm 的卵泡。直径不到 2～3 mm 的卵泡由于太小，即使用最高分辨率的 5 MHz 探头也不能发现。

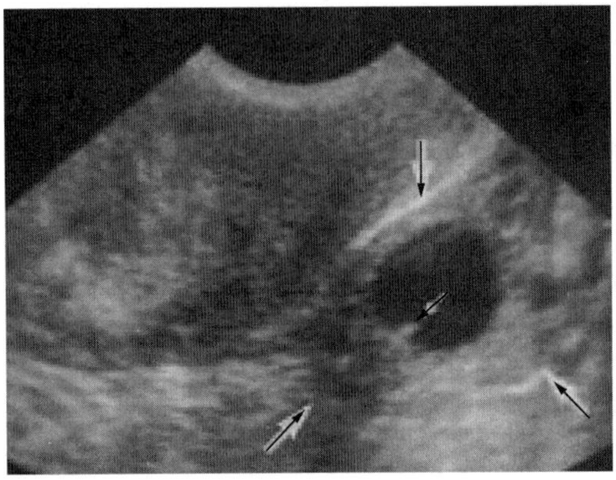

图 12-9　牛排卵当天的发情卵泡(大箭头)

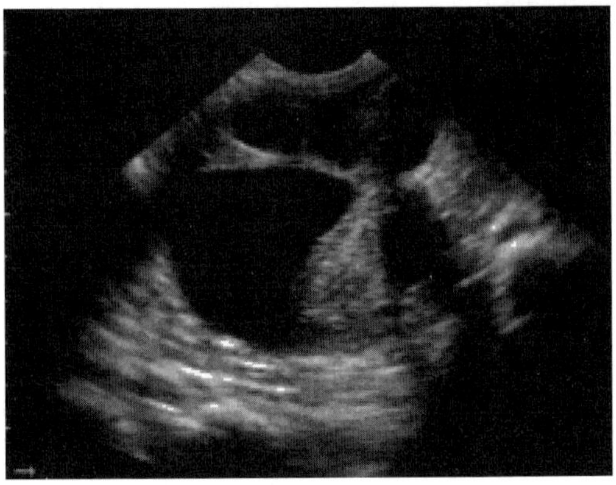

发情时可见 4 个小圆卵泡和 1 个多边形卵泡。

图 12-10　发情母马各种形状的卵泡

2. 马排卵前卵泡发育

在排卵前 7 天,发情优势卵泡平均直径 25 mm。以后每天长 2～2.5 mm,在排卵前 1～2 天达到最大直径 41～45 mm 或更大,直径上限在 55～58 mm。多数马在排卵前 1～2 天卵泡不再生长。排卵前卵泡直径常处在静止状态;有时在排卵时测得直径甚至下降。在双卵泡排卵时,排卵前卵泡的直径比排单卵时的要小些,为 35～40 mm(图 12-11)。在排卵当日约 1/3 的发情卵泡呈圆形,其他发情卵泡从卵圆形变成不规则形状。

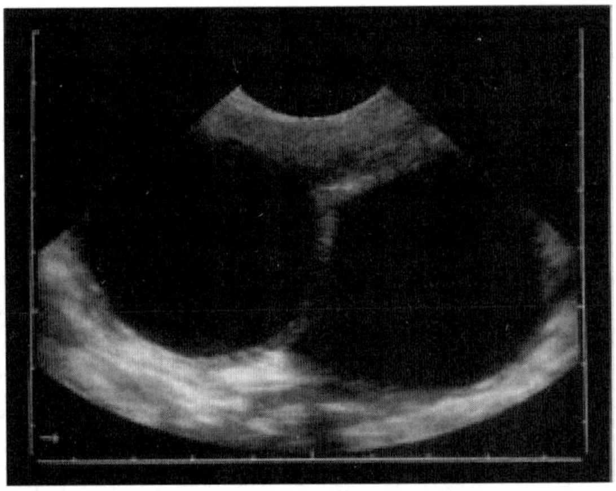

图 12-11　马发情期排双卵前的双卵泡

3. 牛发情周期和妊娠早期卵泡发育

牛发情周期中最大卵泡的发育通常与第二大卵泡直径和其他卵泡的数量呈负相关。在排卵后前 3 天即发情后期,卵巢中最大卵泡直径通常仅为 5～8 mm,而可见到的小卵泡数量最多。之后其迅速发育,在第 7～10 天达到最大直径,然后又开始变小。当最大卵泡变为优势卵泡生长时即间情期,第二大卵泡变得更小些,小卵泡数量迅速减少。母牛发情时排卵前卵泡直径达 18 mm(卵泡壁计算在内)。多数发情卵泡在排卵前一天达最大,排卵前 36 h 不再生长。

4. 羊发情期卵泡

由于绵羊和山羊的卵泡和黄体较小，因此目前使用的超声设备还不能可靠地检测出。例如，多数卵泡直径仅为几毫米，探头超声分辨能力较低时，难以做出可靠判定。但有时经直肠探头扫描可以分辨出发情前期母羊体内直径达到 5 mm 或更大的卵泡(图 12-12)。有时会发现极少发生的更大囊肿卵泡呈无回声(图 12-13)。

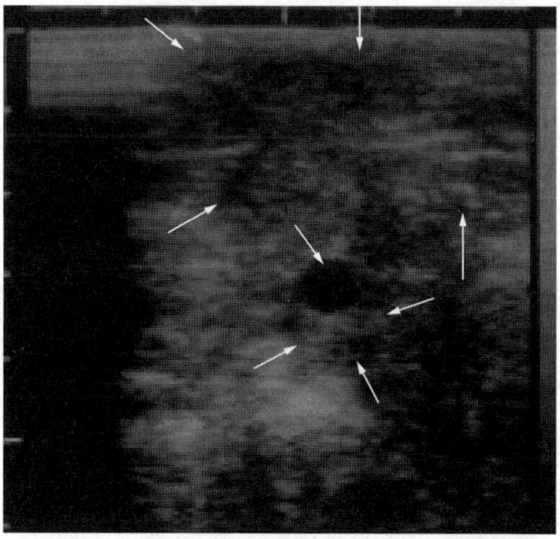

卵巢位于非妊娠子宫(箭头)的下方。小箭头指定卵巢轮廓。大箭头指子宫轮廓。

图 12-12　直肠 B 超探查山羊卵巢上的卵泡

(直径 7 mm)

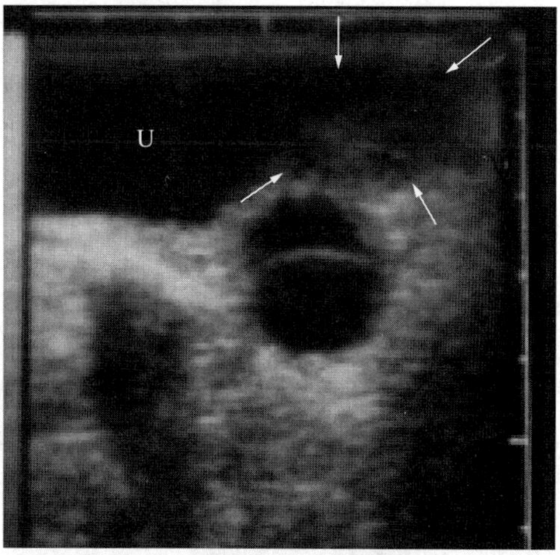

卵巢位于膀胱(U)的后下方，空怀子宫(箭头)的下方。

图 12-13　患囊肿卵巢退化的绵羊，卵巢中两个较大的卵泡影像

5. 犬卵泡

发情期和发情前期卵泡小，卵圆形或豆形。回声均匀，像肾脏皮质回声。卵泡无回声，接近排卵时，卵泡变大。间情期黄体具有多灶性无回声区，有的具有强回声区。

(二)黄体

1. 黄体超声影像

超声检查家畜卵巢黄体时，功能性黄体回声相对较低，其超声影像显示不同灰度，这是黄体内疏松、中等和致密组织接受不同超声的反射结果。周围的卵巢实质由于更加致密，因此回声更强，其内通常含有若干个不同大小的无回声的卵泡。因此，黄体与周围更灰色的卵巢实质形成清晰的反差。马的黄体的形状通常不规则，有时呈立方形。临近中间处显得更窄，导致其外观呈梨形。而牛黄体的超声切面呈现粗糙的颗粒状、灰色卵圆形结构(图 12-14)。黄体组织内通常不含液体，但牛有的黄体在发育期间可产生空腔(图 12-15)。这种有腔黄体被称为囊性黄体，也可通过超声检查诊断出来。在有腔黄体中，组织边缘有回声，几毫米厚，围绕着中央无回声的液体。其边缘的回声强度与无腔黄体组织相同。

2. 马发情周期和妊娠早期黄体的发育

马排卵后 1 天到排卵后的第 12 天左右即间情期中期，使用 5MHz 探头通过超声回声强度可以发现黄体的发育部位和大小形状(图 12-16)。以后黄体就不再明显。大约在排卵后 14 天至 16 天，在黄体开始溶解时，在许多母马中仍可检测到黄体。在排卵后或排卵后几天，几乎检测不到退化黄体。此时，退化黄体明显变小(图 12-17)。

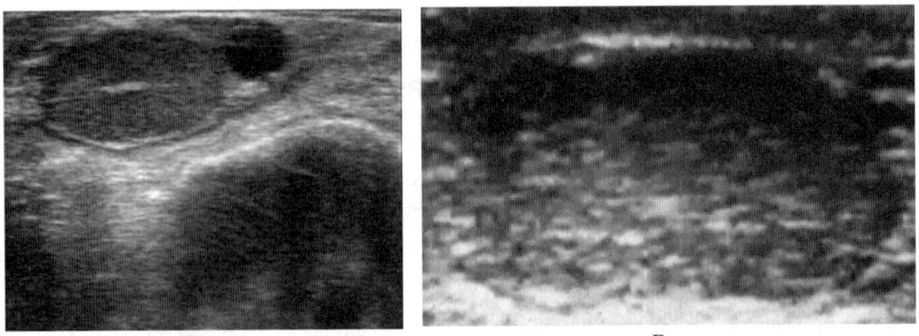

A　　　　B

A. 牛附带有一个小卵泡(黑)的成熟黄体(灰、中等回声);B. 牛的成熟黄体

图 12-14　牛的成熟黄体超声影像

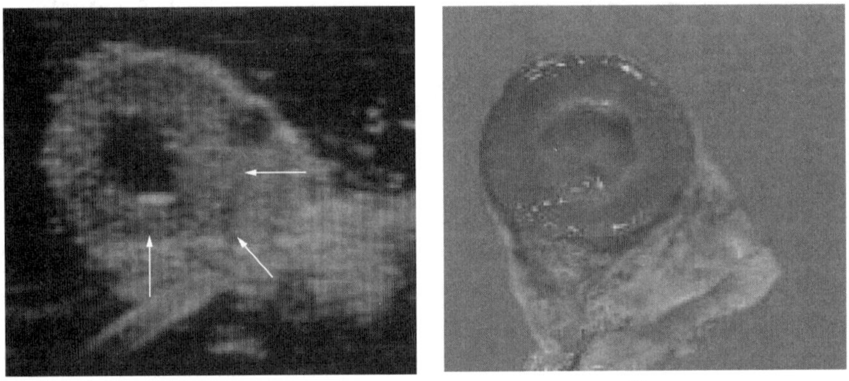

A　　　　B

A. 几毫米厚的有回声的黄体壁围绕着无回声的空腔 B 超影像(箭头);

B. 含腔黄体的横切面解剖图。

图 12-15　牛发情后 6 天中央含有腔的黄体

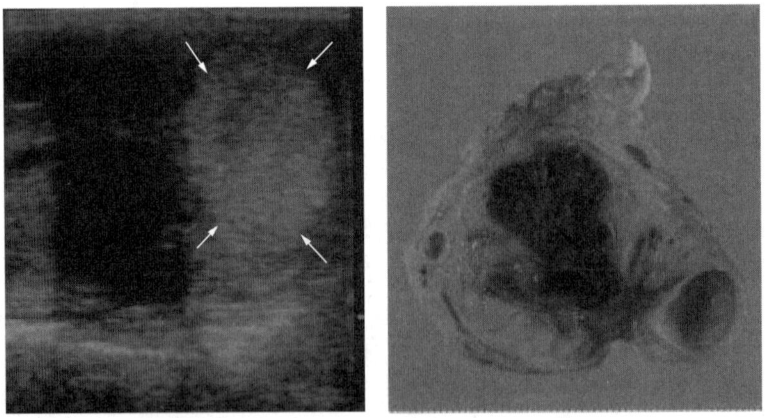

A　　　　B

A. 卵泡部位出现强回声(箭头),这是排卵后出血血液进入卵泡腔所致。

B. 排卵后 3 天卵巢切面解剖图,中心有一个新的黄体。

图 12-16　马在排卵后 1 天发情卵泡超生影像

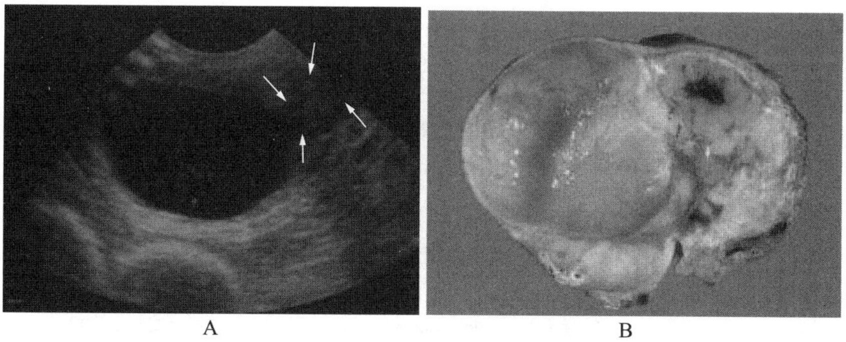

A. 马退化黄体超声图(箭头);B. 相应解剖卵巢图,卵泡内侧直径约 35 mm。

图 12-17　马退化的黄体

有些母马排卵后,卵泡壁血管出血,腔内积聚血液,形成血体。排卵后几乎所有血体的横切面都具有回声。几天后,可鉴别出低回声的中央区和高回声的边缘区(图 12-18)。以后回声发生变化,从低回声到几乎无回声,内部出现被网状纤维蛋白穿梭的网梁结构。黄体形成过程通常进展很快,排卵后的第 3 天,血凝块区不到一半是由回声的黄体化组织构成。随着排卵后时间的延长黄体的回声区域在扩大;到排卵后的第 9 天,黄体组织回声区域占据黄体的 70%,到黄体期末,占据 100%。黄体的整个横切面具有相似的回声强度和结构。在整个间情期都保持一致的形态结构与回声影像。

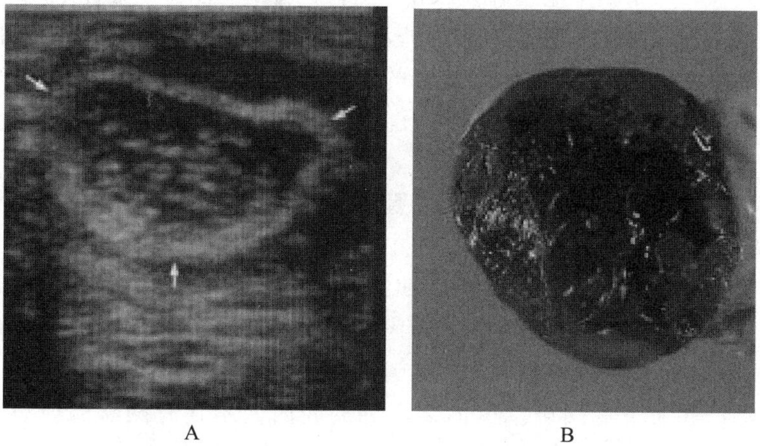

A. 箭头黄体狭窄的强回声边缘围绕着较大的血凝块低回声中央区;
B. 母马卵巢横切面含有血体。黄体化从边缘向血凝块中央区扩展。

图 12-18　母马排卵后 3 天血体

3. 牛黄体的产生和发育

牛新黄体要到排卵后 2～4 天才能被超声检查出来。黄体平均宽度为 14 mm,平均长度为 18～21 mm;到排卵后 8～10 天达到最大,约为 20 mm×30 mm。当黄体开始溶解后,黄体最大直径迅速缩小到 23 mm 以下。在下一周期开始后几天这些退化的黄体被称作为白体。牛有腔或无腔黄体存在于发情周期和妊娠早期。这两种黄体在牛中都是正常的。

二、基本病变表现

1. 卵泡异常

(1)卵泡大小异常　囊肿卵泡细胞壁的回声和卵泡腔液体的回声基本类似正常卵泡，只是卵泡体积要比正常卵泡大得多。囊肿卵泡与周围基质回声的关系也类似正常的卵泡。

(2)卵泡形状异常　卵泡发生肿瘤时，除体积增大外，形状也不规则。在肿瘤上部可见穿过许多血管的低回声横切面。剩余部分含有粗糙的颗粒回声，产生混合组织影像，有许多小血管横切面位于其内。邻近区域具有明亮的和稍明亮的回声反映了肿瘤的致密结构。

2. 黄体异常

黄体大小异常，黄体化囊肿与囊肿黄体的区别就在于前者未发生排卵，而后者发生排卵。黄体化囊肿壁与囊肿黄体壁的回声强度基本类似。带有囊肿黄体的母牛受孕率与有坚实黄体的母牛受孕率相同。

三、疾病诊断

1. 卵巢囊肿

卵巢囊肿包括卵泡囊肿和黄体囊肿。

【临床与病理】

两种囊肿的卵泡直径在不同家畜中的表现各不相同，牛的可超过 2.5 cm，马的可达到 6～8 cm，驴的可达到 5～6 cm。卵泡囊肿壁较薄，呈单个或多个存在于一侧或双侧卵巢上。黄体囊肿一般多为单个，壁较厚。两种结构均为卵泡未能排卵所引起的。卵泡囊肿的临床表现是无规律、长时间或连续的发情，病牛由于过多的运动而体重减轻；黄体囊肿的家畜则长期不发情，并出现相关的子宫积脓或积液。

【影像学表现】

X 线检查时，在大型家畜如马驴腰椎下、肾脏后可见一个或两个囊性阴影。而牛则是在骨盆腔底部可见囊性阴影。

超声检查时，卵泡囊肿直径比正常排卵期的卵泡还要大(图 12-19)，其内部有无回声的液性暗区，壁薄而光滑，壁的回声呈中或强等回声，而囊肿卵泡壁的最内侧颗粒细胞层则呈强回声。卵泡壁厚度有助于与黄体的鉴别。黄体囊肿壁要比卵泡囊肿壁厚些，达几毫米，它的回声强度类似于黄体组织，表现低回声。黄体化囊肿的腔内偶尔含有网状回声(图 12-20)。如果以混合或过渡形态出现，则通过超声形态很难鉴别两种类型囊肿。卵泡囊肿形状各异，有圆形和卵圆形，也有多边形甚至多角形。当囊肿在卵巢上单独发生时，其为圆形。当在同一个卵巢上出现一个以上囊肿时，囊肿内部的相对压力决定着囊肿的形状。常见的囊肿间隔呈直线型回声。具有较高内压的囊肿突进压力较小的囊肿腔内。小囊肿突进大囊肿内。

CT 表现为囊性低密度暗区，囊壁薄而光整，增强扫描囊壁稍有强化。

MRI 检查卵泡囊肿表现类圆形长 T1、长 T2 信号区，壁薄而光整，T1WI 呈明亮高信号，T2WI 为不均匀等或高信号。黄体囊肿常呈多房状长 T1、长 T2 信号区。

2. 卵巢肿瘤

犬、猪和实验动物多发生上皮瘤(如乳头状腺瘤、乳头状腺癌、囊腺瘤、囊腺癌和卵巢癌等)；牛马很少发生卵巢肿瘤，最常见的肿瘤是性索-基质瘤(颗粒细胞瘤、壁细胞瘤和黄体瘤等)。

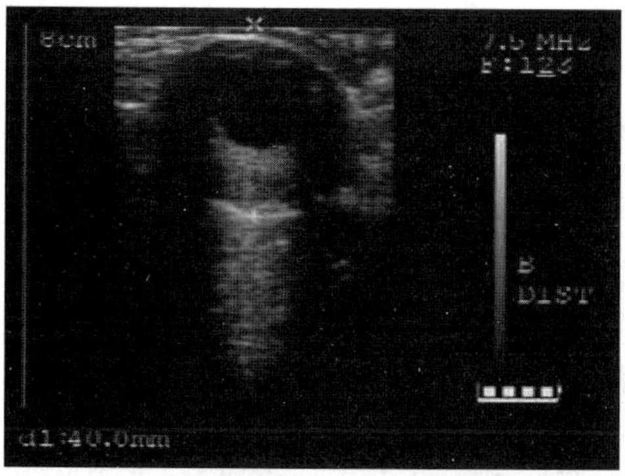

图 12-19　牛卵泡囊肿(40 mm)的超声影像

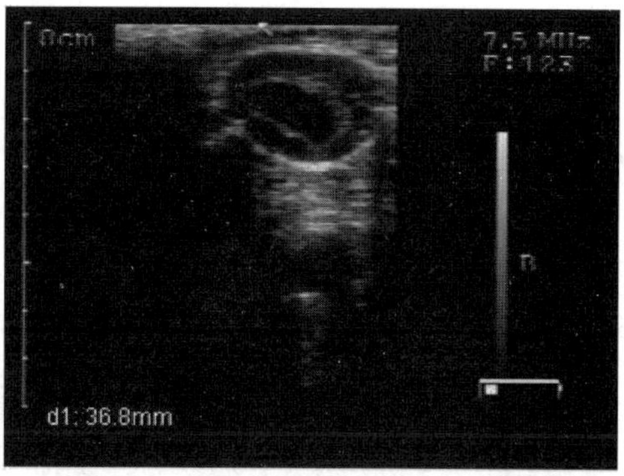

图 12-20　牛黄体囊肿(36.8 mm)超声影像

【临床与病理】

家畜发生颗粒细胞瘤时,有些长期出现慕雄狂症状,发情期延长。肿瘤中含有充满液体的圆形腔体。颗粒细胞瘤为黄色,较大较硬,分叶,可能由直径 1～7 cm 的许多小囊肿所构成。卵巢肿瘤多数呈单侧发生,因生长而体积增大,外观各异,边缘光滑或不规则。因此其位置下降,往往进入腹腔。

乳头状囊腺瘤在犬中比较常见,从卵巢囊长出后可将整个卵巢包埋;常经淋巴管扩散而引起腹水。该肿瘤中含有极其复杂的分支小管,这种肿瘤属于恶性肿瘤。

【影像学表现】

卵巢肿瘤的超声影像含有两个独特区域。在肿瘤上部可见穿过许多血管的低回声横切面。剩余部分含有粗糙的颗粒回声,产生混合组织影像,有许多小血管横切面位于其内。具有明亮的和稍明亮的回声的邻近区域反映了肿瘤的致密结构,内分布许多蜡样组织(图 12-21～图 12-23)。

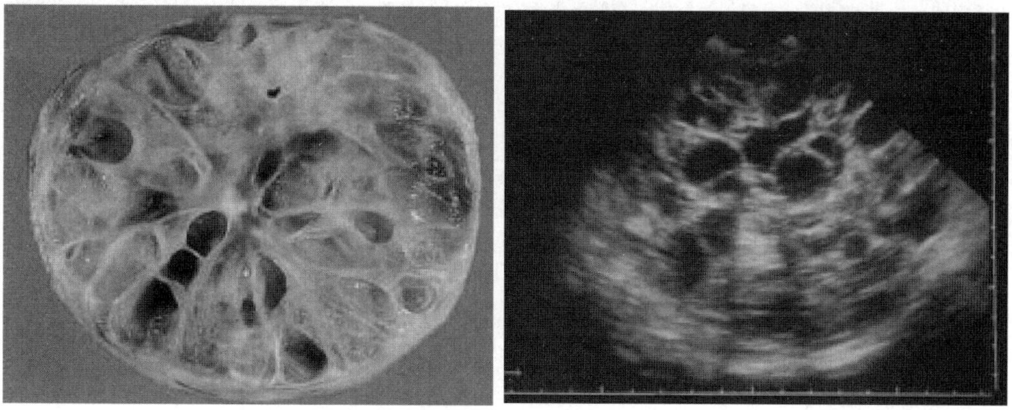

A　　B

卵巢肿瘤中有多个囊性结构。颗粒细胞瘤的标志是对侧卵巢无活性。

A. 切面解剖图;B. 超声影像。

图 12-21　马的卵巢颗粒细胞瘤

(资料来源:KAEHN W,1994)

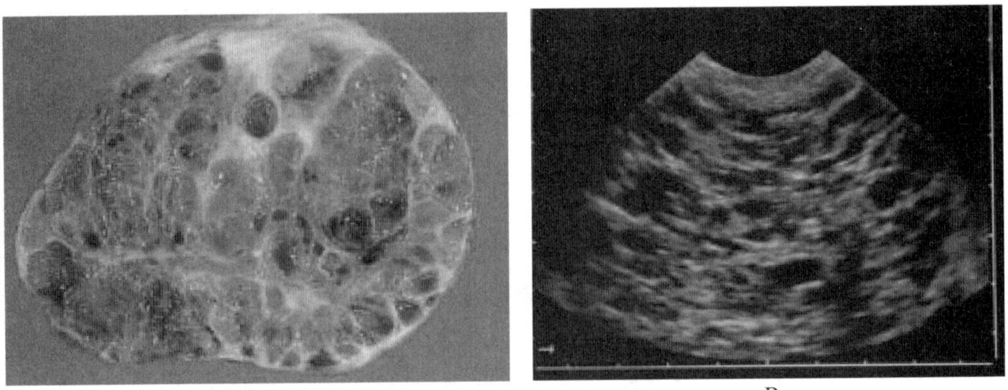

A　　　　B

A. 切面解剖图；B. 囊腺瘤的超声图显示许多小的囊性结构。

图 12-22　马的卵巢囊腺瘤

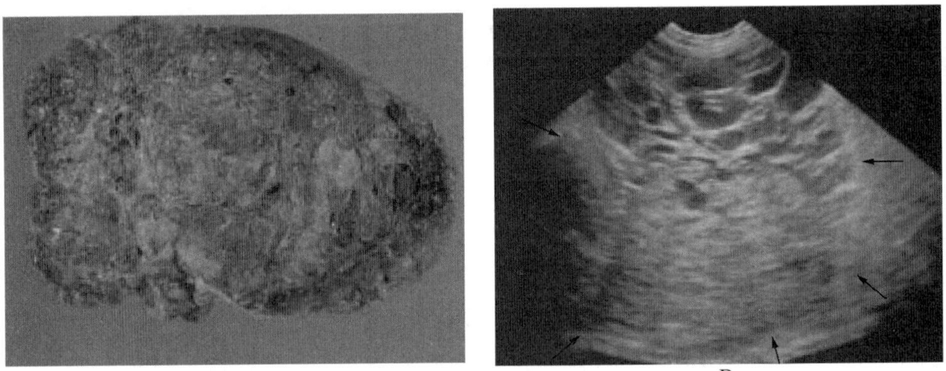

A　　　　B

A. 卵巢横切面解剖图。切除卵巢前 3 周，母牛血浆孕酮浓度低于 1.0 ng/mL。

B. 图中同一卵巢肿瘤（箭头）的超声影像。在肿瘤上部有许多低回声的血管横切面。肿瘤下部为致密组织回声。

图 12-23　牛卵巢颗粒细胞瘤

犬的囊肿卵巢超声影像是蜂窝状结构，含有许多无回声腔。囊肿大小各异，其内充满液体，被较薄的回声壁分开。有些囊肿呈多边形。

第三节　家畜子宫

一、正常影像表现

（一）空怀子宫

1. X 光检查

正常 X 光检查观察不到宠物的子宫，仅在肥胖动物/（多指宠物）中可见到膀胱上部的子宫体。子宫增大时可见管状结构向后延伸至骨盆腔，这可能与以下因素有关，如妊娠或产后子宫、子宫积脓、子宫积液等，可以结合临床症状加以鉴别。

增大的子宫位于直肠的前（下方），在直肠和膀胱之间，是一种卷曲的管状结构。在背腹位

X光片中，沿着右侧面可以很容易看见。从侧位观察，子宫位于小肠的内侧，特点是子宫增大（图12-24）。

采用阴道子宫输卵管造影术可以很好地显示生殖道的位置、方向和大小，从而判断生殖道是否出现畸形、肿瘤、炎症、粘连等（图12-25）。

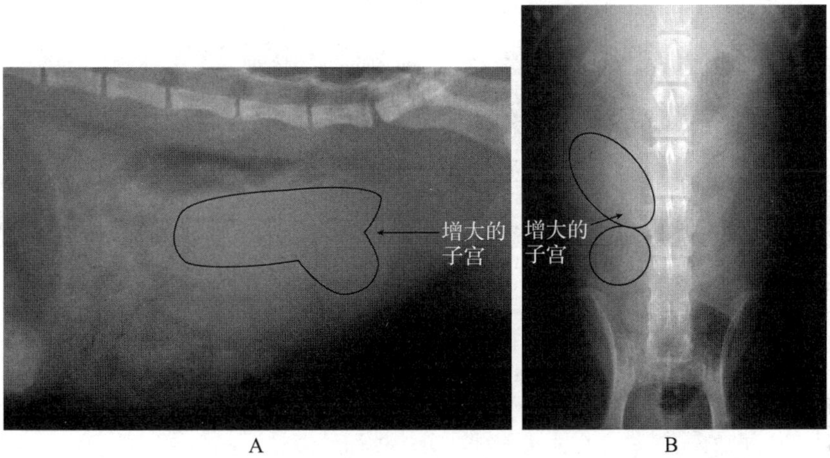

A. 侧位；B. 背腹位X线平片，子宫增大。

图12-24　犬生殖道

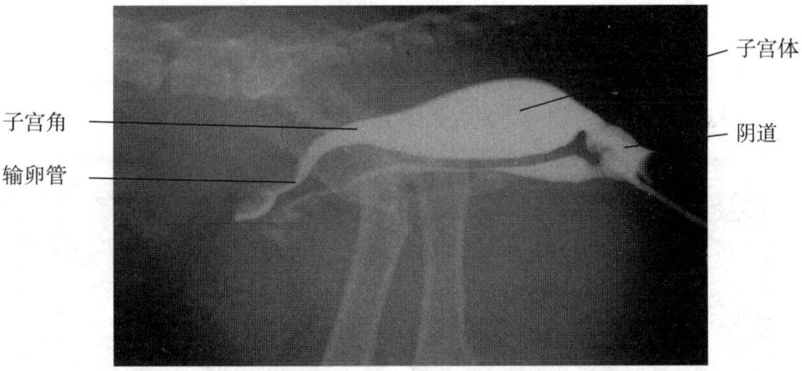

图12-25　犬子宫输卵管造影（碘化油造影）

2. 超声检查

（1）马空怀子宫　发情期和间情期的子宫壁同质均匀，不能分辨出不同的层面。子宫壁呈中等回声强度的灰色结构。而在马发情前后，在子宫横切面中可观察到有不同回声强度的层面。子宫内膜和子宫肌之间的环状结构向外膜呈向心性非常明显，强回声带和低回声区交错。这是由于子宫内膜皱褶向宫腔中心突出所致，其由回声基层、低回声水肿管腔部和强回声腔上皮所构成。子宫呈车轮样是发情的特点。这与发情期间雌激素作用有关，在排卵前6～10天尤为明显。在排卵前1～4天特征最佳，以后渐进性减退，排卵后2～6天消失（图12-26）。

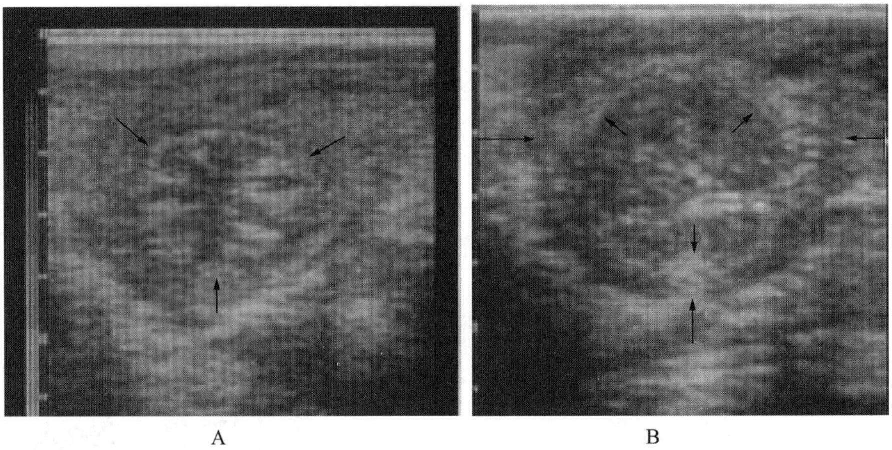

A. 横切面；B. 马间情期子宫角的矢状面，子宫角低回声外缘（长箭头）、子宫肌与子宫内膜之间的过渡带（短箭头）。

图 12-26 马发情期子宫角

（2）牛空怀子宫　子宫为同源性实体，呈低回声。在边缘处有较薄的强回声。各层之间很难以区分。

将线性探头搁置于子宫上方，可观察到子宫的纵切面。将探头向左或右略微旋转，可以看到子宫角。子宫大弯的轮廓变得清晰可见，为一条清晰狭窄、低回声线，其将子宫壁与周围回声更强的组织分隔开来。子宫小弯，明显度较差些。当子宫弹性较高时，如发情时，子宫大弯呈 U 形、拱形（图 12-27）。

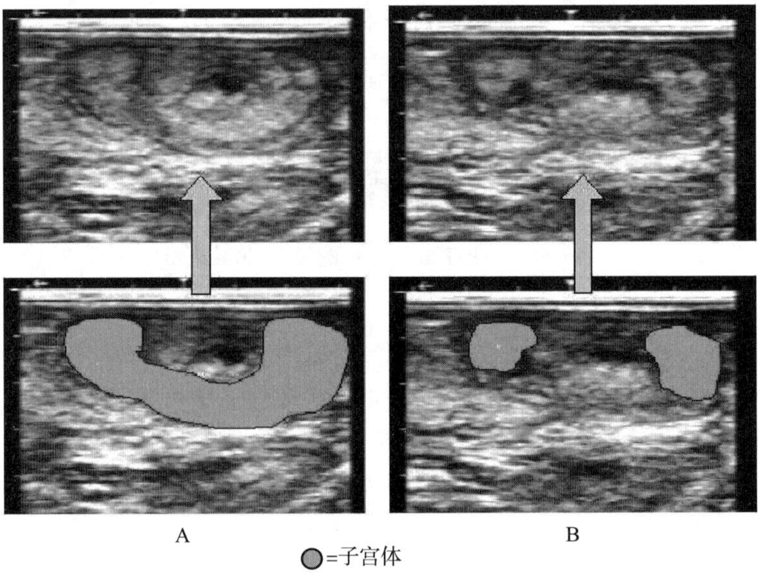

上图为超声影像；下图为标记影像。

图 12-27 牛空怀的子宫纵切（A）和横切（B）的超声影像

在多数牛中，由于子宫弯曲的存在，子宫的影像在同一切面可呈现为若干部分。在直肠内使用线性探头或适宜的扇形探头可在一个图像中同时观察到左右子宫角的 2～4 个断面(图 12-28)。在妊娠子宫中,子宫壁和子宫腔内胎囊的影像也可被切成不同的断面。一般同一切面的影像难以描绘出整个胎囊。

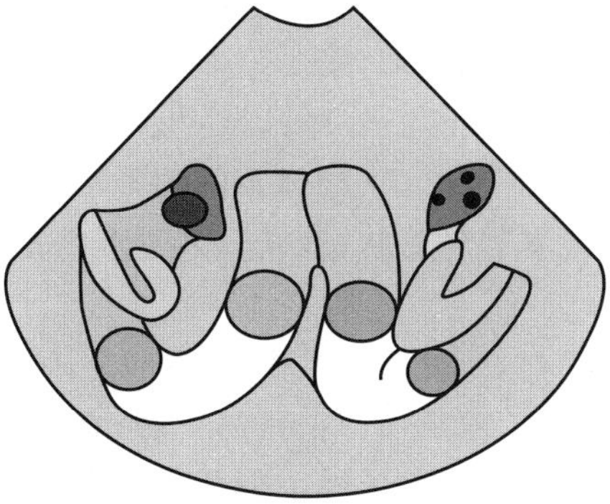

A

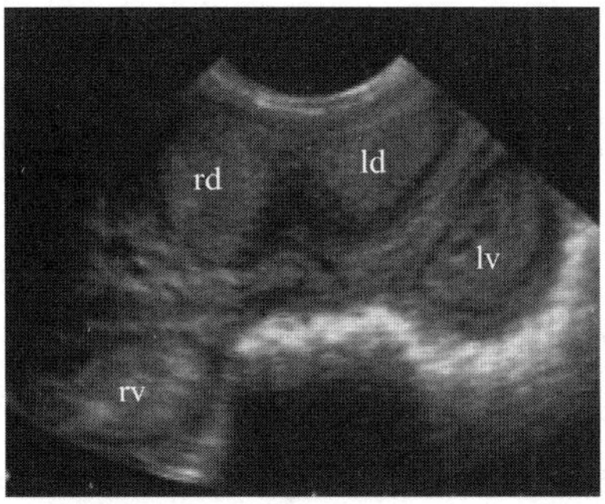

B.

A. 排卵后当天使用扇形探头超声检查子宫位置;B. 影像中可见同一切面上可见子宫角的四个横切面。

图 12-28　牛空怀子宫超声影像

(3)犬空怀子宫　犬的子宫位于膀胱和降结肠之间。解剖学中,子宫角长 10～14 cm,直径 0.5～1.0 cm;子宫体长 1.4～3 cm,直径 3 cm;子宫颈长 1.5～2 cm,直径 0.8 cm。子宫为同源性实体,呈低回声。在边缘处有较薄的强回声,各层之间很难以区分。子宫角不容易鉴别,其在肠系膜脂肪和小肠回声中消失。子宫颈呈线性强回声。

(二)妊娠子宫——早期妊娠诊断

由于 X 光检查母畜妊娠会造成流产,所以不提倡用此方法进行妊娠诊断。

超声可以用于各种家畜的早期妊娠诊断,探头探查部位因动物大小和妊娠时间长短而异,大家畜主要是经直肠探查子宫,中小家畜主要是经腹部探查,在妊娠初期也可经直肠探查子宫。探头频率也因位置而异,浅层部位可以选用频率高的探头,如 5 MHz 或 7.5 MHz。

表 12-1　利用超声监测家畜妊娠的最早时间,准确率为 95%～100%

动物种类	探头位置	配种后最早的时间/天	诊断标准
马	经直肠	15	胚囊
牛	经直肠	25	胚囊
绵羊/山羊	经腹部	45～50	胎儿,胎盘突
猪	经腹部	30	尿水
犬	经腹部	25	胎儿心跳

1. 马

当早期孕体成为充满液体的胎囊时,超声检查为无回声圆形球体。马在妊娠第 9 天就可检测到 3～5 mm 大小的孕体。妊娠第 10 天,胚泡直径为 4～7 mm,在 70%的母马中都可检测到。妊娠第 11 天,胚泡直径为 6～9 mm,几乎所有母马都可检测到。妊娠第 12 天,孕体直径为 10～12 mm,用分辨率低的探头如 3～3.5 MHz 也可检测到。妊娠第 14 天时,胚囊 14～19 mm,成球形,看不到胚体。妊娠第 2 周期间,胚囊以每天增长 3～4 mm 的速度生长,到第 3

周开始即第 16 天时，直径达到 20～25 mm，随后胚囊生长减缓。

从首次观察到孕体到妊娠第 17 天，超声检查马妊娠的一个明显现象就是孕体流动性。孕体每天可从一个子宫角通过子宫体运动到另一子宫角若干次。在连续扫描时可在子宫的不同部位发现孕体。孕体在子宫内的流动性在妊娠第 11～14 天时最强，第 15～17 天暂停。

早期孕体在妊娠第 15 天前呈球形，到第 17 天为卵圆形，第 18～21 天为梨形，以后为不规则形。从首次发现孕体到妊娠第 18 天，子宫壁为 10～15 mm 厚；以后几周变薄，在 5～10 mm 之间。最初，围绕孕体的子宫壁厚度均匀，妊娠第 18～20 天，孕体下部的子宫壁厚度变薄。

胚囊包括胚胎和胎水及胎膜，第 15～20 天胚囊如丝管状，较长以后逐渐缩短。

2. 牛

从牛妊娠第 15 天起，宫腔内胚囊像一个薄的丝状管。妊娠第 20 天前还不能用超声进行可靠的早期妊娠诊断。妊娠第 20 天时胚囊从一个子宫角顶伸展到另一侧，总长度为 1 m。妊娠第 22 天，胚囊直径 3～5 mm，长 1 cm。到妊娠第 25 天，尿绒毛膜和羊膜囊的横切面直径非常小，需用较高分辨率的探头，如 5 MHz 或更大才能检测到含有液体的胚囊。

妊娠第 30 天时胚胎顶臀长 12 mm，第 35 天为 15 mm，第 40 天为 20 mm，第 50 天为 35 mm。第 40 天胎囊的横切面直径为 25 mm，第 50 天为 35～40 mm，第 70 天为 50～60 mm。

3. 犬猫

超声检查可发现充满低回声胎液的孕囊，周围被有回声的子宫壁围绕。在妊娠第 20～30 天产生卵圆形胚囊。犬的胚囊纵观为卵圆形，横切面为圆形；猫的为球形。当首次看到胎囊时，其内并没有胚胎回声。膀胱处诊断要比腹前部更容易看到胎囊。

犬妊娠第 20 天的孕体内直径为 10～20 mm。第 30 天为 20～40 mm。猫的孕体与同一时期的犬的孕体相同。妊娠第 30 天犬胎儿顶臀长为 20～25 mm；猫妊娠第 25～30 天，胎儿顶臀长达 20～25 mm。

二、子宫疾病诊断

1. 死胎

有 4%～15% 的妊娠母马在妊娠第 10 天至第 50 天都会出现死胎。

【临床与病理】

母畜子宫内胚胎死亡后，随着妊娠期的延长，腹围不再增大。若是妊娠中后期胚胎死亡，还可见到腹围逐渐变小。此外，外观看不到胎动。随着时间延长，死胎就可能变成木乃伊胎。若子宫颈内进入细菌，就可能造成胎儿浸溶。在未感染时，母畜没有外观临床症状。一旦子宫感染，母畜就会出现精神沉郁、食欲减退等症状。对于猪和犬等多胎动物，每次怀孕时由于竞争子宫胎盘空间，死亡一两个胎儿较为常见。

【影像学表现】

X 线检查不能进行妊娠早期检测。妊娠中后期胎儿死亡者可见子宫内胎儿四肢、脊柱和颅骨等。死亡胎儿过度屈曲或过度伸展；头骨塌陷；胎儿体内或子宫内部可见气体影像（图 12-29）。

超声检查时，临近死亡的胚胎首要症状是胚胎体积变小、胎液含量减少。一旦胚胎心跳停止，即可诊断胚胎死亡。在妊娠 25～40 d 胚胎死亡的病例中，心跳在胚胎停止生长后若干天仍存在。在胚胎心脏开始完全静止前不久，可发现脉冲频率明显下降。此时家畜和宠物正常胚胎的心率大约为 150 次/min。随着胎液的吸收，胎囊容量不断下降，且回声强度增加。在吸收开始时絮状物反射产生了团状雪样回声（图 12-30），这是胎液细胞成分增加和胎膜崩解的结果。胚胎接着丧失典型的轮廓，变得极不清晰。正常胎囊和周围子宫内膜之间紧密联系且界面光滑，如果这界面变成波浪状，提示着胎儿即将死亡。这是胎液合成中断而吸收增加导致胎囊内部缺乏张力所导致的，子宫内膜皱褶不再随孕体平滑伸展。

在正常情况下，马孕体呈球形持续到妊娠 15 d。如果此前胎囊呈现其他形状，可怀疑孕体死亡。此时，孕体形状的变化不再用作为可靠的指标，因为以后可以发生生理性形状改变。胚胎死亡时，胎膜发生分解。

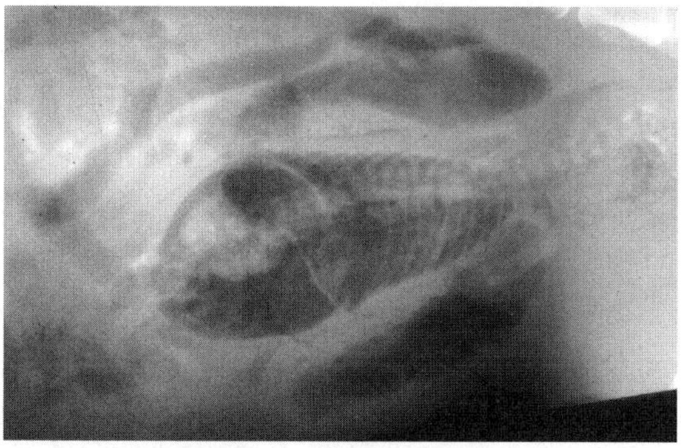

犬胎体死亡，子宫内充满气体。

图 12-29　犬死胎 X 线片

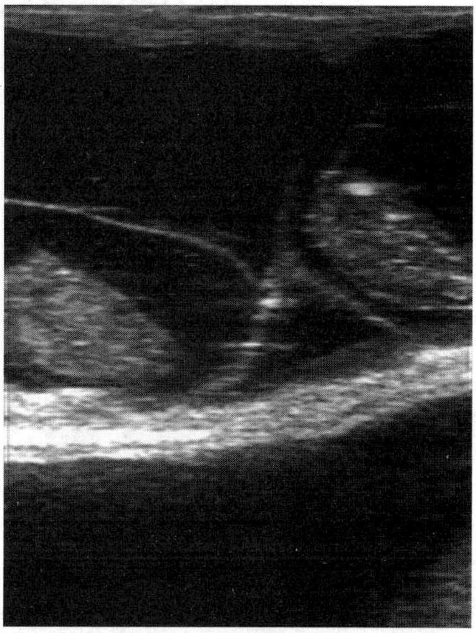

妊娠 54 天的双胎，羊水含量和羊膜大小均正常，但羊水中含有絮状物，胎体缺乏心跳，胎体停止发育诊断为胎体死亡。

图 12-30　牛死胎超声影像

2. 胎体木乃伊

【临床与病理】

胎体出现木乃伊化的情况时，妊娠中断的母畜没有临床症状，腹围不再增大，反而变小，无生殖周期表现。

【影像学表现】

X 线检查时，妊娠中后期子宫内可见不规整的骨骼影像，但未发现胎囊和胎体内的胎液的影像。

超声检查时，在子宫壁下方可发现强回声病灶。直肠超声检查鉴定不出胎体的各个部分。由于胎体外围空间变窄且回声增强，超声波穿透几厘米就可进入胎体。位于胎体深部的组织不能反射超声回声，表现为无回声影像。显然，木乃伊化导致组织发生改变（图 12-31），引起表层组织吸收声波能力增强。木乃伊胎表面和子宫壁间出现了非低回声区（回声增强组织）。

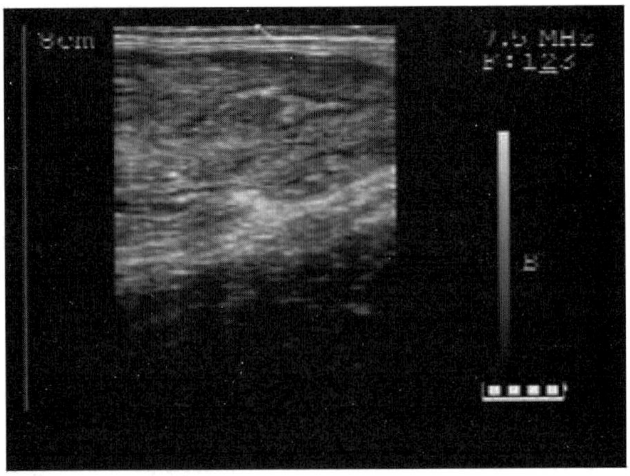

胎囊内无胎水，胎体内无水分失去正常形态(虚线区域)。

图 12-31　牛木乃伊胎儿超声影像

3. 胎体浸溶

【临床与病理】

发生胎儿浸溶时，妊娠中断的母畜一般表现临床症状，精神和食欲均不振，有的甚至体温也升高。阴门不定期排出分泌物。腹围不再增大，反而变小，无生殖周期表现。

【影像学表现】

X 线检查时，妊娠中后期子宫内仅可见残碎的骨骼影像，但未发现胎囊和胎体体内的胎液影像。

超声检查时，羊水和尿水的回声强度出现明显差异。尿水为无回声黑色，而在羊水内却存在规律旋转分布的强回声。这是由于胎体组织崩解引起羊水细胞成分增加所致。在产回声的羊水内，可观察到胎体成分。然而胎体的器官回声清晰度要比正常妊娠的差。由于羊水的回声强度增加，胎体轮廓与正常胎体相比对比度要差。胎体内结构模糊不清是死亡后变化的开始。由于骨骼部分为强回声，与软组织部分有明显区别。

4. 子宫内膜炎

【临床与病理】

一般患慢性子宫内膜炎的母畜不表现临床症状，只有当发生急性子宫内膜炎时，有的病畜才表现精神和食欲均不振，有的甚至体温也升高。患畜的阴门不定期排出或多或少分泌物，粘附在尾根和会阴被毛处。发情周期不正常或不表现生殖周期。有的有正常发情周期，但仍屡配不孕。

患慢性子宫内膜炎的母马宫腔内积聚黏液，黏液量各不相同。同一母马每天宫腔内分泌物含量也不相同，这取决于发情周期的各时期。在发情期间液体积聚可能是生理性的，但在许多母马中可能也是子宫内膜炎的早期指征。若在间情期子宫内发现液体分泌物是异常的。有时分泌物集中在子宫的特定区域，有时在整个子宫腔中均可发现。

【影像学表现】

超声检查时，母马子宫角内由于子宫内膜皱褶突进宫腔图 12-32，其横切面液体积聚的轮廓呈星状。分泌物和子宫壁之间的界面呈波浪形。宫腔内常常见到 6～8 个子宫内膜皱褶。子宫内渗出液膨胀导致液体进入皱褶间，正常影像中紧密并置的皱褶间没有液体。

由于胎膜或子宫内膜囊的内在张力作用，使得子宫内膜皱褶伸展，形成光滑的界面。子宫内容物和子宫内膜之间的界面呈现光滑平直的线性影像。在极少数正常妊娠马（如老马和经产马）中，可见星状子宫内膜皱褶突进宫腔（图 12-32）。在胚胎死亡的病例中，常出现胎液和子宫壁的界面不规则。

子宫内膜炎中子宫分泌物的典型特点是回声增强。清亮液体通常产生无回声的黑色超声影像。而子宫内膜炎分泌物的回声强度各不相同，有的可能是絮状回声点，有的比周围子宫壁回声还强。积聚在分泌物中的小气泡会产生絮状反射（图 12-33）。

在牛怀孕第 2 个和第 3 个 1/3 时期的羊水也具有回声。由于细胞成分的增加，羊水先呈絮状物反射，后呈雪花样反射。超声诊断子宫内膜炎的最佳时间是间情中期和间情末期。在这段时间里病理性液体分泌物最为显著，易与其他生理性分泌物加以区分。

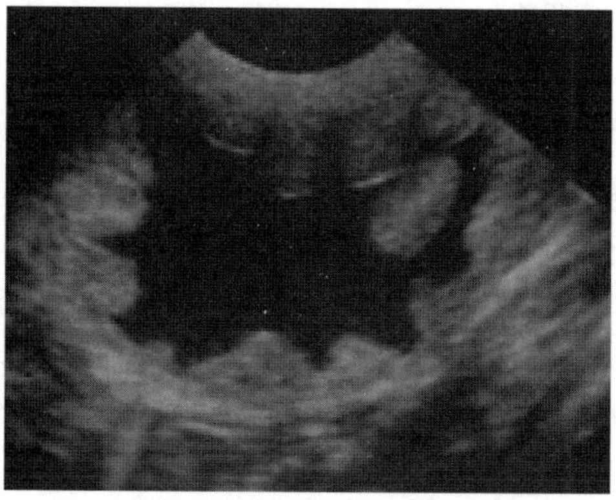

图 12-32 母马慢性子宫内膜炎

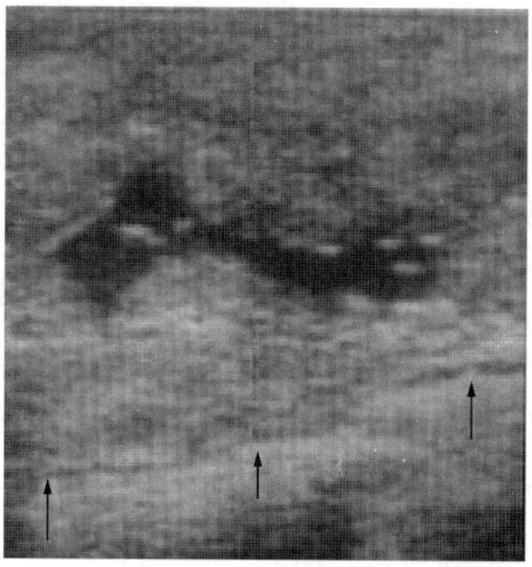

图 12-33 子宫分泌物因细胞含量增加导致絮状回声

5. 子宫积脓、积液和积尿

子宫积脓多发生于发情而从未妊娠的中老年母犬，母牛和母马也时有发生。

【临床与病理】

本病子宫颈不开放或开放不大，子宫蓄积的脓汁不能排出体外，而长期滞留，子宫体积越来越大，外观看犹如怀孕中期子宫。患病动物停止生殖周期活动，随病情加重而出现精神沉郁、食欲不振、脱水、烦渴，甚至出现败血症。

【影像学表现】

X 线检查时，犬的侧位 X 线片上，子宫角粗大卷曲或呈分块状的均质软组织阴影。子宫已从骨盆进入腹腔，占据腹腔中、后部（图 12-34）。

超声检查时，犬的一侧或双侧子宫角内出现单个或多个较大的圆形或椭圆形低回声区或无回声囊；纵向扫描则显示管状的低回声区。子宫壁厚薄不均，子宫内膜含有无回声病灶。马、牛发生子宫积脓时，子宫极度扩张。马的子宫内膜皱褶伸展，子宫内容物和子宫壁之间的界面光滑。子宫腔中脓性分泌物密度和稠度增加，细胞含量的增加引起沉淀，结果导致密集性产回声反射（图 12-35）。牛子宫内分泌物呈均匀弥散性絮状反射。如果分泌物很浓稠并含有许多细胞成分，分泌物的回声强度类似于子宫壁，而子宫积液时较稀的分泌物要比周围子宫壁回声低得多。

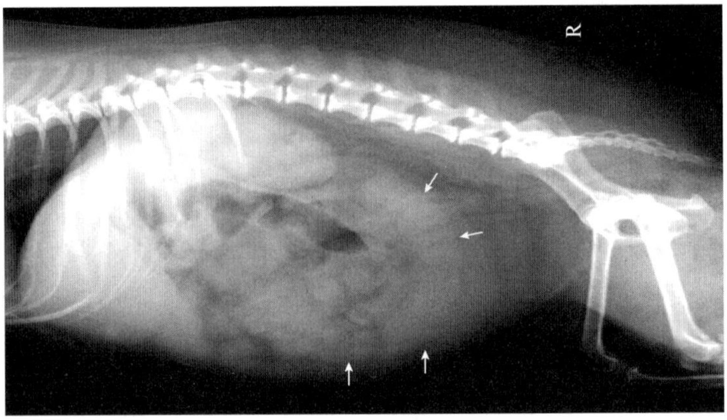

腹部明显膨胀，子宫呈大管状结构(箭头)。

图 12-34　犬的子宫积脓

家畜发生子宫积脓时，子宫壁有的变厚，有的变薄。

由于马膀胱尿液黏稠度较高，具有回声特性，呈密集反射。加上膀胱的外形也类似于略微扩张的子宫(图 12-36)。因此，膀胱超声影像看起来像子宫积脓图像，二者易于混淆。但从位置上看，积脓子宫要在膀胱前方，二者没有联系。

子宫积液和子宫积尿的超声诊断影像类似于子宫积脓。在患有处女膜闭锁症的母马中偶尔可以诊断到子宫积液。在年轻的雌马中最常诊断到此病。初情期后，卵巢和子宫开始周期活动，永久性处女膜妨碍了生殖道中分泌物的外流，从而导致黏性分泌物滞留在阴道和子宫中。闭锁症的雌马除了具有典型临床症状外，如处女膜从阴门突出或直肠检查子宫增大，超声检查还会发现滞留的液体存在于子宫的若干段中。

如果子宫颈开放，阴道和子宫向前腹侧移位将会导致尿液向前流进子宫，造成子宫积尿。超声检查发现子宫因充满液体而扩张，而马尿液的典型回声特点导致子宫中出现絮状反射。

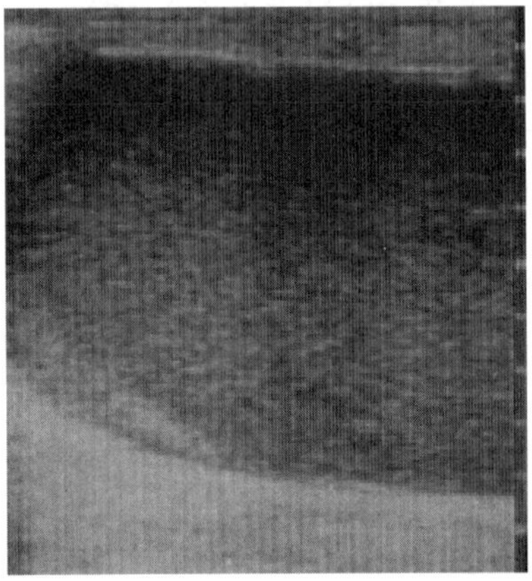

图 12-35　母马子宫脓性分泌物呈雪花样反射

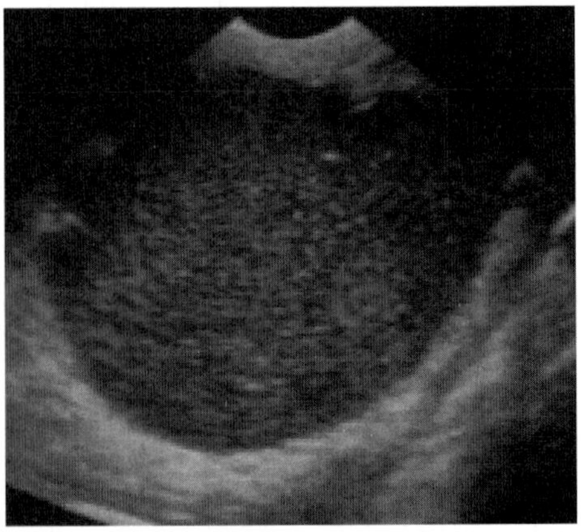

图 12-36　母马子宫积尿子宫内液体呈雪花样反射

第四节 胎儿超声检查

一、胎儿器官成像

(一)头、颈、脊椎

1. 头

马和牛的胎儿头部和周围机体以及胎水的声阻抗差异明显,超声影像的典型特点是妊娠第5周颈部明显变窄,头和躯干可明显区分开来。在妊娠40 d,可识别头部眼睛发育的低回声区。最初胚胎眼睛无回声,尚无眼球结构分化。妊娠70 d,眼内晶状体前后壁的弓形结构开始分化,眼内可见线性回声结构。胎儿头部的横切面可以看到眼球呈圆形切面(图11-37),矢状面则呈略微卵圆形。胎儿眼球发育至眼睑打开时,可观察到眼睑的眨眼运动。

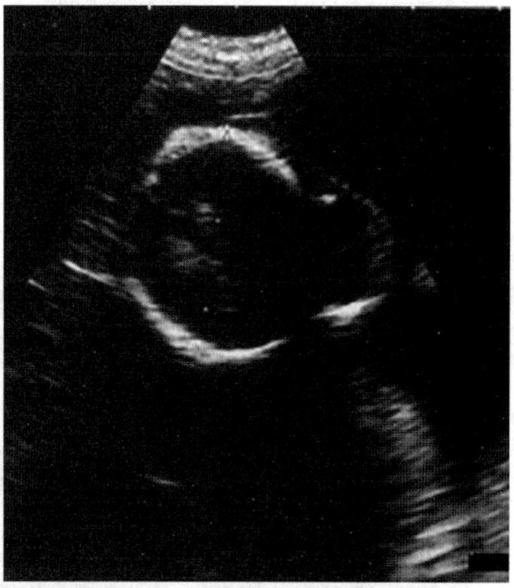

5 MHz 探头经母山羊腹部探测,妊娠70 d。

图12-37 山羊胎儿的头部超声影像

妊娠第2个月末,胎儿颅骨内早期发育的骨化中心使头部出现强反射结构,最明显的强回声结构发生在口腔部位。妊娠50~60 d,颅骨几乎封闭,呈卵圆形,横切面显示为强回声线状圆形颅骨腔。颅骨矢状面显示出卵圆形颅骨腔,额枕直径最长;直至妊娠7个月均可见圆形的颅腔影像。妊娠的最后两个月,颅骨顶的骨骼吸收很多超声,以致颅骨基部的深层骨骼不足以产生图像,圆形颅腔影像不明显或消失。

2. 颈

气管是颈部超声图的主要结构。颈部的纵向切面显示强回声的软骨环围绕着无回声的气管(图12-38)。与颈部血管相比,气管具有更宽的直径。在做颈部横切面时,在脊柱下方可见颈中部较宽的低回声气管。在头颈结合处,可见到喉部(图12-39)。有时在此处可见吞咽运动。有时,在水平切面上气管与喉一侧可以见到颈动脉,脉搏跳动明显。

3. 脊椎

脊髓从左侧的骨化中心和右侧的不产生反射的椎弓之间穿过,走向椎体中部骨化中心。脊髓后可见一排盘形回声。单排回声可能来自椎弓的骨化中心,也可能来自椎体。如果把探头水平放在椎弓上,会出现两排平行的回声(图12-40)。胎儿向后延伸的尾部的特点是由许多并排的盘样椎体回声(图12-41)。尾部超声图类似于脊椎其他部位的超声图。中央切面是脊髓的最佳观测点。此方法使声波穿过椎弓的骨化中心,而不产生发射。

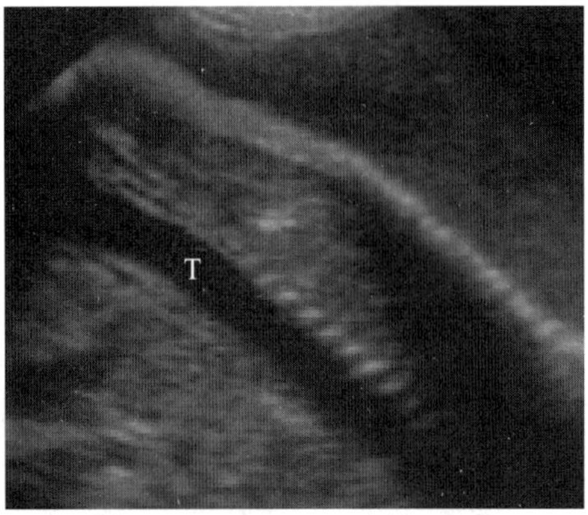

气管腔(T)内无回声，气管边缘有横切的
气管环；妊娠 209 d。

图 12-38　牛胎儿颈部的矢状面超声影像

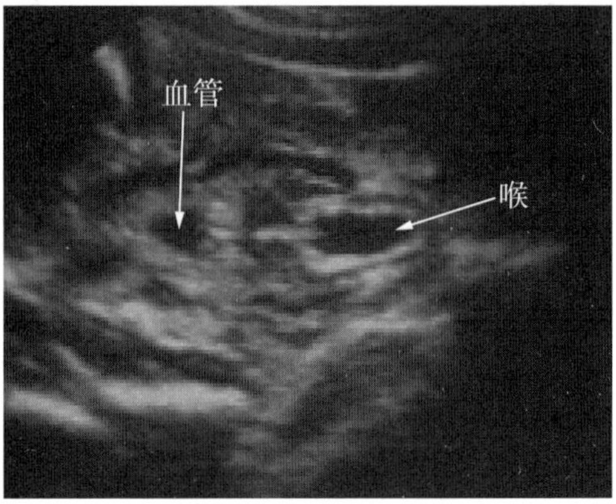

中心处为喉部，左侧是搏动血管
(箭头)；妊娠 183 d。

图 12-39　牛胎儿头颈结合处的横切面超声影像

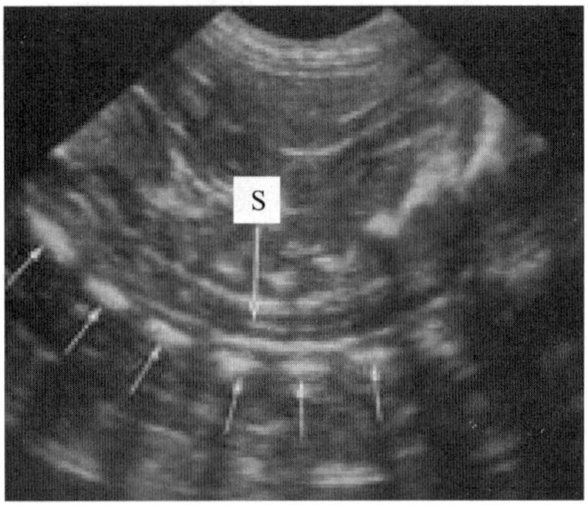

可见到脊髓(S)和脊髓下的
椎体(箭头)；妊娠 161 d。

图 12-40　牛颈椎的中部的矢状面超声影像

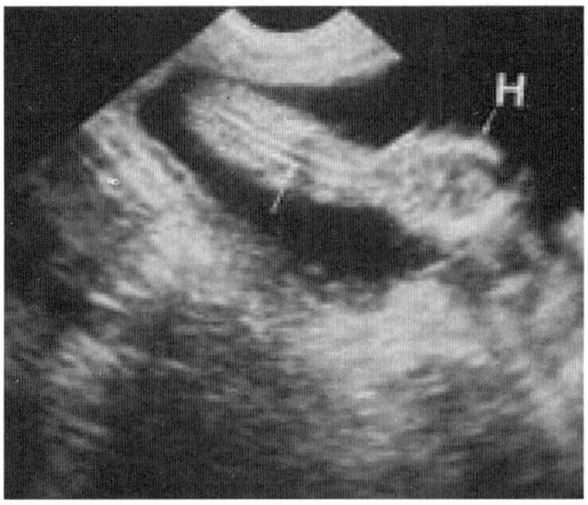

头朝右；脊椎出现双排回声盘，中央椎管为低回声，
通过颈部和躯干中部；H：胎头；妊娠 71 d。

图 12-41　牛胎儿头颈和躯干的水平切面

(二)胸腔和心脏

1. 胸腔

肋骨和脊椎的影像可在同一时间段鉴别出来。肋骨、胸椎骨和胸骨切面成像呈强反射。胸骨可通过多个盘形强回声和局部典型的解剖排列识别。在水平切面上，胸腔肋骨横切面的两排组成圆锥形影像。胸骨不生成单一的粘聚在一起的骨骼，而是由一排圆盘形影像构成。

2. 心脏

心脏位于胸腔前部，第 2～5 肋骨之间，存在明显搏动。心室心房回声低，而周围的心肌壁、心隔和心瓣膜存在较亮的回声(图 11-42)。心瓣膜运动导致搏动明显。检查心脏时，要先找到胸腔，再显示心脏视野窗。此过程需不断调整探头方向和等待胎动最佳位置。有时，心脏四腔均可显示出来。

心脏和横膈之间是肺的回声，其回声粗糙颗粒样，类似肝脏的回声。超声检查并不能看到横膈，其位置可凭肝肺间回声的微细差异来确定。

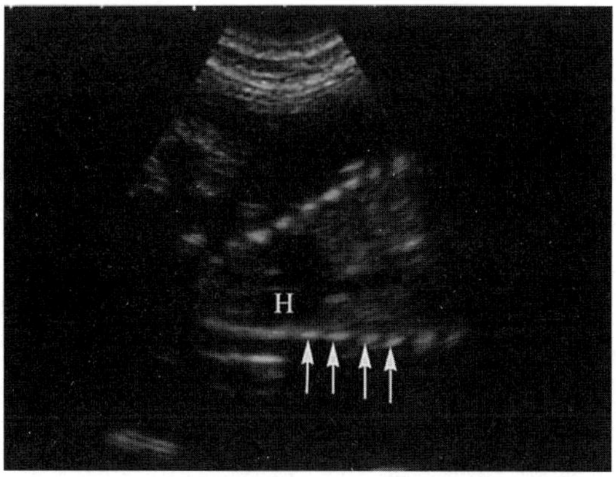

心脏(H)位于胸腔前部,点状肋骨之间,无回声,白点是肋骨(箭头);妊娠2个月。

图12-42　山羊胎儿胸腔超声冠状面影像

(三)腹腔和骨盆

1.胃

发育的反刍动物胃和肝脏位于最后几个肋骨内侧。肝脏显示粗糙的颗粒回声,内有几个大血管贯穿中心。胃位于肝脏和对侧肋骨之间。胃超声可见时间晚于心脏,基本与发育的眼睛同时出现。在胎儿腹腔内胃构成最大的无回声区,典型超声图为充满液体的空洞器官。随着妊娠的进展,胃内容物的回声强度增加。妊娠5个月时,胃内出现明显的回声。随妊娠发展,回声变得更为强烈,有时胃内产生雪花样反射。胃的位置可以预示胎儿的姿势。如果瘤胃在上邻近探头,说明胎儿为右侧卧位;如果胎儿左侧卧位,那么瘤胃就会远离探头。

2.肾

水平切面超声检查发现肾位于髂骨和最后肋骨之间。超声束背腹作横切面发现,肾在腰椎水平线上,在脊柱的下方或侧方。有时在同一超声图中可同时出现左右肾。肾呈低回声,具有典型的解剖结构,如被肾裂沟分离的肾乳头等。纵行切面在鉴定肾内小叶方面要好于横切面。在每个肾小叶中,外侧的脾脏回声更强些,中央的髓质区回声较差些。

在胃旁边有一个无回声腔的小器官就是膀胱。其在下腹部的中央、骨盆入口处。由于胎儿从妊娠早期就有规律地排空膀胱,因此超声检查胎儿膀胱较困难。

3.骨盆

山羊妊娠早期在胎儿水平切面可同时观察到两半骨盆。在每一侧可见到髂骨和坐骨。它们呈四个棒形强回声结构。在水平切面上,坐骨略短于髂骨,两坐骨位于两髂骨后。骨盆呈钝锥性。在朝后开口处骨盆略微变窄。在妊娠第2个月末因骨化中心可观察到骨盆。骨盆有助于寻找生殖器、膀胱和后肢。

二、胎儿性别鉴定

胎儿性别鉴定可根据不同妊娠时期牛胎儿的生殖芽、阴囊和乳头鉴定胎儿性别。

雄性胎儿的生殖芽未来发育成为阴茎和包皮,而雌性生殖芽未来发育成为外阴和阴蒂。生殖芽最初位于两种胎儿的两后腿之间,到妊娠40～60 d时,雄性生殖芽向脐带部前移,雌性生殖芽向尾根部后移。生殖芽呈双叶、卵圆形结构,几毫米长,呈强回声反射。从妊娠55～60 d起很可能首次观察到生殖芽的位置,从而进行胎儿性别判定。通过生殖芽的位置判定胎儿性别在雌性胎儿中更准确。

60 d后，可清晰观察到阴囊，到妊娠3个月时可根据阴囊来判定胎儿性别。牛胎儿在第3个月期间睾丸开始下垂，到妊娠第5个月完全下垂。从妊娠4个月起，超声可以展示阴囊内的睾丸结构，内部回声低于阴囊膜。判定雌性胎儿主要根据发育的乳头来判定。由于乳头呈强回声，并且分布均匀，在水平切面上观察最好。如果通过阴囊或乳头判定性别，则于妊娠70～120 d更适宜检查。

影响性别判定的因素包括被检胎儿的位置、探头的方向角度、操作者经验的积累以及周围类似的回声结构。

三、乳腺

X线检查时，乳腺为腹壁腹侧的软组织阴影。腹背位时乳头可被误认为腹腔内或胸腔内肿物。仔细检查可发现为双侧对称性分布。

发生乳腺肿瘤时，腺体会增大。有时在腺体组织内会看到钙化阴影，这可能通常伴有肿瘤。恶性乳腺瘤会转移到淋巴结以及肺脏，可能表现为结节样浸润。

超声检查乳腺组织可产生均匀的回声。乳腺肿瘤的回声结构各异(图12-43)。可能发现恶性肿瘤扩散到邻近的筋膜，可能见到声影。乳腺炎会引起乳腺增大，回声结构减弱。

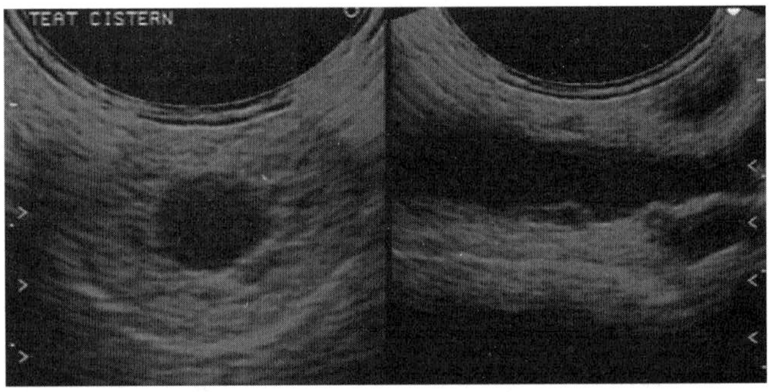

A　　B

A. 横断面的影像；B. 纵切影像。

图12-43　奶牛乳头超声影像

奶牛乳头壁较厚呈较强回声并与周边组织有界限，乳头管腔内充满乳汁呈无回声(图12-44)。当乳头基部出现增生物时，回声度增强。

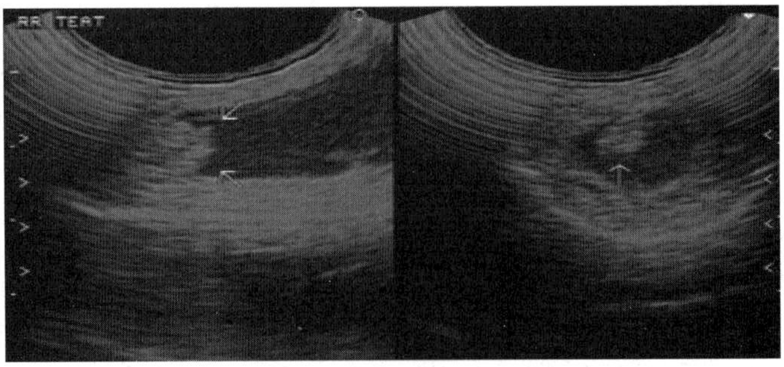

A　　B

A. 纵切面；B. 横切面可见乳头管道有阻塞物(箭头)。

图12-44　奶牛乳头超声影像

第五节　雄性生殖

一、阴茎

(一)解剖

犬的阴茎骨向远端逐渐变细。近端 2/3 腹侧有槽，槽内有尿道海绵体和尿道。包皮包裹着阴茎的前端。

(二)X 线检查

在侧位片可以很好地观察阴茎，此时阴茎骨显示清楚。检查阴茎部尿道时，可采用尿道造影术。

(三)正常影像

除了阴茎骨外，X 线平片上看不到其他与阴茎有关的影像。在侧位片上，阴茎骨位于腹部的腹侧。在腹背位片上，如果摆位恰当的话，阴茎重叠在脊柱之上，难以清晰看到。由于周围有空气围绕，后腹部的侧位和腹背位片都可看到包皮。腹背位检查时，包皮可能被误认为腹腔内肿物。

(四)异常

阴茎骨骨折为偶发病，通过 X 线平片很容易发现。如果怀疑该病，需要进行侧位、斜位和腹背位检查。阴茎骨骨折可引起尿道狭窄。

二、睾丸

(一)解剖

睾丸是两股之间的卵形器官，被阴囊包裹。左侧睾丸比右侧睾丸一定程度的靠后。每个睾丸的背外侧有一系列卷曲的小管，称为附睾。睾丸纵隔是结缔组织层。睾丸被鞘膜包裹，鞘膜是腹膜的延续。睾丸的长轴为背后侧走向。

(二)X 线检查

阴囊在 X 线平片上为骨盆后的软组织阴影。在侧位和腹背位观都可以看到。

(三)超声检查

使用一些耦合剂可使睾丸显影。睾丸回声结构致密、均一、粗糙、边界为强回声。中心的强回声为睾丸纵隔。附睾位于睾丸背侧，回声略弱，结构粗糙。附睾头部位于前方。

(四)异常

1. 睾丸增大

不借助 X 线检查，通过临床检查就很容易发现阴囊内增大的睾丸。骨盆后区平片可显现增大的阴囊。精原细胞瘤和间质细胞可引起阴囊内睾丸肿大。

2. 肿瘤

睾丸可出现 3 种肿瘤分别为精原细胞瘤、间质细胞瘤和支持细胞瘤。支持细胞瘤最常见于腹腔内隐睾。临床上患病动物会出现雌性化，例如对称性脱毛、包皮下垂和前列腺炎。

支持细胞瘤引起患侧睾丸整体肿大，而对侧睾丸发生萎缩。间质细胞瘤通常由小的局灶性结节组成。可能会使双侧睾丸发病。精原细胞瘤是单个的大肿物，只出现于一侧睾丸。

超声检查：睾丸肿瘤的产回声性和回声特性各异，各种肿瘤无特异性。肿瘤可能为低回声或强回声，如果大的话可产生混杂回声。

3. 萎缩

在老龄犬猫中会出现睾丸萎缩。对侧睾丸可出现肿瘤、脓肿或出血。与正常睾丸相比，表现为整体性低回声或等回声的组织结构。

4. 隐睾

隐睾是指一侧或双侧睾丸滞留于腹腔中，是犬相对常见的先天性疾病。滞留的睾丸通常会肿瘤化，最常见支持细胞瘤。

超声检查：由于隐睾很小，腹腔内可能检查不到。睾丸可能位于肾脏的后极和腹股沟管之间。腹腔内的隐睾支持细胞瘤为混杂回声结构。

5. 扭转

腹腔或阴囊内的精索可能发生扭转。由于睾丸肿胀，腹腔内扭转会表现为腹腔内肿物。该病也见于猫。

6. 睾丸炎

超声检查时，病变的睾丸表现为整体性低回声结构，可能出现局灶性无回声，有一定波动，有明显的边界，提示病畜已发生睾丸炎。

三、前列腺

(一)解剖

前列腺围绕着膀胱颈部的近端尿道，位于骨盆联合处，在腹膜外。其位置随膀胱的扩张会发生一定程度的改变。当膀胱充盈时，前列腺位于耻骨前缘。当膀胱空虚时，正常的前列腺通常位于骨盆内或部分位于骨盆内。随着年龄的增长，前列腺会向前移位。对于一些软骨营养不良的品种，前列腺会更靠前。数个前列腺管作为前列腺分泌物的引流管进入尿道。猫的前列腺很小，通常在X线检查时看不到。

(二)X线检查

在腹部X线平片上可看到宠物前列腺，侧位片更好观察。阳性逆行尿道造影有助于检查前列腺和尿道。偶尔在膀胱或尿道阳性或阴性逆行造影时会看到轻度的前列腺返流。

(三)正常影像

当膀胱被尿液扩张时，侧位上前列腺紧位于耻骨前缘。如果膀胱空虚，前列腺位于骨盆内或部分位于骨盆内，其显影好坏与周围脂肪的量有关。在腹背位片，前列腺位于中线，在耻骨前缘或后方。

(四)超声检查

假如前列腺在腹腔内，检查时动物可以侧卧或仰卧，大型犬也可以站立。在包皮旁剃毛，用耦合剂，进行腹中线旁矢状面和横断面扫查。探头平行于包皮，垂直于皮肤，并定位膀胱。探头向后移到膀胱颈。向后倾斜探头可扫描到前列腺。为了获得更好的影像，要对探头施压。

膀胱内有尿液时有助于前列腺成像。将探头向骨盆前缘移动。为了检查骨盆内的前列腺，探头的角度要朝向后背侧。前后以及左右移动探头，以保证可以检查到整个前列腺。前列腺的大小因年龄、品种、性成熟状况和疾病的发展各有不同。膀胱空虚时，正常的犬前列腺位于骨盆腔内；当膀胱膨满时正常的犬前列腺被膀胱向前牵拉，位于耻骨前缘附近。已经发现体重和超声检查与前列腺的大小有关，但通过X线检查前列腺的大小更好，因为可以同时看到整个前列腺。

前列腺环绕与连接着膀胱颈部尿道。直肠位于其背侧，膀胱位于其前侧。耻骨前缘位于前列腺腹侧，二者的位置关系会改变。前列腺的实质回声结构均一、回声点细小或中等，回声强度中度或稍强。

矢状面(纵向)扫查，各种家畜不同，牛的为棱形，猪的为纽扣形，犬的为梭形前列腺，边界光滑，具有明显强回声的包囊。只有垂直于超声波束的前列腺包囊部分会表现为亮的线条。横断面扫查时前列腺分两叶，圆形，有明显强回声包囊。尿道位于前列腺背侧或腹侧，为中心透声的环形区。在背侧边缘有个小的中线凹陷。在前列腺中心区域可看到线性回声纹，这些是尿道周围的组织。前列腺部尿道为前列腺内的低回声区。性成熟的前列腺为强回声区。在未成年或去势的犬，前列腺小，低回声。尿道位于中心或偏离中心。

检查骨盆内前列腺需要小的线阵直肠探头。

(五)异常

1.前列腺增大

前列腺增大的临床症状在一定程度上与增大的结果有关，包括便秘和里急后重。发生炎症时，触诊前列腺疼痛，可能出现排尿困难、痛性尿淋漓以及阴茎头有分泌物。前列腺急性炎症会影响患畜后肢步态。

前列腺增大可能会由于增生、囊肿、前列腺炎、脓肿或肿瘤导致。只通过X线检查不可能区分这些疾病。前列腺增大最常见的原因是良性前列腺增生。逆行性尿路造影有助于前列腺显影。前列腺肿瘤可转移到髂内(腰下)淋巴结、肺脏、骨盆和其他骨骼。猫罕见前列腺疾病。

X线征象：增大的前列腺使膀胱向前侧和腹侧移位，结肠或直肠向背侧移位。在后腹部可见增大的前列腺位于膀胱后侧，呈圆形。轮廓不规则意味着恶性肿瘤(腺癌)。如果在后腹看到两个肿物，可能会难以判断哪个是膀胱，哪个是前列腺。膀胱造影可以显现膀胱的轮廓。阳性尿道造影可能显示前列腺部尿道狭窄，尤其当前列腺增大时。在逆行膀胱充气造影时囊肿腔有时会充满气体。通过向肺脏、脊柱、长骨或骨盆转移可发生局部侵袭，这可通过X线检查发现。前列腺内出现气体阴影提示有肿瘤或前列腺炎。

超声检查：在良性前列腺增生(图12-45)，前列腺会保持其形状、对称性和光滑的边界。回声结构不变，但产回声性会轻度增高。可能看到小的无回声区，这代表小的潴留性囊肿，但通常无临床意义。如果囊肿变大并位于外周，可能会破坏前列腺的轮廓。此时在远场将看到后壁回声增强效应。

2.囊肿

前列腺旁囊肿可看见一个与膀胱相邻或类似的软组织阴影。囊肿的大小各异，有时可看到纤维化。

超声检查：前列腺旁囊肿(图12-46)为后腹的大的充满液体的结构，通常无回声，边界清晰。液体可能含有产回声物质，振荡时移动。壁的厚度各异，并有中隔。壁的矿化可产生声影。通常将膀胱排空，然后再注入生理盐水可以区分膀胱和囊肿。并可检查到膀胱内生理盐水有涡动。囊肿可能有蒂连在前列腺上。

前列腺囊肿X线检查通常看不到前列腺内的小囊肿，除非囊肿增大改变了前列腺的轮廓。超声检查可见大小各异的无回声区。

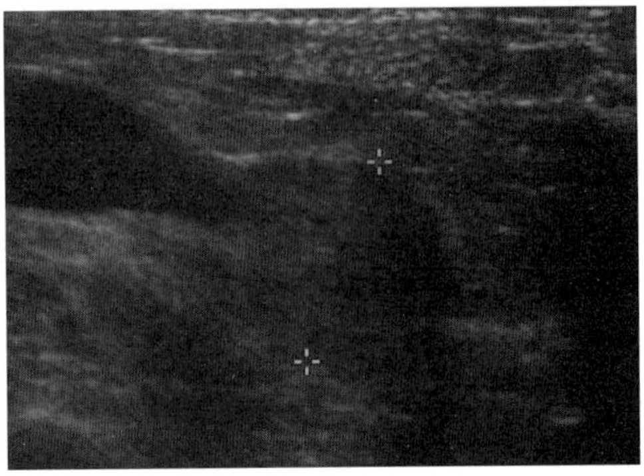

图 12-45 犬的良性前列腺增生

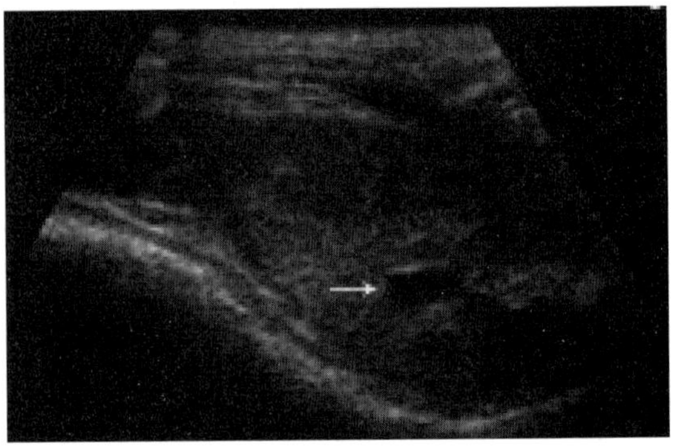

图 12-46 犬前列腺囊肿

3. 肿瘤

X 线检查能显示前列腺的增大，但不能精确区分其原因。良性前列腺肿瘤（neoplasia）还未见报道。最常见的原发性前列腺肿瘤是腺癌。

前列腺癌在猫曾报道过，症状包括脓尿和血尿。逆行造影可见前列腺部尿道不规则。在腹壁 X 线平片上可见或看不到增大的前列腺（图 12-47）。

超声检查：肿瘤性疾病可引起前列腺形状不规则，并有多个融合的强回声灶，引起混合回声，回声结构各异（图 12-48）。出血和坏死的部分表现为局灶性低回声区，可能出现腔。肿瘤疾病也会伴有矿化，变为带声影的强回声灶。临床应检查髂淋巴结情况。

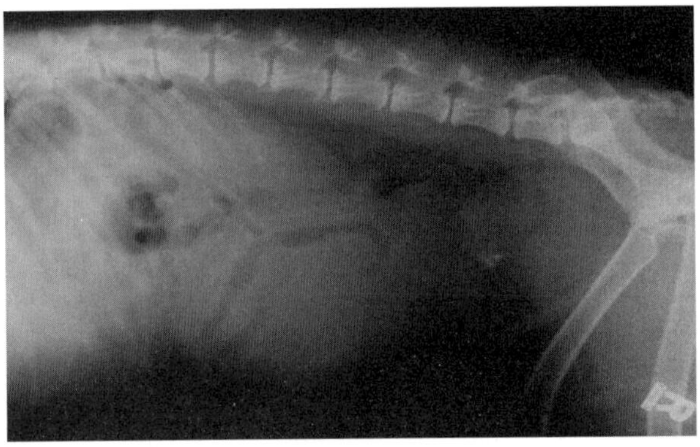

图 12-47 犬前列腺腺癌 X 线平片

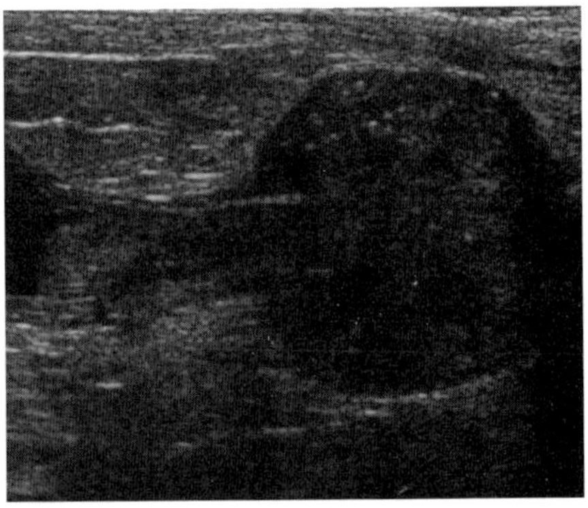

图 12-48 犬前列腺腺癌超声影像

4. 感染

前列腺通常增大，并在内部可能看到气体阴影。阳性尿道造影可能使造影返流入前列腺。

超声检查：区分前列腺炎和肿瘤很困难，确诊可能需要穿刺检查。前列腺炎可能引起局部无回声和低回声区，这表明组织炎症或有脓肿，也可能出现伴有回声结构整体增强的板块状回声灶。局灶性矿化也有发生。前列腺脓肿时可能看到含有产回声液体的腔洞。在超声引导下进行脓肿的引流。前列腺感染或肿瘤疾病时可见髂内（腰下）淋巴结肿大。

第十三章　中枢神经系统

神经系统是动物体内起主导作用的调节机构，包括脑和脊髓，以及与脑和脊髓相连接并分布全身各处的周围神经。神经系统可以接受体内和体外的刺激，通过脑和脊髓各级中枢的整合，再经过周围神经控制和调节机体各个系统的活动。一方面使机体适应外界环境的变化，另一方面也调节着机体内环境的相对平衡，保证生命活动的正常进行，使动物体成为一个完整的对立统一体。

第一节　脑

一、检查技术

(一)X线检查

X线摄影技术可用于头部骨骼的检查，造影技术也可以显示相关的软组织结构及某些头部病变，中枢神经系统病变需要辅助其他方法才能做出诊断。

1. 头颅X线平片检查

常用的头部X线平片投照体位有侧位、背腹(腹背)位、左右侧斜位、嘴尾位等，检查时对动物镇静或者麻醉有助于正确摆位。侧位片可见犬、猫的颅顶。颅顶主要由额骨和顶骨构成，顶骨外面隆凸，两侧顶间缘呈尖端向前的V形缝，其内嵌有顶间突，侧位片和腹背位都可见犬猫的颅腔(图13-1)。

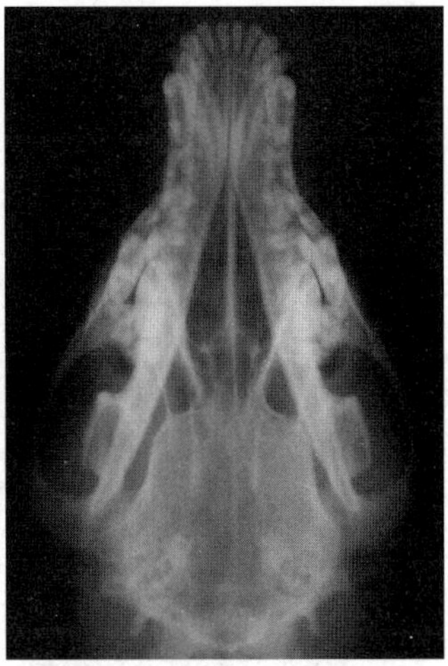

图13-1　犬头部腹背位X线片

头部X线平片有几种诊断的可能：①明确病变的位置；②提示病变存在，但不能确诊；③临床表现明显但无异常发现，这是X线平片诊断的局限性。

其他常用于脑部的辅助放射学检查方法有脑血管造影术、颅静脉窦造影术和脑室造影术。

2. 脑动脉造影术

脑动脉造影是将有机碘造影剂直接注入动脉血管内，使其大脑动脉显影以鉴别脑内块状病变的一种X线投影检查技术，该技术可以显示脑内的大部分血管。该技术主要用于诊断脑动脉瘤、血管发育异常、血管闭塞等相关疾病。

对颈内动脉造影可选择在颈部直接插管，椎动脉造影可通过股动脉插管进行操作，犬需要全身麻醉，麻醉前15～20 min注射阿托品。侧位片可以显示充盈的静脉。加压注射后可以确保脑血管完全充盈。正常脑动脉造影影像如图13-2所示。

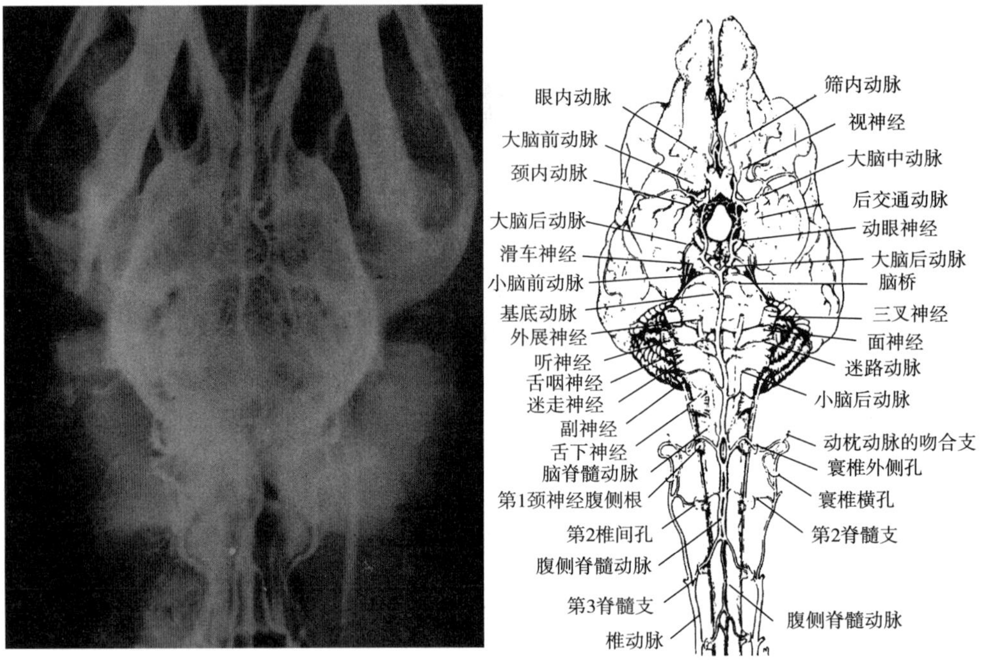

图 13-2　第 4 颈椎动脉注射造影剂 15 s 后拍摄的正常动脉造影影像及各动脉的标注示意

（资料来源：谢富强，2006）

3. 颅静脉窦造影术

颅静脉窦造影技术是用于显示颅底静脉和静脉窦从而诊断颅底部或其周围病变的一种 X 线投影检查技术。犬需要全身麻醉，眼内眦静脉注射水溶性非离子碘造影剂，显示颅内和颅外静脉系统，如果不需要颅外静脉显影，在注射造影剂时可以压迫面静脉，根据犬的体重不同造影剂的剂量为 5～10 mL。注射后迅速拍摄背腹位 X 线片，可显示正常静脉窦影像(图 13-3)。

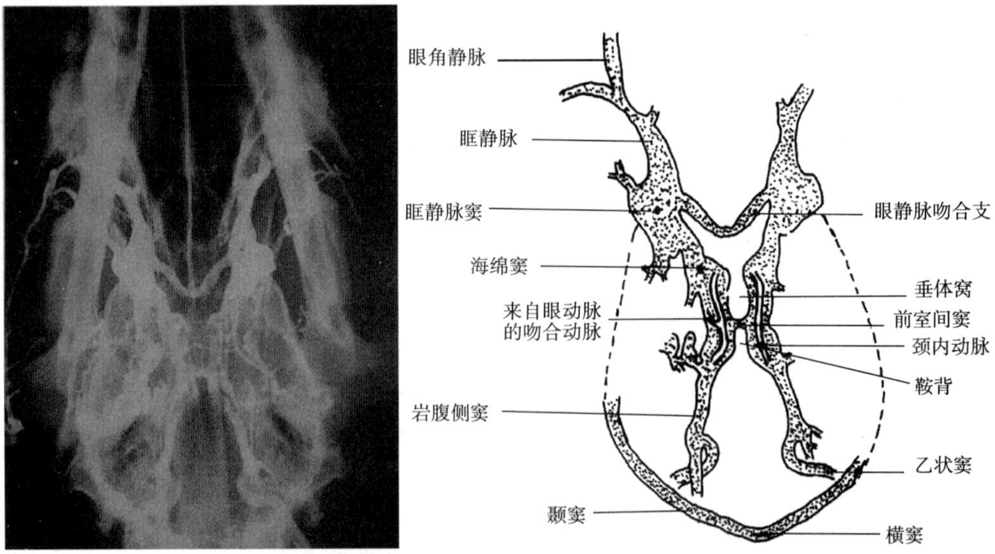

图 13-3　经内眦静脉注射造影剂显示的正常颅静脉窦造影影像及血管轮廓示意

（资料来源：谢富强，2006）

4. 脑室造影术

脑室造影术是Dandy氏在1918年首先使用，方法是通过穿刺脑室将X光阴性造影剂如空气注入脑室系统，通过X光片上脑室影像的变化，诊断占位性病变引起的脑室移位、脑萎缩、脑积水等。随着CT和磁共振技术的发展，目前这种技术已经很少使用，另外脑积水时也可以应用超声进行检查。

(二)CT检查

脑的CT检查是通过CT对颅脑进行检查的一种方法。脑CT检查方便，迅速安全，无痛苦，无创伤，在兽医临床上是一种新的检查方法，它能清楚地显示颅脑不同横断面的解剖关系和具体的脑组织结构，因而大大提高了病变的检出率和诊断的准确性。总体上讲，CT对动物体硬组织的成像要比软组织的更好。脑CT检查适用于动物颅内肿瘤、脑血管病如脑出血，脑梗死等、颅脑损伤、颅内炎性病变如脑炎、脑寄生虫病等疾病的诊断。

CT平扫，不注射造影剂直接进行脑CT扫描，犬猫俯卧将头固定于检查床面上，保持头部摆位端正，一般扫描厚度为3 mm。

(三)MRI检查

MRI检查是兽医临床最近几年开展的一种新型的高科技影像学检查方法，具有无电离辐射性损害；无骨性伪影；能多方向和多参数成像；软组织分辨能力高；无须使用造影剂即可显示血管结构等特点。MRI检查适用于先天性颅脑发育异常、脑积水、脑萎缩、脑血管疾病、颅内肿瘤和囊肿、颅脑外伤等。

(四)超声检查

脑部超声影像的质量受颅骨影响很大，因此超声成像检查应用范围主要用于囟门尚未闭合的幼年动物。对幼年动物可使用高分辨率的探头经开放的囟门进行检查，可以获得脑横切面和纵切面的影像。对成年犬猫可采用经颅彩色多普勒成像经颞窗、枕窗、眶窗探查，可探及大脑动脉，根据颅内血管的流速，频宽，流向异常或音频异常等进行判定，应用于脑血管疾病的诊断及病因分类。经颅即时超声对于某些脑脓肿，颅内占位病变的诊断和介入性治疗有一定的应用价值。

二、正常影像表现

正常颅骨的X线片上可以显示顶骨和颅腔，但是由于头部骨骼结构复杂，大量结构重叠，很难显示脑部的细节变化(图13-4)，因此在兽医临床上X线检查不作为诊断脑部疾病的重要手段。

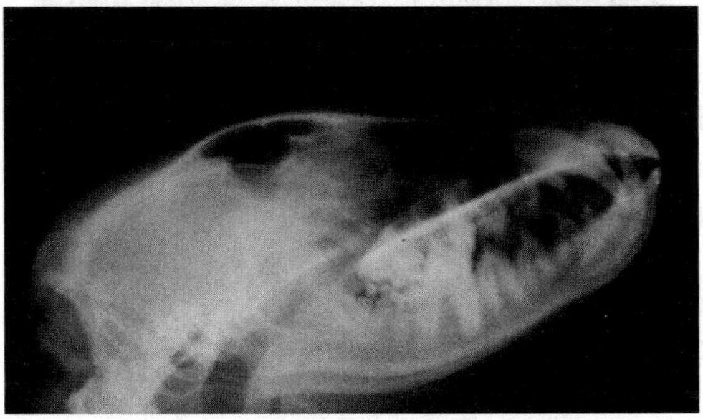

图13-4　犬头部正常侧位X线片

在标准的脑CT影像上，大脑半球周边皮质是灰质，密度较高，呈灰白色，皮层下是白质，因为白质髓鞘内含脂肪，密度较低，呈灰黑色，脑深部的灰质核团，如基底神经节也呈密度较高的灰白色，含有脑脊髓液的脑室、脑沟和脑池呈低密度的黑色。

颅脑MRI的T1加权像（图13-5）上，空气，骨皮质、脑脊液和快速流动的血液表现为无信号或低信号，呈黑色，脂肪和骨髓为高信号，呈白色，脑组织为中等强度信号，灰质较白质信号低，灰质较白质稍黑。在T2加权像（图13-6）上，脑脊液为高信号呈白色，灰质的信号较白质高，灰质较白质稍白。脂肪和骨髓的信号强度与T1加权像中的脂肪相比较低。

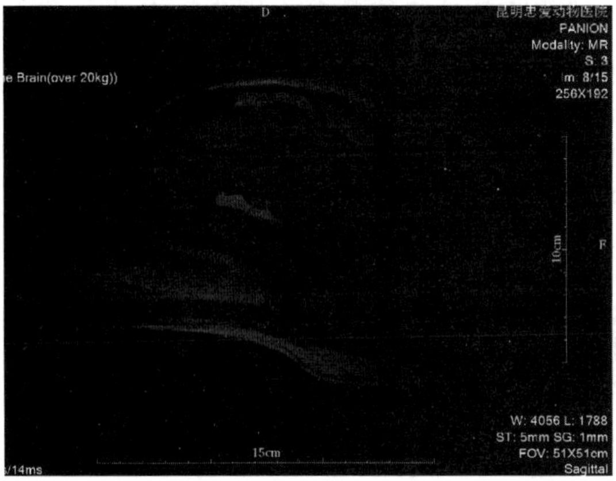

图 13-5　犬头部正常核磁共振 T1 加权像

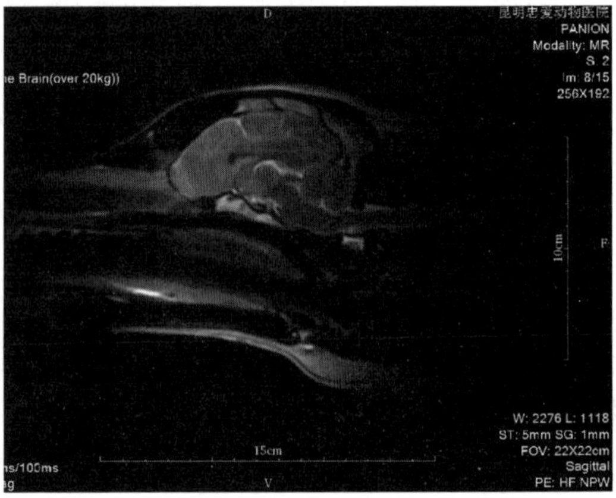

图 13-6　犬头部正常核磁共振 T2 加权像

三、基本病变表现

（一）X 线片

1. 颅骨连续性中断

外伤性颅骨连续性中断最常见于颅骨骨折，可为凹陷性骨折、线性骨折和颅缝分离等（图13-7）。

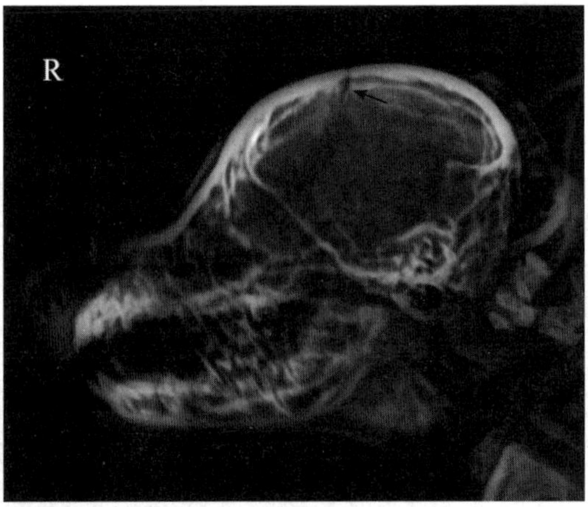

颅顶部出现颅缝分离（箭头）。

图 13-7　犬头部顶骨骨折侧位 X 线片

2. 局限性骨质改变

邻近颅骨的肿瘤可引起骨质增生，骨板变薄或骨质破坏。常见于大脑凸面脑膜瘤等。

3. 颅内压增加征象

无论哪一种占位性病变都会使颅内压力有不同限度地增加，蝶鞍改变是颅内压增加的重要表现；颅缝分离是幼年动物颅内压增加的重要表现；颅骨变薄是颅骨受压吸收的表现。

(二)脑 CT

1. 平扫密度改变

①高密度病灶：见于血肿、钙化和富血管性肿瘤等；②等密度病灶：见于某些肿瘤、血肿、血管性病变等；③低密度病灶：见于炎症、梗死、水肿、囊肿、脓肿等。

2. 增强扫描特征

①均匀性强化：见于脑膜瘤、动脉瘤等；②非均匀性强化：见于胶质瘤、血管畸形等；③环形强化：见于脑脓肿、转移瘤等；④无强化：见于脑炎、囊肿、水肿等。

3. 脑结构改变

①占位效应：由颅内占位病变及周围水肿所致，局部脑沟、脑池、脑室受压变窄或闭塞，中线结构移向对侧；②脑萎缩：范围可为局限性或弥漫性，皮质萎缩显示脑池扩大，髓质萎缩显示脑室扩大；③脑积水：交通性脑积水脑室系统普遍扩大，脑池增宽；梗阻性脑积水梗阻近侧脑室扩大，脑池无增宽。

(三)脑 MRI

1. 肿块

一般肿块含水量高，呈长 T1 和长 T2 信号改变(图 13-8)；脂肪类肿块呈短 T1 和长 T2 信号改变；钙化和骨化性肿块则呈长 T1 和短 T2 信号改变。

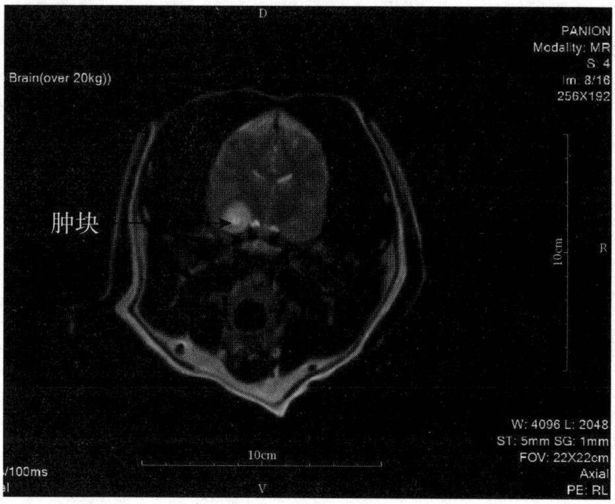

脑下部出现肿块(白色)。

图 13-8　犬头部肿块核磁共振 T2 加权像

2. 囊肿

含液囊肿呈长 T1 和长 T2 信号异常；而含黏液蛋白和类脂性囊肿则呈短 T1 和长 T2 信号异常。

3. 水肿

脑组织 T1 和 T2 值延长，T2WI 呈高信号，T1WI 呈低信号。犬头部水肿核磁共振成像如图 13-9 所示。

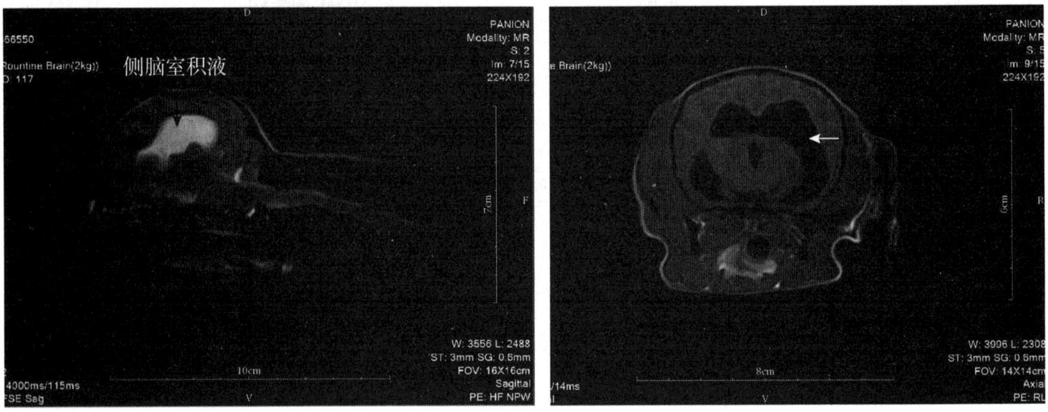

A　　　　B

A. T2 加权像侧脑室水肿积液（箭头所指白色区域）；B. T1 加权像侧脑室积液（箭头所指黑色区域）。

图 13-9　犬头部水肿 MRI 影像

4. 出血

因血肿发生时间长短而表现各异。3 天内的急性血肿 T1WI 和 T2WI 呈等或稍低信号，MRI 上不易发现；两周以内为亚急性血肿，T1WI 和 T2WI 血肿周围信号增高并向中心部位推进，周围可出现含铁血黄素沉积形成的低信号环；两周以上的慢性血肿，T1WI 和 T2WI 均呈高信号，周围低信号环更加明显。

5. 梗死

急性期脑组织缺血缺氧，继发脑水肿、坏死和囊变，呈长 T1 和长 T2 异常信号；纤维修复期呈长 T1 和短 T2 或长 T2 信号。脑结构的 MRI 形态变化分析与 CT 相同。脑病变的增强 MRI 表现与 CT 相似。

四、疾病诊断

1. 颅骨骨折

【病因及病理】

颅骨骨折是指头部骨骼中的一块或多块发生部分或完全断裂的疾病，多由于钝性外力所致。单纯的颅骨骨折不需要特殊处理，但如果伴有受力点附近的颅骨内的组织结构损伤，如血管破裂、脑或颅神经损伤等，则需要及时处理，否则可引起颅内血肿、脑神经受损、颅内感染等严重并发症。

【影像学表现】

X 线表现：平片上颅骨骨折处显示为线条状低密度影像，骨折线粗细各异，宽者可达 1 cm，走向和长短各异。若骨折线通过血管沟或静脉窦，可能发生颅内血肿。骨折线通过鼻窦可发生脑脊液鼻漏、气颅及颅内感染；通过乳突可发生外耳道出血等症状。犬颅骨骨折的侧位 X 线片及其解剖对比如图 13-10 所示。

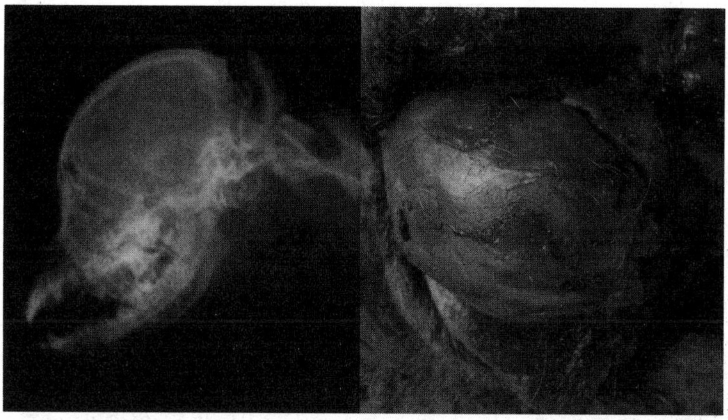

图 13-10　犬颅骨骨折的侧位 X 线片及其解剖对比图(脑膜出血并出现裂痕)

2. 颅脑损伤

【病因及病理】

犬、猫的颅脑损伤在兽医临床上比较少见，发病原因多为突发性外界强大暴力所致。颅脑损伤继发颅内出血是引起这类疾病死亡的主要原因。根据颅内血肿发生的部位可分为硬膜外、硬膜下及脑内血肿等。

【影像学表现】

(1)脑内血肿　CT 扫描发现脑内有圆形或不规则形均匀高密度区，边界清楚，可单发也可多发，周围有低密度脑水肿区。

(2)硬膜外血肿　硬膜外血肿典型的 CT 表现在颅骨下方有双凸形或梭形边缘清楚的高密度影，少数血肿可呈半月形或新月形。血肿范围一般不跨越颅缝，外伤时间短仍有出血时可见小的圆形或不规则形的低密度区。

(3)硬膜下血肿　硬膜下血肿 CT 表现为颅骨下新月形高密度影，边缘光滑，大部分范围较大跨越颅缝，占位效应明显。

3. 脑挫裂伤

【病因与病理】

脑挫伤病理表现为脑内散在出血灶，静脉瘀血、脑血肿和脑肿胀；如伴有血管撕裂，则为脑裂伤二者常合并存在，故统称为脑挫裂伤。

【影像学表现】

(1)CT 表现　低密度脑水肿区内，散布斑点状高密度出血灶，伴有占位效应。有的表现为广泛性脑水肿或脑内血肿。

(2)MRI 表现　脑水肿 T1WI 呈等或稍低信号，T2WI 呈高信号；血肿信号变化与血肿时间长短有关。

4. 脑积水

【病因与病理】

脑积水是指脑脊液生成过多或循环、吸收障碍而致颅内脑脊液增多，压力增高，从而继发颅内压增高、脑室扩大的总称。临床幼犬多见头颅增大、囟门扩大、紧张饱满、颅缝开裂愈期不合、呕吐、抽搐及运动障碍。脑积水可分为交通性和梗阻性脑积水两类，交通性是指脑脊液在脑表面的吸收受阻；梗死性是指脑室系统内的脑脊液循环阻塞。后者为造成脑积水的主要原因。中脑导水管的先天性疾病、头部肿瘤等占位性病变、细菌感染及副流感和犬瘟热病毒感染都会造成幼年犬和成年犬梗阻性脑积水。

很多品种的犬有易患脑积水的风险，如：博美犬、吉娃娃犬、约克夏犬、玩具贵宾犬、八哥犬等小型犬、玩具犬及短头犬易发。

【影像学表现】

（1）X 线表现　颅骨 X 线平片可见头颅增大，颅面比例不对称，颅骨皮质变薄、颅缝增大、前后囟门扩大或延迟闭合，侧脑室有时可见一定程度的中等密度影像。

（2）CT 表现　阻塞性脑积水的 CT 主要表现为阻塞近侧的脑室扩大，阻塞远侧脑室形态正常或缩小。由于阻塞部位和性质不同，脑室扩大可为局限性或弥漫性，CT 可根据其阻塞部位以及脑室内相应部位和邻近组织情况来确定阻塞病因。若阻塞发生在第三脑室之前，则可阻塞室间孔，造成侧脑室扩大，如果阻塞单侧室间孔则引起阻塞侧侧脑室扩大，对侧侧脑室正常，单侧侧脑室扩大明显时，可见中线结构向对侧移位；如果两侧室间孔同时受阻，则两侧侧脑室同时扩大。中脑导水管的阻塞，造成第三脑室和两侧侧脑室的扩大，多见于先天性中脑导水管狭窄或闭锁、炎症和肿瘤。第四脑室出口的狭窄或阻塞造成脑室系统弥漫性扩大，同样主要由于先天性疾病、炎症和肿瘤引起。

5. 脑膜瘤

【病因与病理】

脑膜瘤起源于蛛网膜细胞丛，是典型的脑外肿瘤，与硬脑膜粘连，肿瘤包膜完整，多由脑膜动脉供血、血运丰富。

【影像学表现】

（1）CT 表现　表现边界清晰的肿块，呈等密度或略高密度，与硬脑膜相连，周围水肿较轻，有明显均匀性强化，侵犯颅板时骨质增生或破坏。

（2）MRI 表现　脑膜瘤在 T1WI 上的信号与邻近脑组织的脑皮质相似，常为等信号，而与脑白质比较为低信号。在 T2WI 上为等信号掩盖。就信号而言，绝大多数其他颅内肿瘤呈长 T1 长 T2 信号，脑膜瘤上述信号特点有一定特征性。

MRI 优于 CT 之处是能够提供多方位影像，冠状面适宜显示大脑半球凸面的脑膜瘤。此外还能显示脑膜瘤与血管结构的关系。

五、各种影像检查的比较与优选

1. 各种影像检查的比较

从脑部的各种影像学正常表现与基本病变分析可以看出，X 线、CT、MRI 和超声等医学影像技术在反映脑部病变上各有优势和不足。因此，在进行脑部疾病的影像学检查时，要根据具体病情及急需解决的问题，选择最佳的影像学检查方法。

颅骨本身的病变或颅内病变对颅骨侵袭时，X 线检查仅能大致反映骨质改变，而 CT 和 MRI 不但能更敏感更详细地显示骨质改变，而且还能显示与骨质相关的颅内病变；颅内占位病变，X 线平片诊断阳性率很低，依据 X 线检查明确脑部病变位置也很少使用；脑血管造影的定位、定性诊断作用小，很少单独应用；脑 CT 已成为脑部检查的主要技术，结合增强扫描可对大部分病变做出定位及定性诊断；脑 MRI 对中线结构和近颅底病变的显示较 CT 优越，功能性MRI更有利于占位病变的鉴别诊断和治疗，对肿物钙化的显示则劣于CT。颅内炎症，MRI检查比CT更敏感。颅内出血，大多行CT检查，尤其是急性期出血时CT优于MRI。脑血管性病变DSA虽然作为诊断的金标准，但为创伤性检查，应用大为减少。

2. 各种影像检查的优选

（1）外伤　颅脑外伤原则上首选CT，CT可清晰显示颅骨骨折及其程度，脑挫伤、出血、脑积血及脑疝等情况。颅底、脑干、小脑区的出血，由于颅底伪影较多，易漏诊，原则上需薄层扫描，可提高诊断的正确性。亚急性、慢性颅脑损伤，首选MRI为主要检查手段，MRI检查由于没有颅底伪影，因而，是颅底损伤较为理想的检查方法。

（2）炎症性病变　主要表现为水肿，有出血和占位等，以选择MRI检查为主。

（3）肿瘤性病变　主要表现为占位和水肿，还可有出血、钙化、囊变等。CT、MRI都是肿瘤诊断的主要手段，但在肿瘤定位、显示瘤内结构和肿瘤定性上MRI明显优于CT，所以，中枢神经系统肿瘤性病变应首选MRI检查，在鉴别肿瘤与梗死，肿瘤与炎症性病变及其肿瘤复发方面，MRI与CT灌注检查有较大价值。

（4）血管性病变　急性出血以CT检查为主，亚急性、慢性出血以MRI检查为主，在显示病变范围方面MRI有一定优势，MRI、CT造影三维成像都可显示颅内血管的形态，但MRI可不需造影剂，所以，在应用价值上优于CT，二者皆可显示颅内动、静脉瘤、血管畸形等病变。

第二节　脊　　髓

一、检查技术

脊髓的影像学检查方法包括X线检查、脊髓造影、脊髓静脉造影、椎间盘造影、CT扫描、MRI成像等。

（一）X线检查

X线检查是最早应用于脊椎骨病变诊断的方法，现在仍然是脊柱疾病诊断的主要技术之一。X线检查方法简便，经济且无痛苦，目前在脊柱疾病检查中仍占主导地位。随着计算机和数字化成像技术的发展，传统的X线摄影技术由计算机X线摄影（CR）迈入了直接数字化X线摄影（DR）。DR的影像与传统X线影像一样，都是投照部位的重叠影像，对影像的观察和分析与X线相同。

凶猛好动的宠物在进行X线检查时应全身麻醉，充分放松，在颈部、腰部、四肢各放置衬垫，以保持脊柱位于同一平面，使颈段及腰段脊柱不下陷。温顺的宠物，拍片是不需要麻醉的。

X线检查对某些表现明显的病变具有诊断意义。如脊椎和脊柱的畸形；脊柱骨折、脱位；脊柱肿瘤；椎间盘退行性病变等。

从脊柱的腹背位片可观察脊柱的排列，是否发生侧弯，有无骨质增生，有无骨折等病理改变。侧位片可观察脊柱的曲度，椎间隙的大小，椎间盘的变化。

（二）脊髓造影

脊髓造影是通过穿刺将造影剂注入蛛网膜下腔，利用X线拍摄正侧位片。必要时可进一步进行CT扫描。犬需进行全身麻醉。目前采用水溶性的非离子型造影剂，此类造影剂优点为等渗、低毒性、显影清晰、流动性好，无蛛网膜粘连。目前广泛使用的脊髓造影剂有碘海醇、碘帕醇、碘曲仑等。

(三)脊髓静脉造影

在骨髓腔内注射水溶性造影剂可进入脊椎的静脉丛，如压迫后腔静脉，可使椎间静脉和腰升静脉同时显影。

(四)椎间盘造影

将造影剂注入椎间盘，此方法仅显示髓核而不进入纤维环内。异常的椎间盘在注射时会产生疼痛反应，穿刺多个椎间盘会引起椎间盘感染等不良反应。

(五)CT 扫描

CT 扫描是横断面断层成像，其密度分辨率是普通 X 线检查的 10～25 倍，能充分显示骨质结构、髓腔，周围软组织，复杂的骨关节等，弥补了 X 线平片的不足。CT 扫描分为平扫和增强扫描。

脊柱平扫时，对犬猫等动物进行全身麻醉，采取腹背位，先拍摄腹背位或侧位定位片，将扫描层次标定在定位片上，以确定扫描层面。根据动物体型大小选取扫描层厚度。若检查椎间盘，扫描面应与椎间盘平行；增强扫描时将造影剂注入鞘内后，再进行脊椎 CT 扫描。此方法对脊柱的椎体病变、附件病变、脊髓、椎管内和脊椎附近肿瘤等病变的性质了解有较大帮助。

(六)MRI

脊柱 MRI 以矢状面扫描为主，可全面地观察脊柱的排列，椎骨，椎间盘和脊髓的解剖和病变形态。动物需全身麻醉，采用腹背位，首先从冠状面定位，再做矢状面扫描，然后在问题区域做横断面扫描。结合三个面的扫描片确定病变与周围组织的三维关系。MRI 适用于诊断椎管内病变，椎间盘病变，脊髓外伤，脊柱肿瘤，先天畸形等。

二、正常影像表现

(一)X 线检查

1. 腹背位

寰椎及枢椎在椎体发育上与其他颈椎不同，寰枢椎与其他颈椎的形态结构也不同。寰椎呈环状，无椎体、棘突和关节突，前弓较短，后面正中有齿突凹，与枢椎的齿状突成关节。枢椎椎体向上伸出齿突，与寰椎的齿突凹成关节。脊椎椎体整体形态相似，排列规则，只有胸椎与肋骨相连。椎体略呈长方形，由上向下依次增大。椎体周围是一层致密的骨皮质，骨皮质内部为骨松质。椎体双侧为横突，椭圆环状致密影为棘突，相邻椎体间宽度一致，即椎间隙，椎间隙大小基本一致，椎间隙是椎间盘所在位置，X 线平片很难显现脊髓影像。

2. 侧位

沿椎体前、后缘的连线，枕骨大孔后缘向下，经过寰椎后弓前缘和其他各颈椎棘突的前缘连线，这三条线大致平行，呈光滑的弧度。椎体呈长方形，椎体上方纵行的管状半透明区域为椎管，椎管上方是与椎体相连的椎弓，椎弓最上向上突出的部分是棘突。相邻椎体之间宽度一致的半透明影为椎间隙，椎间隙宽度基本相等。

(二)脊髓造影

脊髓造影可显示蛛网膜下腔、神经根、马尾及脊髓。脊髓位于造影剂柱的中间，蛛网膜下腔呈高密度，两侧各出现一条造影线，蛛网膜下腔侧位下缘在椎间盘平面略有凹陷，外壁光滑清楚。蛛网膜下腔在延髓池最宽，而脊髓在颈胸部和腰中部最宽。马尾位于脊髓圆锥以下的蛛网膜下腔内，呈条束状低密度。犬脊髓造影侧位X线片与犬脊髓造影腹背位X线片分别如图13-11与图13-12所示。

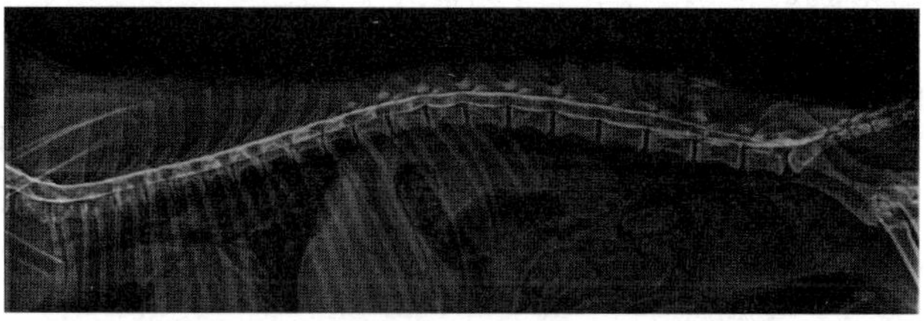

图13-11　犬脊髓造影侧位X线片

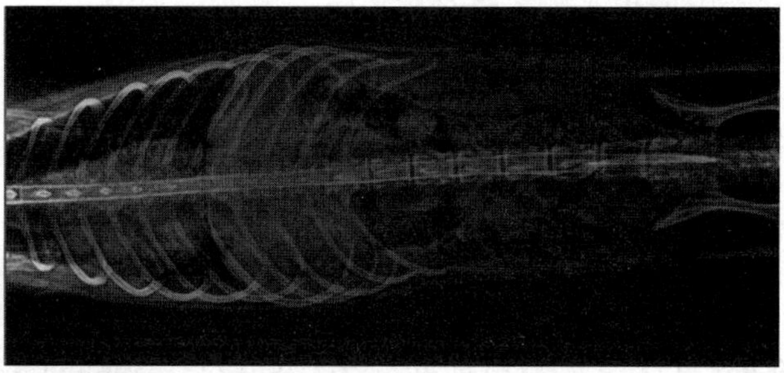

图13-12　犬脊髓造影腹背位X线片

(三)CT检查

1. 骨性椎管

由椎体后缘、椎弓根、椎板和棘突围成的一个完整骨环，在椎弓根层面显示完整，适于观察椎管的大小和形状。椎间孔位于椎管的前外侧，呈裂隙状，通过脊神经和血管。

2. 椎管内软组织

硬膜囊位于椎管中部，呈圆形或卵圆形，周围脂肪间隙呈低密度。脊髓呈中等密度，与硬膜囊之间为低密度脑脊液。CTM在高密度脑脊液衬托下可清晰显示脊髓、马尾和神经根。

(四)MRI检查

正常脊髓在矢状面T1WI上，呈带状中等信号，边缘光整、信号均匀，位于椎管中间，前后有低信号的蛛网膜下腔衬托；旁矢状面上，椎间孔内脂肪呈高信号，其间圆形或卵圆形低信号为神经根。T2 WI上，蛛网膜下腔呈高信号，脊髓呈中等信号。横断面上，脊髓、脊神经与周围椎管骨质和韧带的关系显示清楚。MRI的征象类似脊髓造影。

三、基本病变表现

(一)脊椎X线平片

椎管内占位病变可见椎管扩大，腹背位片显示椎弓根间距明显增宽，侧位片显示椎管前后径增宽。椎弓根改变可见椎弓根内缘吸收变平、凹陷，严重者椎弓根变窄或消失。脊椎结核或恶性肿瘤可见椎骨破坏及椎旁软组织肿块，常波及椎管。神经鞘瘤和神经纤维瘤可见椎间孔扩大。

(二)脊髓造影

椎管内占位病变脊髓造影可明确肿块的部位、肿瘤与脊膜和脊髓的关系。硬膜外病变将导致造影剂在病变部位呈锯齿状，对侧造影柱变细。硬膜外病变位于一侧时，则病变侧造影柱抬高，使得侧位片时造影柱分叉成两条。腹背位显示造影剂在病变侧中断或消失。髓内病变使病变部位腹侧和背侧造影柱分离且可能使造影剂不能通过病变部位。脊髓弥散性变宽表示脊髓出血或肿瘤。硬膜内脊髓外病变使造影剂发生移位。

(三)脊椎 CT

脊椎 CT 检查能显示椎管内占位性病变，多呈软组织密度，周围椎管扩大，因周围附件骨的影响，CT 常很难显示肿瘤与脊髓的关系。而 CTM 能较清晰地显示肿瘤与脊髓、硬膜及蛛网膜下腔的关系，其判断原则同脊髓造影。

(四)脊髓 MRI

MRI 在脊髓病变的显示上具有独特的优越性，能够清晰地显示椎管内的血肿、肿瘤、变性及坏死等，其 MRI 表现与脑部相应病变的表现相同。

四、疾病诊断

1. 脊椎骨折与脱位

【病因与病理】

最常见的脊椎骨折与脱位的病因是车祸，其次是摔伤，外力因素等。脊椎横骨折、压缩性骨折比较常见，脊椎骨折可单独发生，也可与脊椎脱位(图 12-13)一并发生。根据脊椎骨折或脱位压迫脊髓的部位不同，临床表现各异，可出现轻瘫、截瘫、痛觉迟钝或消失、反射减弱或消失、排便、排尿失禁等症状。

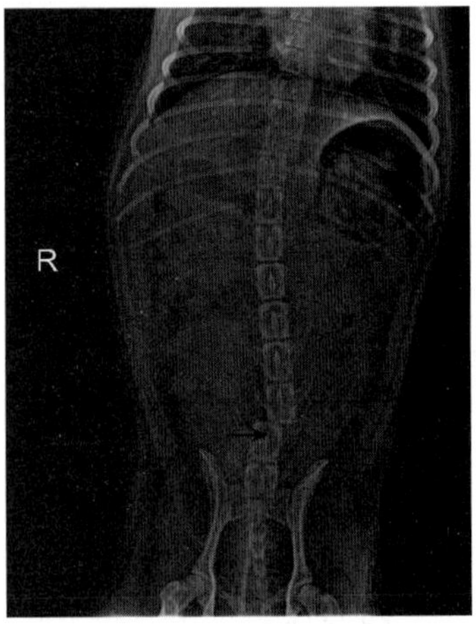

图 13-13　犬腰椎背腹位 X 线片显示 L5～L6 脱位

【影像学表现】

X 线表现：脊柱外伤的放射学检查非常重要，需要判断骨折脱位的类型还需判断脊柱的稳定性以判断预后。颈椎前段骨折 X 线较难显示，有时可见齿状突骨折。骨折移位时，侧位片可见脊柱正常线状影像中断，脊柱异常成角，椎体腹侧呈阶梯状。脱位时也可以出现类似影像，相邻椎体呈阶梯状。棘突和横突也可出现骨折，但不一定表现出临床症状。

2. 寰枢椎半脱位

【病因与病理】

患有先天性寰枢椎半脱位的动物常伴有齿状突缺如或发育不全，因此枢椎与齿状突不连接。临床表现为疼痛、共济失调，严重可引起呼吸衰竭。症状可能是间歇的也可能是连续的。

【影像学表现】

X 线表现：X 线检查颈部侧位片可见枢椎椎体向背侧移位，枢椎棘突和寰椎椎弓之间的距离增大。

3. 半椎体

【病因与病理】

半椎体是犬猫常见的一种先天性脊柱畸形。它是椎体不融合或部分融合形成裂椎的一种椎体发育不良症。以胸椎多发，常伴发脊柱弯曲(图 13-14)。多见于斗牛犬、法国斗牛犬、巴哥犬和波士顿犬等。半椎体常伴有相邻脊椎形状改变，但不出现炎性变化。椎间隙仍然存在，但可能出现畸形。

【影像学表现】

X线表现：半椎体较正常椎体小，呈圆形或椭圆形，由于两侧挤压，侧位X线片可显示椎体呈楔形（图13-15），腹背位可显示椎体中部前后端裂开，中央部很细，椎体似两个顶端相对的楔形，呈蝴蝶状，又称“蝴蝶椎”。

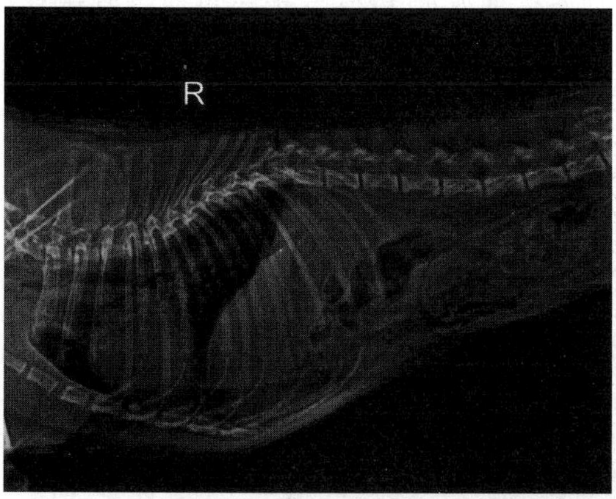

图13-14　犬胸椎侧位X线片显示T12半椎体（箭头）

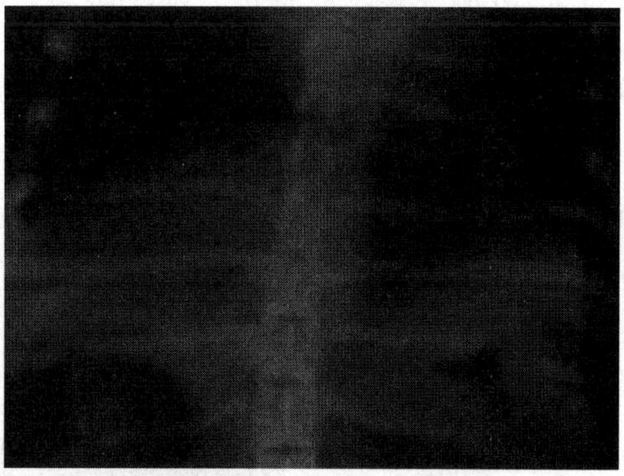

图13-15　犬腰椎呈楔形

4.脊髓空洞症

【病因与病理】

脊髓空洞症是一种髓内的慢性进行性疾病。先天性、退行性、外伤性和肿瘤性都可能形成此病。病理上包括中央管扩张积水和脊髓空洞形成两型。临床症状取决于病变的部位。

【影像学表现】

（1）脊髓造影表现　中央管的扩张。可见脊髓一段或多段发生扩张。

（2）CT扫描表现　髓内边界清晰的低密度囊腔，其CT值与相应蛛网膜下腔内脑脊液相同。少数空洞内压力较低而呈萎缩状态，此时其外形欠规则。当空洞较小或含蛋白量较高时，平扫可能漏诊。伴发脊髓肿瘤时，脊髓不规则膨大，密度不均，空洞壁可较厚。

（3）MRI表现　MRI是诊断脊髓空洞症最有效的工具，绝大多数病例均能显示脊髓空洞以及其范围和大小。矢状面上，易于确定囊腔的部位、大小及流体动力学变化，明确空洞症的病因。T1WI囊腔呈低信号，T2WI呈高信号；如囊腔直接与蛛网膜下腔相通，脑脊液搏动使T2WI高信号内出现不规则条状低信号影。

5.化脓性脊柱炎

【病因与病理】

化脓性脊柱炎是由细菌、真菌或寄生虫引起的脊柱炎症。首先发于椎体，而后侵袭至椎弓，如侵入椎管影响脊髓可引起截瘫。病变早期破坏骨质，后期出现骨质增生。炎症可累及至椎间盘，使间隙变窄甚至出现骨质融合。

【影像学表现】

（1）X线表现　早期可见椎体中心破坏、压缩、碎裂，后期出现椎体呈楔形状改变。病灶侵犯椎体边缘，X线表现为相邻椎体间隙略有改变，椎体边缘呈毛状，最终椎体间呈竹节状骨性融合。

(2)CT 表现 脊椎骨质破坏，主要见于骨松质内，骨质破坏开始时，边缘模糊。数周后破坏区边缘逐渐清楚，可见细小死骨，周围出现骨质硬化。椎体破坏均伴有相邻椎间隙狭窄，椎间盘破坏。椎间盘密度减低，临近终板的骨质有碎裂、破坏。

6. 脊椎关节强直

【病因与病理】

脊椎关节强直是犬和猫脊椎的退行性变化，以椎体前腹侧和后腹侧椎间盘边界新骨形成为特征，可形成骨刺或骨桥。随年龄增长逐渐加重，易发于胸腰段脊椎。若无压迫脊髓或神经根，大多数病例无症状或症状不明显。

【影像学表现】

(1)X 线表现 侧位片显示脊椎的前腹界和后腹界与椎间盘相连部位出现钩状投影。严重病例完全形成骨桥，使两个或多个脊椎连在一起。X 线检查还可见骨质增生，椎间隙不对称性狭窄等(图 13-16)。

(2)CT 表现 脊椎椎体和附近骨质增生改变，比 X 线平片清楚，椎体边缘骨质增生，椎板增厚等。

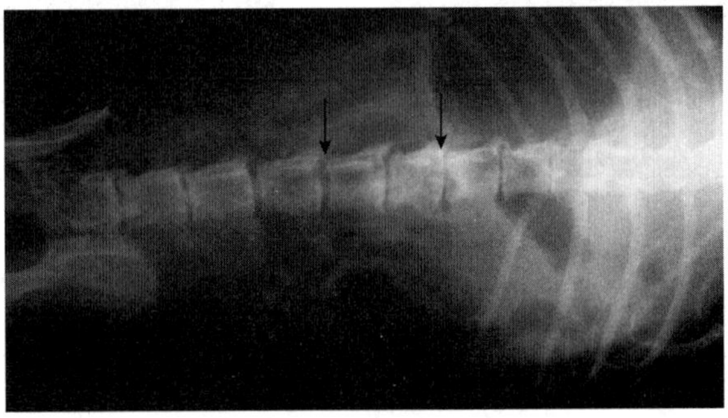

显示腰椎骨刺形成，椎间隙宽窄不一(箭头)。

图 13-16 犬脊椎关节强直

7. 椎间盘退行性变性

【病因与病理】

椎间盘退行性变性是老龄犬常见的一种疾病。该病可以分为两种类型：一种是纤维环发生退行性变性而发生破裂，变性的髓核脱落进入椎管，造成脊髓压迫即椎间盘脱出又叫作汉森Ⅰ型椎间盘突出；另一种是椎间盘的纤维环和背侧韧带向背侧膨出而髓核没有脱出，膨出的纤维环压迫脊髓即椎间盘突出又叫汉森Ⅱ型椎间盘突出。汉森Ⅰ型椎间盘突出发生于小型犬，特别是软骨发育不全的品种，如腊肠犬、比格犬、狮子犬、北京犬、拉萨犬等。汉森Ⅱ型椎间盘突出常发生于非软骨发育不全的大型犬种。Ⅰ型椎间盘突出急性发作且病情严重，临床症状表现为疼痛，神经功能缺失和麻痹。Ⅱ型椎间盘突出临床主要表现为进行性共济失调和神经功能缺失。

【影像学表现】

(1)X 线表现 常见椎间盘钙化、椎间隙变窄、椎体骨质增生，骨赘形成、椎间孔部位矿化物质显影等。椎间隙严重狭窄时，椎间孔也可变窄。

(2)脊髓造影表现　显示硬膜外压迫征象。脊髓弥散性显影时应该怀疑发生脊髓软化。

(3)CT 表现

①汉森Ⅰ型椎间盘突出：A. 椎间盘边缘局部凸出；B. 椎管内、椎间孔及椎间孔外异常脱出的软组织影，边缘多不规则，高于硬膜囊密度；C. 神经根受压移位，神经根膨大；D. 椎间盘脱出部分钙化；E. 椎体边缘骨质增生，骨赘形成；F. CTM 示局部充盈缺损。

②汉森Ⅱ型椎间盘突出：CT 表现为在椎体边缘之外出现对称的、规则的环形软组织影。外圈可以有钙化，椎体边缘也可以发生骨赘。

(4)MRI 表现

①汉森Ⅰ型椎间盘突出表现为脱出的髓核呈扁平、圆形、卵圆形或不规则形，形成“团块”样影，T1 加权像、质子密度加权像、T2 加权像(图 13-17)信号递减。

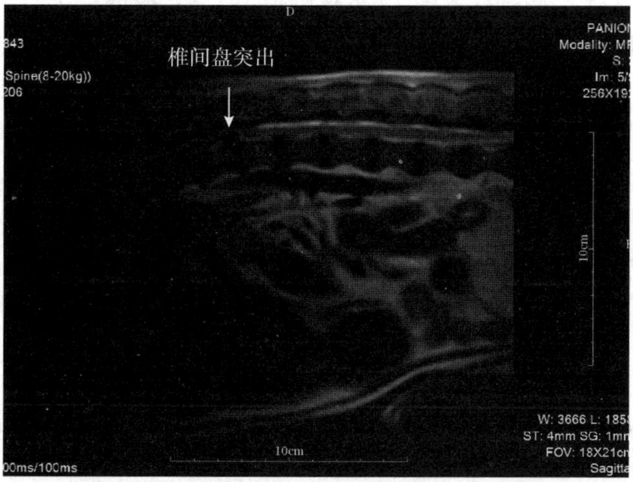

显示汉森Ⅰ型椎间盘突出(箭头)。

图 13-17　犬脊柱核磁共振 T2 加权像

②汉森Ⅱ型椎间盘突出 MRI 表现为凸面向后的弧形改变(图 13-18 T1 加权像)。两侧对称，两侧椎间孔示对称的光滑压迫，椎间盘无局部脱出。

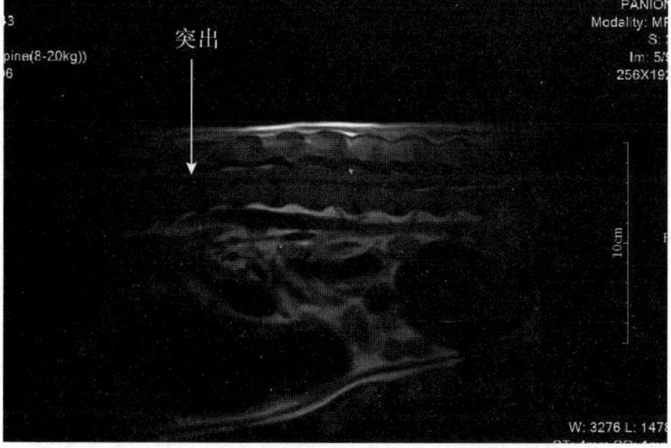

显示汉森Ⅱ型椎间盘突出(箭头)。

图 13-18　犬脊柱 MRI T1 加权像

五、各种影像检查的比较与优选

1. 各种影像检查的比较

（1）X 线检查　传统的影像学检查手段，是疾病初筛的首选检查方法。X 线平片的空间分辨率高，投照范围大，完整性好，可直观地观察骨骼病变，对脊椎移位骨折、脊椎曲度改变、强直性脊柱炎等疾病有很好的诊断价值。但脊柱解剖结构复杂，而且相互重叠，加上有的脊柱外伤或先天畸形患犬，无法摄取所需的标准体位 X 线平片，难以清楚地显示病变及其与周围结构的关系；脊柱病变无椎体骨质改变或改变轻微时，X 线平片亦难清楚显示。DR 可以通过计算机调节影像，影像更清晰，结构层次更丰富，对比度好，可以进行影像后处理，并且大大地降低了 X 线曝射量。

（2）脊髓造影　其优点是检查范围大，整体性好，能显示髓腔梗阻。其缺点是损伤性检查；不能显示神经根以外的部位；只显示病变的轮廓而不能显示病变的内部改变。随着无创性的 MRI 在脊柱、脊髓病变中的广泛应用，创伤性的脊髓造影的应用会逐渐减少。

（3）CT 检查　CT 对组织密度差异的分辨能力要比普通 X 线检查敏感，对比分辨率优于普通 X 线，但空间分辨率稍逊于普通 X 线；CT 检查在显示横断面方面明显优于 X 线平片，尤其对骨组织显示清晰，可显示 X 线平片不易显示的细微骨折和小关节脱位，对于测量骨性结构之间的距离精确度高，有助于立体显示脊柱形态和病变。CT 对脊椎骨折特别是椎弓骨折和骨片的检查优于 X 线平片，也优于 MRI，但是 CT 对软组织和脊髓显示清晰度和分辨率不高。

（4）磁共振检查　与 X 线检查和 CT 检查相比最大的优点在于检查过程中没有电离辐射的危害，对机体损害小；软组织分辨力更高；能提供直接的矢状面及冠状面影像；轻而易举地获得长段脊柱和脊髓影像。MRI 主要应用于发现椎间盘病变、脊髓病变、软组织病变、脊柱肿瘤、脊柱炎性病变和出血性病变等。MRI 可观察椎体内有无急性骨折引起的水肿、出血的信号改变鉴别新鲜或陈旧骨折；还可通过不同的处理技术能早期发现骨松质骨折；早期发现炎性疾病如脊柱结核、脊柱肿瘤等。但是 MRI 检查费用相对较昂贵；每个部位检查时间较长；对骨骼、钙化、骨质的细微结构病变以及骨膜反应的识别能力较差，表现不如 CT。

2. 各种影像检查的优选

在脊柱检查中，诊断脊椎骨折、脊椎脱位、脊椎畸形、脊柱不稳等疾病首选 X 光片检查。寰枢椎或椎小关节骨折原则上应做 CT 检查，CT 三维重建可直观展示骨折碎片的形状。在判断是否为新鲜骨折时可以使用 MRI 检查。严重脊椎骨折，要了解对脊髓的损伤，原则上需做 CT、MRI 检查，后者在显示脊髓损伤方面优于 CT。脊髓造影属创伤性检查，逐渐被 CTM 和 MRM 取代。椎间盘病变诊断时首选 MRI 检查，在进行脊髓形态、脊髓畸形、脊柱肿瘤、脊柱结核等疾病检查时亦首选 MRI。在椎管病变、关节突病变诊断中，CT 检查有着不可替代的优势。

第十四章　断层解剖影像

第一节　概　　述

一、断层解剖学定义

断层解剖学(sectional anatomy)是研究动物不同方位器官体形态结构及其相互关系的科学。与动物解剖学相比，断层解剖学能在机体结构于原位的状态下，准确地显示其断面形态变化及位置关系；经连续断层或借助计算机进行结构的三维重建和定量分析；随着CT和MRI等影像技术发展而出现的一门新的边缘学科。断层解剖学包括影像断层解剖学、显微断层解剖学、实验断层解剖学和发育断层解剖学。

断层解剖学(简称影像解剖学)是指以现代成像技术为手段，以正常动物体为研究对象，提供动物体各部不同方位的断面影像，显示器官结构的断面形态、位置及其结构之间相互关系，为疾病的诊断和治疗提供精确的形态学定位的学科。该学科已成为沟通机体解剖学和医学影像学的桥梁学科和边缘学科。随着超声、CT、MRI、PET和SPECT等断层影像技术的临床应用，断层解剖学逐步形成了全新的断层影像解剖学体系。断层影像解剖学的特点包括：①能保持结构于原位；②可由断层重塑整体；③与临床结合密切。

医学影像学研究的是肉眼看不见的活体(健康或病态)内部脏器或断面，在不损伤机体的状态下进行医学摄影就能观察到动物内部器官形态学变化。医学影像解剖学研究的范围包括动物几乎所有组织和器官的形态、位置、结构及其相互关系，研究动物体经过X线、CT、MRI和US等影像学技术处理后获得的机体结构在影像资料上的不同表现。在这些影像资料中，既有二维平面影像，也有断层影像和三维重组影像，它既能研究动物体解剖结构的形态，也能对动物体部分器官的生理功能进行研究，它和断层解剖学既有联系，也有区别，既有共同点，也有各自的特点。

二、断层影像解剖学术语

影像检查时的动物体姿态包括站立位、仰卧位、俯卧位、侧卧位等各种不同的体位。

不同的体位可以分别确定、表述影像资料上的前(头侧)、后(尾侧)、左、右、上、下、内(即动物体中线部位)、外(即远离中线的部位)、近侧、远侧等方位。

各种影像检查方法获取的图像方式。影像检查方法不同其方位判断也不同。X线摄影获得的是X线束路径上各解剖结构的综合投影，为平面重叠影像；CT、MRI、US影像则多以断面显示，其常用断面为横断面、矢状面、冠状面。在不同平面和断面上分别有前、后、左、右方位。对于影像解剖中的任意断面而言，其方位的判断仍以动物姿态和切取方式确定。

畜体方向位置以动物正常驻立姿势为标准，常用的三个断面分别是：①矢状面是与畜体长轴平行而与地面垂直的切面，可把畜体等分为左、右对称两半的叫正中矢状面；与正中矢状面相平行的所有切面称为侧矢状面或旁矢状面。一般观测断面的左表面，而超声观测断面的右表面。②横切面是指将动物体纵轴并且垂直地面切开，将动物体分为前、后两部分的平面。沿横切面所做的切片或扫描，称横切层标本或横切层扫描，一般观测切片的后表面。四肢横切面是指延四肢纵轴与地面水平的切面。③冠状面或称额状面，与地面平行将动物体分为上、下两部分的切面，分别与横切面和矢状面垂直。沿冠状面所做的切片或扫描称冠状断层标本或冠状断层扫描，一般观测切片的上表面。

第二节　驴鼻腔、颅腔断层解剖和CT影像

驴鼻腔、颅腔断层解剖（右列）和CT断层影像解剖的比较（左列）见图14-1至图14-9。

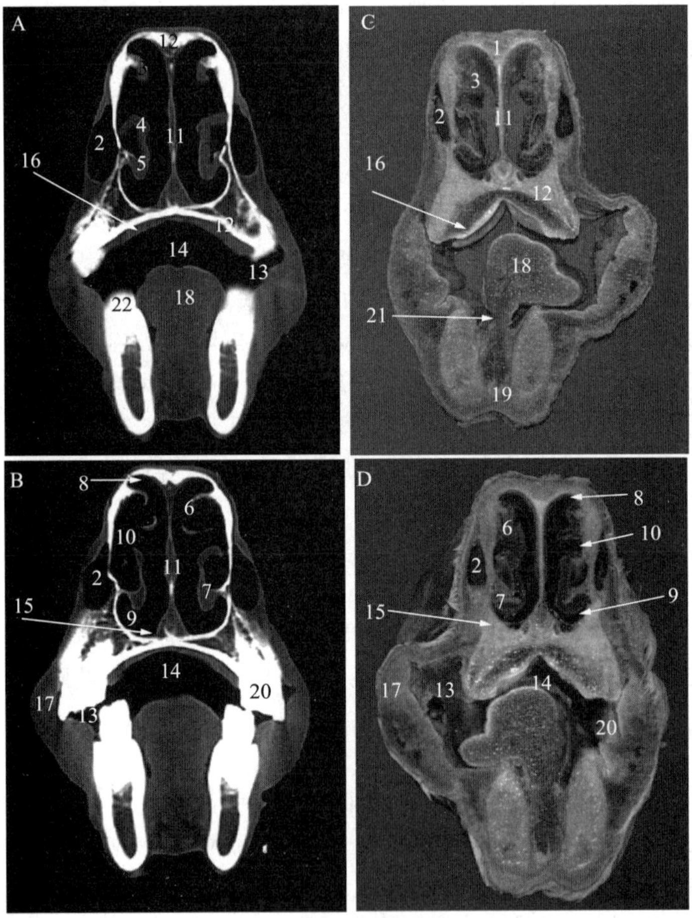

1.鼻骨；2.鼻憩室（假鼻孔）；3.上鼻甲骨垂直褶；4.下鼻甲骨垂翼褶；5.上鼻甲骨基褶；6.上鼻甲骨；7.下鼻甲骨（含静脉丛）；8.上鼻道；9.下鼻道；10.中鼻道；11.鼻中隔；12.上颌骨腭突；13.口腔前庭；14.完整口腔；15.犁鼻器；16.硬腭；17.颊肌；18.舌尖；19.下颌骨支的吻侧支；20.第一前臼齿的口腔缘；21.舌系带；22.齿槽间隙。

A、B. CT断层扫描；C、D. 横切面影像。

图14-1　驴过齿槽间隙和第一前臼齿水平面鼻吻侧区的CT断层扫描和横断面影像

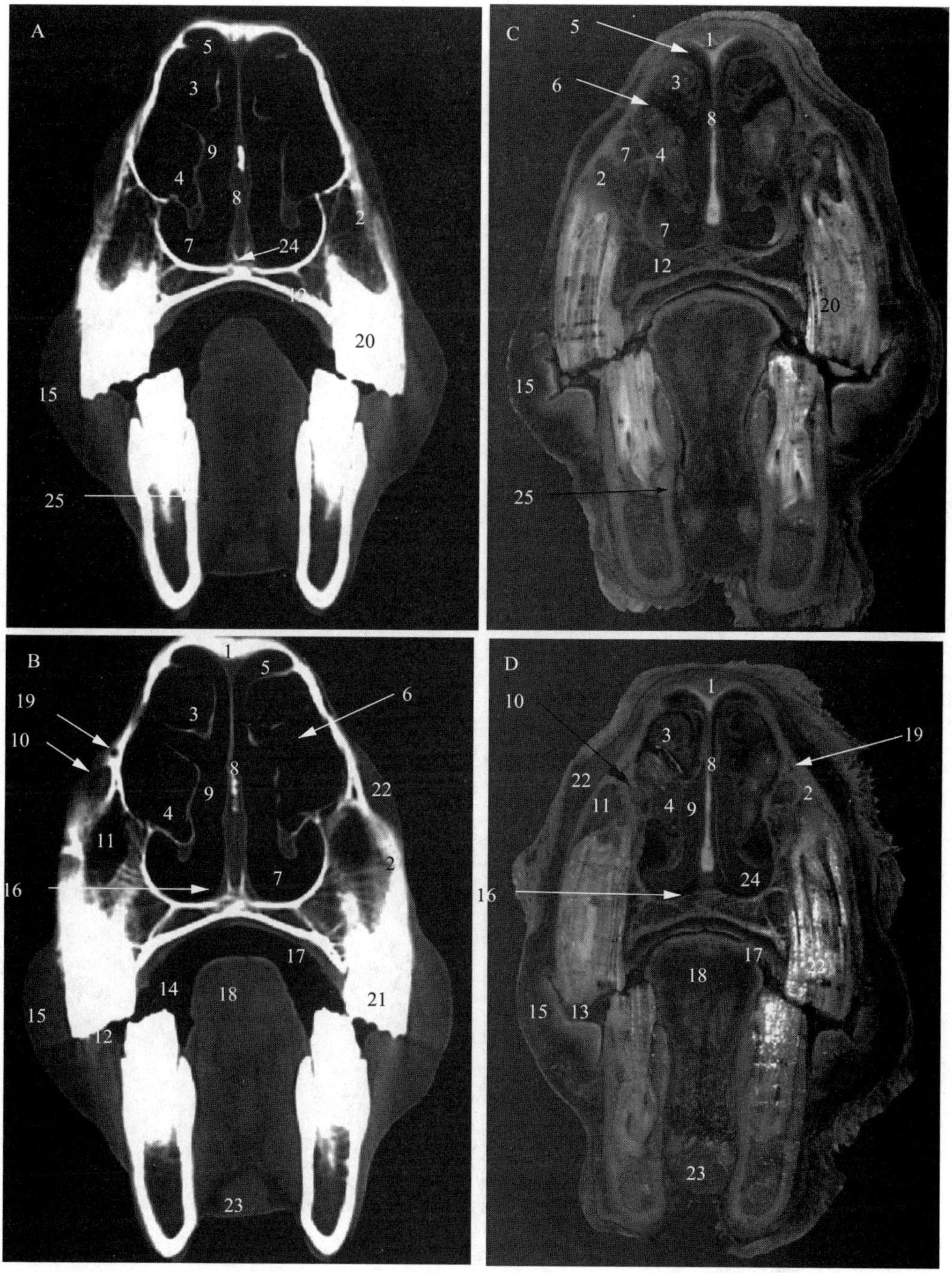

1. 鼻骨；2. 上颌骨；3. 上鼻甲骨；4. 鼻甲骨；5. 上鼻道；6. 中鼻道；7. 下鼻道；8. 带犁骨的鼻中隔；9. 总鼻道；10. 眶下管（孔）；11. 吻侧上颌窦；12. 上颌骨的腭突；13. 峡侧前庭；14. 完整口腔；15. 颊肌；16. 犁鼻器；17. 硬腭；18. 舌；19. 泪道和鼻泪管；20. 第二前臼齿；21. 第三前臼齿；22. 上颌唇提肌；23. 颏舌骨肌；24. 犁骨；25. 舌动脉。

A、B. CT 断层扫描；C、D. 横切面图像。

图 14-2　驴过第二(A、C)、三前臼齿(B、D)水平面鼻中区的 CT 断层扫描和横切面图像

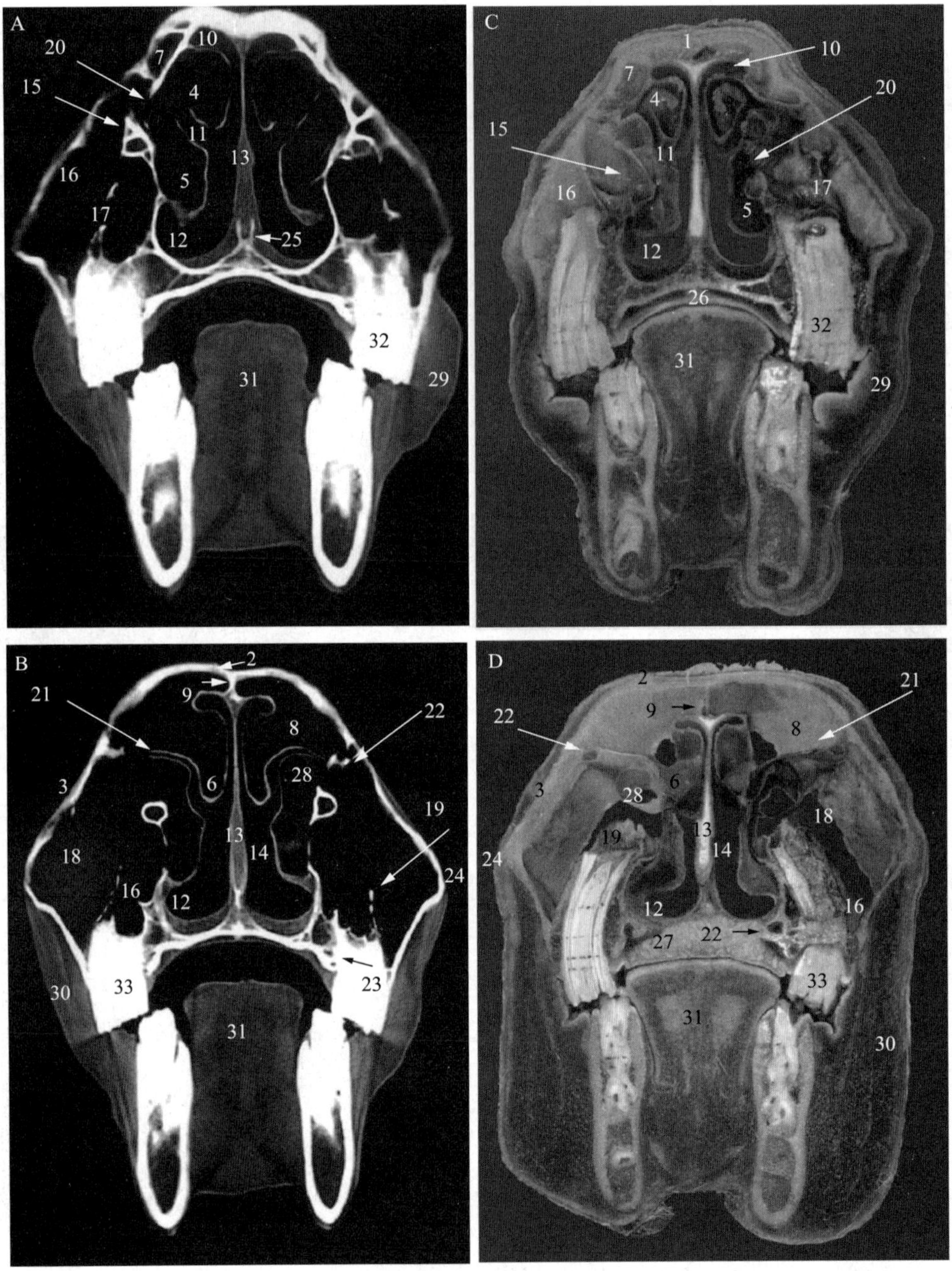

1. 鼻骨；2. 额骨；3. 上颌骨；4. 上鼻甲；5. 下鼻甲窦；6. 上鼻甲窦；7. 额窦；8. 额甲窦；9. 左右额窦间的额骨中隔；10. 上鼻道；11. 中鼻道；12. 下鼻道；13. 鼻中隔；14. 总鼻道；15. 眶下管；16. 上颌窦；17. 上颌窦的骨小梁；18. 上颌尾窦；19. 上颌骨的隔膜；20. 鼻甲的上颌口；21. 鼻上颌口；22. 泪道和鼻泪管；23. 腭管；24. 面嵴；25. 犁骨；26. 硬腭；27. 软腭；28. 腹侧鼻甲窦的大泡；29. 颊肌；30. 咬肌；31. 舌；32. 第一臼齿；33. 第二臼齿。

A、B. 为 CT 断层扫描；C、D. 横切面影像。

图 14-3　驴过第一臼齿(A、C)、二臼齿水平面(B、D)鼻尾侧区的 CT 断层扫描和横切面影像

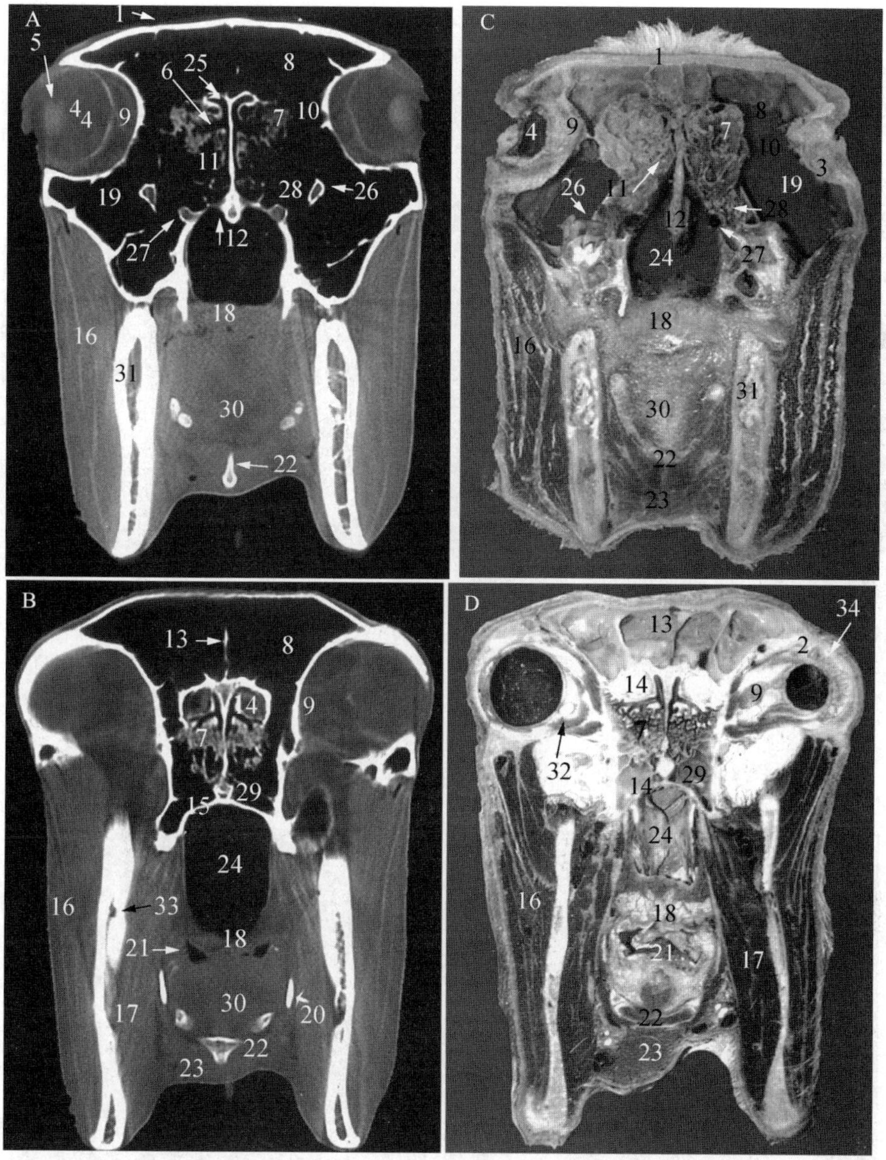

1. 额骨；2. 额骨的颧突；3. 颧骨的颞突；4. 眼（脉络膜和视网膜）；5. 晶状体；6. 上鼻窦；7. 筛骨迷路；8. 额甲窦；9. 眶周的脂肪和眼部肌肉；10. 额上颌口；11. 中鼻窦；12. 犁骨；13. 左、右额窦间隔；14. 嗅球；15. 腭骨；16. 咬肌；17. 翼内侧肌；18. 软腭；19. 上颌窦尾部；20. 舌骨茎突；21. 口咽；22. 舌骨体；23. 肩胛舌骨肌；24. 鼻咽；25. 上鼻道；26. 眶下管；27. 蝶腭骨的血管；28. 蝶腭骨口；29. 蝶腭窦；30. 舌根；31 上颌第三臼齿；32. 视神经；33. 下颌孔；34. 泪腺。

A、B. CT 断层扫描；C、D. 横切面影像。

图 14-4　驴过第三臼齿水平面眶窝吻侧区的 CT 断层扫描和横切面影像

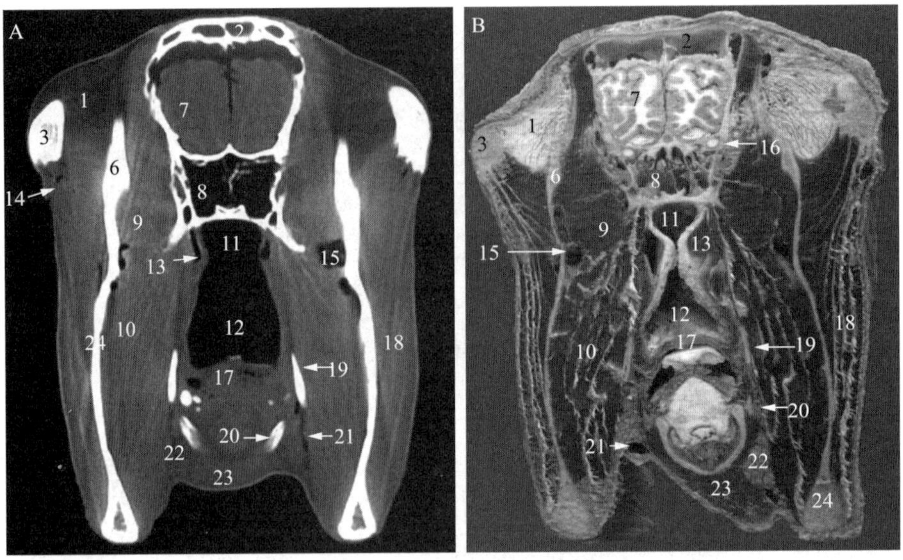

1. 眶窝脂肪；2. 额窦；3. 蝶骨；4. 额骨；5. 颞骨的颧突；6. 下颌骨吻突；7. 大脑额叶；8. 蝶腭窦；9. 翼外侧肌；10. 翼内侧肌；11. 咽隐窝；12. 鼻咽部；13. 咽鼓管；14. 面横动脉和静脉；15. 上颌静脉；16. 视束；17. 软腭；18. 咬肌；19. 舌骨的茎突；20. 舌骨的甲状突；21. 面静脉；22. 下颌腺；23. 肩胛舌骨肌和胸骨舌骨肌；24. 下颌骨支。

A. CT 断层扫描；B. 横切面影像。

图 14-5　驴过眶窝尾侧区水平面的 CT 断层扫描和横切面影像

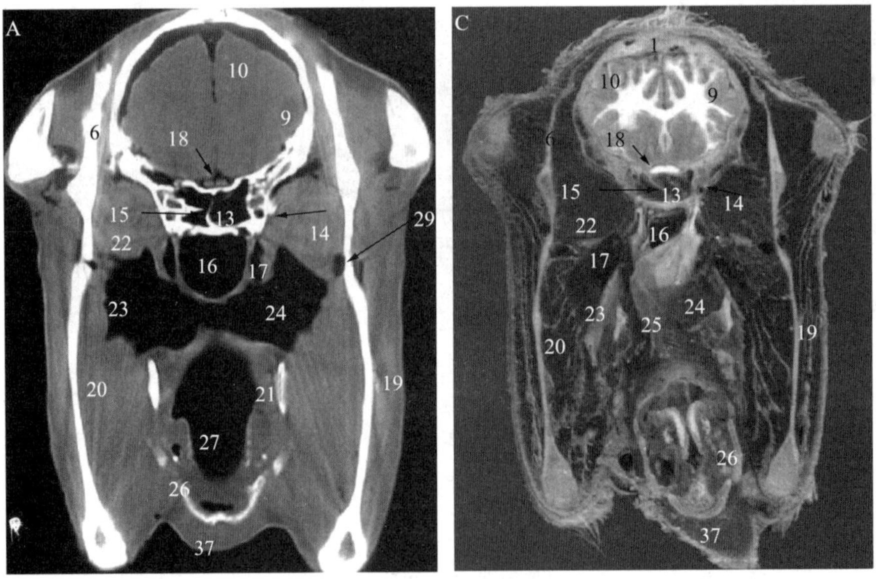

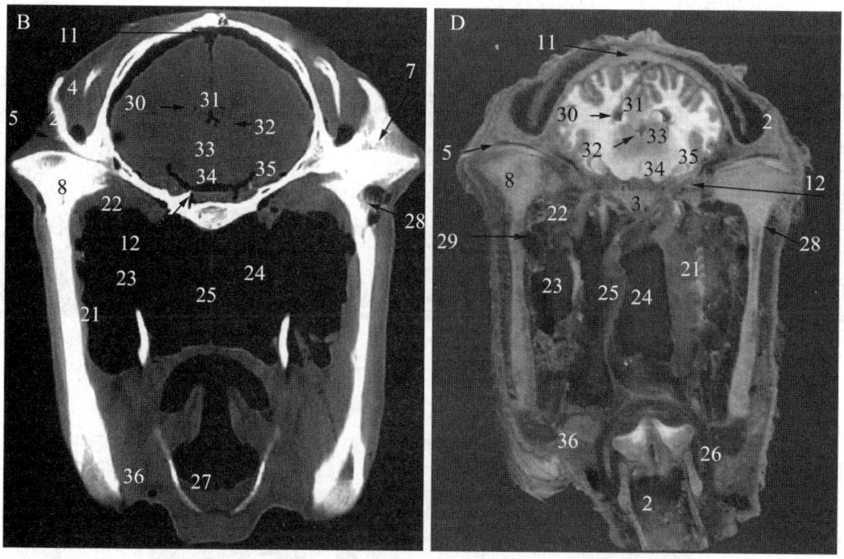

1. 顶骨；2. 颞骨的颧突；3. 蝶骨体；4. 颞肌；5. 下颌窝；6. 下颌骨的喙突；7. 颞下颌关节盘；8. 下颌骨的髁状突；9. 大脑颞叶；10. 大脑顶叶；11. 硬脑膜的背侧矢状窦；12. 硬脑膜的腹侧海绵窦和上颌骨；13. 蝶腭窦；14. 翼孔；15. 蝶腭骨的中隔；16. 咽隐窝；17. 咽鼓管；18. 视神经；19. 咬肌；20. 翼内侧肌；21. 舌骨的茎突；22. 翼外侧肌；23. 左咽鼓管囊；24. 右咽鼓管囊；25. 咽鼓管囊中隔；26. 甲状舌骨；27. 喉；28. 面横动脉和静脉；29. 上颌静脉；30. 侧脑室；31. 胼胝体；32. 第三脑室；33. 丘脑；34. 下丘脑；35. 海马；36. 下颌腺；37. 肩胛舌骨肌和胸骨舌骨肌。

A、B. CT 扫描影像；C、D. 横切面影像。

图 14-6　驴过颞下颌关节水平面头盖区吻侧部的 CT 扫描影像和横切面影像

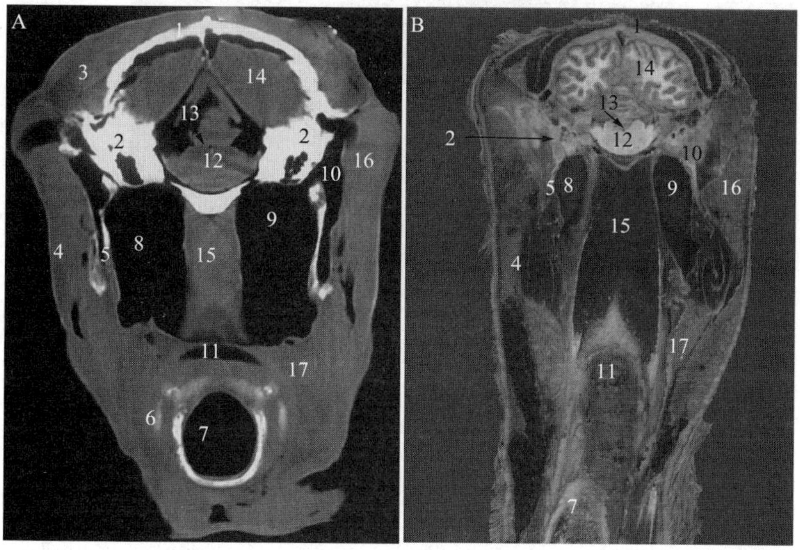

1. 顶骨；2. 颞骨的岩部；3. 颞肌；4. 咬肌；5. 舌骨的茎突；6. 甲状舌骨；7. 喉；8. 左咽鼓管囊；9. 右咽鼓管囊中间隔；10. 右咽鼓管囊外侧隔；11. 咽；12.. 大脑脚；13. 中脑导水管；14. 大脑皮质（大脑枕叶）；15. 头长肌和头腹侧直肌；16. 腮腺；17. 下颌腺。

图 14-7　驴过头盖区吻侧部水平面的 CT 断层扫描影像和横切面影像

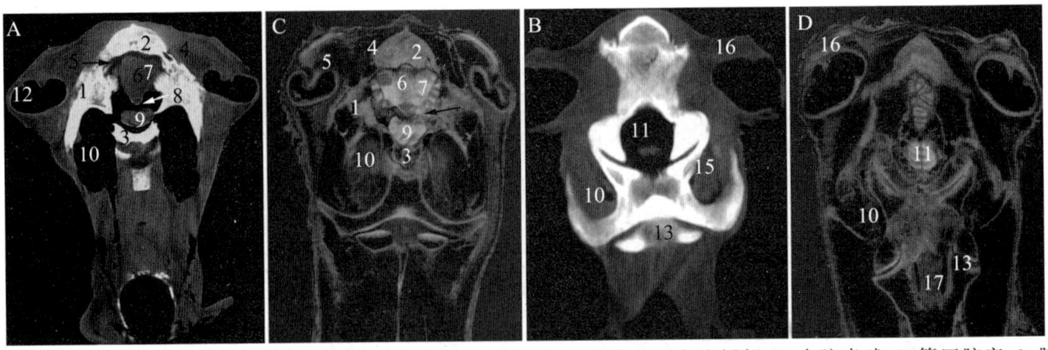

1. 枕骨旁髁状突的外侧部；2. 顶骨；3. 枕骨的基底部；4. 颞肌；5. 矢状窦；6. 小脑蚓部；7. 小脑半球；8. 第四脑室；9. 脑桥；10. 声带（尾侧部）；11. 延髓；12. 耳洞；13. 寰枕关节；14. 枕髁；15. 寰枢关节；16. 岩部；17. 脊髓。

A、B. CT 断层扫描；C、D. 横切面影像。

图 14-8　驴过枕髁水平面头盖区尾侧部的 CT 断层扫描影像和横切面影像

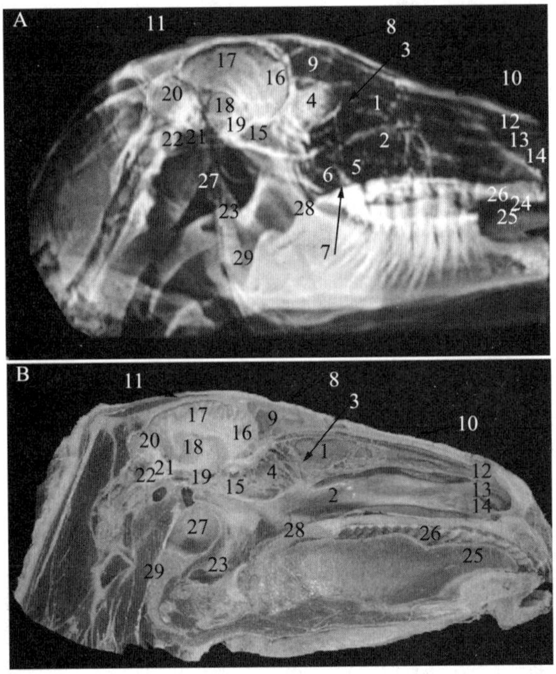

1. 背甲窦；2. 腹甲窦；3. 中甲窦；4. 筛窦；5. 上颌窦的吻侧；6. 上颌窦的尾侧；7. 上颌骨隔膜；8. 额骨；9. 额窦；10. 鼻骨；11. 顶骨；12. 垂直板；13. 翼板；14. 基板；15. 蝶腭窦；16. 大脑额叶；17. 大脑顶叶；18. 丘脑；19. 垂体；20. 小脑；21. 脑桥；22. 延髓；23. 咽；24. 口腔；25. 舌；26. 硬腭；27. 喉囊；28. 软腭；29. 喉。

A. CT 断层扫描；B. 外侧 CT 扫描图。

图 14-9　驴头标本矢状面（A）和外侧 CT 扫描图（B）

（资料来源：EL-GENDY S A A, et al,2014）

第三节　犬胸腔断层解剖和 CT 影像

犬的胸腔断层解剖和 CT 断层影像解剖的比较见图 14-10 至图 14-11，在图 14-11 中，左列为犬横切面解剖图像中列为 CT 扫描软组织窗影像右列为 CT 肺窗影像。

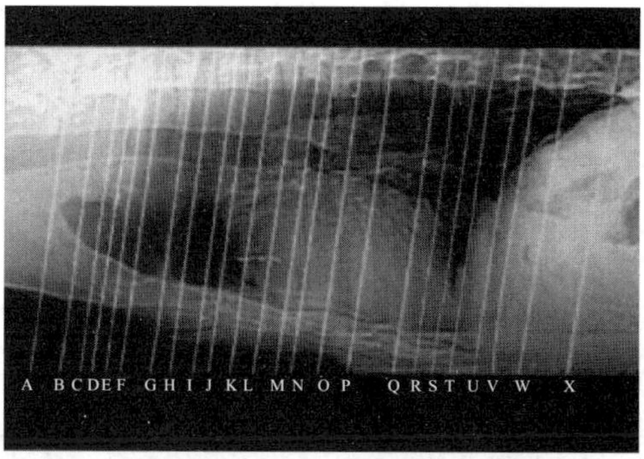

图 14-10　犬的胸腔外侧 CT 扫描影像的水平面示意

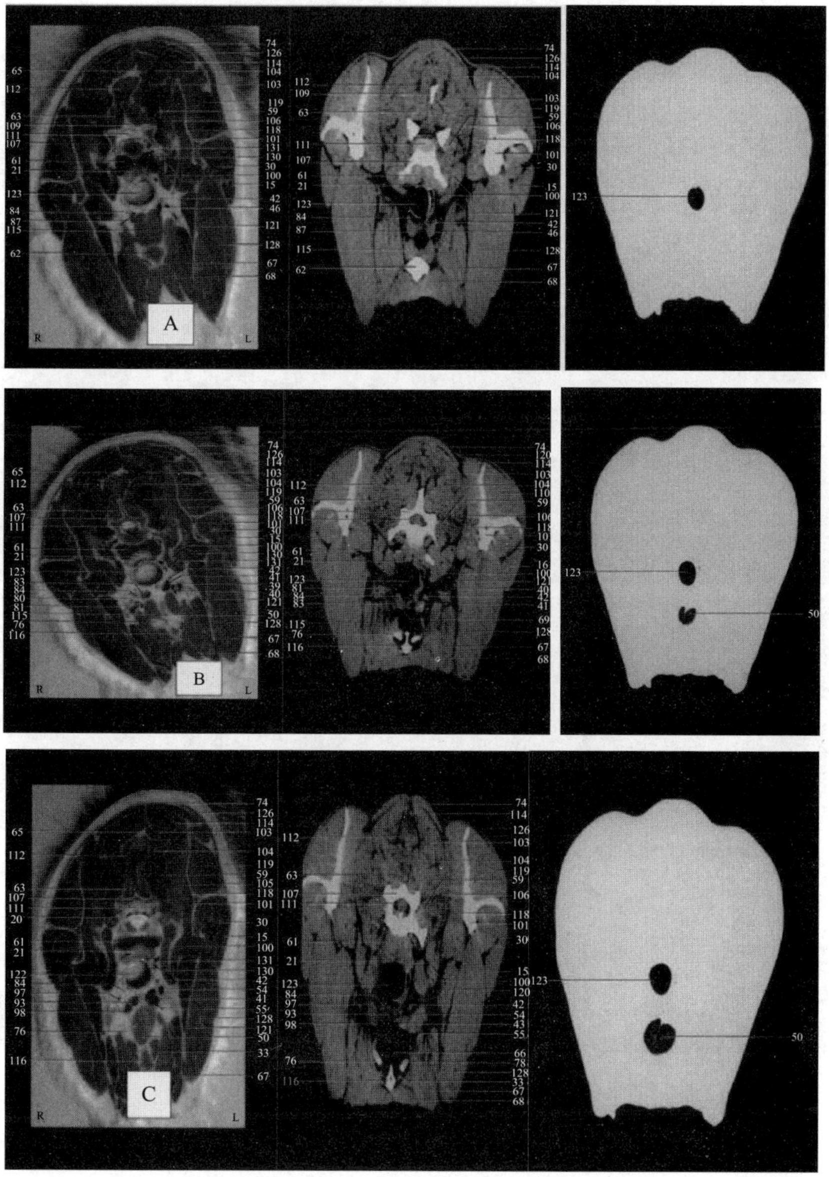

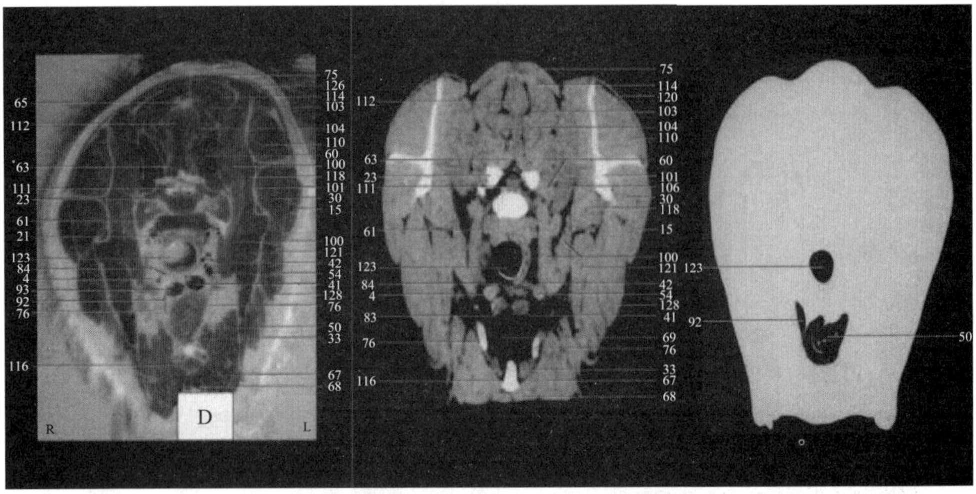
65
112
63
111
23
61
21
123
84
4
93
92
76
116
75
126
114
103
104
110
60
100
118
101
30
15
100
121
42
54
41
128
76
50
33
67
68
D
R
L
112
63
23
111
61
123
84
4
83
76
116
75
114
120
103
104
110
60
101
106
30
118
15
100
121
42
54
128
41
69
76
33
67
68
123
92
50

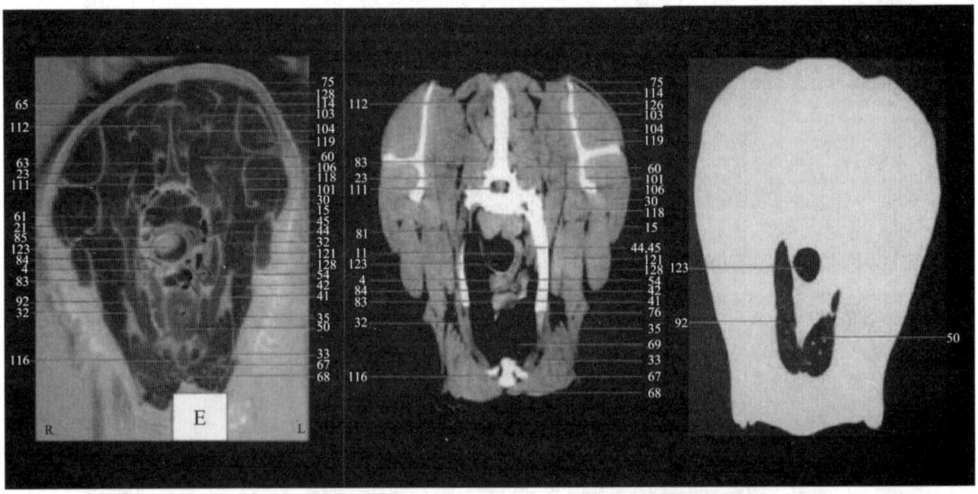
65
112
63
23
111
61
21
85
123
84
4
83
92
32
116
75
128
114
103
104
119
60
106
118
101
30
15
45
44
32
121
128
54
42
41
35
50
33
67
68
E
R
L
112
83
23
111
81
11
123
4
84
83
32
116
75
114
126
103
104
119
60
101
106
30
118
15
44,45
121
128
54
42
41
76
35
69
33
67
68
123
92
50

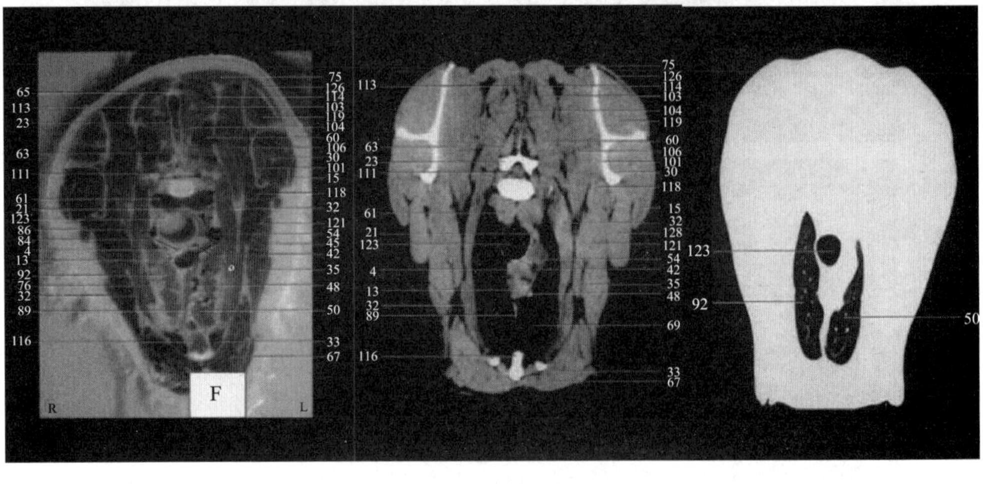
65
113
23
63
111
61
21
123
86
84
4
13
92
76
32
89
116
75
126
114
103
119
104
60
106
30
101
15
118
32
121
54
45
42
35
48
50
33
67
F
R
L
113
63
23
111
61
21
123
4
13
32
89
116
75
126
114
103
104
119
60
106
101
30
118
15
32
128
121
54
42
35
48
69
33
67
123
92
50

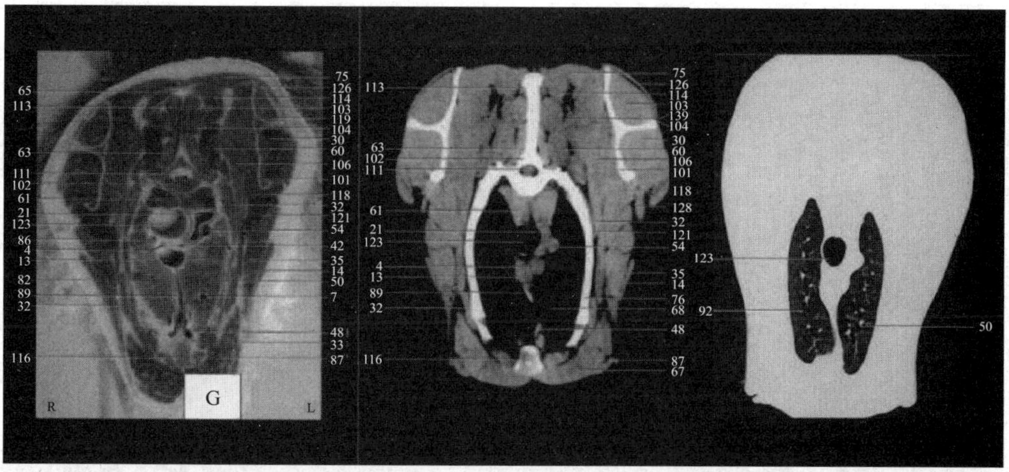
65
113
63
111
102
61
21
123
86
4
13
82
89
32
116
R
G
L
75
126
114
103
119
104
30
60
106
101
118
32
121
54
42
35
14
50
7
48
33
87
113
63
102
111
61
21
123
4
13
89
32
116
75
126
114
103
139
104
30
60
106
101
118
128
32
121
54
35
14
76
68
48
87
67
123
92
50

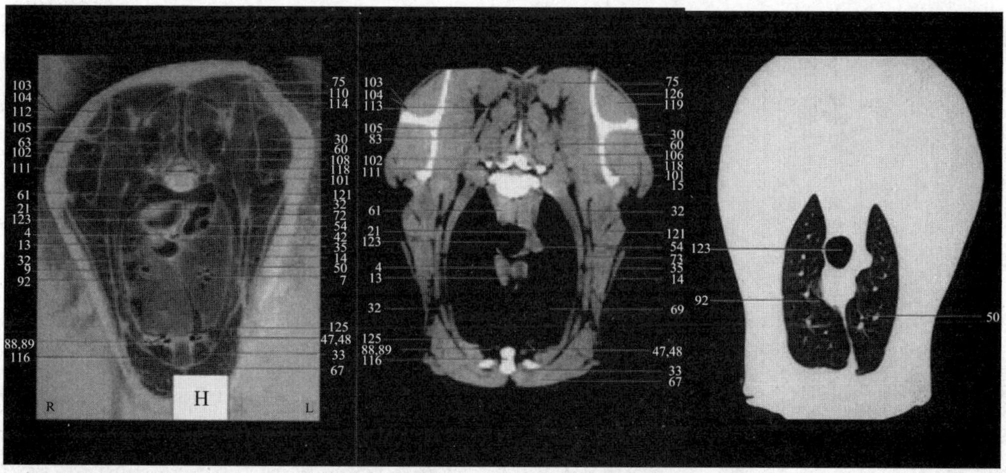
103
104
112
105
63
102
111
61
21
123
4
13
32
9
92
88,89
116
R
H
L
75
110
114
30
60
108
118
101
121
32
72
54
42
35
14
50
7
125
47,48
33
67
103
104
113
105
83
102
111
61
21
123
4
13
32
125
88,89
116
75
126
119
30
60
106
118
101
15
32
121
54
73
35
14
69
47,48
33
67
123
92
50

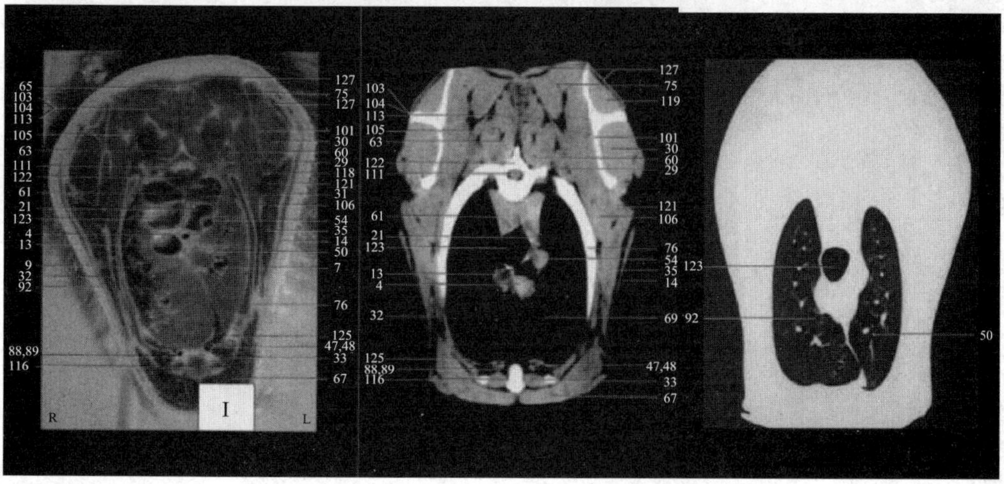
65
103
104
113
105
63
111
122
61
21
123
4
13
9
32
92
88,89
116
R
I
L
127
75
127
101
30
60
29
118
121
31
106
54
35
14
50
7
76
125
47,48
33
67
103
104
113
105
63
122
111
61
21
123
13
4
32
125
88,89
116
127
75
119
101
30
60
29
121
106
76
54
35
14
69
47,48
33
67
123
92
50

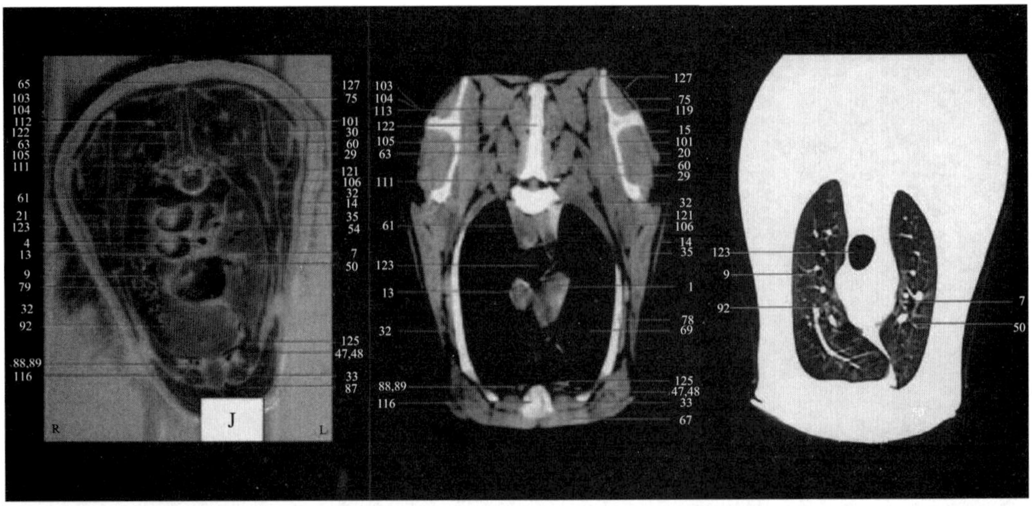
65
103
104
112
122
63
105
111
61
21
123
4
13
9
79
32
92
88,89
116
R
J
L
127
75
101
30
60
29
121
106
32
14
35
54
7
50
125
47,48
33
87
103
104
113
122
105
63
111
61
123
13
32
88,89
116
127
75
119
15
101
20
60
29
32
121
106
14
35
1
78
69
125
47,48
33
67
123
9
92
7
50

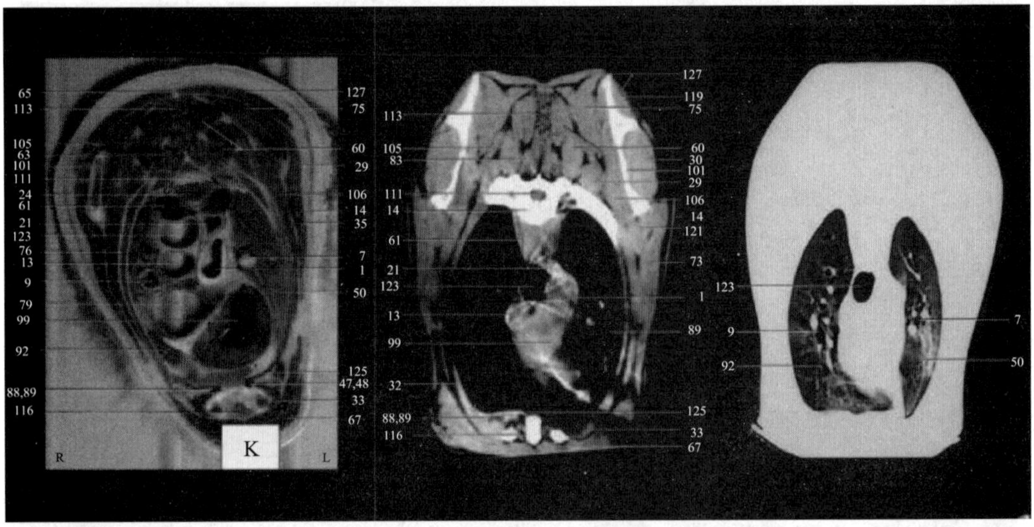
65
113
105
63
101
111
24
61
21
123
76
13
9
79
99
92
88,89
116
R
K
L
127
75
60
29
106
14
35
7
1
50
125
47,48
33
67
113
105
83
111
14
61
21
123
13
99
32
88,89
116
127
119
75
60
30
101
29
106
14
121
73
1
89
125
33
67
123
9
92
7
50

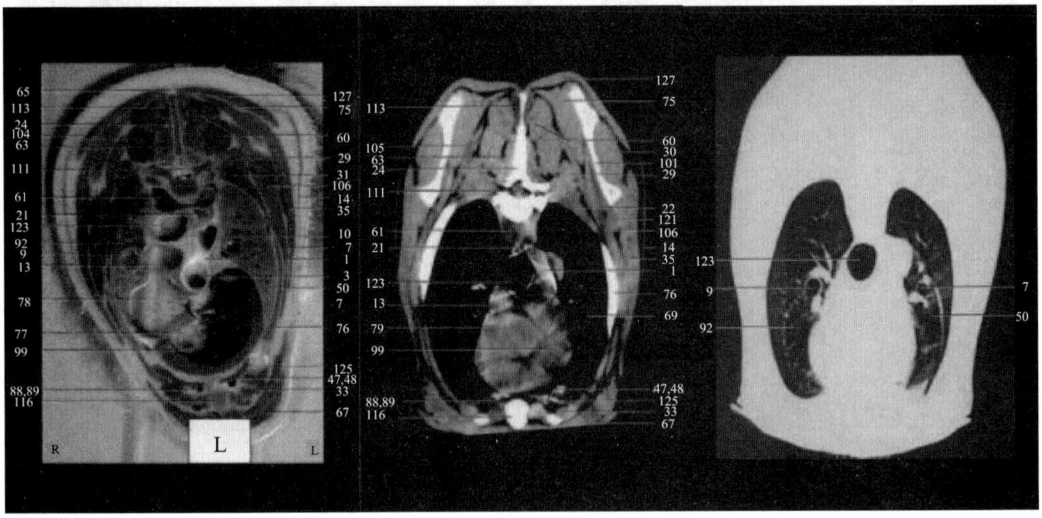
65
113
24
104
63
111
61
21
123
92
9
13
78
77
99
88,89
116
R
L
L
127
75
60
29
31
106
14
35
10
7
1
3
50
7
76
125
47,48
33
67
113
105
63
24
111
61
21
123
13
79
99
88,89
116
127
75
60
30
101
29
22
121
106
14
35
1
76
69
47,48
125
33
67
123
9
92
7
50

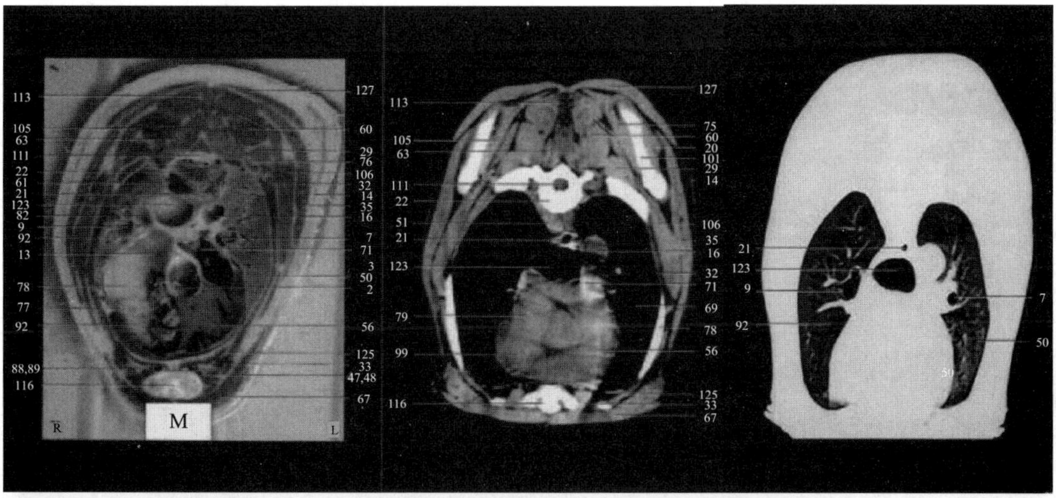
113
105
63
111
22
61
21
123
82
9
92
13
78
77
92
88,89
116
R
M
L
127
60
29
76
106
32
14
35
16
7
71
3
50
2
56
125
33
47,48
67
113
105
63
111
22
51
21
123
79
99
116
127
75
60
20
101
29
14
106
35
16
32
71
69
78
56
125
33
67
21
123
9
92
7
50
50

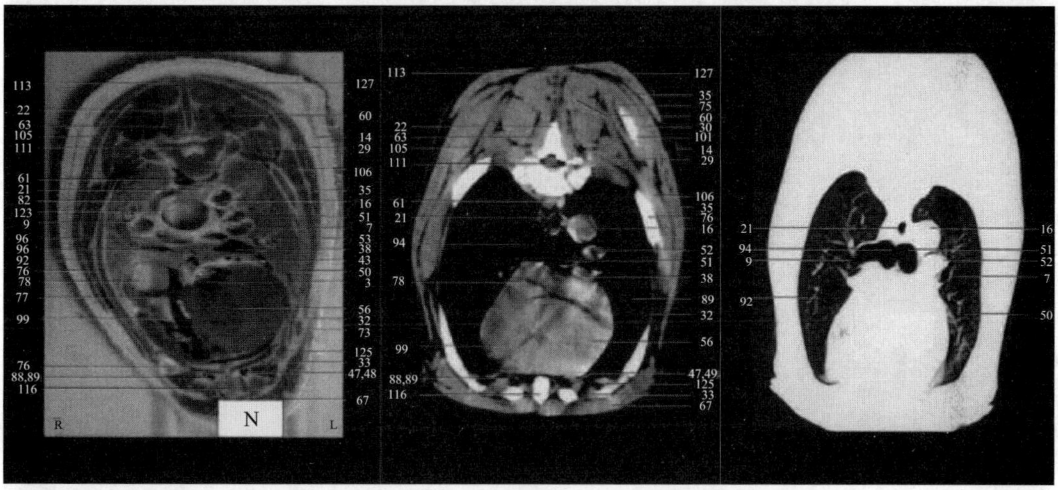
113
22
63
105
111
61
21
82
123
9
96
96
92
76
78
77
99
76
88,89
116
R
N
L
127
60
14
29
106
35
16
51
7
53
38
43
50
3
56
32
73
125
33
47,48
67
113
22
63
105
111
61
21
94
78
99
88,89
116
127
35
75
60
30
101
14
29
106
35
76
16
52
51
38
89
32
56
47,49
125
33
67
21
94
9
92
16
51
52
7
50

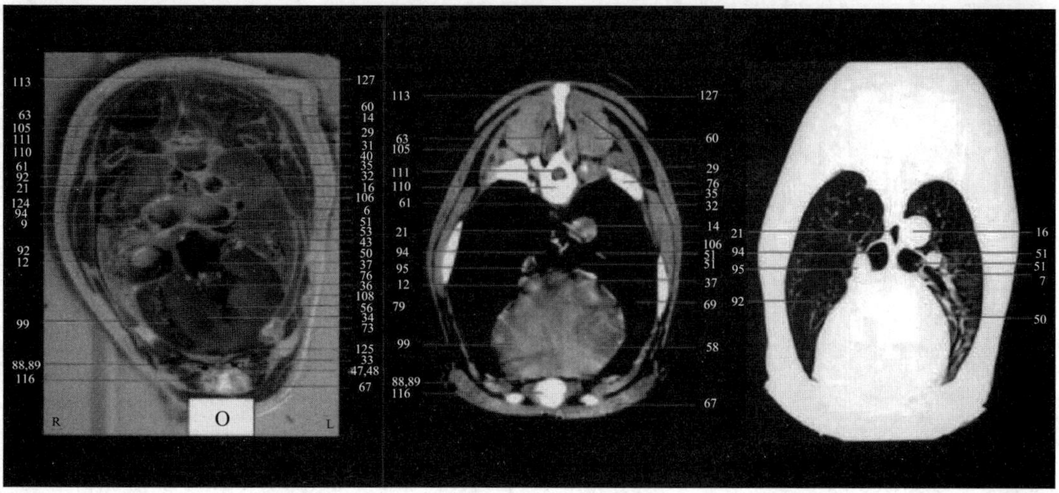
113
63
105
111
110
61
92
21
124
94
9
92
12
99
88,89
116
R
O
L
127
60
14
29
31
40
35
32
16
106
6
51
53
43
50
37
76
36
108
56
34
73
125
33
47,48
67
113
63
105
111
110
61
21
94
95
12
79
99
88,89
116
127
60
29
76
35
32
14
106
51
51
37
69
58
67
21
94
95
92
16
51
51
7
50

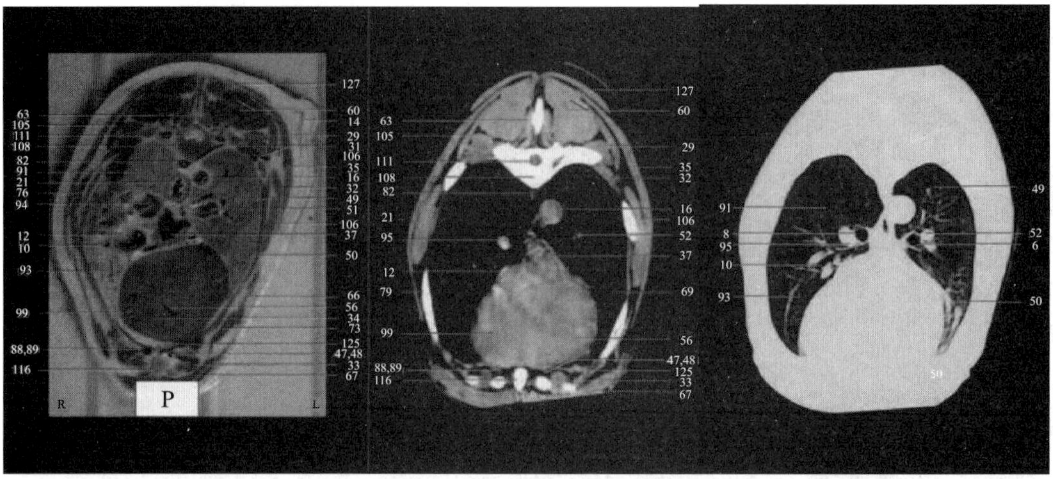
127
63
105
111
108
82
91
21
76
94
12
10
93
99
88,89
116
60
14
29
31
106
35
16
32
49
51
106
37
50
66
56
34
73
125
47,48
33
67
R
P
L
127
60
63
105
29
111
35
32
108
82
16
106
21
95
52
37
12
79
69
99
56
88,89
116
47,48
125
33
67
49
91
8
52
95
6
10
93
50
50

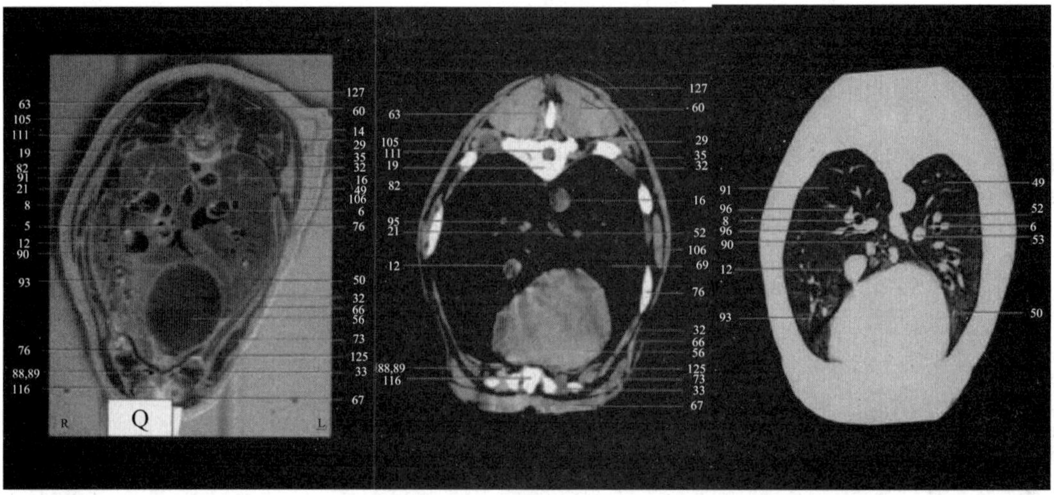
127
63
105
111
19
82
91
21
8
5
12
90
93
76
88,89
116
60
14
29
35
32
16
49
106
6
76
50
32
66
56
73
125
33
67
R
Q
L
127
63
60
105
111
19
29
35
32
82
16
95
21
52
106
12
69
76
32
66
56
88,89
116
125
73
33
67
91
49
96
8
96
90
12
93
52
6
53
50

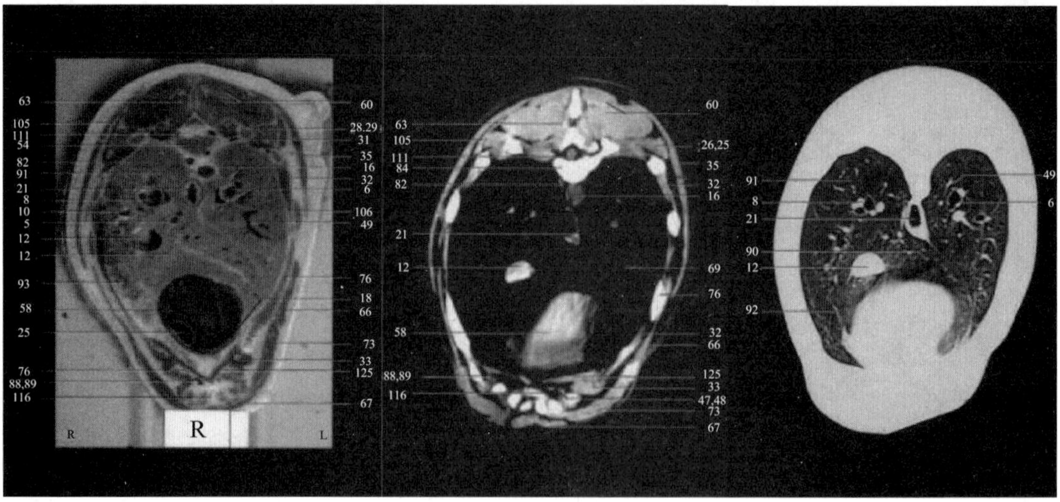
63
105
111
54
82
91
21
8
10
5
12
12
93
58
25
76
88,89
116
60
28.29
31
35
16
32
6
106
49
76
18
66
73
33
125
67
R
R
L
63
60
105
26,25
111
84
82
35
32
16
21
12
69
76
58
32
66
88,89
116
125
33
47,48
73
67
91
8
21
90
12
92
49
6

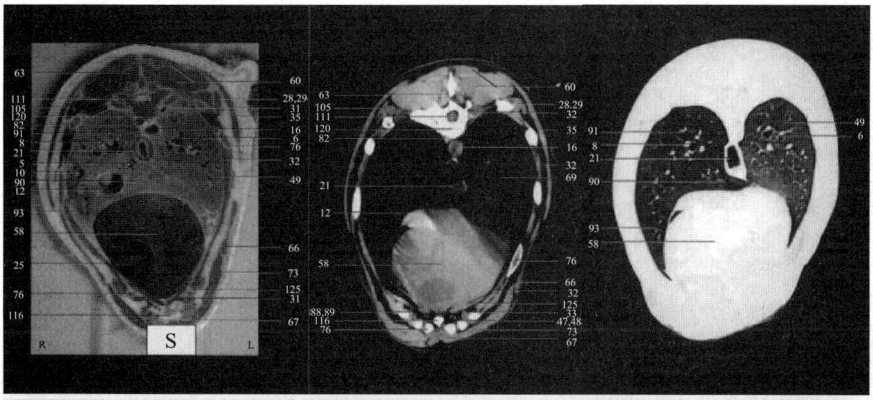
63
111
105
120
82
91
8
21
5
10
90
12
93
58
25
76
116
60
28,29
31
35
16
6
76
32
49
66
73
125
31
67
S
R
L
63
105
111
120
82
21
12
58
88,89
116
76
60
28,29
32
35
16
32
69
76
66
32
125
33
47,48
73
67
91
8
21
90
93
58
49
6

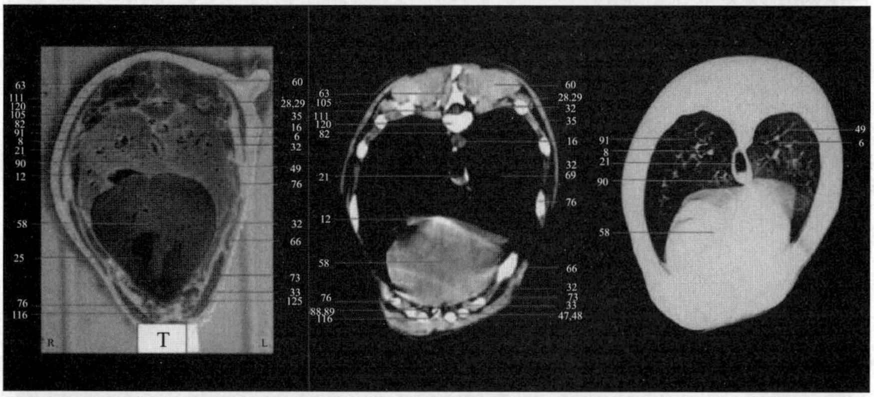
63
111
120
105
82
91
8
21
90
12
58
25
76
116
60
28,29
35
16
6
32
49
76
32
66
73
33
125
T
R
L
63
105
111
120
82
21
12
58
76
88,89
116
60
28,29
32
35
16
32
69
76
66
32
73
33
47,48
91
8
21
90
58
49
6

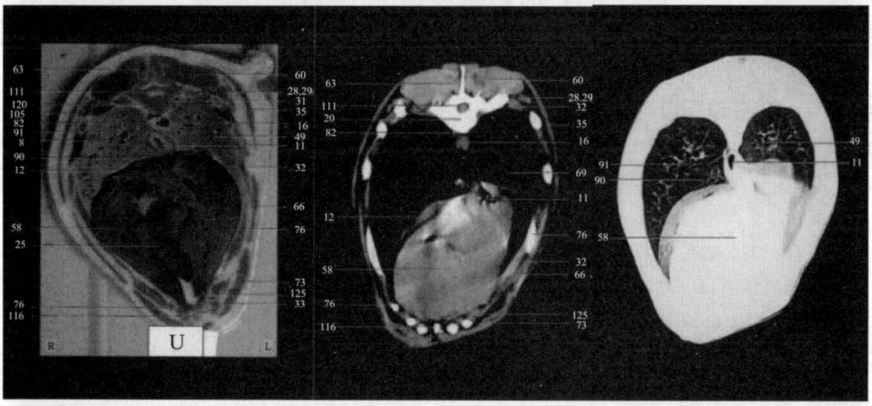
63
111
120
105
82
91
8
90
12
58
25
76
116
60
28,29
31
35
16
49
11
32
66
76
73
125
33
U
R
L
63
111
20
82
12
58
76
116
60
28,29
32
35
16
69
11
76
32
66
125
73
91
90
58
49
11

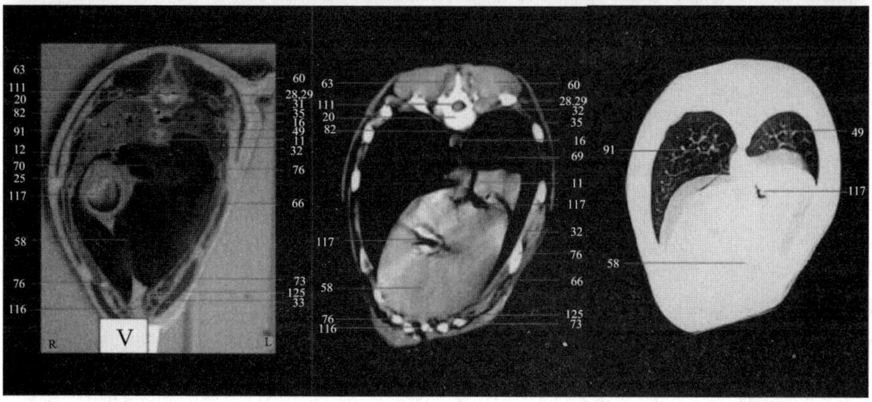
63
111
20
82
91
12
70
25
117
58
76
116
60
28,29
31
35
16
49
11
32
76
66
73
125
33
V
R
L
63
111
20
82
117
58
76
116
60
28,29
32
35
16
69
11
117
32
76
66
125
73
91
58
49
117

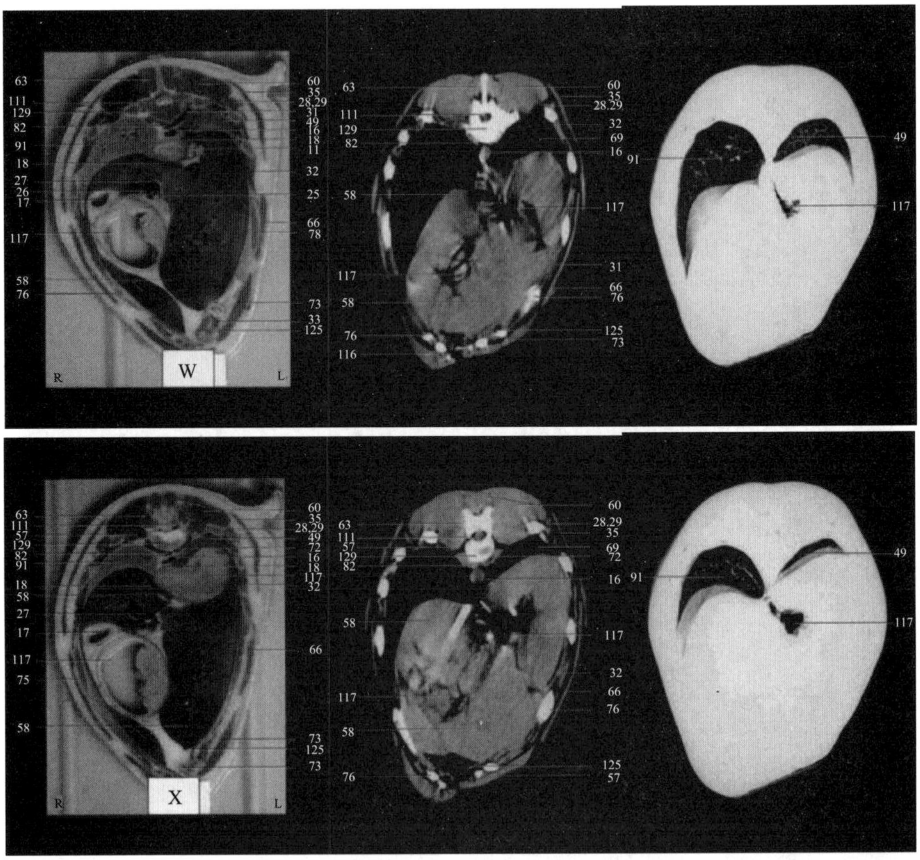

L. 左；R. 右；1. 主动脉弓；2 主动脉瓣；3. 升主动脉；4. 臂头动脉干；5. 右肺副叶支气管；6. 左肺膈叶支气管；7. 左肺尖叶支气管；8. 右肺膈叶支气管；9. 右肺尖叶支气管；10. 右肺心叶支气管；11. 贲门括约肌；12. 后腔静脉；13. 前腔静脉；13′纵隔前淋巴结；14. 躯干皮肌；15. 三角肌；16. 降主动脉；17. 二指肠降部；18. 膈（18′膈左脚；18″膈右脚）；19. 第八胸椎；20. 第十一胸椎；21. 食管；22. 第五胸椎；23. 第一胸椎；24. 第四胸椎；25. 胆囊；25′胆管；26. 肝动脉；27. 肝静脉；28. 髂肋肌（腰部）；29. 髂肋肌（胸部）；30. 冈下肌；31. 肋间肌；32. 肋间外肌；33. 肋间内肌；34. 心室间隔；35. 阔肌；36. 心脏的左房室瓣（二尖瓣 l）；37. 左心房；38. 心脏的左心耳；39. 左腋动脉；40. 左腋静脉；41. 左臂头静脉；42. 左颈总动脉；43. 左冠状血管；44. 左肋颈干；45. 左肋颈静脉；46. 左颈外静脉；47. 左胸廓内动脉；48. 左胸廓内静脉；49. 左肺膈叶；50. 左肺尖叶；51. 左支气管；52. 左肺动脉；53. 左肺静脉；54. 左锁骨下动脉；55. 左锁骨下静脉；56. 左心室；57. 肋提肌；58. 肝；59. 最长肌（颈部）；60. 最长肌（胸腰部）；61. 颈长肌；62. 胸骨柄；63. 多裂肌（胸部）；64. 第九胸椎；65. 项韧带；65′棘上韧带；66. 腹外斜肌；67. 胸肌（深部）；68. 胸部（浅部）；69. 胸膜腔；70. 门静脉；71. 肺动脉干；72. 腰方肌；73. 腹直肌；73′胸直肌；74. 菱形肌(颈部)；75. 菱形肌（胸部）；76. 肋骨；77. 右房室瓣(三尖瓣)；78. 右心房；79. 右心耳；80. 右腋动脉；81. 右腋静脉；82. 奇静脉；83. 右臂头静脉；84. 右颈总动脉；85. 右肋颈干；86. 右肋颈静脉；87. 右外侧颈静脉；88. 右胸内动脉；89. 右胸内静脉；90. 右肺副叶；91. 右肺膈叶；92. 右肺尖叶；93. 右肺心叶；94. 右支气管；95. 右肺动脉；96. 右肺静脉；97. 右锁骨下动脉；98. 右锁骨下静脉；99. 右心室；100. 斜角肌（背侧部）；101. 肩胛骨；102. 第二项胸椎；103. 头半棘肌(二腹肌)；104. 头半棘肌(复合肌)；105. 背锯肌；106. 腹锯肌；107. 第七颈椎；108. 第七胸椎；109. 第六颈椎；110. 第六胸椎；111. 脊髓；112. 棘肌（颈部）；113. 棘肌（胸部）；114. 夹肌；115. 胸骨甲状肌和胸骨舌骨肌；116. 胸骨；116′胸骨淋巴结；117. 胃；（117′胃底；117″胃体；117‴幽门部）；118. 肩胛下肌；119. 棘上肌；120. 第十胸椎；121. 大圆肌；122. 第三胸椎；123. 气管；124. 气管分叉点；124′气管支气管淋巴结；125. 胸横肌；126. 斜方肌（颈部）；127. 斜方肌（胸部）；128. 臂三头肌（长头）；129. 第十二胸椎；130. 椎动脉；131. 椎静脉。

左列图. 解剖横切面影像；中列影像. CT 扫描软组织影像；右列影像. CT 肺窗影像。

图 14-11　临床正常犬的胸腔

（资料来源：LIEVE M，et al，2005）

第四节　羊腹腔断层解剖和 CT 影像

羊腹腔断层解剖和 CT 断层扫描重点关注瘤胃、网胃、瓣胃、皱胃、肠、脾和肝。

瘤胃:瘤胃背囊呈现的中等密度,是因为其腹侧部分的食物,上部分为低密度是因为存有气体(图 14-12B)。扫描结果瘤胃背囊位于脾脏(左)和瓣胃、肝脏(右)之间。瘤胃腹囊均充满大量食物,呈中等密度(图 14-12B~I)。左右纵肉柱均可以观察到,尾侧的横向肉柱可以清晰地显示出来(图 14-12F)。可见瘤胃前背盲囊在第五腰椎水平面上,而瘤胃后腹盲囊在左腹部骨盆前口水平面上(图 14-12F)。

网胃:呈卵圆形,显示中等密度特征(图 14-12A)。

瓣胃:瓣胃低密度,呈圆形或豆形,位于皱胃背内侧,瘤胃背囊和肝之间(图 14-12I)。瓣叶在肺窗断面清晰显示(图 14-12I)。

皱胃:呈低密度样团块,位于腹壁右下方瘤胃背囊的腹内侧(图 43-12D~H)。

肠:小肠显示均质低密度,高度卷曲,与瘤胃腹囊相邻(图 14-12D)。升结肠向心端呈"U"型结构,在右侧中央和上三分之一处没有黏膜褶皱(图 14-12E~F)。升结肠离心端呈低密度,其内连续不断的压缩物是内部的粪球(图 14-12D~E)。升结肠的旋袢显示为分散的小圆圈,其中一些有折叠的黏膜(图 14-12E~G)。降结肠位于左肾背外侧,近正中矢状面,有独特的折叠黏膜(图 14-12D~F)。

脾:瘤胃背囊可以看到脾是一个均质的软组织(图 14-12B)。

肝:一个均质的三角形软组织,位于腹腔右侧,右腹壁和网胃之间,扫描显示其左侧接瘤胃背囊、瓣胃和皱胃,右侧临右腹壁外侧(图 14-12A~C)。

膀胱:膀胱长梨形,在肝脏面的腹侧,均质低密度,比肝脏密度低(图 14-12C)。

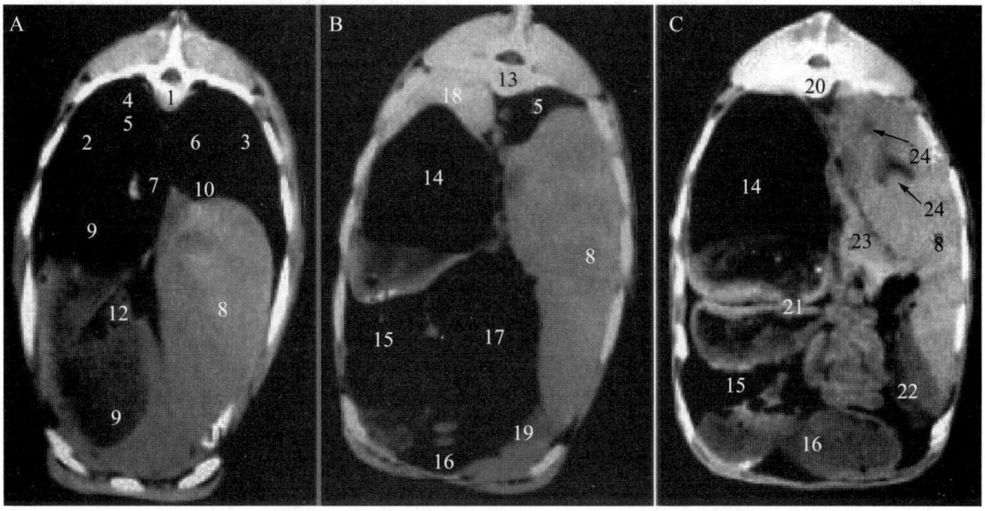

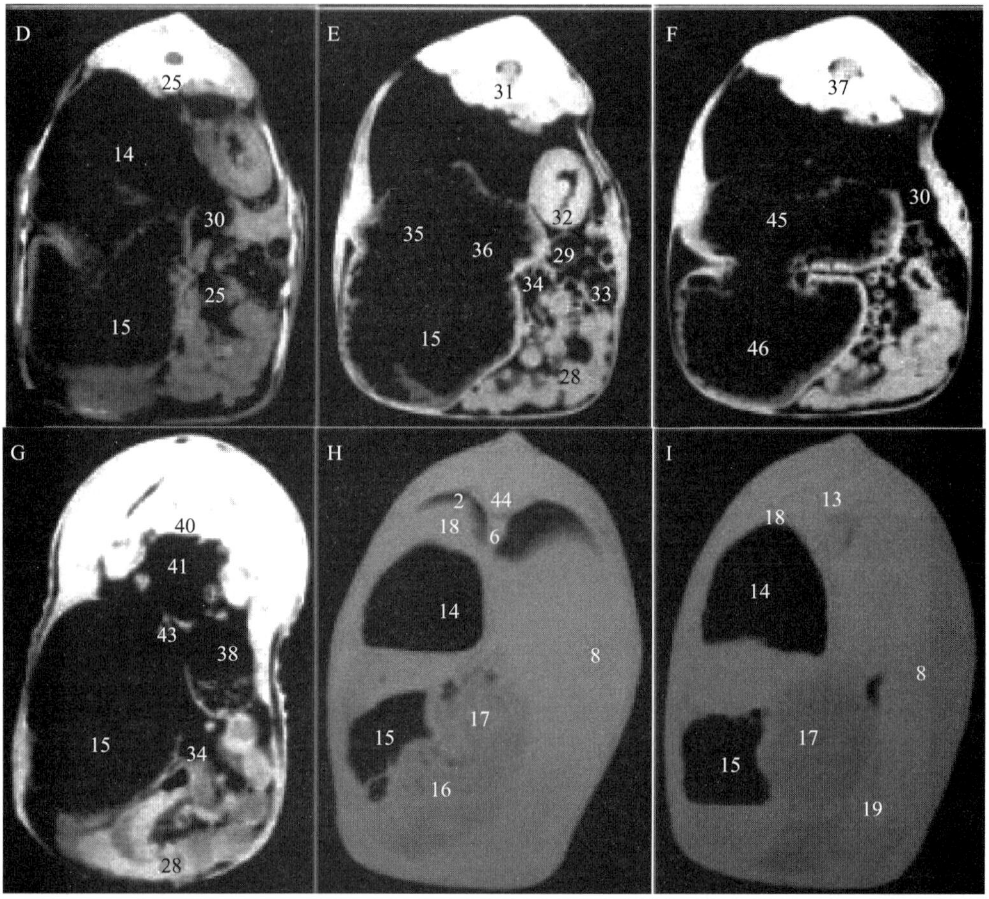

羊腹腔显示部分胃、肝、脾、小肠和胰腺。

1.第八胸椎;2.左肺膈叶;3.右肺膈叶;4.左奇静脉;5.主动脉;6.膈;7.食管;8.肝;9.网胃;9′.充满气体的网胃;10.后腔静脉;11.右肋弓;12.网胃沟;13.第十胸椎;14.瘤胃背囊;15.瘤胃腹囊;16.皱胃;17.瓣胃;18.脾;19.幽门部;20.第十三胸椎;21.前冠沟肉柱;22.胆囊;23.胰腺;24.门静脉;24.肝静脉;25.第一腰椎;26.十二指肠;27.右肾;28.空肠;29.升结肠的离心回;30.降结肠;31.第二腰椎;32.左肾;33.升结肠的向心回;34.结肠旋袢;35.左纵沟肉柱;36.右纵沟肉柱;37.第四腰椎;38.盲肠;39.后冠沟肉柱;40.腰骶间隙;41.直肠;42.卵巢;43.子宫角;44.第九胸椎;45.后背盲囊;46.后腹盲囊。

图 14-12 羊腹腔 CT 影像

参 考 文 献

1. 彭克美. 畜禽解剖学[M]. 3 版. 北京:高等教育出版社,2016.
2. 段承祥. 脊柱影像学[M]. 北京:化学工业出版社,2007.
3. 陈耀星. 畜禽解剖学[M]. 4 版. 北京:中国农业大学出版社,2023.
4. NAUTRUP C P, TOBIAS R. 犬猫超声诊断技术图谱与教程[M]. 4 版. 谢富强,等译. 北京:中国农业大学出版社, 2009:219-240.
5. 沈天真. 神经影像学[M]. 上海:上海科学技术出版社,2004.
6. 李建基,刘云,王亨. 兽医外科及外科手术学:精简版[M]. 2 版. 北京:中国农业出版社,2023.
7. 吴恩惠,冯敢生. 医学影像学[M]. 6 版. 北京:人民卫生出版社,2008.
8. 小野宪一郎,等. 犬病图解[M]. 黄治国,张素芳,译. 南京:江苏科学技术出版社,2004.
9. 谢富强. 犬猫 X 线与 B 超诊断技术[M]. 沈阳:辽宁科学出版社,2006.
10. 谢富强. 兽医影像学[M]. 3 版. 北京:中国农业大学出版社,2018.
11. 徐文坚. 泌尿系统影像诊断学[M]. 北京:人民卫生出版社, 2003.
12. 颜水泉. 猪针灸穴位解剖[M]. 北京:北京农业大学出版社,1996.
13. 张雪林. 医学影像学[M]. 北京:人民卫生出版社,2001.
14. ALSAFY M A M, EL-GENDY S A A, EL-KAMMAR M H, et al. Contrast radiographic, ultrasonographic and computed tomographic imaging studies on the abdominal organs and fatty liver infiltration of Zaraibi goat[J]. Journal of Medical Sciences, 2013,13(5): 316-326.
15. ARMBRUST L J, BILLER D S, HOSKINSON J J. Compression radiography: an old technique revisited[J]. Journal of the American Animal Hospital Association, 2000,36 (6): 537-541.
16. BERRY C R, GARG P. Perspectives in molecular imaging through translational research, human medicine, and veterinary medicine [J]. Seminarsin Nuclear Medicine. 2013,44 (6):66-75.
17. BRYAN J N, MATTOON J S. The future of imaging in veterinary oncology: Learning from human Medicine [J]. The Veterinary Journal, 2013,197(3):541-552.
18. DE RYCKE L M, GIELEN I M, MEERVENNE S A V, et al. Computed tomography and cross-sectional anatomy of the thorax in clinically normal dogs. [J]. American Journal of Veterinary Research, 2005, 66(3):512-524. DOI:10. 2460/ajvr. 2005. 66. 512.
19. DOMINIQUE P, MARC-ANDRE D. Atlas of Small Animal Ultrasonography[M]. Ames, Lowa: Blackwell Publishing,2008.
20. EL-GENDY S A A, ALSAFY M M A, El SHARABY A A. Computed tomography and sectional anatomy of the head cavities in donkey (Equus asinus) [J]. Anat Sci Int,2014,

89(3):140-150.

21. GENDRON K, OWCZAREK-LIPSKA M, LANG J, et al. Maine coon renal screening: ultrasonographical characterisation and preliminary genetic analysis for common genes in cats with renal cysts[J]. Journal of Feline Meddicine and Surgery, 2013, 15(12): 1079-1085.
22. HOLMES E S, WEISSE C, BERENT A C. Use of fluoroscopically guided percutaneous antegrade urethral catheterization for the treatment of urethral obstruction in male cats: 9 cases (2000-2009)[J]. J Am Vet Med Assoc, 2012, 241(5): 603-607.
23. KAEHN W, VOLKMANN D, KENNEY R M . Veterinary reproductive ultrasonograpy: horse, cattle, sheep, goat, pig, dog, cat[M]. SwitzerLand: Schlütersche,2004.
24. KUMAR V, KUMAR A, Varshney A C. Ultrasonographic imaging for structural characterization of renal affections and diagnosis of associated chronic renal failure in 10 dogs [J]. ISRN Veterinary Science, 2011: 901713.
25. LEBLANC A. K, PEREMANS K. PET and SPECT Imaging in Veterinary Medicine [J]. Seminars in Nuclear Medicine. 2014, 44(1):47-56.
26. MARTANO M, ROPERTO F, STOCCO R C, et al. Bovine papillomavirus type 2 infection and a series of mesenchymal tumors of the urinary bladder in cattle[J]. BioMed Research International, 2013:814635.
27. MOON R, BILLER D S, SMEE N M. Emphysematous cystitis and pyelonephritis in a nondiabetic dog and a diabetic cat[J]. Journal of the American Animal Hospital Association, 2014, 50(2): 124-129.
28. OHLERTH S, SCHARF G. Computed tomography in small animals-Basic principles and state of the art applications [J]. The Veterinary Journal. 2007,173(2): 254-271.
29. PEREIRA D A, AGUIAR J AK, HAGIWARA M K, et al. Changes in cat urinary glycosaminoglycans with age and in feline urologic syndrome[J]. Biochimica et Biophysica Acta-General Subjects, 2004, 1672(1): 1-11.
30. RUNGE J J, BERENT A C, MAYHEW P D, et al. Transvesicular percutaneous cystolithotomy for the retrieval of cystic and urethral calculi in dogs and cats: 27 cases (2006—2008)[J]. Journal of the American Veterinary Medical Association, 2011, 239 (3): 344-349.
31. VANEL M, BLOND L, VANEL D. Imaging of primary bone tumors in veterinary medicine: Which differences? [J]. European Journal of Radiology. 2013, 82(12): 2129-2139.